Microsoft
MOS
Word 2016 Expert
原廠國際認證
應考指南
Exam 77-726
電子報標題
秋季豐收祭
慶典
[日期]
[活動放置
事件標題]
LOGO
Save the date
TOM & EMMA

目錄
Contents

Chapter 00

關於 Microsoft Office Specialist 認證

Chapter 01

管理文件選項與設定

Chapter 02 進階文件設計

Chapter 03 建立進階參照

Chapter 05

模擬試題

Chapter 00

關於 Microsoft Office Specialist 認證

Microsoft Office 系列應用程式是全球最為普級的商務應用軟體，不論是 Word、Excel 還是 PowerPoint 都是家喻戶曉的軟體工具，也幾乎是學校、職場必備的軟體操作技能。因此，關於 Microsoft Office 的軟體能力認證也如雨後春筍地出現，受到各認證中心的重視。不過，Microsoft Office Specialist （MOS） 認證才是 Microsoft 原廠唯一且向國人推薦的 Office 國際專業認證，對於展示多種工作與生活中其他活動的生產力都極具價值。 取得 MOS 認證可證明有使用 Office 應用程式因應工作所需的能力，並具有重要的區隔性，證明個人對於 Microsoft Office 具有充分的專業知識及能力，讓 MOS 認證實現你 Office 的能力。

0-1 關於 Microsoft Office Specialist（MOS）認證

Microsoft Office Specialist 專業認證（簡稱 MOS），是 Microsoft 公司原廠唯一的 Office 應用程式專業認證，是全球認可的電腦商業應用程式技能標準。透過此認證可以證明電腦使用者的電腦專業能力，並於工作環境中受到肯定。即使是國際性的專業認證、英文證書，但是在試題上可以自由選擇語系，因此，在國內的 MOS 認證考試亦提供有正體中文化試題，只要通過 Microsoft 的認證考試，即頒發全球通用的國際性證書，取電腦專業能力的認證，以證明您個人在 Microsoft Office 應用程式領域具備充分且專業的知識知識與能力。

取得 Microsoft Office 國際性專業能力認證，除了肯定您在使用 Microsoft Office 各項應用軟體的專業能力外，亦可提昇您個人的競爭力、生產力與工作效率。在工作職場上更能獲得更多的工作機會、更好的升遷契機、更高的信任度與工作滿意 。

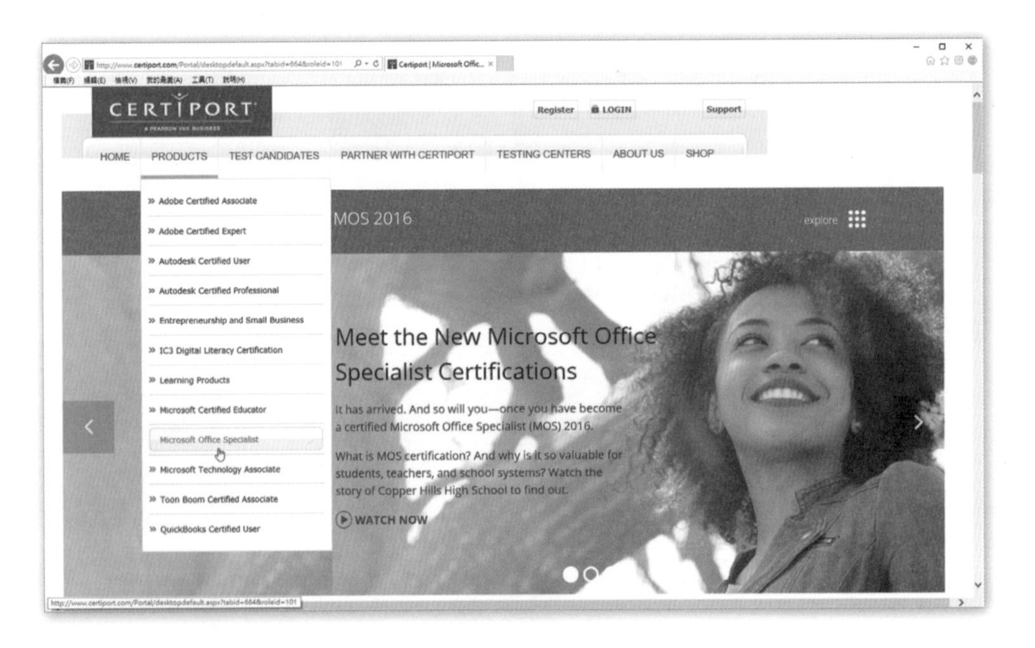

Certiport 是為全球最大考證中心，也是 Microsoft 唯一認可的國際專業認證單位，參加 MOS 的認證考試必須先到網站進行註冊。

0-2 MOS 認證系列

MOS 認證區分為標準級認證（Core）與專業級認證（Expert）兩大類型。

標準級認證（Core）

標準級認證（Core）是屬於基本的核心能力評量，可以測驗出對應用程式的基本實戰技能。根據不同的 Office 應用程式，共區分為以下幾個科目：

- Exam 77-725 Word 2016:
  Core Document Creation, Collaboration and Communication
- Exam 77-727 Excel 2016:
  Core Data Analysis, Manipulation, and Presentation
- Exam 77-729 PowerPoint 2016:
  Core Presentation Design and Delivery Skills
- Exam 77-730 Access 2016:
  Core Database Management, Manipulation, and Query Skills
- Exam 77-731 Outlook 2016:
  Core Communication, Collaboration and Email Skills

上述每一個考科通過後，皆可以取得該考科的 MOS 國際性專業認證證書。

專業級認證（Expert）

專業級認證（Expert）是屬於 Word 和 Excel 這兩項應用程式的進階的專業能力評量，可以測驗出對 Word 和 Excel 等應用程式的專業實務技能和技術性的工作能力。共區分為：

- Exam 77-726 Word 2016 Expert:
  Creating Documents for Effective Communication
- Exam 77-728 Excel 2016 Expert:
  Interpreting Data for Insights

若通過 MOS Word 2016 Expert 考試，即可取得 MOS Word 2016 Expert 專業級認證證書；若通過 MOS Excel 2016 Expert 考試，即可取得 MOS Excel 2016 Expert 專業級認證證書。

大師級認證（Master）

MOS 大師級認證（MOS Master）與微軟在資訊技術領域的 MCSE 或 MCSD，或現行的 MCITP 或 MCPD 是同級的認證，代表持有認證的使用者對 Microsoft Office 有更深入的了解，亦能活用 Microsoft Office 各項成員應用程式執行各種工作，在技術上可以熟練地運用有效的功能進行 Office 應用程式的整合。因此，MOS 大師級認證的門檻較高，考生必須通過多項標準級與專業級考科的考試，才能取得 MOS 大師級認證。最新版本的 MOS Microsoft Office 2016 大師級認證的取得，必須通過下列三科必選科目：

- MOS: Microsoft Office Word 2016 Expert（77-726）
- MOS: Microsoft Office Excel 2016 Expert（77-728）
- MOS: Microsoft Office PowerPoint 2016（77-729）

並再通過下列兩科目中的一科（任選其一）：

- MOS: Microsoft Office Access 2016（77-730）
- MOS: Microsoft Office Outlook 2016（77-731）

因此，您可以專注於所擅長、興趣、期望的技術領域與未來發展，選擇適合自己的正確途徑。

* 以上資訊公佈自 Certiport 官方網站。

MOS 2016 各項證照

MOS Word 2016 Core 標準級證照

MOS Word 2016 Expert 專業級證照

MOS Excel 2016 Core 標準級證照

MOS Excel 2016 Expert 專業級證照

MOS PowerPoint 2016 標準級證照

MOS Outlook 2016 標準級證照

MOS Access 2016 標準級證照

MOS Master 2016 大師級證照

0-3 證照考試流程與成績

考試流程

1. 考前準備：參考認證檢定參考書籍，考前衝刺～
2. 註冊：首次參加考試，必須登入 Certiport 網站（http://www.certiport.com）進行註冊。註冊參加 Microsoft MOS 認證考試。（註冊前準備好英文姓名資訊，應與護照上的中英文姓名相符，若尚未擁有護照或不知英文姓名拼字，可登入外交部網站查詢）。
3. 選擇考試中心付費參加考試。
4. 即測即評，可立即知悉分數與是否通過。

認證考試畫面說明（以 MOS Excel 2016 Core 為例）

MOS 認證考試使用的是最新版的 CONSOLE 8 系統，考生必須先到 Ceriport 網站申請帳號，在此系統便是透過 Ceriport 帳號登入進行考試：

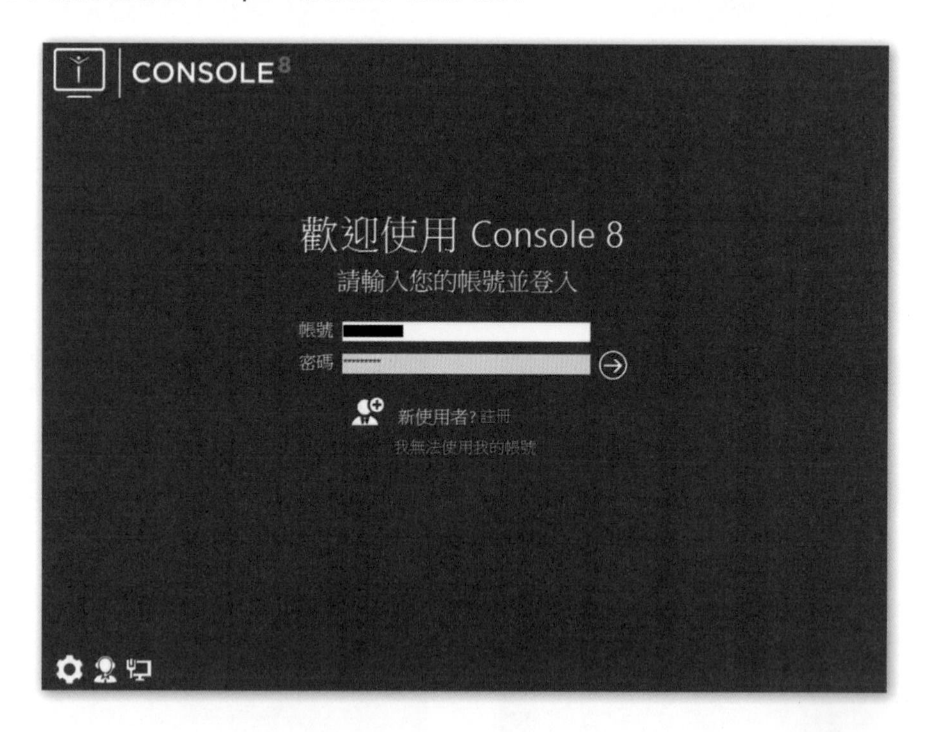

啟動考試系統畫面，點選〔自修練習評量〕:

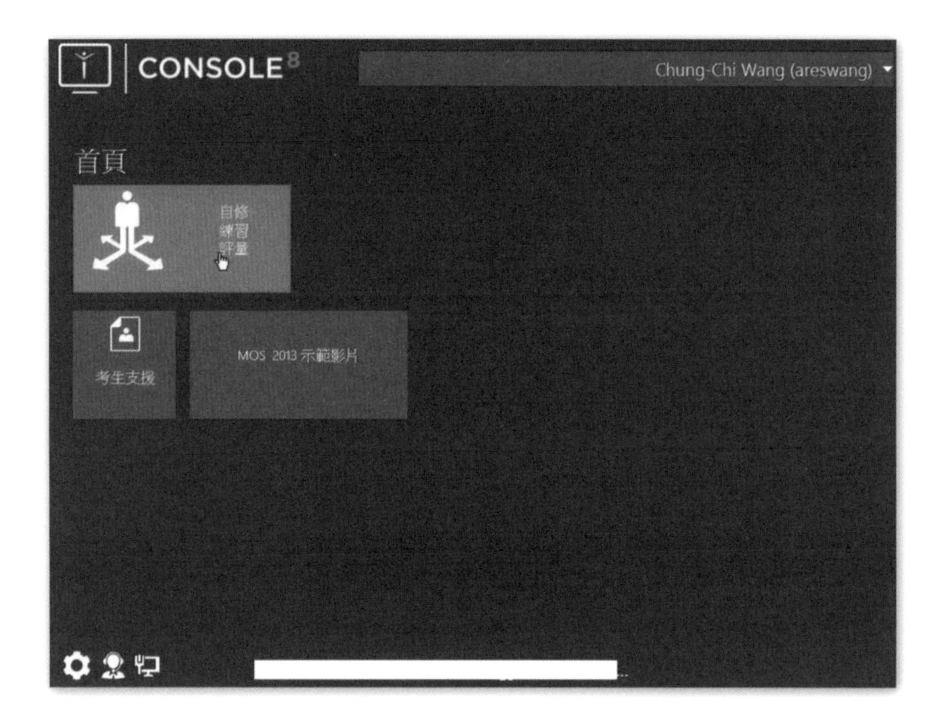

點選〔評量〕:

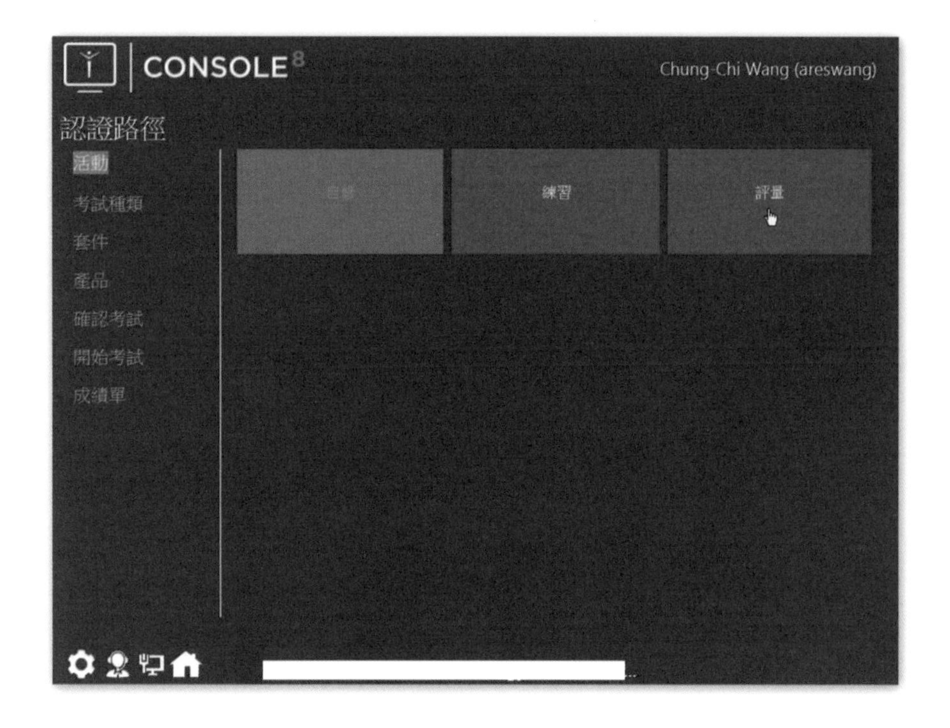

選擇要參加考試的種類為〔Microsoft Office Specialist〕:

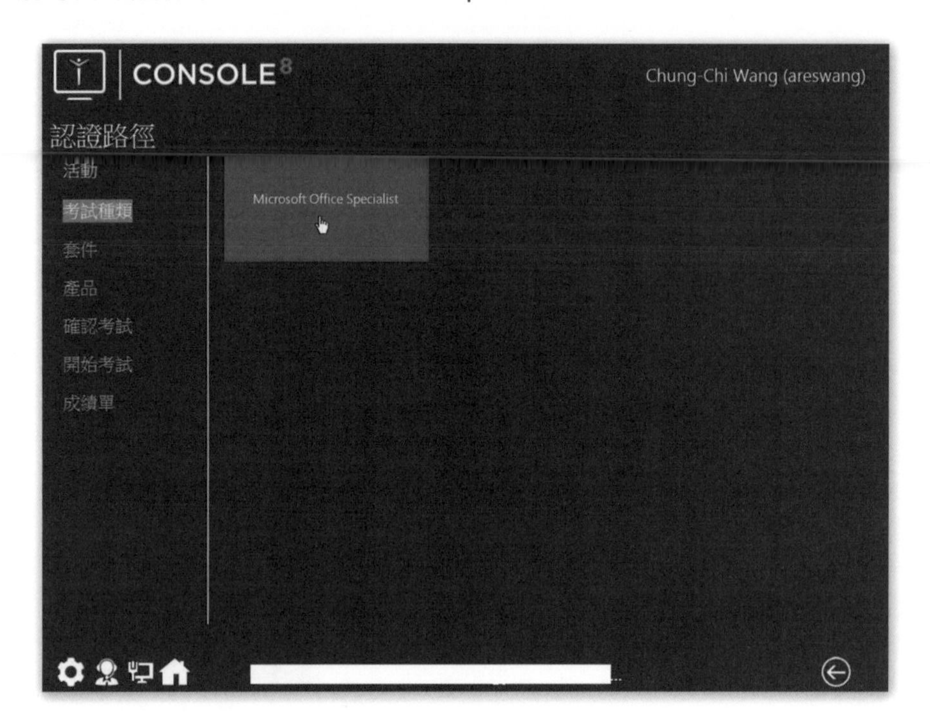

選擇要參加考試的版本為〔2016〕:

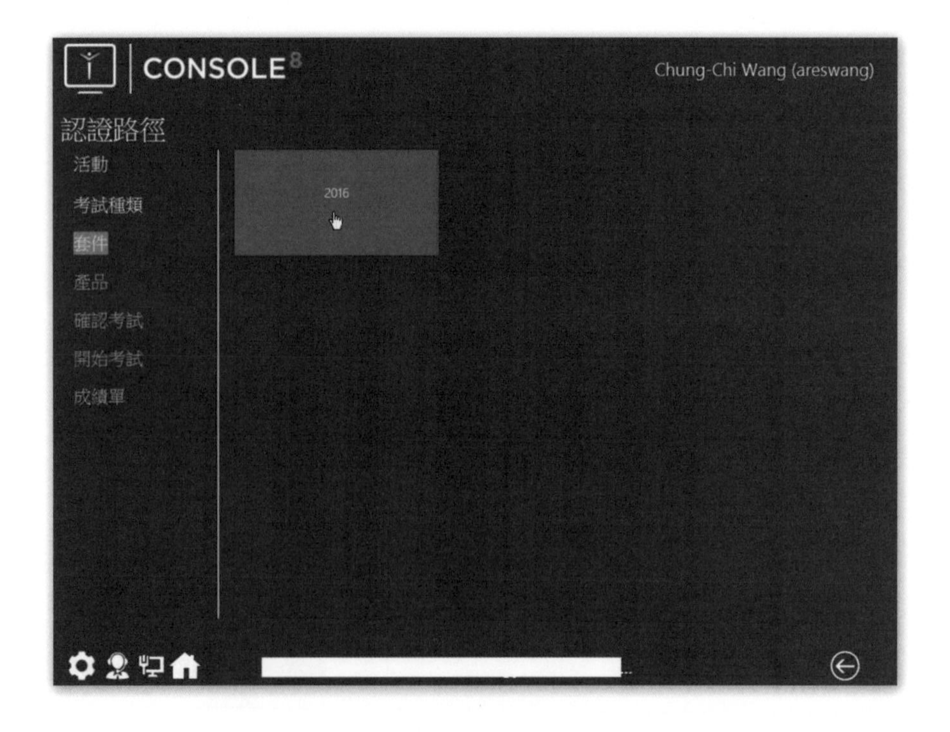

選擇要參加考試的科目，例如〔Excel〕：

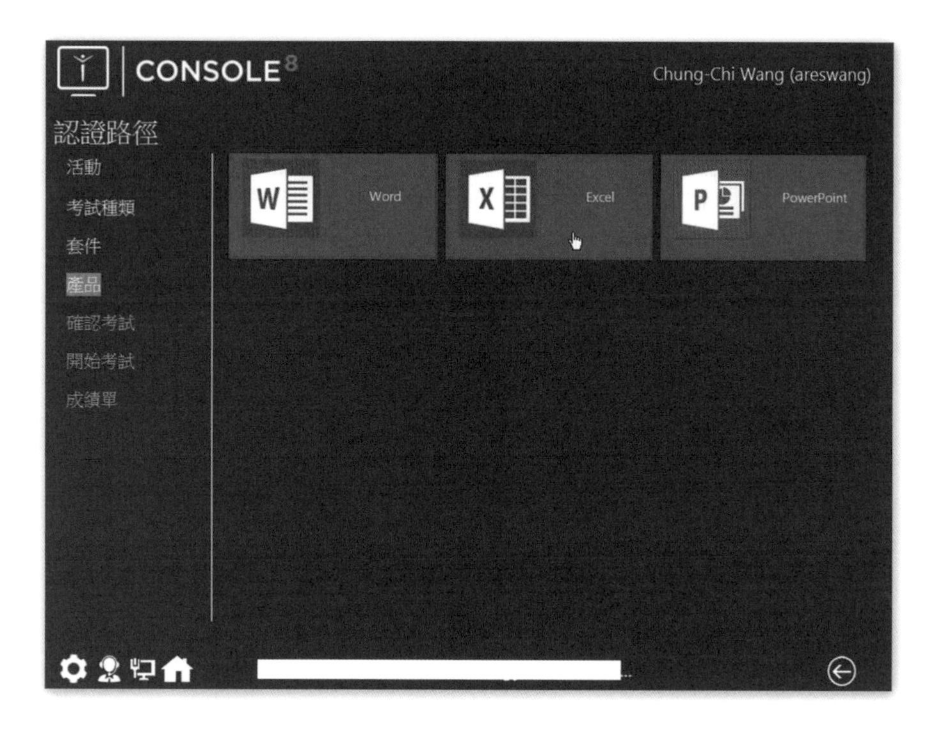

進行考試資訊的輸入，例如：郵件地址編輯（會自動套用註冊帳號裡的資訊）、考試群組、確認資訊。完成後，進行電子郵件信箱的驗證與閱讀並接受保密協議：

閱讀並接受保密協議畫面，務必點按〔是，我接受〕:

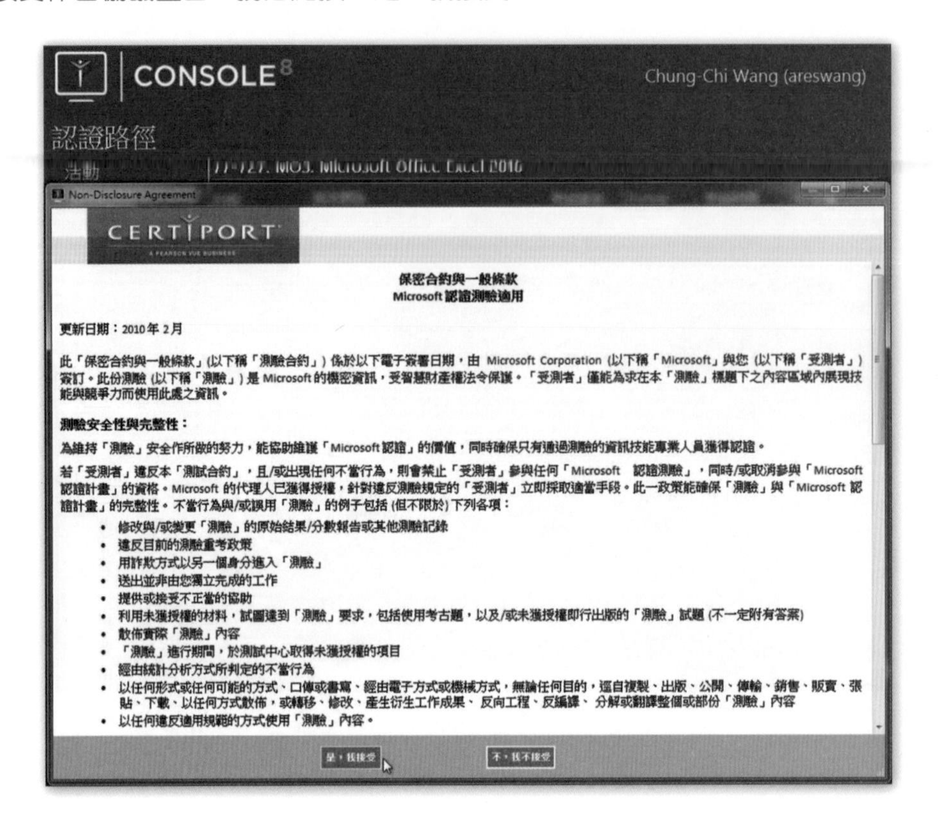

由考場人員協助，登入監考人員帳號密碼。

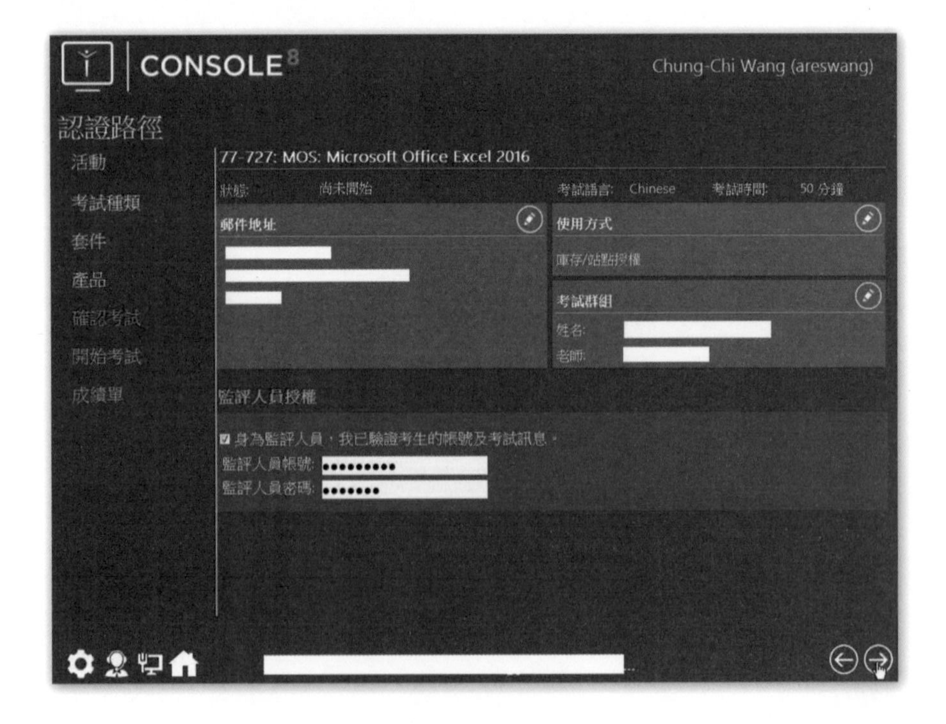

自動進行系統與硬體檢查，通過檢查即可開始考試：

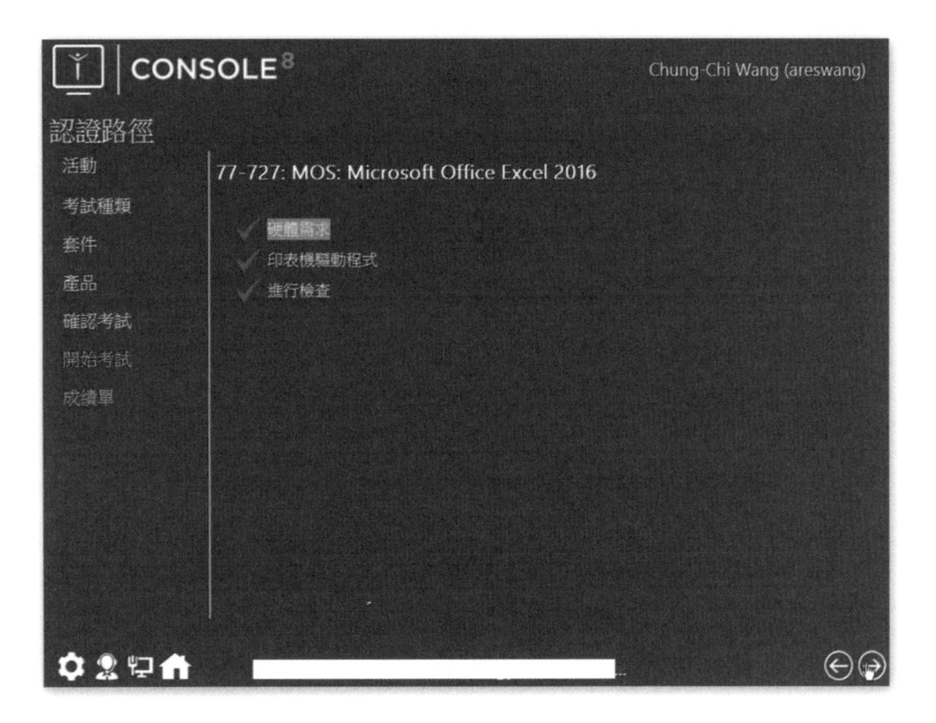

考試前會有 8 個認證測驗說明畫面：

首先，進行考試介面的講解：

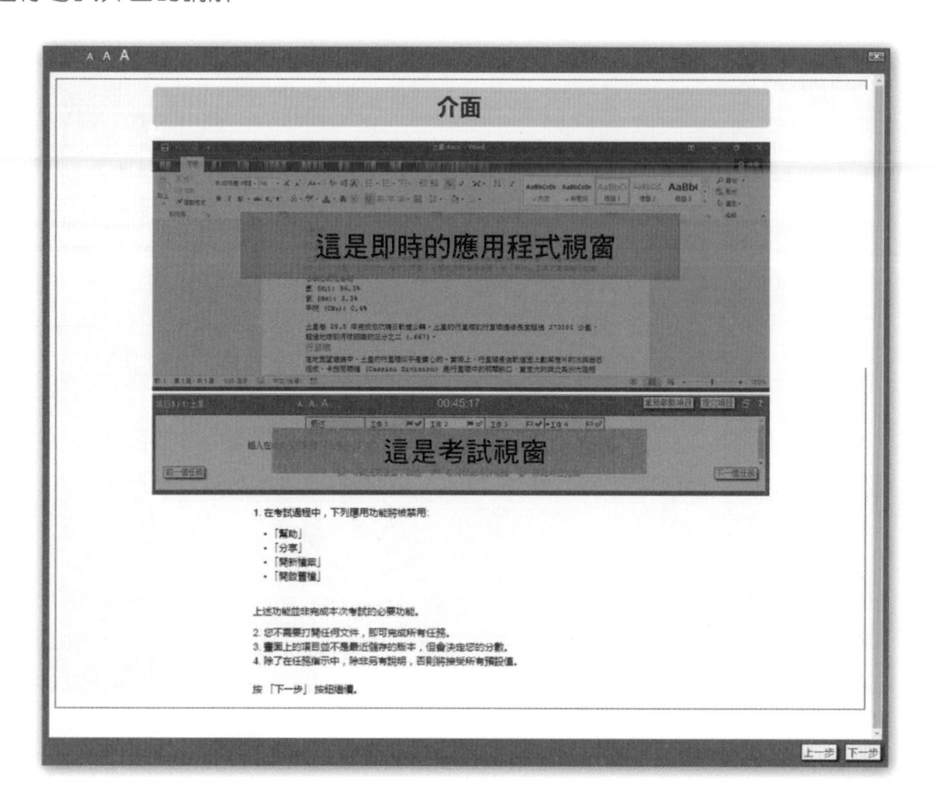

考試是以專案情境的方式進行實作，在考試視窗的底部即呈現專案題目的各項要求任務（工作），以及操控按鈕：

此外，也提供考試總結清單，會顯示已經完成或尚未完成（待檢閱）的任務（工作）清單：

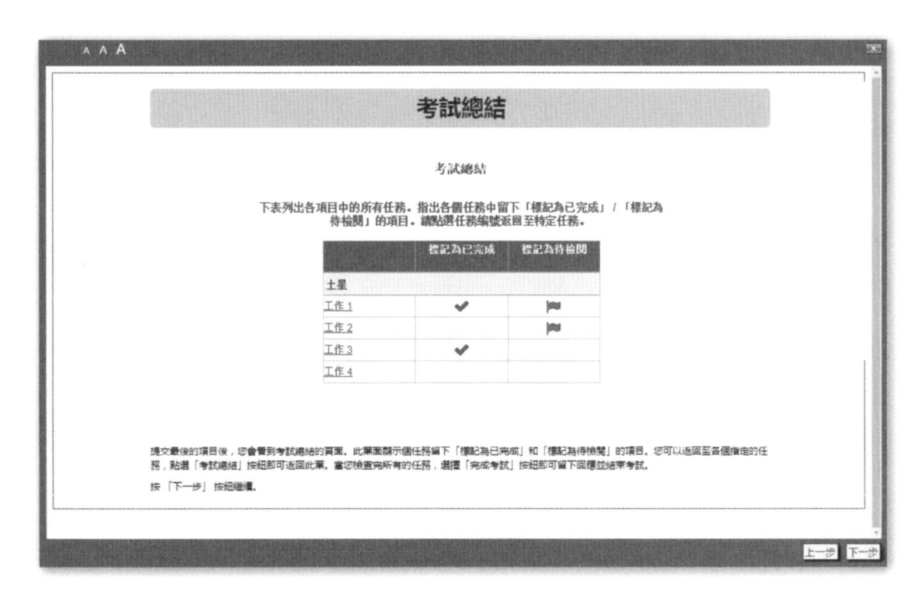

逐一看完認證測驗說明後，點按右下角的〔下一步〕按鈕，即可開始測驗，50 分鐘的考試時間在此開始計時。

現行的 MOS 2016 認證考試，是以情境式專案為導向，每一個專案包含了 5 ～ 7 項不等的任務（工作），也就是情境題目，要求考生一一進行實作。每一個考科的專案數量不一，例如：Excel 2016Core 有七個專案、Excel 2016 Expert 則有 5 個專案。畫面上方是應用程式與題目的操作畫面，下方則是題目視窗，顯示專案序號、名稱，以及專案概述，和專案裡的每一項必須完成的工作。

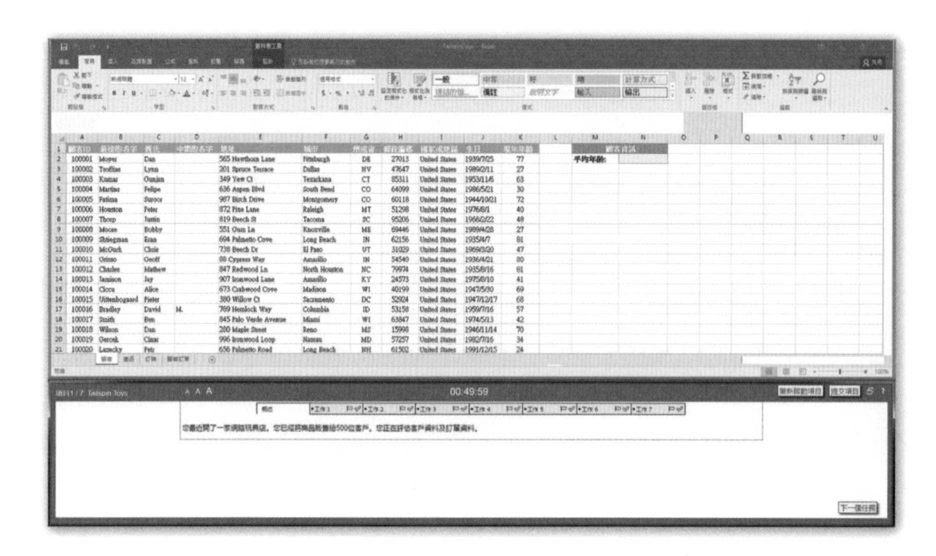

點按視窗下方的工作頁籤，即可看到該工作的要求內容：

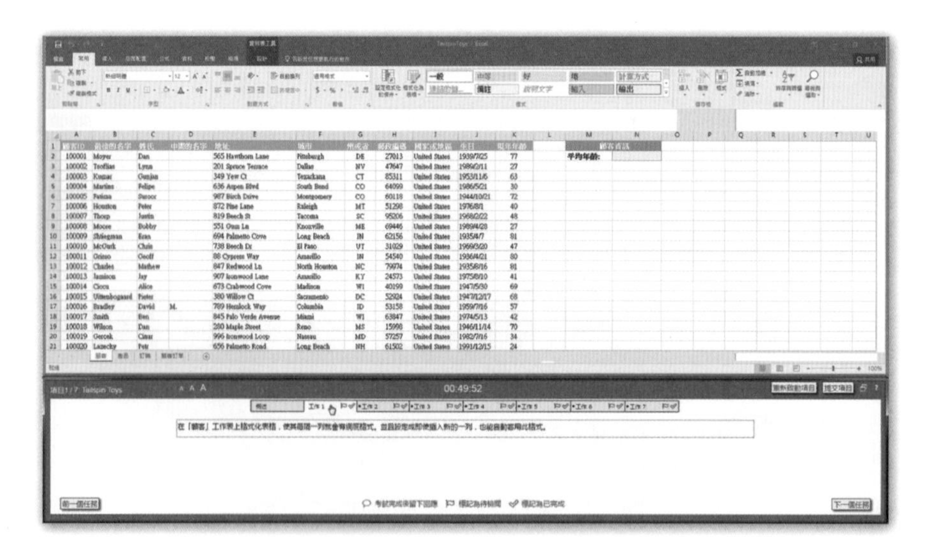

完成一項工作要求的操作後，可以點按視窗下方的〔標記為已完成〕，若不確定操作是否正確或不會操作，可以點按〔標記為待檢閱〕。

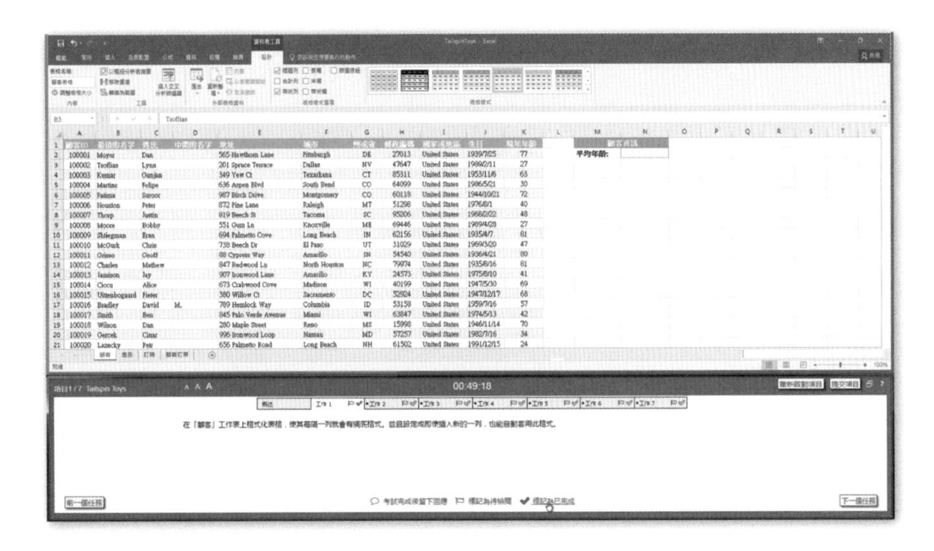

整個專案的每一項工作都完成後，可以點按〔提交項目〕按鈕，若是點按〔重新啟動項目〕按鈕，則是整個專案重設，清除該專案裡的每一項結果，整個專案一切重新開始。

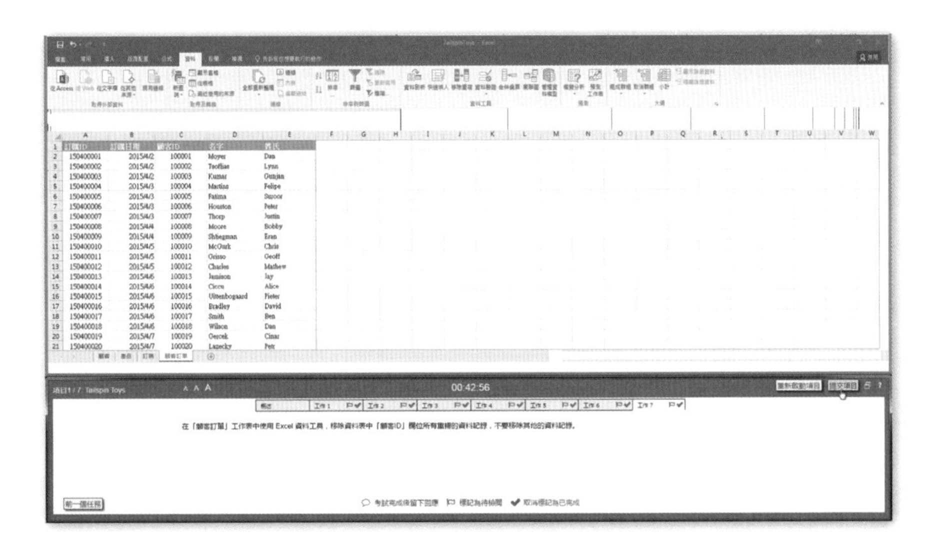

考試過程中，當所有的專案都已經提交後，畫面右下方會顯示〔考試總結〕按鈕可以顯示專案中的所有任務（工作）：

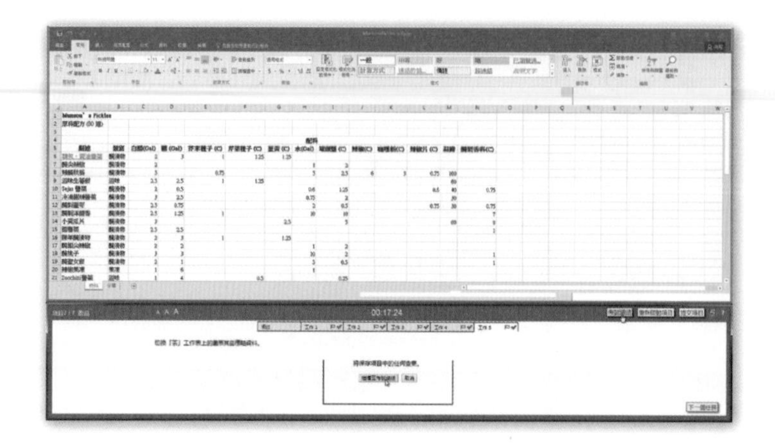

考生可以透過〔考試總結〕按鈕的點按，回顧所有已經完成或尚未完成的工作：

在考試總結清單裡可以點按任務編號的超連結，回到專案繼續進行該任務的作答與編輯：

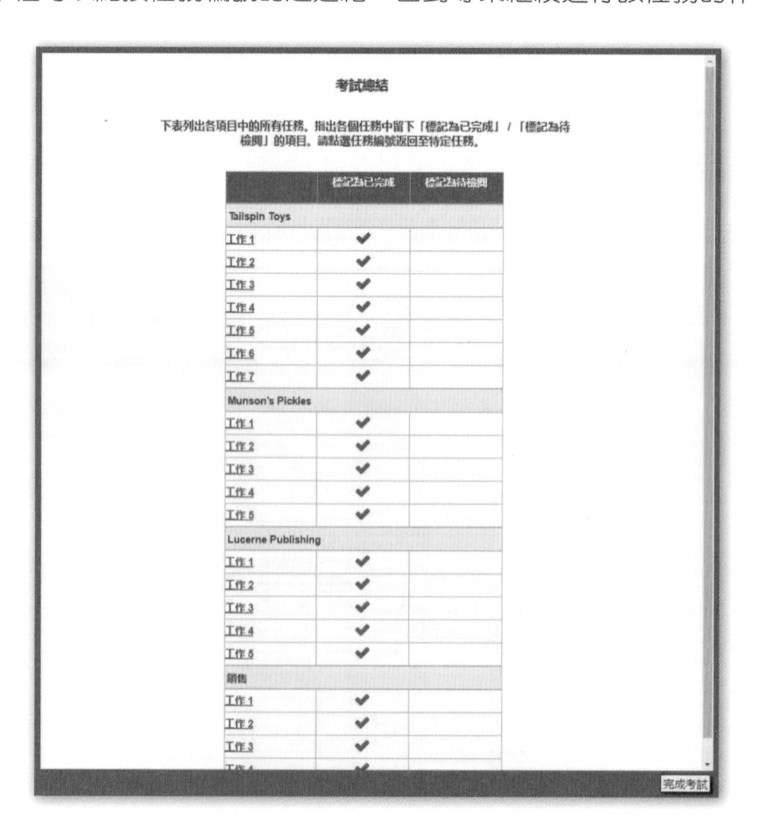

最後，可以點按〔考試完成後留下回應〕，對這次的考試進行意見的回饋，若是點按〔關閉考試〕按鈕，即結束此次的考試。

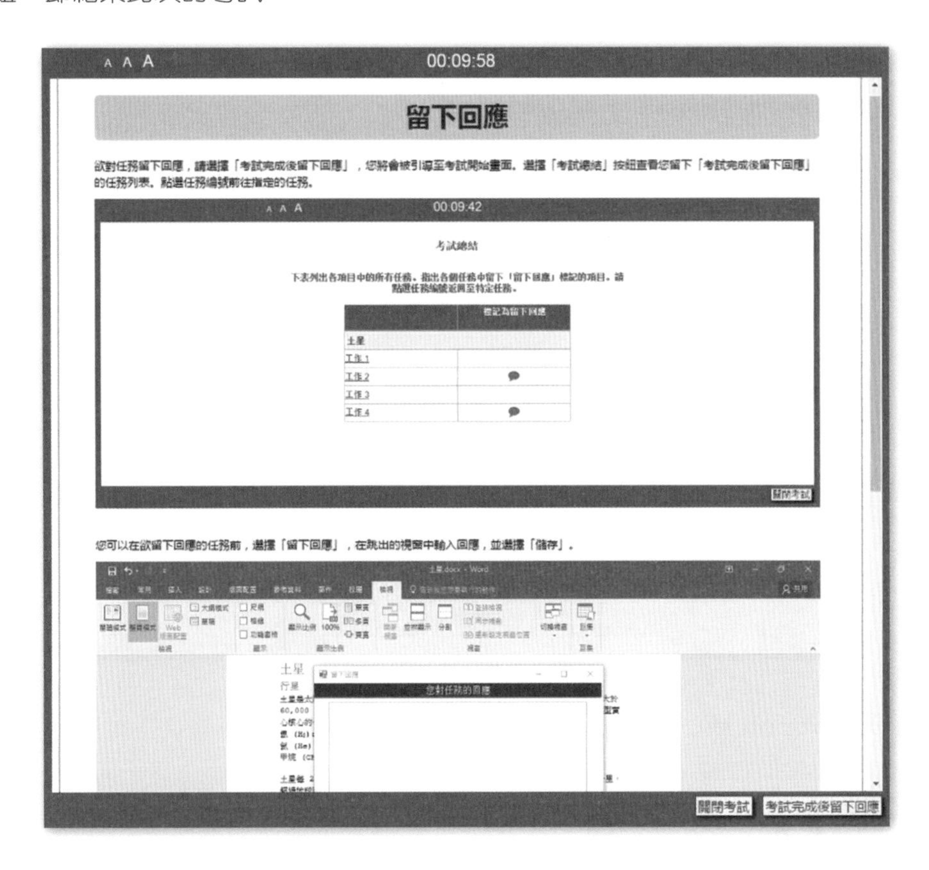

這是留下意見回饋的視窗，可以點按〔結束〕按鈕：

此為即測即評系統，完成考試作答後即可立即知道成績。認證考試的滿分成績是 1000 分，及格分數是 700 分以上。

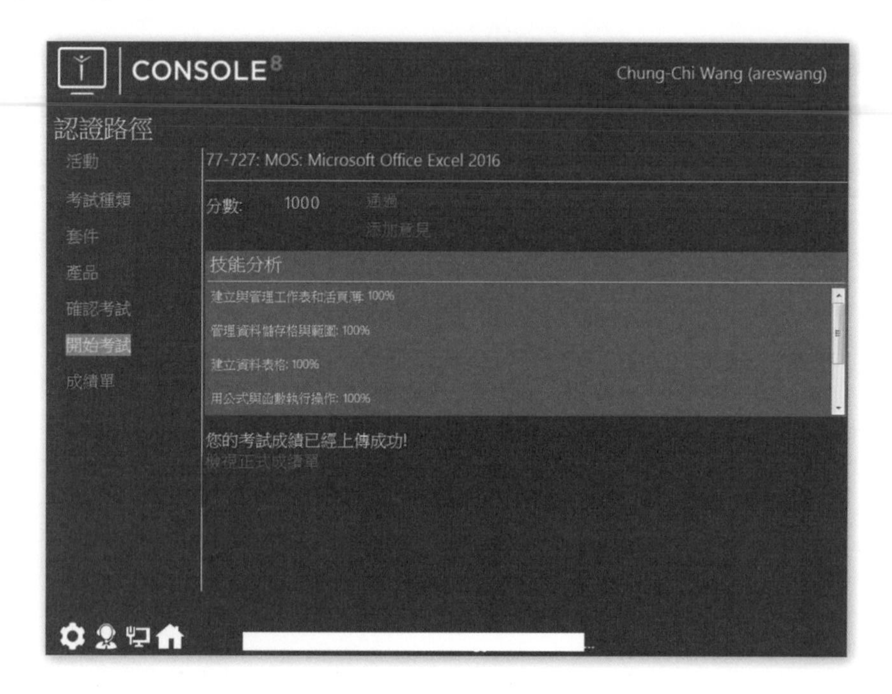

考後亦可登入 Certiport 網站，檢視、下載、列印您的成績報表或查詢與下載列印證書副本。

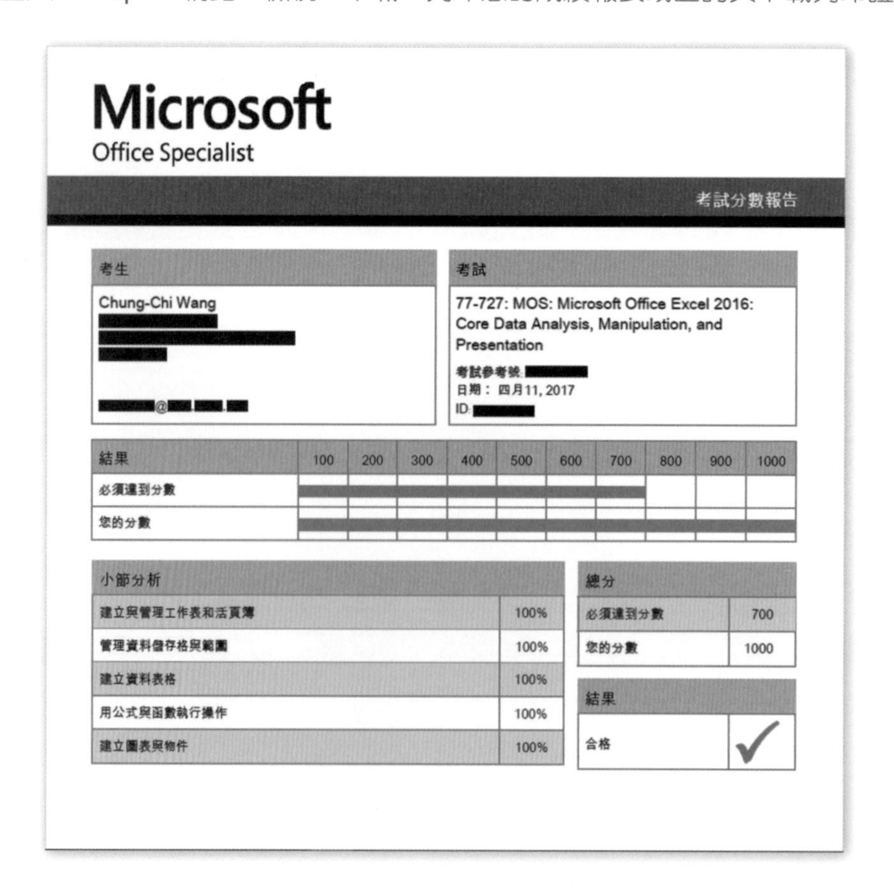

Microsoft
Office Specialist

考試分數報告

考生	考試
Chung-Chi Wang	77-727: MOS: Microsoft Office Excel 2016: Core Data Analysis, Manipulation, and Presentation 考試參考號: 日期： 四月11, 2017 ID:

結果	100	200	300	400	500	600	700	800	900	1000
必須達到分數										
您的分數										

小節分析	
建立與管理工作表和活頁簿	100%
管理資料儲存格與範圍	100%
建立資料表格	100%
用公式與函數執行操作	100%
建立圖表與物件	100%

總分	
必須達到分數	700
您的分數	1000

結果	
合格	✓

Chapter 01 管理文件選項與設定

學習重點

本章重點在於介紹共同作業時，如何管理文件和範本、限制文件編輯的方式，以及如何管理文件的變更，包括下列三個主題：

- 1-1 管理文件和範本
- 1-2 準備校閱文件
- 1-3 管理文件變更

1-1 管理文件和範本

本單元的重點在於學習範本的修改、移動或複製樣式、巨集和建置組塊、文件版本的管理、文件的比較與合併、插入並連結外部資料、巨集安全性的管理以及如何改變 Word 預設功能，共分為下列七個主題：

- 修改現有範本
- 移動或複製樣式、巨集和建置組塊
- 管理文件版本
- 比較與合併文件
- 連結外部文件的內容
- 在文件中啟用巨集
- 改變 Word 預設功能

1.1.1 修改現有範本

您可以透過 Word 預設的範本檔來建立一份文件，範本檔提供的元素，包括了已經設定好的段落樣式、頁首及頁尾、佈景主題、版面配置、文件封面和巨集…等等諸多元素，利用 Word 2016 提供的各式範本，得以快速建立具有專業外觀的文件。

透過範本建立新文件

啟動 Word 2016 時，或者進入 Word 之後，點按**檔案 \ 新增**，在**後台管理**的畫面中，可以看到如下圖的眾多文件範本，最近選用過的範本，會被置於第一排的位置。

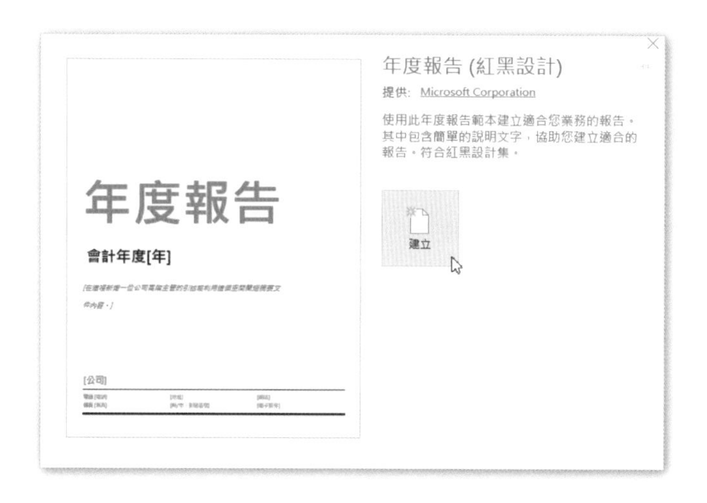

Step.1
在「年度報告 (紅黑設計)」的範本上點按一下，並在左圖中按下**建立**。

Step.2 開啟「年度報告 (紅黑設計)」的範本之後，點按**設計**索引標籤 \ **佈景主題**，再點選佈景主題「要素」，用來修改文件中原有的佈景主題。

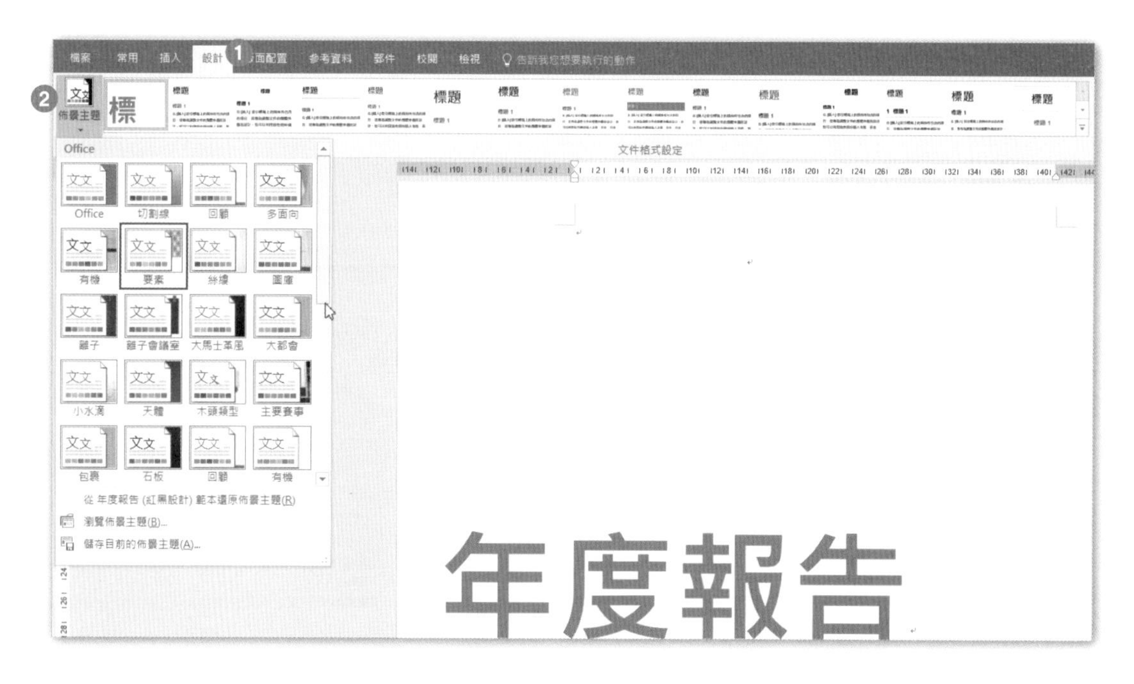

Step.3
修改過佈景主題的範本文件，如左圖所示：

儲存成新的範本檔

我們可以將前述完成修改的範本文件，儲存成自訂的範本檔，將可在以後新增文件時使用。範本檔的副檔名為「*.dotx」，會被存到**文件**資料夾 \ **自訂 Office 範本**資料夾內。

Step.1 點按**檔案**索引標籤 \ **另存新檔**，在**另存新檔**的後台管理畫面中，點按**這台電腦**。

Step.2 輸入「部門年度報告」，並在檔案類型清單中，點選「Word 範本 (*.dotx)」，Word 會自動將存檔路徑切換到**文件**資料夾 \ **自訂 Office 範本**，按下**儲存**即可。

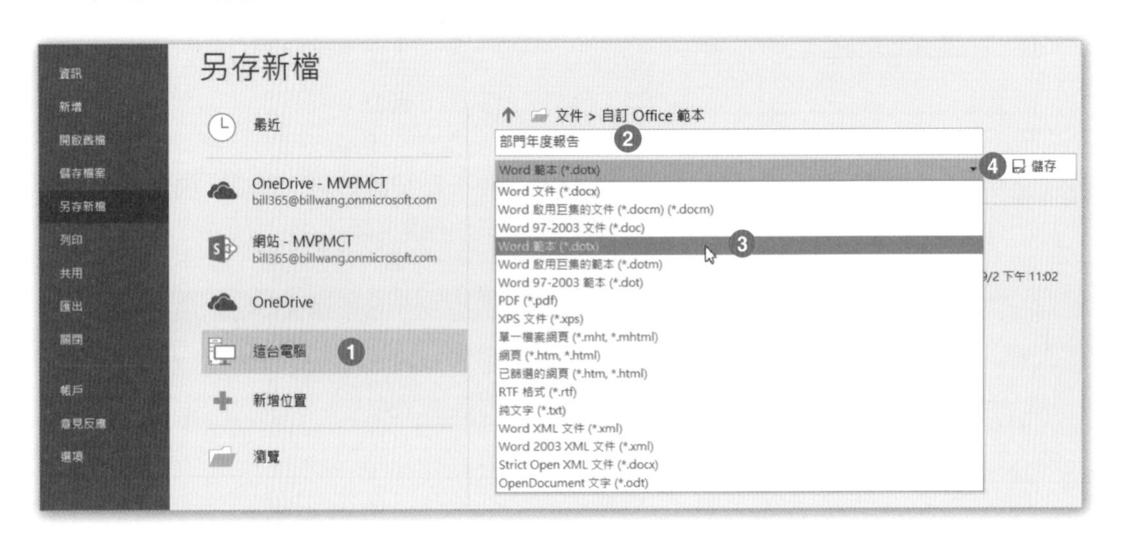

使用自訂範本建立新文件

以後若要透過「部門年度報告 .dotx」的範本檔來建立新文件，可以這麼做：

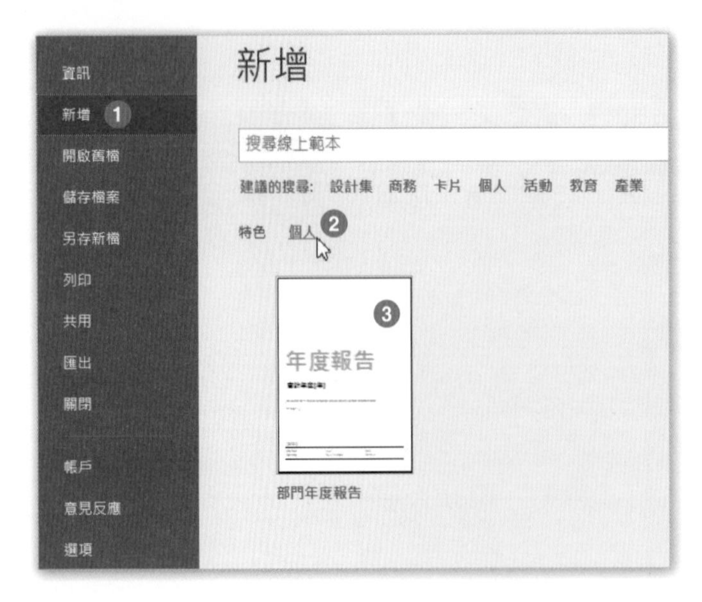

Step.1 進入 Word 2016，點按**檔案**索引標籤 \ **新增**。

Step.2 在**新增**的後台管理畫面中，點按「個人」的範本檔類別，再點一下「部門年度報告」的圖示。

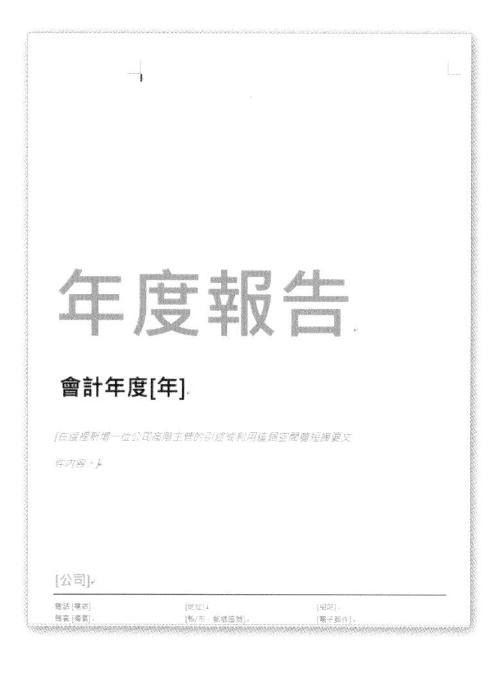

Step.3
開啟的新文件如左圖所示，再以此進行編修即可。

修改自訂範本檔

您可以直接修改自訂範本檔「部門年度報告 .dotx」中所有的元素，例如要將第一頁封面文字「年度報告」套用的段落樣式「標題」中的字型，變更成為「80pt」大小、「藍色，輔色 1，較深 50%」的文字色彩，可以參考下列步驟來進行修改：

Step.1
啟動 Word 2016，點按**開啟其他文件**。

Step.2 在**開啟舊檔**標題之下，點選**這台電腦**，在對話方塊中點選**文件**資料夾中的「**自訂 Office 範本**」資料夾，按下**開啟**。

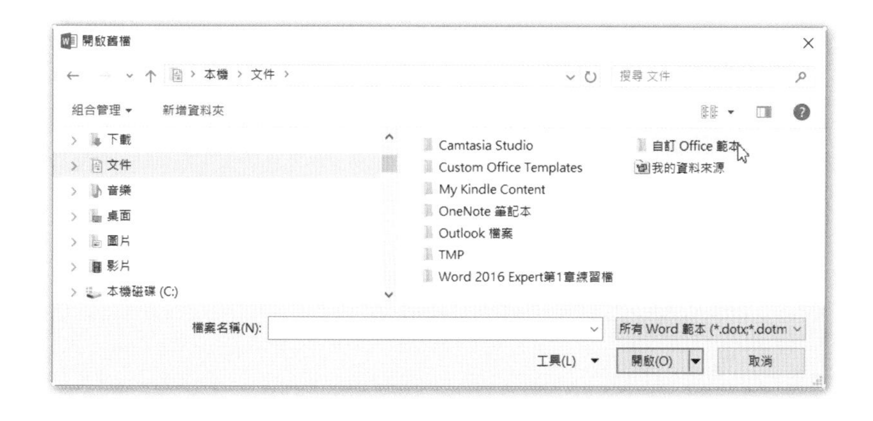

Step.3 點選「部門年度報告 .dotx」，按下**開啟**。

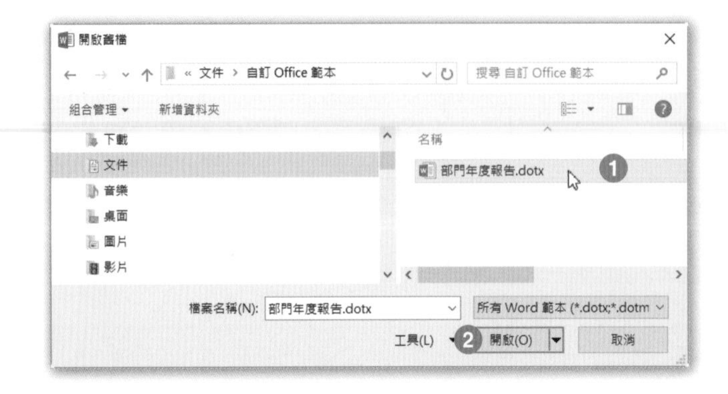

Step.4 點選第一頁封面文字「年度報告」，在樣式清單中的「標題」樣式上，按下滑鼠右鍵，點選「修改」。

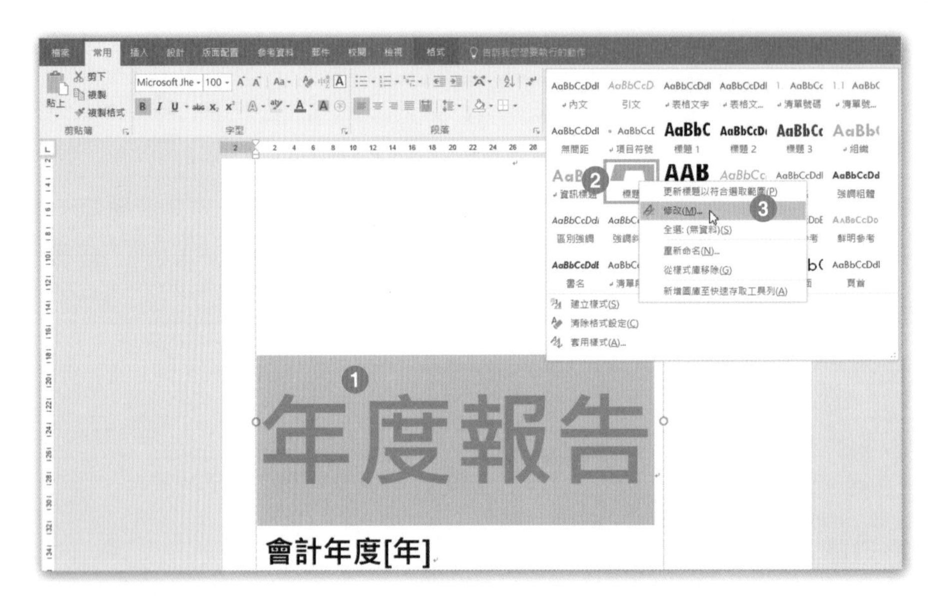

Step.5 在內容對話方塊中，文字大小選擇「80pt」、文字色彩選擇「藍色，輔色 1, 較深 50%」，按下**確定**。

Step.6 回到範本文件中，點按畫面左上角的「儲存檔案」即可。

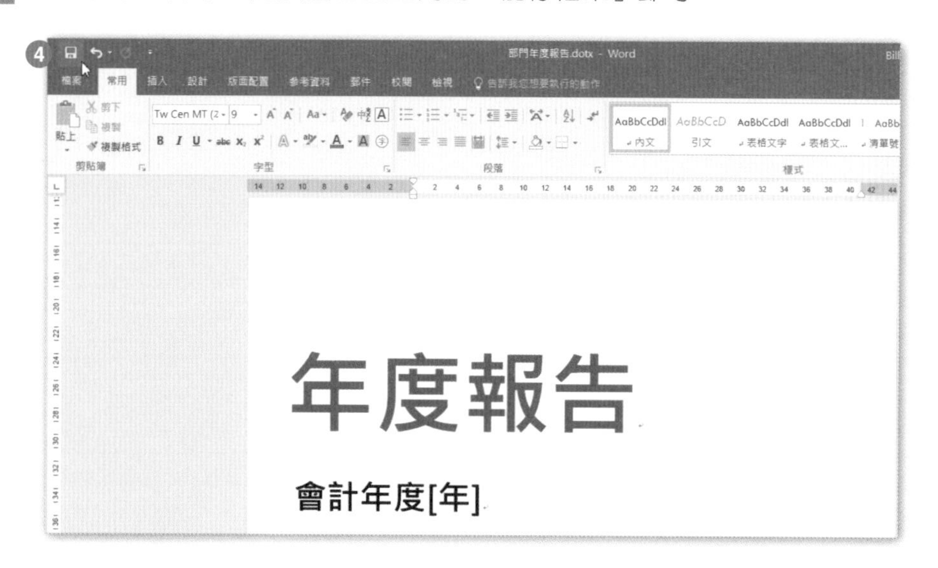

TIPS & TRICKS

您在啟動 Word 2016 時，若點選了「空白文件」，Word 將會套用預設範本「Normal.dotm」中所有的設定。若不小心刪除了這個範本檔，不用擔心，Word 2016 會自動產生一個全新的「Normal.dotm」範本檔；或者當我們更改了「Normal.dotm」中的某些設定，又想要還原成預設值，此時直接將「Normal.dotm」刪除將是最簡單的方法，因為 Word 2016 會產生一個全新的「Normal.dotm」。

「Normal.dotm」範本檔儲存的位置，是跟所有 Office 2016 軟體的範本檔放在同一個資料夾中，類似如下的路徑（紅字表示每個使用者的名稱都不同）:

C:\ 使用者 \MVP_BillWang\AppData\Roaming\Microsoft\Templates

下圖為所有範本檔的名稱和所在的位置。

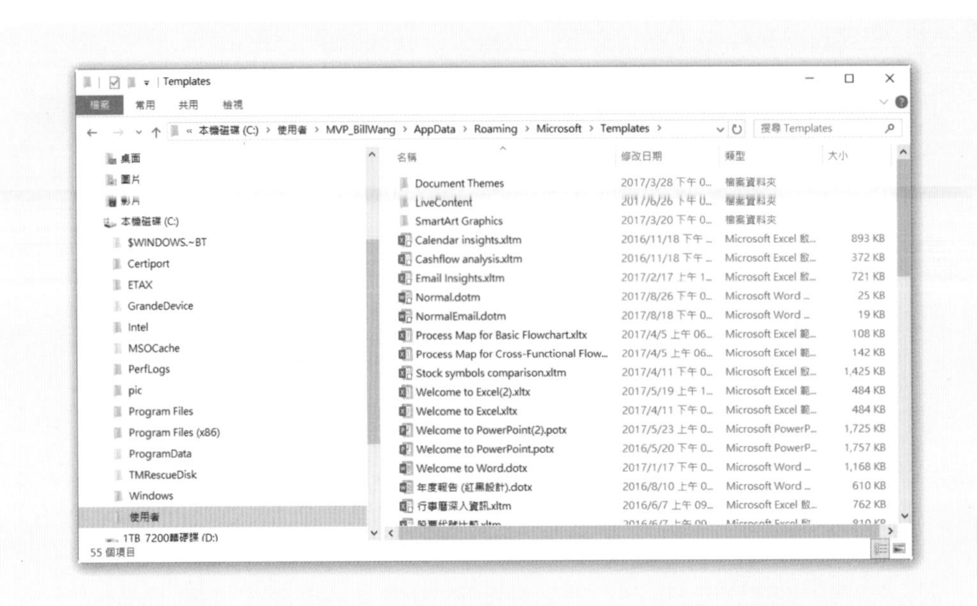

但是，建議大家如非必要，最好不要更動任何 Word 2016 預設範本中的設定，尤其是「Normal.dotm」，它是 Word 最重要的範本檔；若一定要修改其內容，請更換檔名之後（例如「Normal-1.dotm」），再儲存於**文件**資料夾\Custom Office Templates 之中。

1.1.2 複製樣式、巨集和建置組塊到文件或範本

您可以將常用的文字、圖片、表格、文件封面、浮水印以及頁首頁尾或是文件中其他的資料，設定成為 Word 2016 的「建置組塊」，以方便您在不同的文件中反覆使用些資料。

當然也可以從別處的文件或範本檔將合用的段落樣式、巨集或者建置組塊複製到自己正在編輯的文件中，這樣就可以節省重新設計這些元素的時間和麻煩。

自訂和儲存建置組塊

文字性質的**建置組塊**，其內容可以是專有名詞、提醒事項、一個句子、一段文字或整份文件，設定文字**建置組塊**的步驟如下：

Step.1 開啟**文件**資料夾 \Word 2016 Expert 第 1 章練習檔 \1.1.2 設定建置組塊 .docx。

Step.2 選取第一段內文，點按**插入**索引標籤 \ **文字**群組 \ **快速組件** \ **儲存選取項目至快速組件庫**。

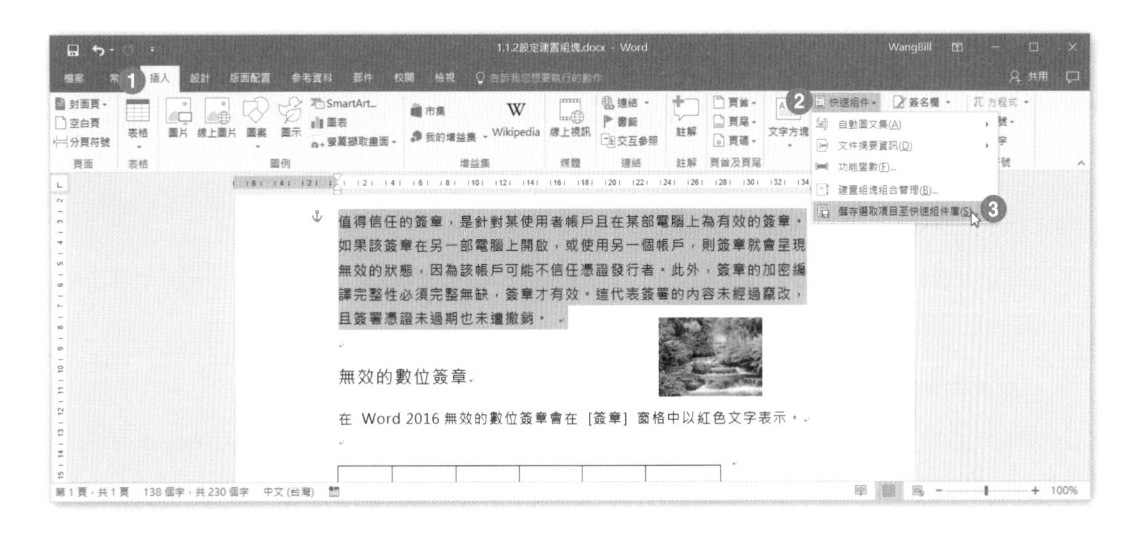

Step.3

在**建立新建置組塊**對話方塊中，使用預設名稱「值得信任的簽章」，在**描述**文字方塊中輸入「數位簽章的用途說明」，再按下**確定**，新建立的建置組塊會被存入到名為「Building.Blocks.dotx」的 Word 範本檔之中。

如果要將表格、圖片、圖表、文件封面、浮水印以及頁首頁尾等內容設定成為**建置組塊**，只要選定這些物件，其做法與文字型態的建置組塊完全相同，只是存放的**圖庫**有所差別而已。

以下是針對**建立新建置組塊**對話方塊中，各項設定的說明：

- 名稱：針對文字性質的建置組塊，Word 會自動擷取選取範圍的最前面 10 個字，來當作預設的名稱；您也可以自行輸入其他的名稱。
- 如果前面 10 個字中間包含標點符號，那麼 Word 只會擷取標點符號之前的字串，當作**名稱**的內容，而不會擷取到 10 個字的長度。
- 圖庫：**建置組塊**存放的位置，此處採用預設值「快速組件」。
- 類別：「一般」是預設選項，您也可以自訂類別。
- 描述：用來說明**建置組塊**的用途，也可以省略不打。
- 儲存於：建置組塊的儲存位置，Building.Blocks.dotx 是預設的範本檔。
- 選項：設定**建置組塊**在文件中的排列方式。

複製「Building Blocks.dotx」到他台電腦

所有的**建置組塊**會儲存在名為「Building Blocks.dotx」的範本檔之中，存放的位置會因 Microsoft Office 的中、英文版而稍有不同：

- 中文版 Microsoft Office 的「Building Blocks.dotx」儲存位置
  C:\Users\MVP_BillWang\AppData\Roaming\Microsoft\Document Building Blocks\1028\16
- 英文版 Microsoft Office 的「Building Blocks.dotx」儲存位置
  C:\Users\MVP_BillWang\AppData\Roaming\Microsoft\Document Building Blocks\1033\16

所以，只要在電腦中找到這個檔案，並複製到對方電腦相同的路徑之下，就可以將「Building Blocks.dotx」中所有的建置組塊分享給他人。

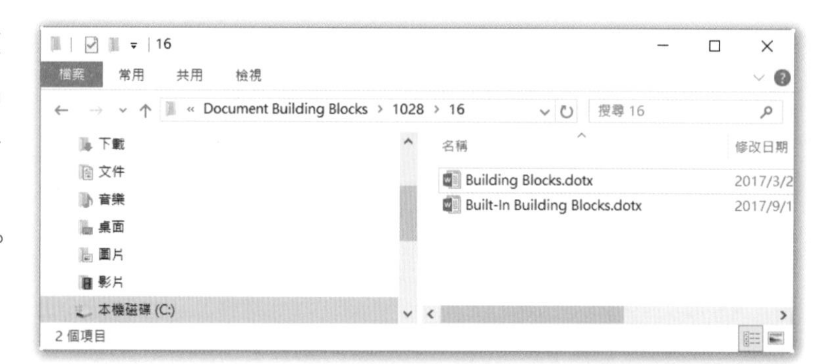

刪除或分享建置組塊

如果想要刪除或將某一個**建置組塊**分享給他人使用，請參考下列做法：

建置組塊是可以編輯和刪除的，例如我們要刪除名為「值得信任的簽章」的建置組塊，可依下列步驟來操作：

Step.1 點按**插入**索引標籤 \ **文字**群組 \ **快速組件**。

Step.2 在**快速組件圖庫**中的「值得信任的簽章」項目上，按一下滑鼠右鍵，點選**組織與刪除**。

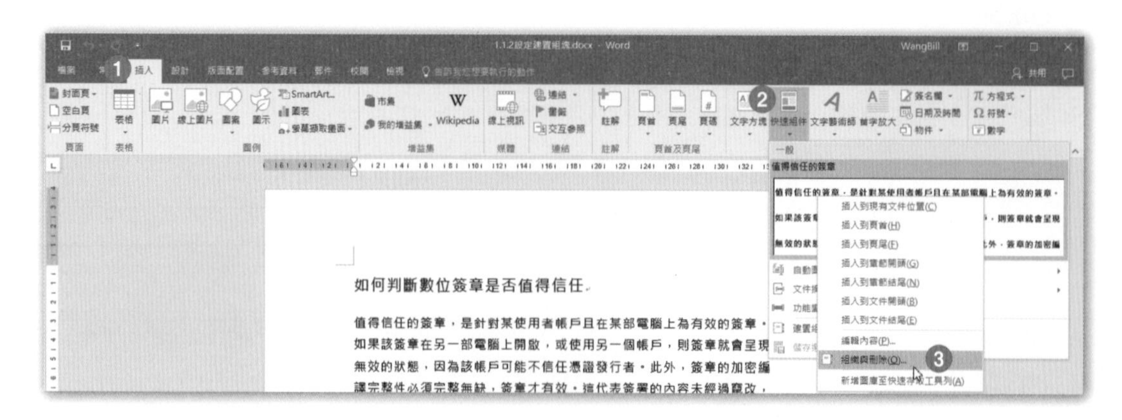

Step.3 在**建置組塊組合管理**對話方塊中，可以看到「值得信任的簽章」建置組塊已在被選取的狀態，點按**刪除**按鈕，並在確認刪除的對話方塊中點按**是**，再點按**關閉**即可。

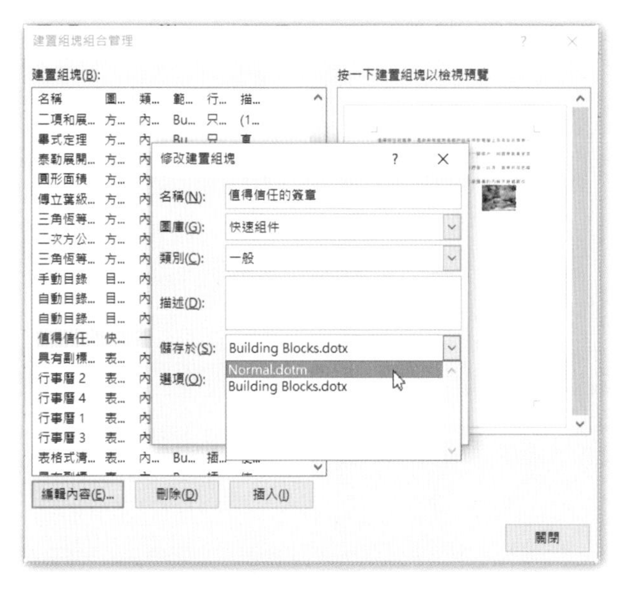

若要將建置組塊分享給另一台電腦使用，在**建置組塊組合管理**對話方塊中，點按**編輯內容**按鈕，並儲存於選單中點選另一範本檔「Normal.dotm」，按下**確定**，再點按**關閉**，再將該範本檔複製到另一台電腦即可。

建置組塊中的選項設定

建置組塊插入到文件中的方式有三種：

- **只插入內容** (Word 預設值)：文字和表格置於插入點的位置，圖片和文字方塊被置於文件中相對的位置。
- **插入內容到它自己的段落**：將建置組塊置於下一個段落的位置，其左右不會有任何資料。
- **插入內容到它自己的頁面**：將建置組塊置於新的一頁中。

複製段落樣式

啟動 Word 2016 建立一份新的空白文件，將**文件**資料夾 \Word 2016 Expert 第 1 章練習檔 \1.1.2 複製段落樣式和巨集 .dotm 範本檔中的段落樣式「小標題」，複製到此空白文件中。

Step.1 進入 Word 2016 建立一份新的空白文件。

Step.2 點按**常用**索引標籤 \ **樣式**群組 \ **樣式**按鈕，點按**樣式**工作窗格下方的「管理樣式」按鈕。

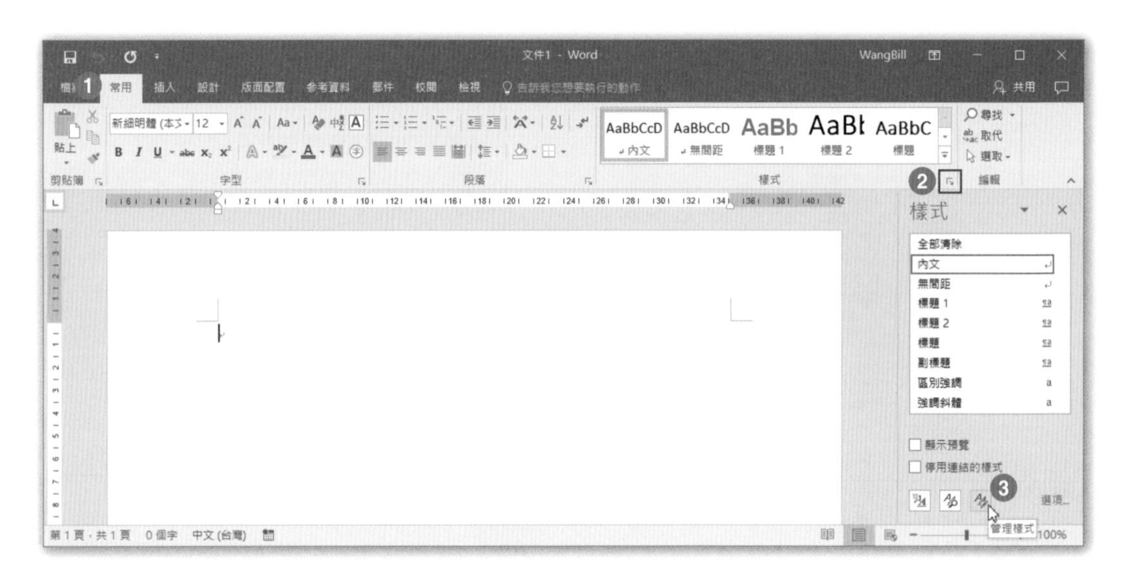

Step.3 在**管理樣式**對話方塊中，點按**匯入 / 匯出**按鈕。

Step.4 點按**組合管理**對話方塊右下方「Normal.dotm」範本檔之下的**關閉檔案**按鈕。

Step.5 點按**組合管理**對話方塊右下方的**開啟檔案**按鈕。

Step.6 點選**文件**資料夾 \Word 2016 Expert 第 1 章練習檔 \1.1.2 複製段落樣式和巨集 .dotm，按下**開啟**按鈕。

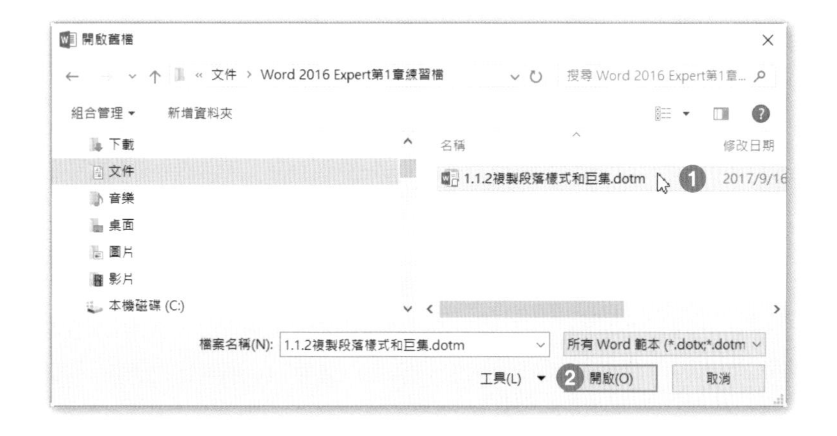

Step.7 點選右方「在 1.2 複製段落樣式和巨集 .dotm」清單之下的「小標題」段落樣式，按下中央的**複製**按鈕，再按下**關閉**即可。

複製巨集到文件

所謂「巨集」，是利用 VBA(Microsoft Visual Basic for Application) 程式語言所撰寫的一段程序，它是一系列指令和按鍵的集合，目的是用來取代重複性高的人工作業 (例如，文字或段落的格式化、版面設定、表單的建置…等等)，以達到文件編輯自動化的目的。

您可以在含有巨集的範本檔 (*.dotm) 和可執行巨集的文件 (*.docm) 之間或者文件和文件之間複製巨集，以達到共用巨集的目的。

若要複製範本檔中的**巨集**到任何文件，請參考下列操作步驟：

Step.1 進入 Word 2016 建立一份新的空白文件。

Step.2 點按**常用**索引標籤 \ **樣式**群組 \ **樣式**按鈕，點按**樣式**工作窗格下方的「管理樣式」按鈕；在**管理樣式**對話方塊中，點按**匯入 / 匯出**按鈕。

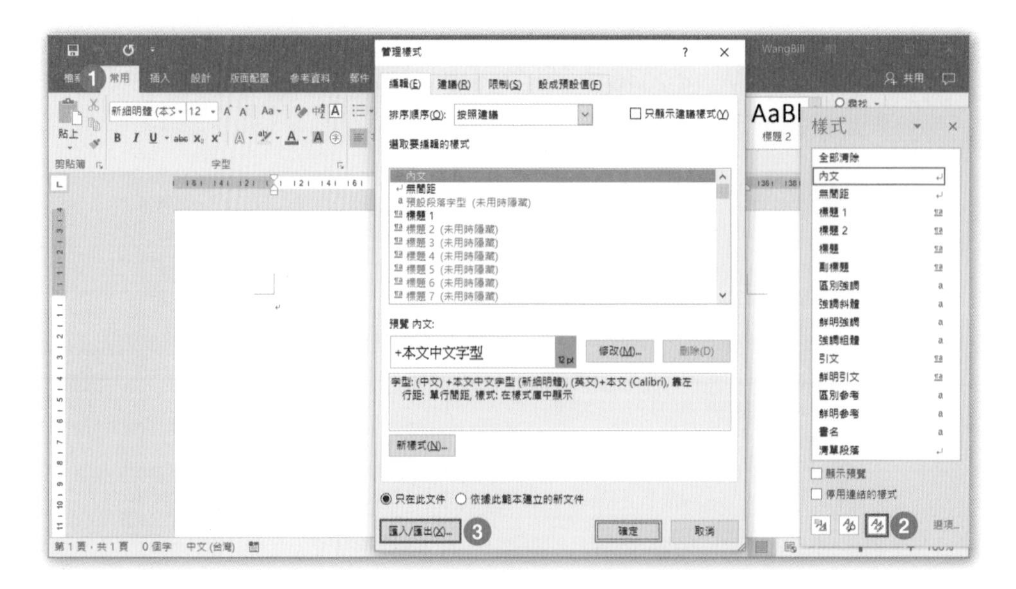

Step.3 點按**組合管理**對話方塊右下方「Normal.dotm」範本檔之下的**關閉檔案**按鈕。

Step.4 點按**組合管理**對話方塊右下方「Normal.dotm」範本檔之下的**開啟檔案**按鈕。

Step.5 點選文件資料夾 \Word 2016 Expert 第 1 章練習檔 \1.1.2 複製段落樣式和巨集 .dotm，按下**開啟**按鈕。

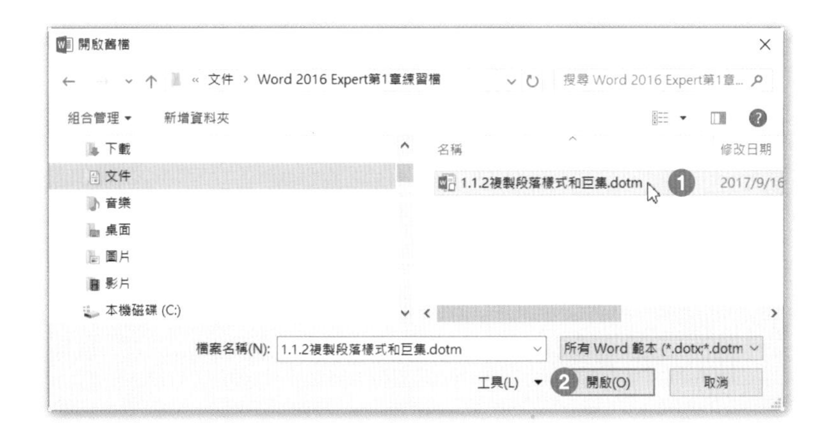

Step.6 點選右方「在 1.2 複製段落樣式和巨集 .dotm」清單之下的「NewMacros」巨集項目，按下中央的**複製**按鈕，再按下**關閉**即可。

您也可以透過下列兩種方式來進行巨集的分享：

➤ **開發人員**索引標籤 \ **程式**碼群組 \ 巨集 \ 組合管理。

➤ **開發人員**索引標籤 \ **範本**群組 \ **文件**範本 \ **組合管理**來進行巨集的分享。

1.1.3 管理文件版本

在編輯文件的過程中，Word 2016 可以定時儲存一個新的文件版本，讓我們可以隨時將文件回復到特定時間的版本；不但如此，如果我們忘了存檔就關閉 Word 文件，Word 2016 也能夠讓我們救回因未存檔而遺失的文件內容。

例如要將 Word 設定為每隔 2 分鐘，就自動儲存文件一次；同時也讓 Word 能在您忘了儲存檔案就直接關閉檔案時，會自動儲存成為一個「關閉且未儲存時」的文件版本。

設定自動儲存文件的時間

Step.1 開啟**文件**資料夾 \Word 2016 Expert 第 1 章練習檔 \1.1.3 文件版本管理 .docx，點按**檔案**索引標籤 \ **選項** \ **儲存**。

Step.2 在 Word **選項**對話方塊中，勾選「儲存自動回復資訊時間間隔」核取方塊，並設定為「2」分鐘。

Step.3 勾選「如果關閉而不儲存，則會保留上一個自動儲存版本」核取方塊，再按下**確定**即可。

爾後編輯任何文件，Word 每隔 2 分鐘就會自動儲存一次檔案，當您點按**檔案**索引標籤，進入 Word 後台檢視，就可以看到類似左下方「管理文件」標題之下的多個版本記錄。

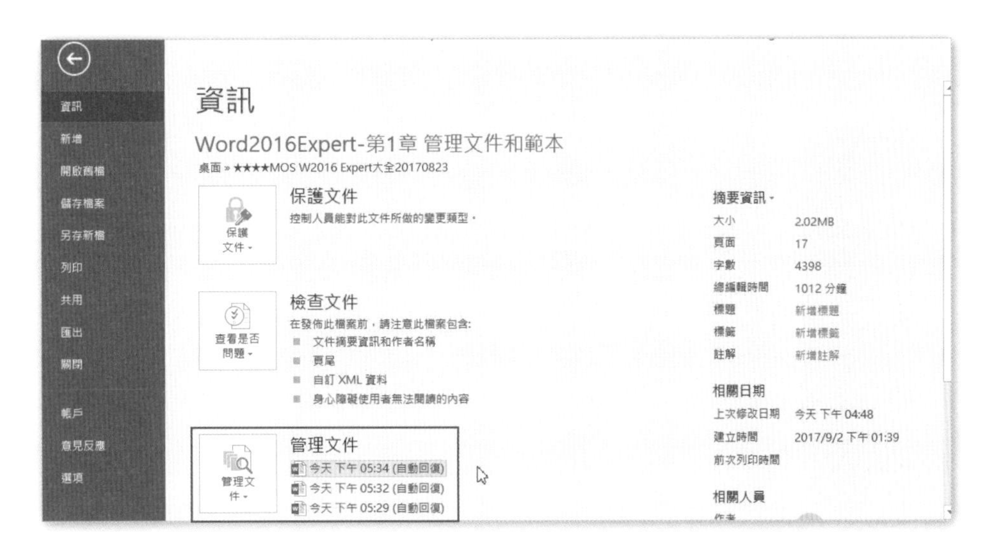

救回關閉未儲存的內容

若在文件中插入任一圖案，立即關閉檔案，並在下左圖的對話方塊中按下「不要儲存」。當您再度開啟該文件之後，點按**檔案**索引標籤，就可以在「管理文件」標題之下看到類似下右圖的自動儲存的記錄。

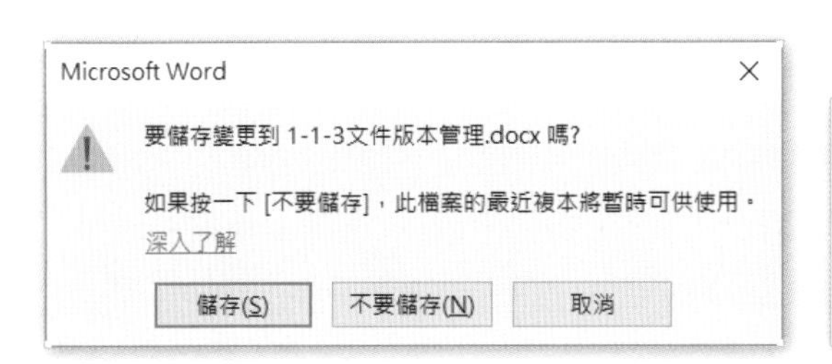

在上右圖「關閉但未儲存時」的提示文字上點按一下，即可看到如下圖的文件內容。

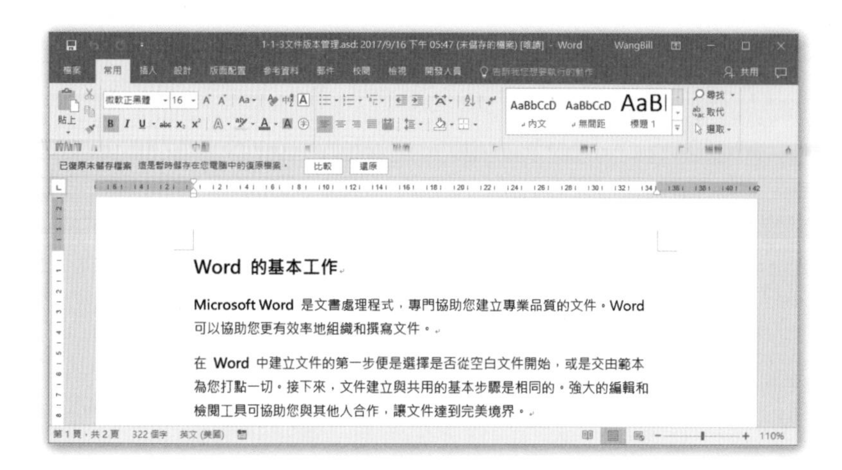

若將文件另存新檔，將會存到下列預設的路徑之下：

C:\Users\MVP_BillWang\AppData\Roaming\Microsoft\Word

其副檔名為「.asd」，文件檔的全名會變得很長，例如：

1-1-3 文件版本管理 ((Unsaved-306173633511729552)).asd

- 「儲存自動回復資訊時間間隔」的時間，最長不可超過 120 分鐘。
- 設定成為每隔 2 分鐘自動儲存的文件，存檔並關閉文件之後，當您再度開啟這份文件時，這些自動儲存的版本，將自動消失。
- 正式編輯文件時，「儲存自動回復資訊時間間隔」的時間，設定為「5」或「10」分鐘較為常見，編輯文件的速度很慢時，可再拉長時間。
- 編輯文件的過程中，若您停止編輯文件 5 分鐘，則在這 5 分鐘之內，由於您並沒有更動文件內容，所以 Word 不會在這段時間中產生自動儲存的版本。

1.1.4 比較與合併文件

如果文件有兩個以上的版本，就可以將兩份文件並列來比較兩者之間的差異。Word 2016 會將其中一份文件當作「原始文件」，另一份文件當作「修訂的文件」，並將兩份文件的比較結果，整合到另一份文件中，並在其中標記兩者不同之處。

另外 Word 2016 還能將多個不同本的檔案合併成為單一的檔案，在合併的過程中，可以接受或拒絕文件中的不同之處。

比較文件

Step.1 進入 Word 2016 之後，開啟一份空白文件，點按**檢閱**索引標籤 \ **比較**群組 \ **比較** \ **比較**。

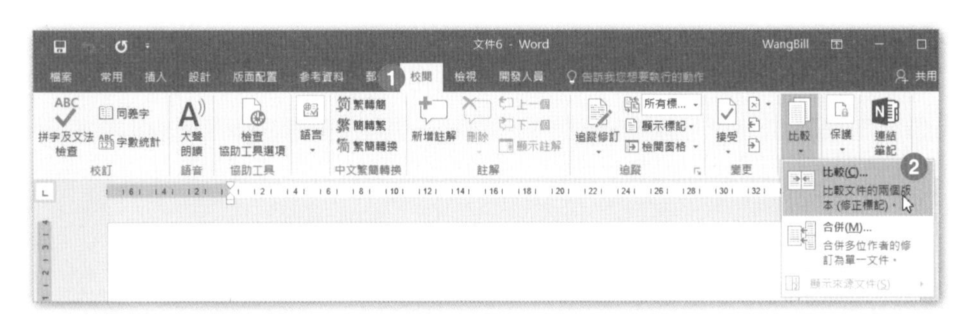

Step.2 在**文件版本比較**對話方塊中，點按**原始文件**文字方塊右邊的**開啟檔案**按鈕。

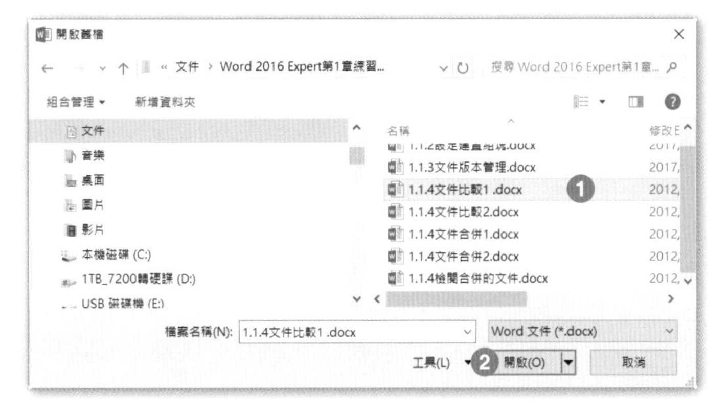

Step.3 點選**文件**資料夾 \Word 2016 Expert 第 1 章練習檔 \「1.1.4 文件比較 1.docx」，按下**開啟**。

Step.4

在**文件版本比較**對話方塊中，點按**修訂的文件**文字方塊右邊的**開啟檔案**按鈕。

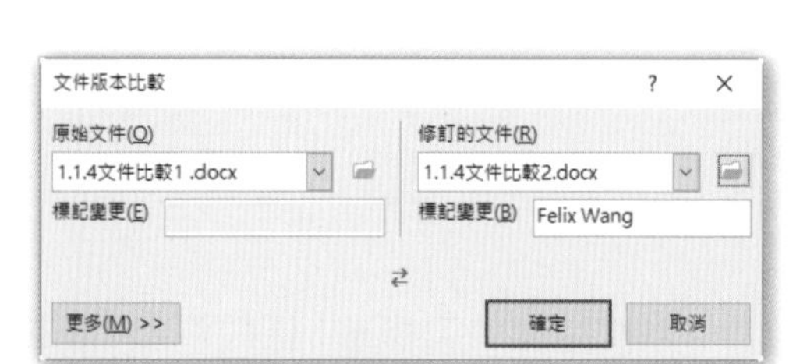

Step.5

點選**文件**資料夾\Word 2016 Expert 第 1 章練習檔\「1.1.4 文件比較 2.docx」，按下**開啟**。

Step.6

在**文件版本比較**對話方塊中，按下**確定**。

Step.7 文件比較的結果，出現在螢幕中央的**比較的文件**窗格之中；**原始文件**和**修訂的文件**則出現在右邊的上下窗格之中；左邊的**導覽窗格**顯示了文件標題文字。

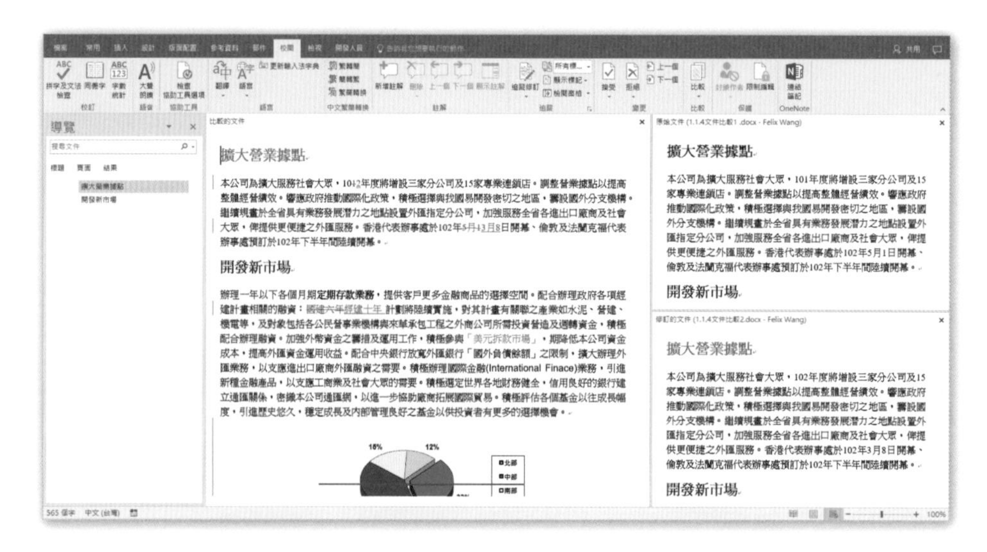

Step.8 點按**快速存取工具列**中的**儲存檔案**圖示，輸入檔案名稱「完成比較的文件」，再按下**儲存**即可。

合併文件

要合併兩個版本不同的文件請參考下列步驟：

Step.1

點按**檢閱**索引標籤**比較**群組**比較****合併**。

Step.2 在**文件版本比較**對話方塊中，點按**原始文件**文字方塊右邊的**開啟檔案**按鈕，選取**文件資料夾** \Word 2016 Expert 第 1 章練習檔 \「1.1.4 原始文件 .docx」。

Step.3 同樣的，點按**修訂的文件**文字方塊右邊的**開啟檔案**按鈕，選取**文件資料夾** \Word 2016 Expert 第 1 章練習檔 \「**1.1.4 修訂的文件** .docx」，按下**確定**。

Step.4 合併完成的文件，另存新檔到**文件資料夾** \Word 2016 Expert 第 1 章練習檔 \ **已合併的文件** .docx

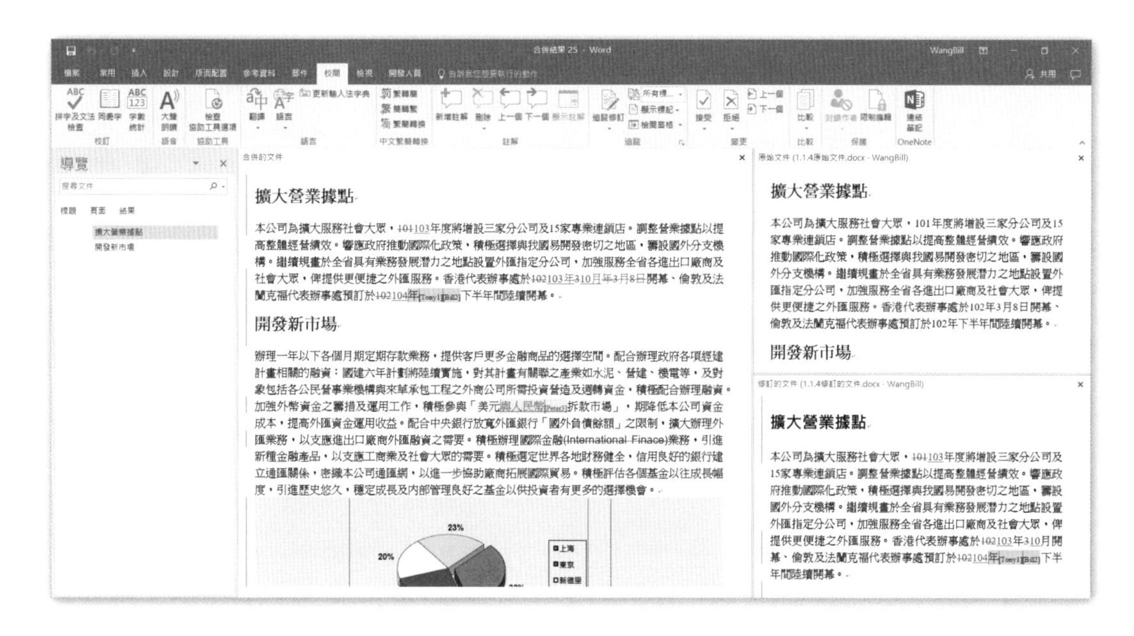

1.1.5 連結外部資料

我們可以將外部資料，以「物件」的方式插入到 Word 2016 文件中，為了節省文件篇幅，還可以在 Word 文件中，僅插入連結外部資料的圖示，您只要點按兩下連結的圖示，就可以配合這些外部資料所屬的軟體來展現其內容；當您更新外部資料時，同時也會將更新的結果反應到 Word 文件中。

外部資料除了 Microsoft Office 的檔案之外，還包括了 Excel 工作表或圖表、PowerPoint 簡報、圖片檔、Adobe Acrobat PDF 檔案、文字檔…等等。

連結外部檔案

這是以物件的方式將外部檔案連結到目前文件中，此種連結方式，並不會將檔案的內容全部插入到目前文件中，而是將檔案圖示加上檔案名稱置於文件中，只要點按兩下連結的圖示，就可以在這些外部資料所屬的軟體中開啟檔案內容。

Step.1 開啟**文件**資料夾 \Word 2016 Expert 第 1 章練習檔 \1.1.5 連結外部資料 .docx。

Step.2 插入點置於文件最後一個段落**標記**上，點按**插入**索引標籤 \ **文字**群組 \ **物件**。

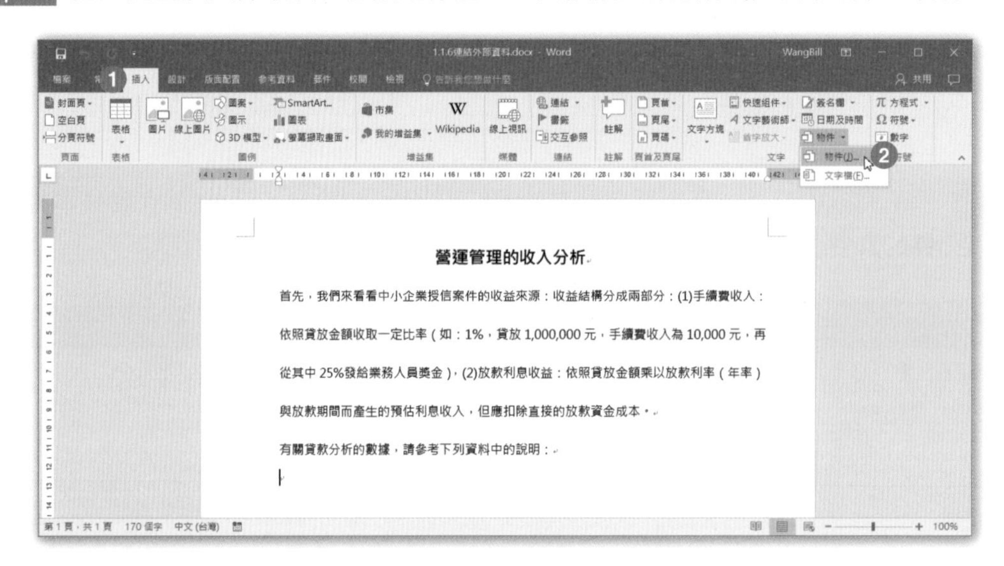

Step.3 在**物件**對話方塊中，點按**檔案來源**標籤，按下**瀏覽**。

Step.4 在**瀏覽**對話方塊中，點選**文件**資料夾 \Word 2016 Expert 第 1 章練習檔 \1.1.5 **貸款分析** .docx，按下**插入**。

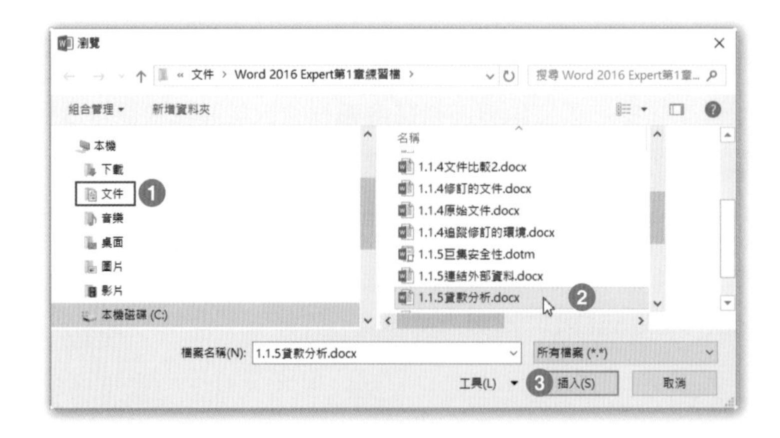

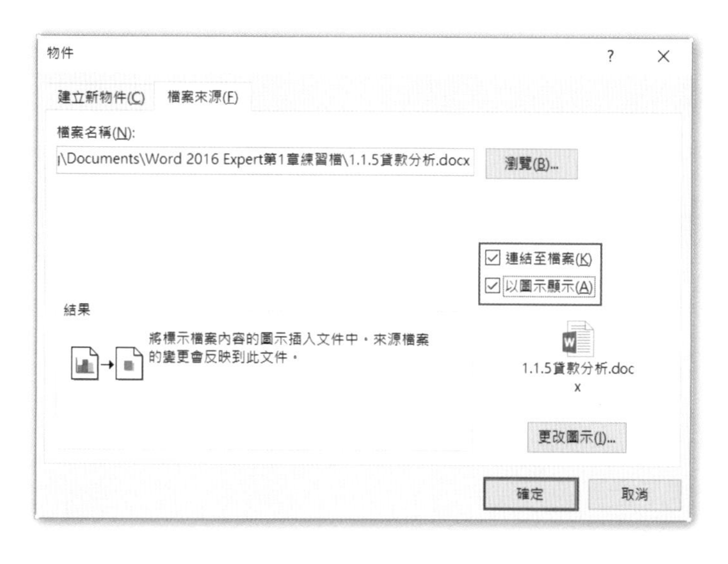

Step.5 回到**物件**對話方塊，勾選「連結至檔案」以及「以圖示顯示」，按下**確定**。

Step.6 在「**1.1.5 貸款分析 .docx**」物件圖示上連續點按兩下，即可看到啟的 **1.1.6 貸款分析 .docx 文件**。

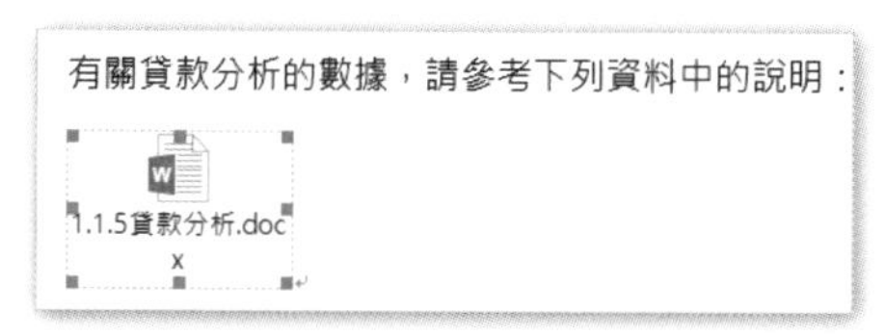

貸款分析

	120	180	240	300	360
2,000,000	18,295	12,760	10,004	8,361	7,273
2,500,000	22,869	15,950	12,505	10,451	9,091
3,000,000	27,443	19,140	15,007	12,541	10,909
3,500,000	32,017	22,330	17,508	14,631	12,728
4,000,000	36,591	25,520	20,009	16,721	14,546
4,500,000	41,165	28,710	22,510	18,812	16,364
5,000,000	45,739	31,900	25,011	20,902	18,182
5,500,000	50,312	35,090	27,512	22,992	20,001
6,000,000	54,886	38,280	30,013	25,082	21,819
6,500,000	59,460	41,470	32,514	27,172	23,637
7,000,000	64,034	44,660	35,015	29,263	25,455
7,500,000	68,608	47,850	37,516	31,353	27,274
8,000,000	73,182	51,040	40,018	33,443	29,092

插入並連結外部檔案內容

另一種連結外部資料的方法，是直接將外部資料以**文字檔**的方式插入到目前文件中，當外部文件內容有變動時，插入的資料也會自動更新。

Step.1 開啟**文件**資料夾 \Word 2016 Expert 第 1 章練習檔 \1.1.5 連結外部資料 .docx。

Step.2 插入點置於文件最後一個段落**標記**上，點按**插入**索引標籤 \ **文字**群組 \ **物件** \ **文字檔**。

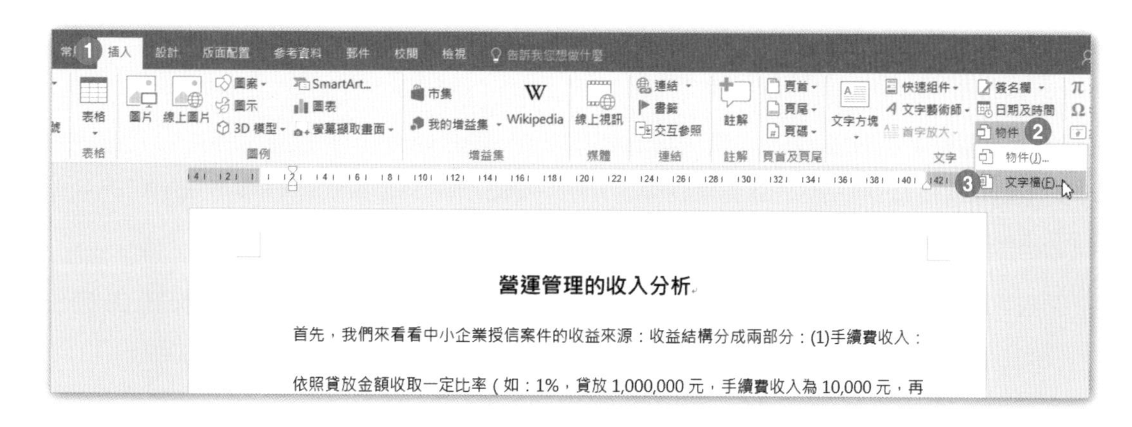

Step.3 在**插入檔案**對話方塊中，點選**文件**資料夾 \Word 2016 Expert 第 1 章練習檔 \1.1.5 **貸款分析** .docx，按下**插入 \ 插入成連結**。

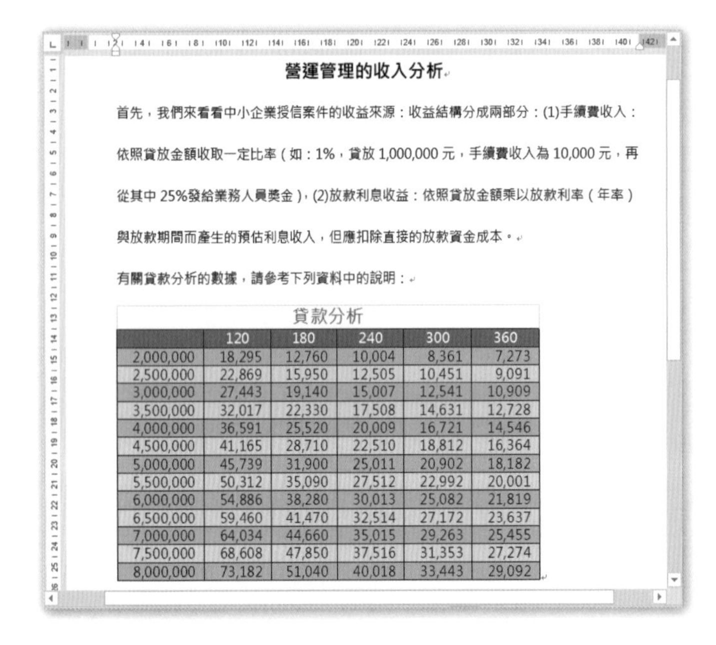

營運管理的收入分析

首先，我們來看看中小企業授信案件的收益來源：收益結構分成兩部分：(1)手續費收入：依照貸放金額收取一定比率（如：1%，貸放 1,000,000 元，手續費收入為 10,000 元，再從其中 25%發給業務人員獎金），(2)放款利息收益：依照貸放金額乘以放款利率（年率）與放款期間而產生的預估利息收入，但應扣除直接的放款資金成本。

有關貸款分析的數據，請參考下列資料中的說明：

貸款分析

	120	180	240	300	360
2,000,000	18,295	12,760	10,004	8,361	7,273
2,500,000	22,869	15,950	12,505	10,451	9,091
3,000,000	27,443	19,140	15,007	12,541	10,909
3,500,000	32,017	22,330	17,508	14,631	12,728
4,000,000	36,591	25,520	20,009	16,721	14,546
4,500,000	41,165	28,710	22,510	18,812	16,364
5,000,000	45,739	31,900	25,011	20,902	18,182
5,500,000	50,312	35,090	27,512	22,992	20,001
6,000,000	54,886	38,280	30,013	25,082	21,819
6,500,000	59,460	41,470	32,514	27,172	23,637
7,000,000	64,034	44,660	35,015	29,263	25,455
7,500,000	68,608	47,850	37,516	31,353	27,274
8,000,000	73,182	51,040	40,018	33,443	29,092

Step.4

完成的文件如左圖所示。

1.1.6 啟用文件中的巨集

在網路通訊盛行的時代，我們時常會擔心透過手機 APP 或經由網站傳送過來的惡意程式，Word 巨集就是一個很好的病毒藏身之處，因此，Word 2016 提供了五種方式，用來控制巨集的安全性。

當您開啟內含巨集的本檔 (*.dotm) 或者內含巨集的文件檔 (*.docm) 時，Word 2016 會出現如下圖的警示訊息「安全性警告，已經停用巨集」，當您按下訊息右邊的**啟用內容**按鈕，才能夠在文件中執行巨集；因此，為了方便我們開啟文件，可以透過巨集安全性設定，來開放巨集的管制。

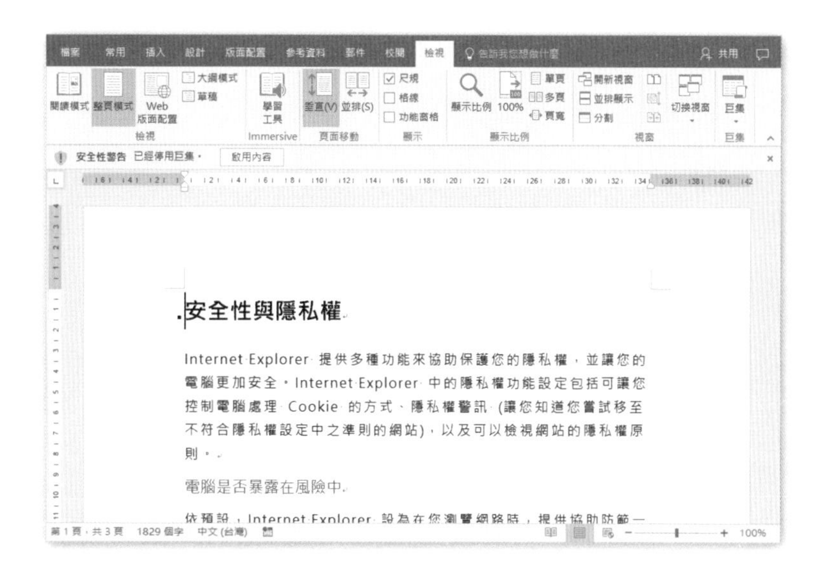

Step.1 點按**檔案**索引標籤 \ **選項** \ **信任中心**。

Step.2 在 Word **選項**對話方塊中，點按**信任中心設定**按鈕。

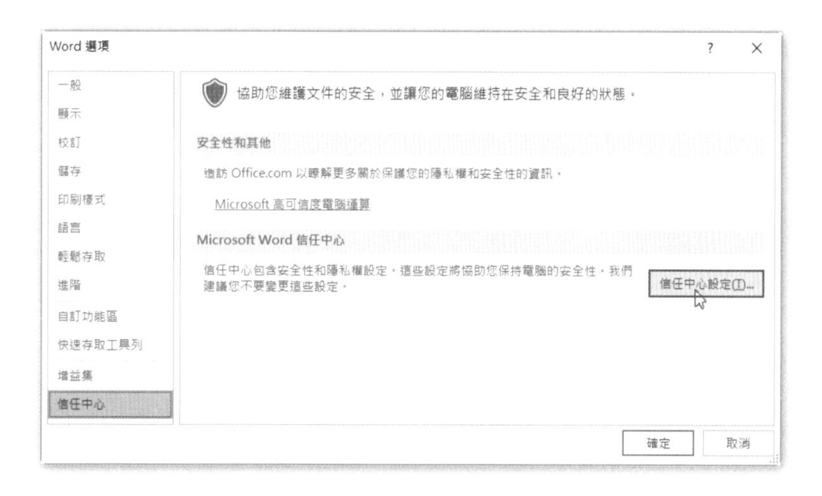

Step.3 在**巨集設定**項目之下，可以看到預設選項為「停用所有巨集 (事先通知)」，視情況選擇最適合的安全性選項，再按下**確定**即可

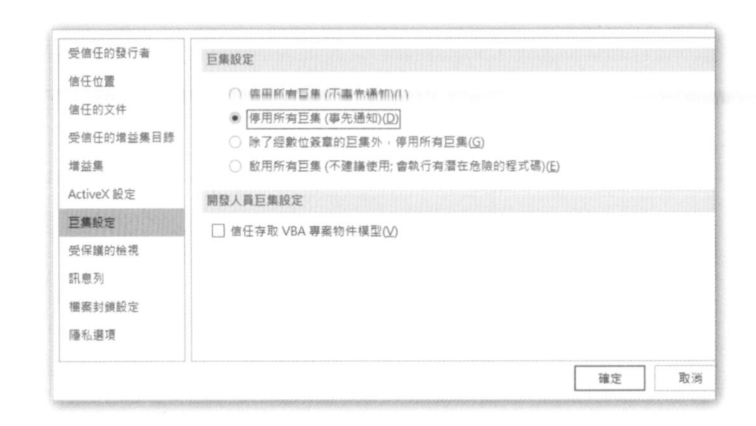

以下是微軟官方針對巨集安全性設定的相關說明摘要：

1. **停用所有巨集 (不事先通知)**：停用巨集及巨集相關的安全性警訊。
2. **停用所有巨集 (事先通知)**：停用巨集，但巨集出現時仍會出現安全性警訊。
3. **除了經數位簽章的巨集外，停用所有巨集**：停用巨集，但巨集出現時仍會出現安全性警訊。如果巨集是由信任的發行者進行數位簽署，而您信任該名發行者，即會執行巨集。若您並未信任該發行者，系統會通知您啟用已簽署的巨集並信任該名發行者。
4. **啟用所有巨集 (不建議使用；會執行有潛在危險的程式碼)**：執行所有巨集。這項設定會使您的電腦容易受到潛在惡意程式碼的攻擊。
5. **信任存取 VBA 專案物件模型**：不允許或允許從自動化用戶端使用程式設計方式存取 Visual Basic for Applications (VBA) 物件模型。此安全性選項主要針對為了將 Office 程式自動化並利用 VBA 環境及物件模型而撰寫的程式碼。這項設定是以個別使用者與個別應用程式為基礎，依照預設會拒絕存取，以阻止未經授權的程式建立有害的自我複製程式碼。執行程式碼的使用者必須授與存取權，自動化用戶端才能存取 VBA 物件模型。

1.1.7 改變預設環境設定

每一位 Word 2016 使用者都有不同的工具使用需求，有的人需要用到巨集錄製的功能，有的人需要有風格一致的文件字型，Word 在功能區展現的索引標籤，並沒有涵蓋所有的功能指令，為了滿足每位使用者的不同需求，Word 可以讓我們將符合個人需要的功能指令置於功能區，好讓編輯文件變得更有效率。

顯示隱藏功能區選項

如果我們經常要**錄製巨集**來完成重複性高的工作或者使用**控制項**來建置表單，就會用到「開發人員」的功能，可是在 Word 2016 功能區中，並沒有「開發人員」這個索引標籤，於是

我們可以透過「自訂功能區」的方式，將「開發人員」這個索引標籤放到功能區中。請參考下列操作步驟：

Step.1 進入 Word 2016 之後，點按**檔案**索引標籤 \ 選項。

Step.2 在 Word **選項**對話方塊中，點選下圖左邊的「自訂功能區」；再點選下圖右邊**自訂功能區**標題文字下方的「開發人員」核取方塊，再按下**確定**。

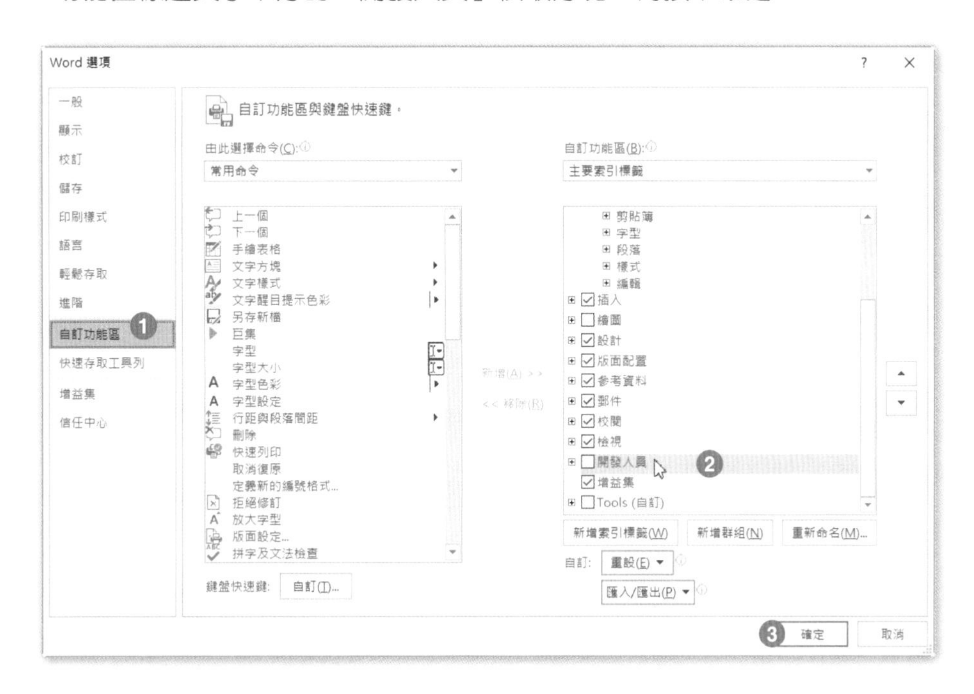

Step.3 點按**開發人員**索引標籤，即可看到「錄製巨集」以及「控制項」群組中的各項指令按鈕。

變更 Word 預設字型

您在 Word 2016 開啟一份新文件時，Word 會套用「Normal.dotm」範本檔中的預設字型，例如中文就是 12pt 大小的「新細明體」，您可能每次都要格式化成為 11pt 大小的「微軟正黑體」，以符合文件的需求。

為了省掉格式化文字的麻煩，我們可以將 Word 預設字型不論中、英文都設定成為 11pt 大小的「微軟正黑體」，以後開啟新文件時，就會自動套用新的預設字型了。

進入 Word 2016 之後，請參考下列步驟來變更 Word 預設字型：

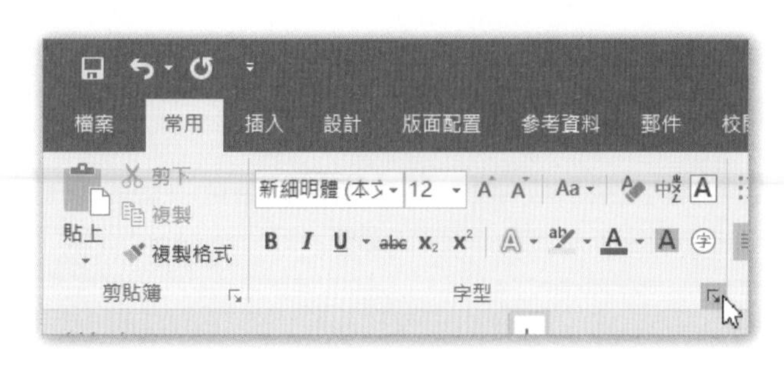

Step.1 進入 Word 2016，點按**常用**索引標籤 \ **字型**群組 \ **字型**按鈕。

Step.2 將**中文字型**和**字型**都設定成為「微軟正黑體」，在**大小**選單中點選「11」。

Step.3 按下「設定成預設值」按鈕，並在對話方塊中點選「以 Normal.dotm 為範本的所有文件」，按下**確定**。

Step.4 回到**字型**對話方塊，按下**確定**即可。

如果預設字型只想影響正在編輯中的文件，請點選「只有這份文件嗎？」。

1-2 準備校閱文件

本單元中您可以學習如何限制編輯文件，其中包括了如何限制段格式的變更、如何限制在追蹤修訂之下編輯文件、如何限制佈景主題的切換、如何將文件標示為完稿以及如何使用密碼保護檔案，共分為下列三個主題：

- 限制編輯
- 將文件標示為完稿
- 使用密碼保護檔案

1.2.1 限制編輯

在共同編輯文件時，可以指定編輯的範圍和方式，來保護文件不被他人隨意更動；保護文件的方式包括了：只允許在追蹤修訂的環境之下進行文件的編輯、只能編輯註解或填寫表單，以及不允許修改文件等等，如果能夠加上密碼的保護方式，就更能提昇文件的安全性了。

我們可以針對整份文件進行保護，並且開放選取的範圍供他人編輯，也可以按住 Ctrl 鍵，同時選取多個不連續的範圍來進行保護。

限制格式化選取的樣式

在文件分享出去之前，我們可以限制只能套用哪些段落樣式，然後在強制保護之下，除了指定的段落樣式可供使用之外，其他所有的樣式都將被隱藏起來無法使用。假設要限制只能套用「標題 1」、「標題 2」等兩種段落樣式，請參考下列設定步驟：

Step.1 請開啟**文件**資料夾 \Word 2016 Expert 第 1 章練習檔 \1.2.1 限制編輯 .docx。

Step.2 點按**校閱**索引標籤 \ **保護**群組 \ **限制編輯**，再點按**限制編輯**窗格中的「設定」。

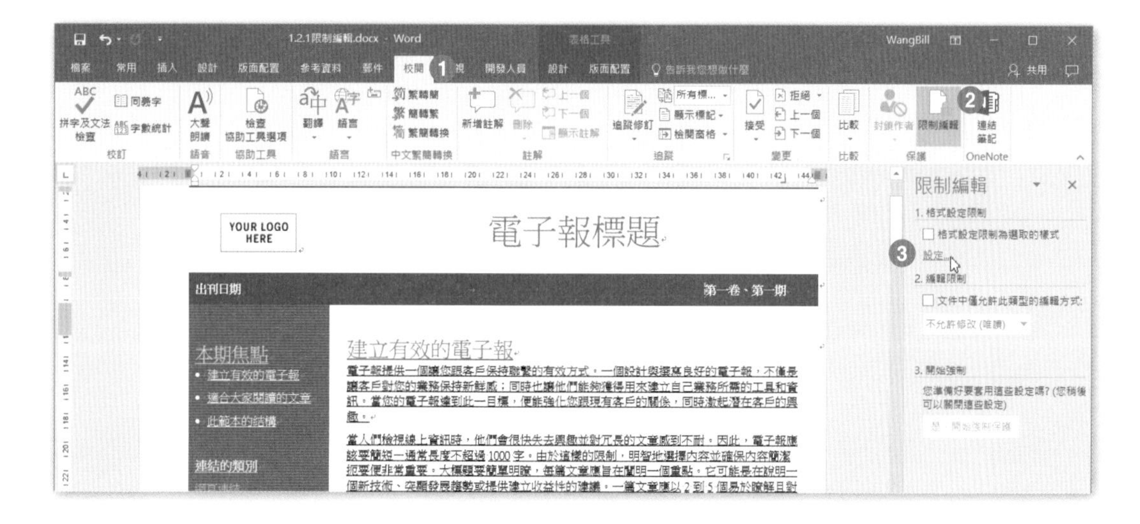

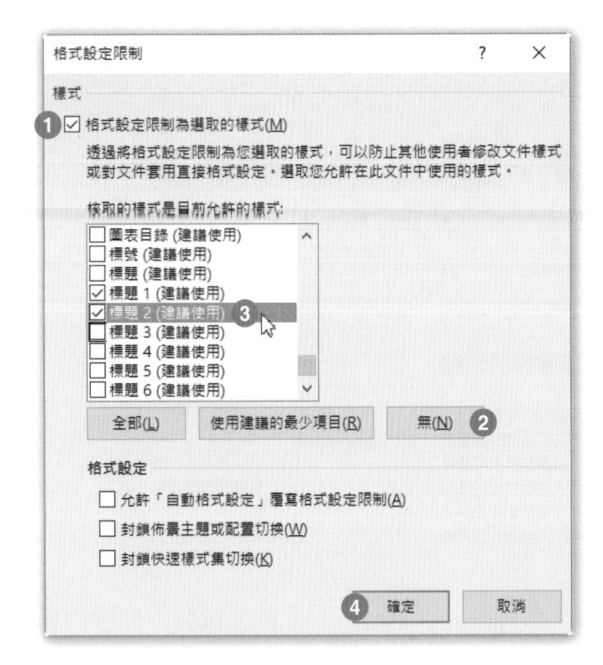

Step.3

在**格式設定限制**對話方塊中，勾選「格式設定限制為選取的樣式」，按下「無」按鈕，取消原先勾選的全部樣式；再勾選「核取的樣式是目前允許的樣式」清單中的「標題 1」、「標題 2」等兩種段落樣式，再按下**確定**。

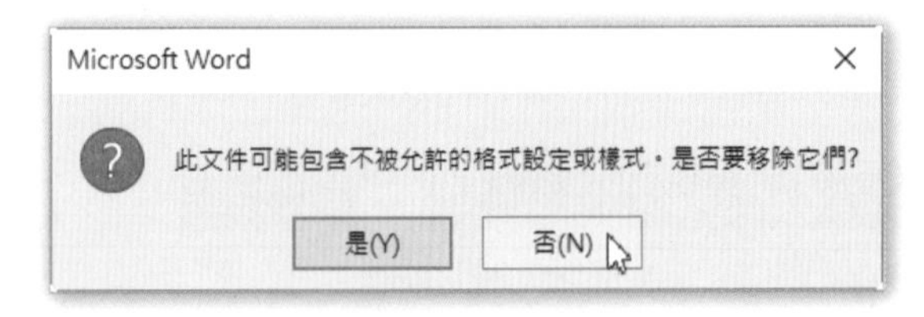

Step.4

在左圖詢問訊息中，按下「否」，以免更動了文件中的段落樣式。

Step.5 回到**限制編輯**工作窗格下方的「是，開始強制保護」；在**開始強制保護**對話方塊中，直接按下**確定**，採取不設定密碼的保護方式。

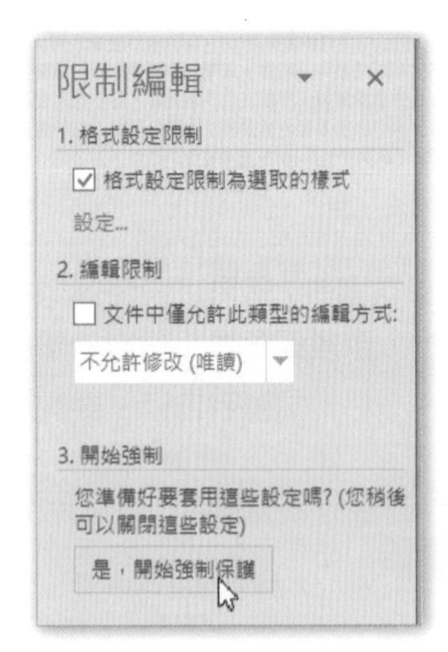

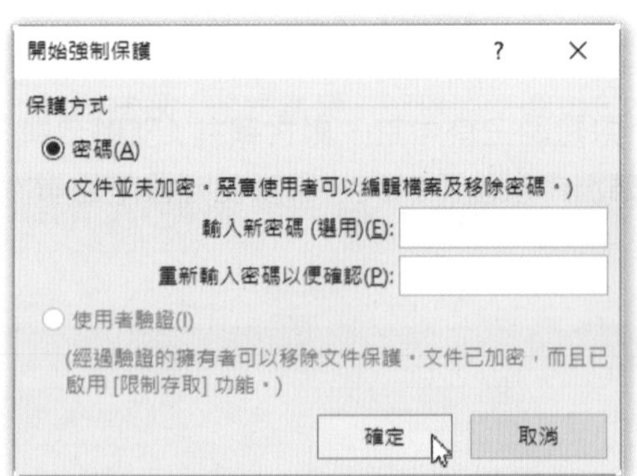

Step.6 點按**限制編輯**工作窗格下方的「可用樣式」，即可在右方**樣式**窗格中，看到目前僅可使用「標題 1」和「標題 2」兩種段落樣式。

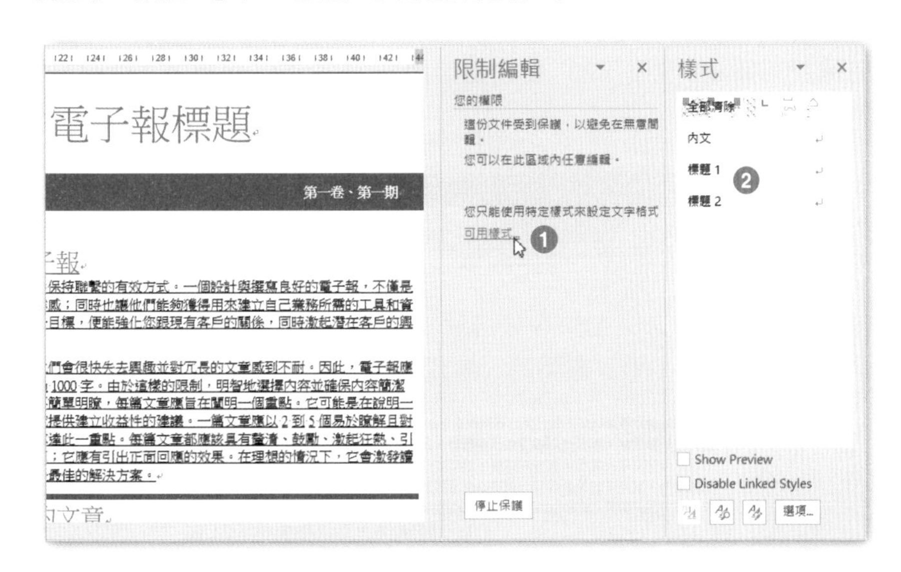

限制在「追蹤修訂」之下編輯文件

若要限制只能在**追蹤修訂**的環境中編輯文件 ，以便留下更改的標記，請參考下列步驟：

Step.1 點按**校閱**索引標籤 \ **追蹤**群組 \ **追蹤修訂**。

Step.2 點按**校閱**索引標籤 \ **保護**群組 \ **限制編輯**。

Step.3 在「限制編輯」工作窗格中的**編輯限制**項目之下，勾選「文件中僅允許此類型的編輯方式」，再點選清單中的「追蹤修訂」。

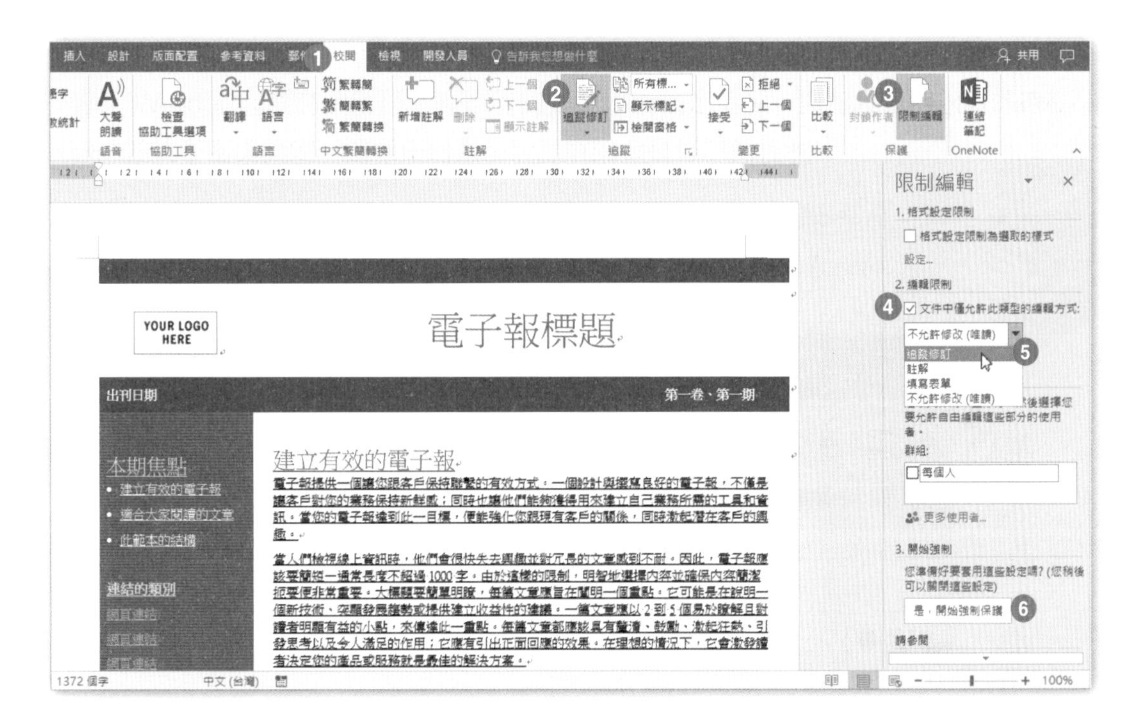

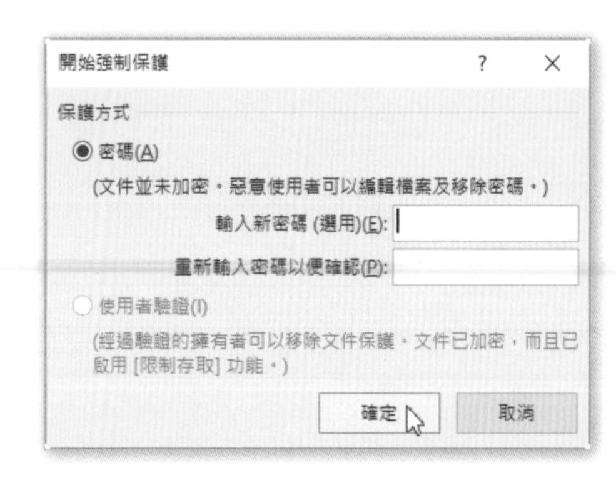

Step.4

按下前圖「限制格式設定及編輯」工作窗格最下方的「是，開始強制保護」。

Step.5

在**開始強制保護**對話方塊中，直接按下**確定**，採取不設定密碼的保護方式。

Step.6 選取內文第一段文字，將文字底線移除，即可在下圖右邊看到追蹤修訂留下的標記，在下圖左邊可以看到被稱為「指標直條」的垂直水線。

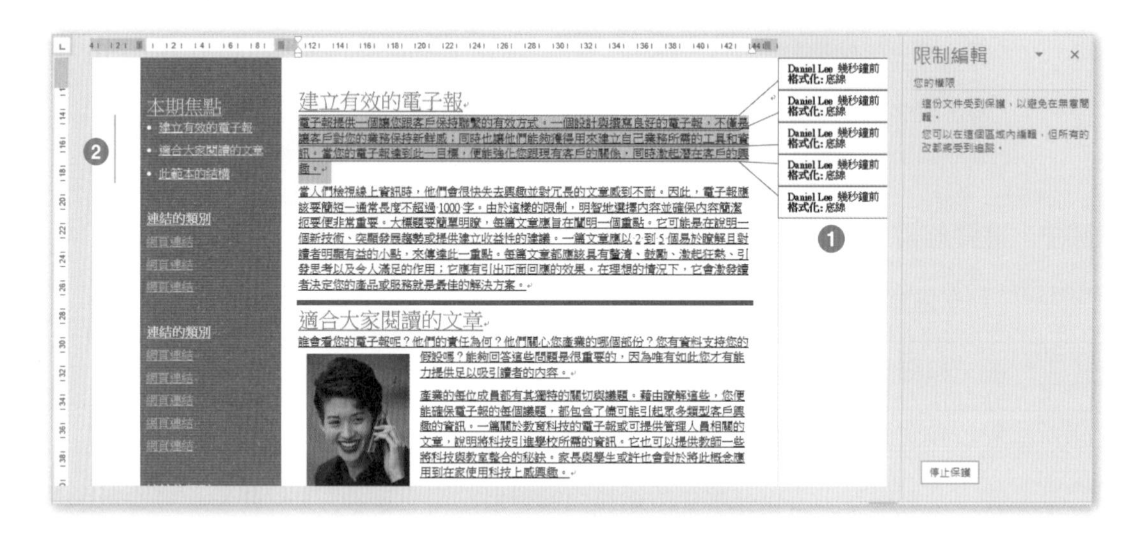

TIPS & TRICKS

➤ 若要停止保護，只要按下**限制編輯**工作窗格下方的「停止保護」按鈕即可，如果先前有設定密碼，此時就必須輸入正確的密碼才能停止保護。

➤ 在**編輯限制**項目之下，勾選「文件中僅允許此類型的編輯方式」之後，除了「追蹤修訂」選項之外，其他選項的用途說明列舉如下。

註解：只允許新增或編輯註解，不能更動或刪除文件的其他部份。但是，若要同時也能開放部份的文件內容供他人編輯，可以先按住 Ctrl 鍵，選取您要開放編輯的多個範圍，並在「例外（選用）」之下勾選「每個人」，按下**強制保護**按鈕，在**開始強制保護**對話方塊中，輸入密碼之後，按下**確定**。

此時，可以點按右圖中的「尋找下一個我可以編輯的區域」按鈕，跳到可編輯的內容上；或者點按「顯示所有我可以編輯的區域」，Word 就會標示所有可以編輯的範圍。

- **填寫表單**：只允許編輯表單的內容，不能更動或刪除文件的其他部份。所謂「表單」是指用**開發人員**索引標籤之下的**控制項**，設計出來的表格，而非一般的表格。

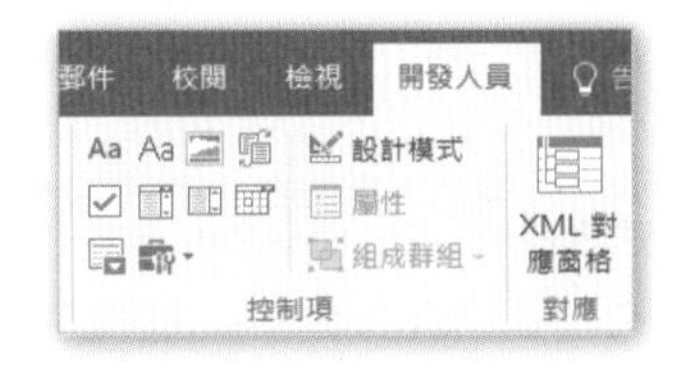

- **不允許修改：**只能看不能更動文件任何地方。但是，可以開放部份的文件內容文字供他人編輯，可以先選取您要開放編輯的多個範圍，並在「例外（選用）」之下勾選「每個人」，按下**強制保護**按鈕，在**開始強制保護**對話方塊中輸入密碼之後，再按下**確定**即可 (請參考前面「註解」的圖片)。

封鎖使用者切換佈景主題

除了前述的一些編輯限制之外，您還可以禁止使用者切換**佈景主題**，以免影響文件的整體風格。

Step.1 點按**校閱**索引標籤 \ **保護**群組 \ **限制編輯**，再點按**限制編輯**窗格中的「設定」。

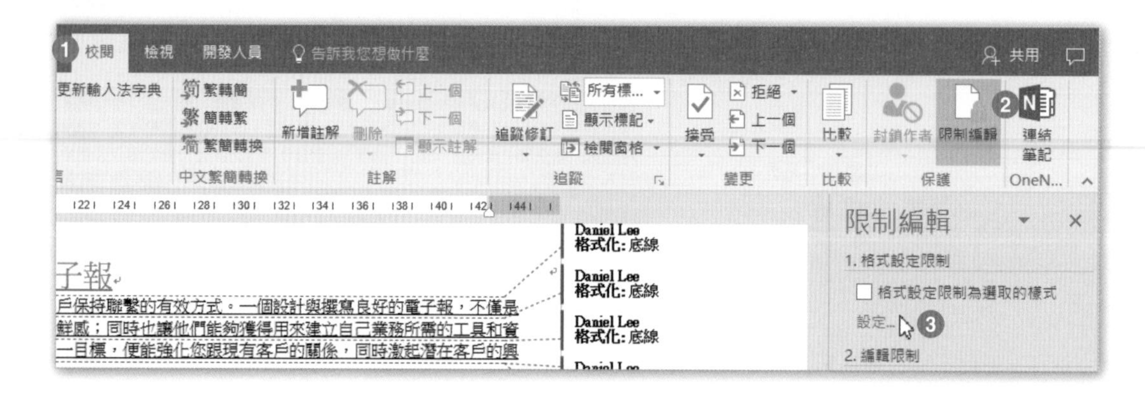

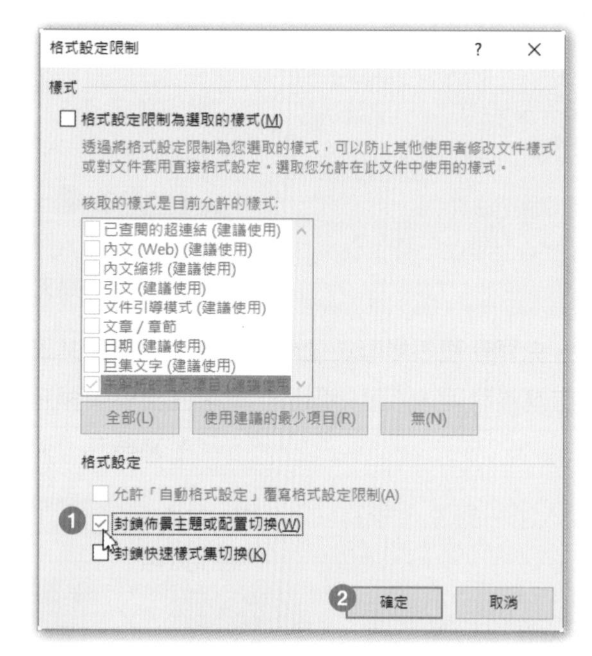

Step.2 在**格式設定限制**對話方塊中，勾選「封鎖佈景主題或配置切換」，按下**確定**。

Step.3 回到**限制編輯**工作窗格下方的「是，開始強制保護」；在**開始強制保護**對話方塊中，直接按下**確定**，採取不設定密碼的保護方式。

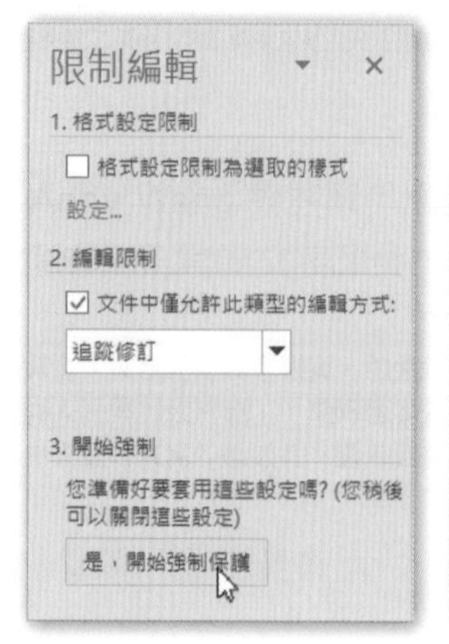

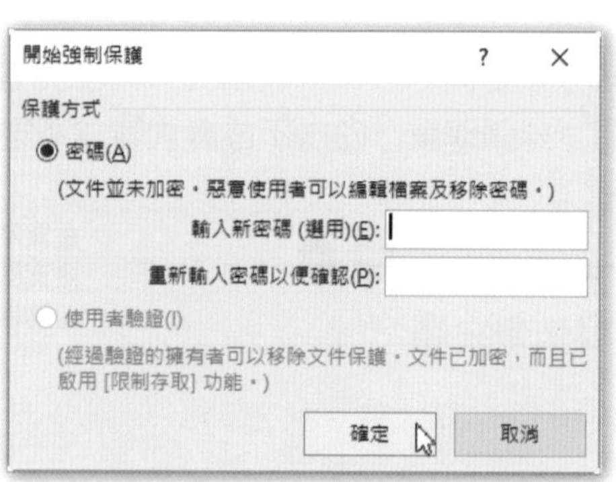

此時，點按**設計**索引標籤最左邊的「佈景主題」按鈕，是灰色不能使用的狀態。

1.2.2 將文件標示為完稿

共用文件編輯完畢之後，最好能將文件標示為「完稿」，以免其他作者又更動了文件內容。請開啟**文件**資料夾 \Word 2016 Expert 第 1 章練習檔 \1.2.2 標示為完稿 .docx。

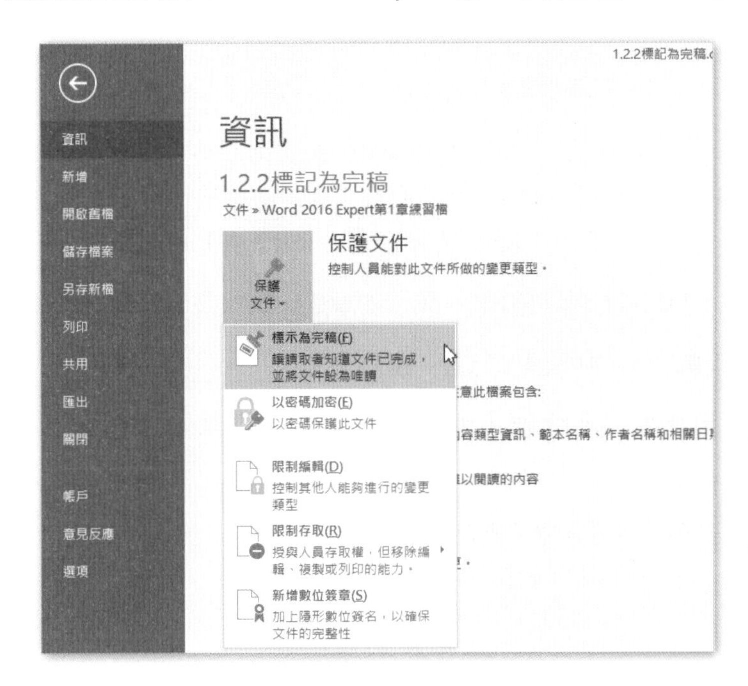

Step.1
點按**檔案 \ 資訊 \ 保護文件 \ 標示為完稿**。

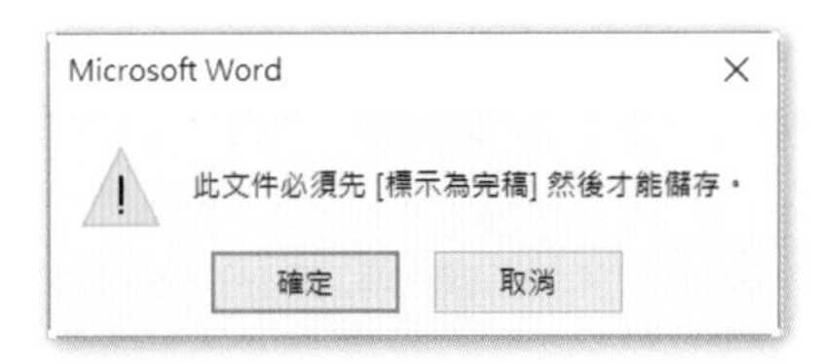

Step.2
在左圖之訊息中，按下**確定**。

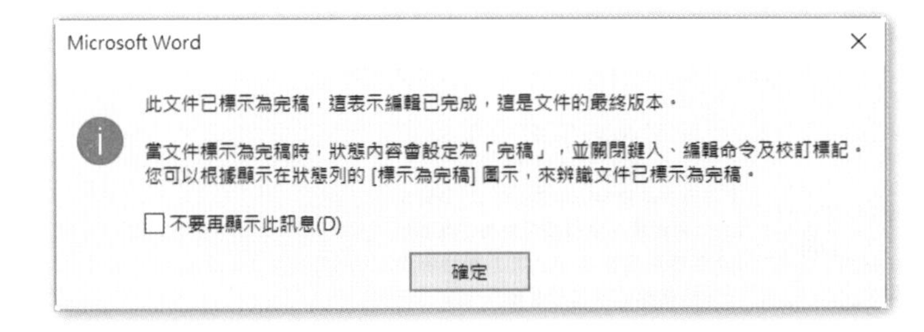

Step.3
在左圖之訊息中，同樣的按下**確定**。

Step.4 此時，在標示成黃色的「保護文件」標題之下，出現了「此文件已標示為完稿以防止編輯」，下圖右上方，檔案名稱的右方也出現「唯讀」兩個字。

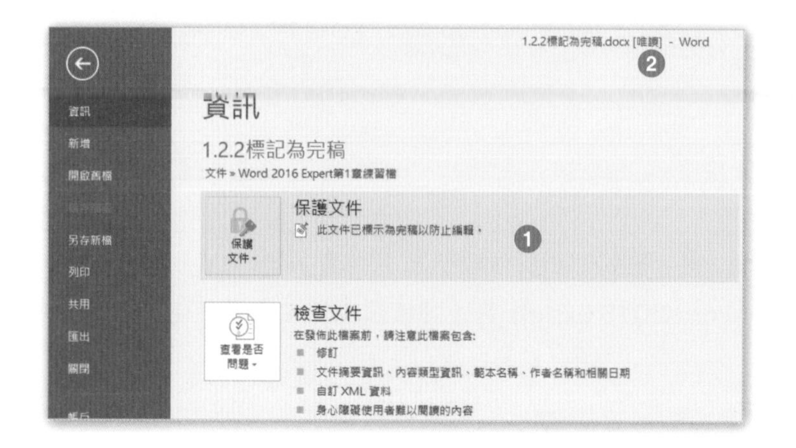

若要解除完稿狀態，請再點按右圖「保護文件 \ 標示為完稿」按即可，文件的「唯讀」狀態亦將同時取消。

1.2.3 使用密碼保護檔案

若要防止他人隨意開啟您的文件或者更動文內容，可以設定文件的**保護**及**防寫**密碼，**保護密碼**會在開啟文件時問請您輸入正確的密碼，否則無法開啟；**防寫密碼**可防止他人更動文件內容。

Step.1 開啟**文件**資料夾 \Word 2016 Expert 第 1 章練習檔 \1.2.3 設定開檔密碼 .docx。

Step.2 點按**檔索**引標籤，在**後台管理**的畫面中，點選**另存新檔**。

Step.3 點選**另存新檔**之下的「其他選項」。

Step.4 在**另存新檔**對話方塊中，點選**工具 \ 一般選項**。

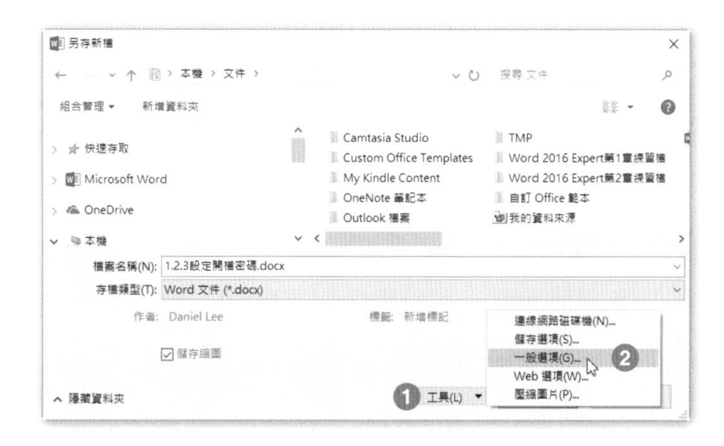

Step.5 在**一般選項**對話方塊中，分別輸入保護密碼以及防寫密碼，按下**確定**。

Step.6 Word 會請您再分別輸入一次保護密碼以及防寫密碼作為確認，輸入完畢之後，分別按下**確定**。

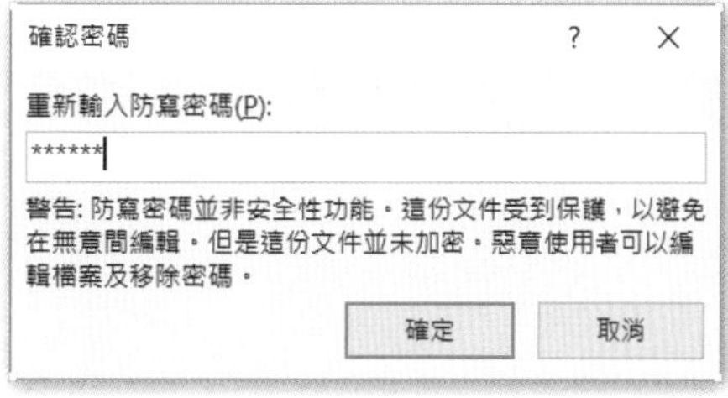

Step.7 在**另存新檔**對話方塊中，點選**文件**資料夾，按下**儲存**。

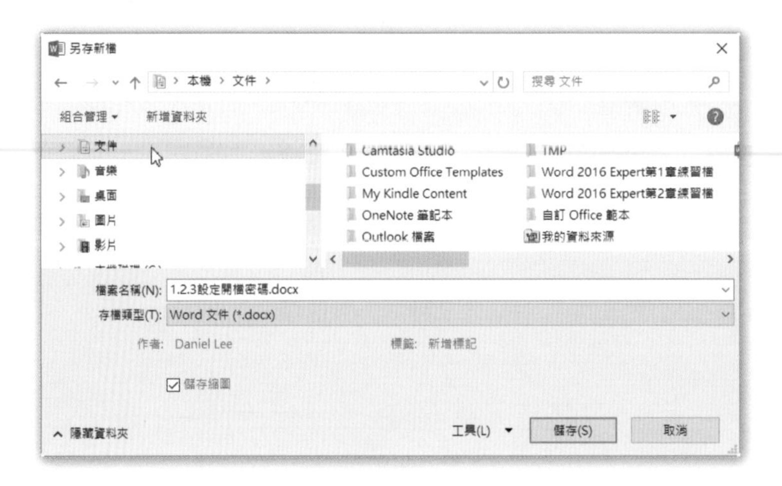

Step.8 在**密碼**對話方塊中，輸入正確的密碼，按下**確定**；如果密碼不對，將會出現如下右圖的錯誤訊息。

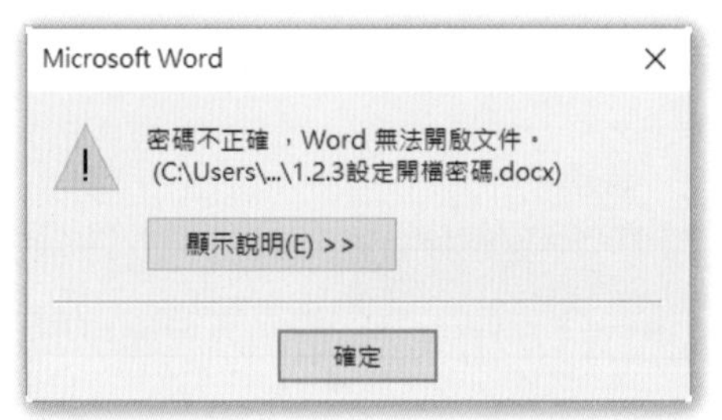

Step.9

接著輸入防寫密碼，按下**確定**，即可開啟並編輯文件；按下**唯讀**按鈕，開啟的檔案若有更動，將無法儲存在同一檔名之下。

1-3 管理文件變更

在本單元中您將可以學習如何在多人共同編輯文件的環境之下，追蹤或管理文件的變更，接受變更或拒絕文件的變更；如何鎖定追蹤，如何在文件中加入註解、回覆註解以及如何使用檢閱窗格來顯示變更的內容，共分為下列五個主題：

- 追蹤修訂
- 新增註解
- 管理追蹤修訂的變更
- 管理註解
- 鎖定或解除鎖定追蹤修訂

1.3.1 追蹤修訂

多人共同編輯一份文件時，**追蹤修訂**是記錄或審視文件變更最有效率的工具，它能讓文件整個編輯或修訂的地方一目瞭然。最後再以**按受變更**或**拒絕**變更的方式，完成共用文件的編輯。

您還可以透過**變更追蹤修訂選項**的方式，自訂每一位編輯者在更動文件內容時的格式化方式，並以不同的顏色來區隔不同的作者。

啟用追蹤修訂

Step.1 請開啟**文件**資料夾 \Word 2016 Expert 第 1 章練習檔 \1.3.1 啟用追蹤修訂 .docx。

Step.2 點按**校閱**索引標籤 \ **追蹤**群組 \ **追蹤修訂**，即可啟用追蹤修訂的功能。

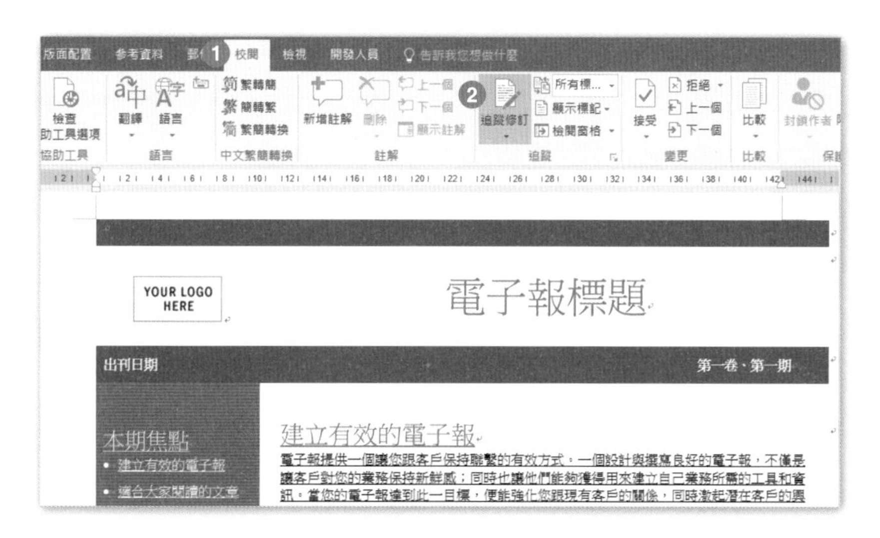

Step.3 選取標題文字「電子報標題」，使用**常用**索引標籤之下的工具，改變字型成為「微軟正黑體、粗體、紅色」的格式。

Step.4 將內文標題「建立有效的電子報」中的「有效的」三個字刪除，右邊註解方塊中出現了修訂的標記。

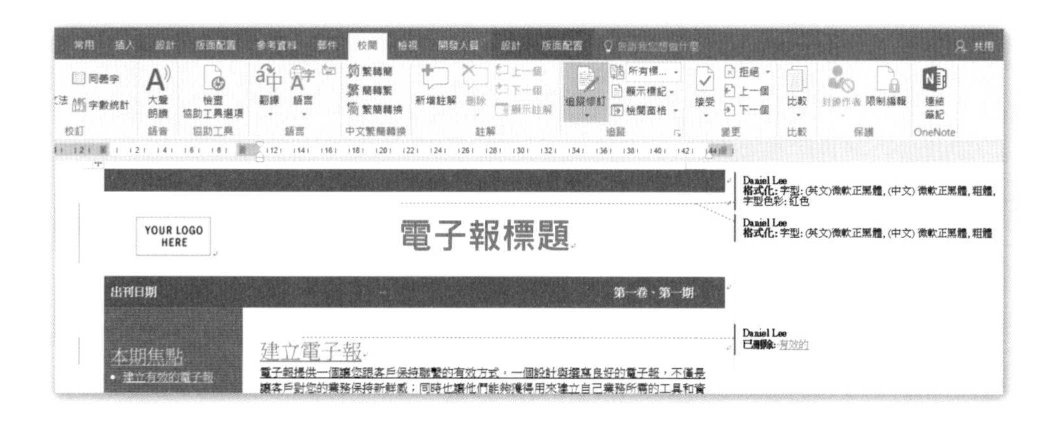

變更使用者名稱

我們可以在 Word 2016 共同編輯的文件中，留下不同修訂者的姓名作為追蹤修訂識別的依據，例如要將原來的修訂者姓名改成「Max Lu」，請參考下列步驟：

Step.1 開啟**文件**資料夾 \Word 2016 Expert 第 1 章練習檔 \1.3.1 變更作者姓名 .docx。

Step.2 點按**校閱**索引標籤 \ **追蹤**群組 \ **變更追蹤選項**，在**追蹤修訂選項**對話方塊中，點按「變更使用者名稱」。

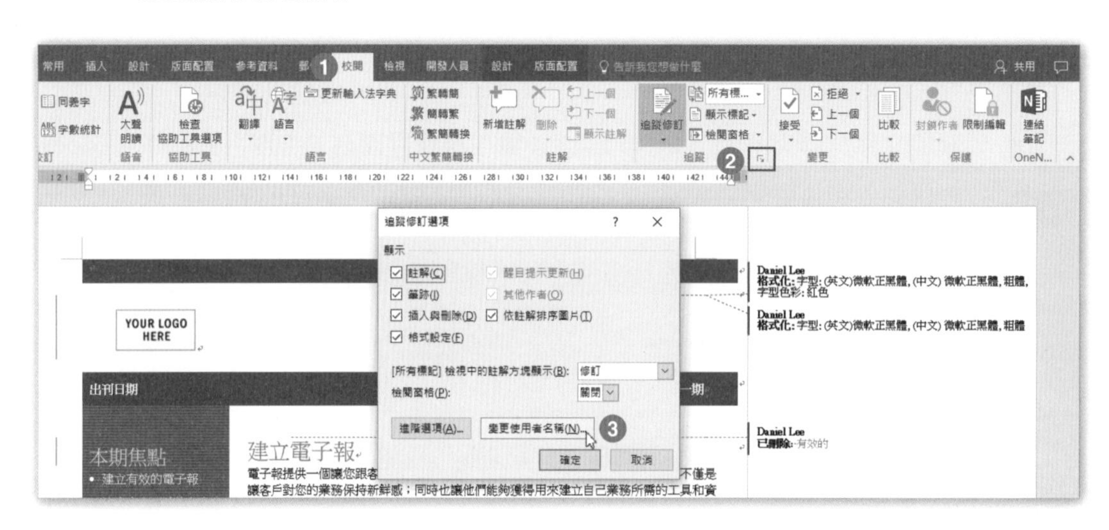

Step.3 在 Word **選項**對話方塊中，輸入**使用者名稱**「Max Lu」以及縮寫「Max」，按下**確定**。

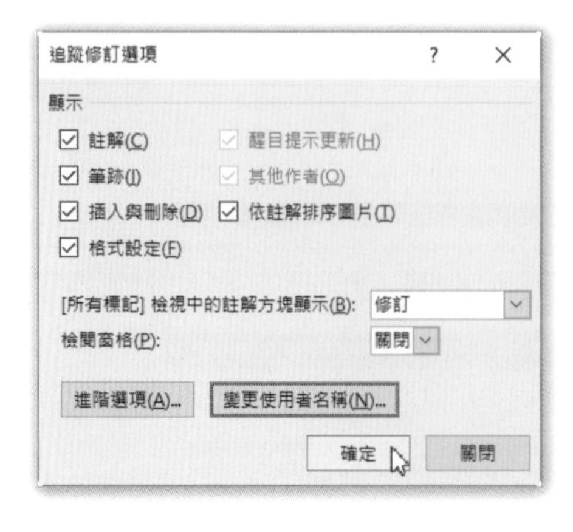

Step.4 回到**追蹤修訂選項**對話方塊，按下**確定**。

Step.5 回到文件，將標題文字「建立電子報」的格式調整成「紅色，粗體」，即可在右邊窗格看到「Max Lu」的名字。

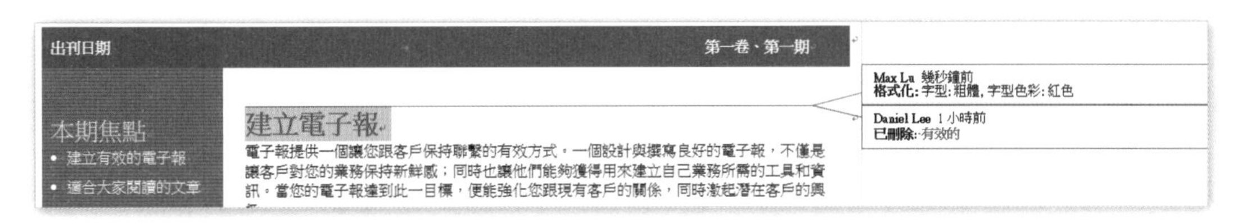

進階選項之設定

如果要讓追蹤修訂的標記更醒目，且具有自己的風格，可以自訂想要顯示出來的效果。請開啟**文件**資料夾 \Word 2016 Expert 第 1 章練習檔 \1.3.1 變更作者姓名 .docx。

Step.1 點按**校閱**索引標籤 \ **追蹤**群組 \ **變更追蹤選項**，在**追蹤修訂選項**對話方塊中，點按「進階選項」。

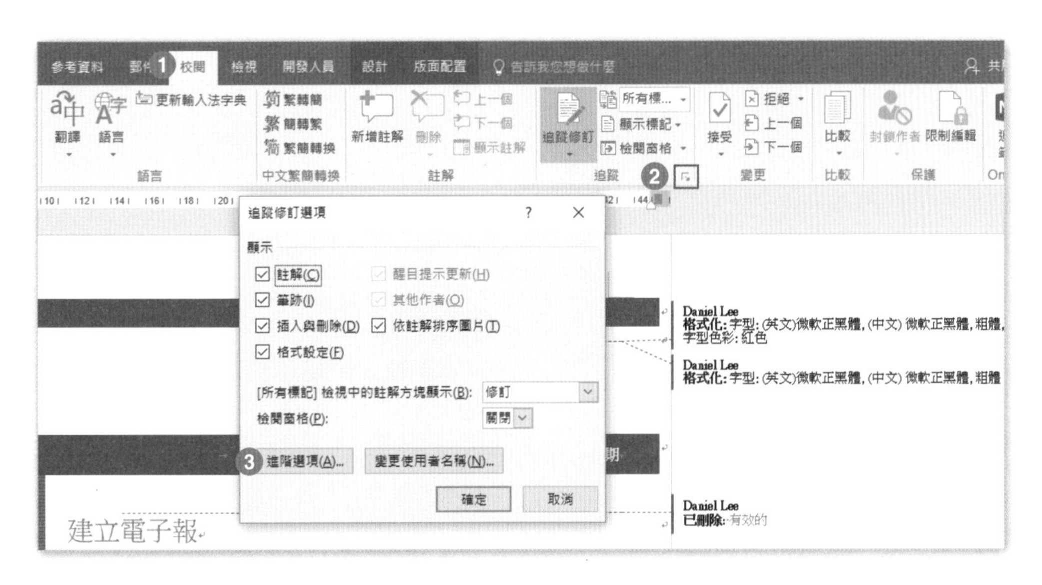

Step.2 下左圖是追蹤修訂各種標記的預設值，我們在下右圖做如下的設定：(設定完成時，請按下**確定**)

插入：斜體

色彩：粉紅

格式設定：雙底線

註解方塊的慣用寬度：6 公分

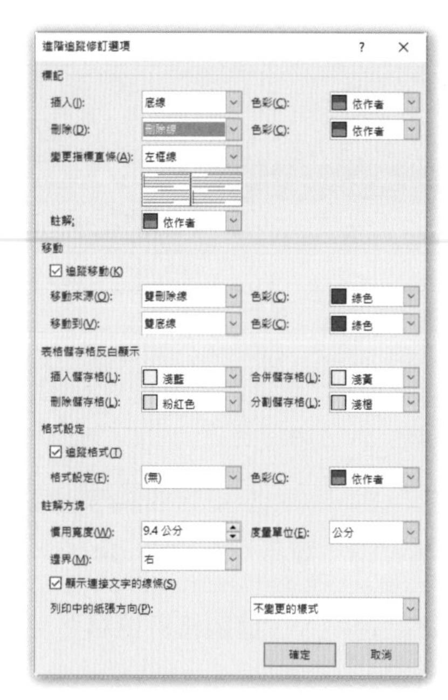

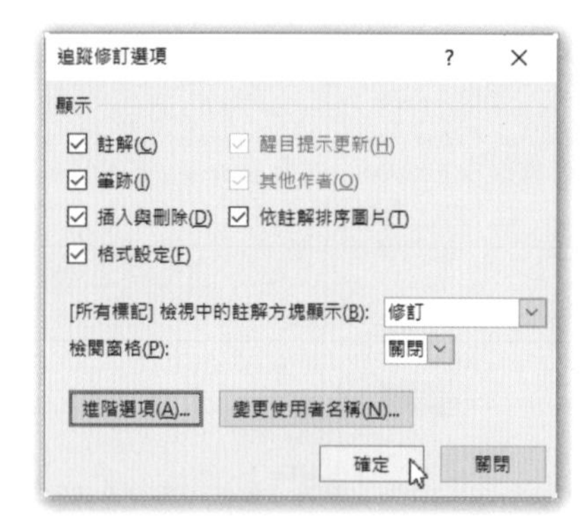

Step.3

回到**追蹤修訂選項**對話方塊中，按下確定。

Step.4 當我們格式化文字「強化您跟現有客戶的關係」成為**粗體**的格式，追蹤修訂會自動加上雙底線的格式；在段落尾端插入「和期望」三個字，會變成**粉紅色**、**斜體**的文字格式；右邊**註解方塊**也縮小成為 6 公分的寬度。

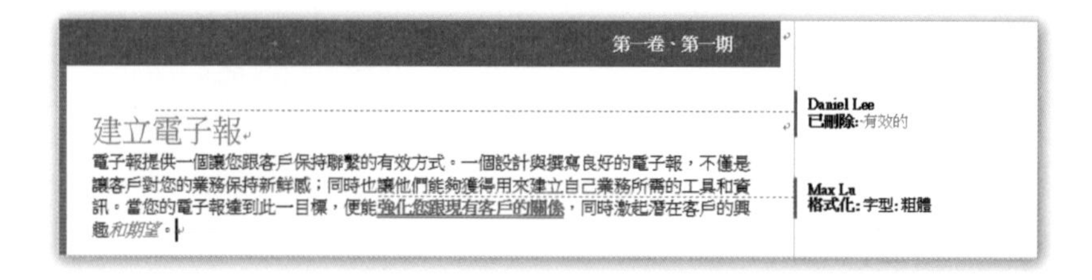

1.3.2 管理追蹤修訂的變更

檢閱修訂並接受或拒絕變更

您可以透過**追蹤變更**來**接受**或**拒絕**檢閱者的修訂，請開啟**文件**料夾 \Word 2016 Expert 第 1 章練習檔 \1.3.2 追蹤修訂的環境。

Step.1 畫面左邊顯示的是每一位修訂者修依段落順序修訂過的內容，中央顯示的是修訂中的文件內容，右邊是每一位修訂者留下的註解方塊。

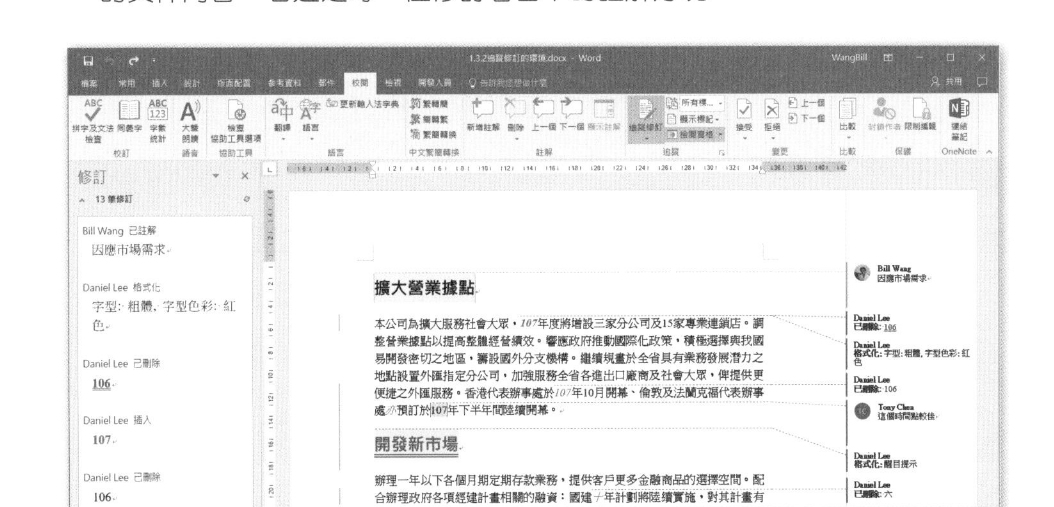

Step.2 您可以在文件中的修訂項目上，按一下滑鼠右鍵，點按**接受插入**或者**拒絕插入**來接受或拒絕變更；如果是**刪除**文字的項目，則可以點按**接受刪除**或者**拒絕刪除**。

Step.3 如果只是變更文字或圖片的格式，可以在該修訂項目上按右鍵，點按**接受格式變更**或者**拒絕格式變更**。

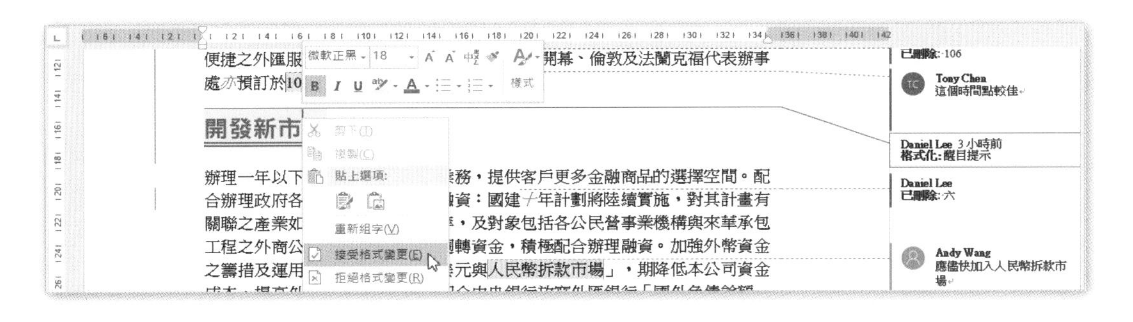

Step.4 將插入點置於畫面中央的文件中，點按**檢閱**索引標籤 \ **變更**群組 \ **下一個 (或上一個)**，就可以逐項檢閱修訂的內容，同時左、右兩邊窗格中的內容也會跟著捲動。

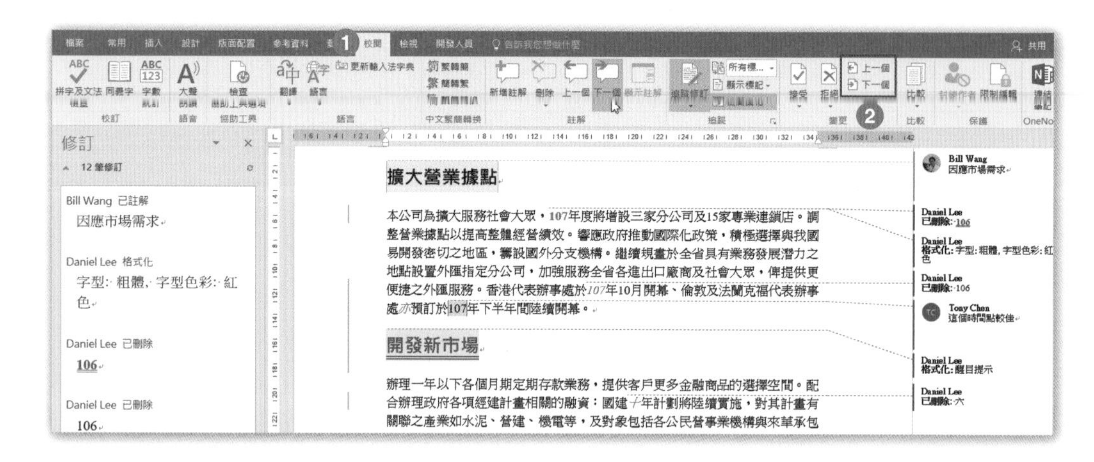

接受或拒絕所有變更

若果不想**上一個**或**下一個**的一個一個處理變更，就可以採用下列做法一次接受或拒絕文件中所有的變更。

Step.1 若要接受所有的變更，請點按**校閱**索引標籤 \ **變更**群組 \ **接受** \ **接受所有變更**即可。

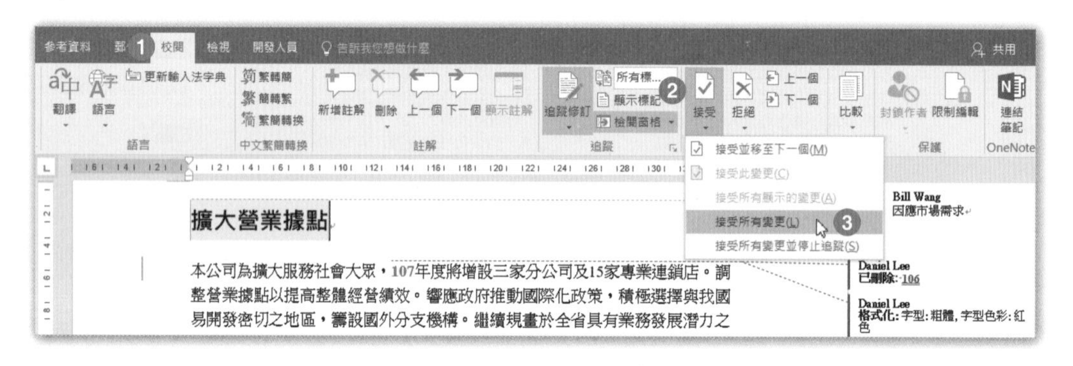

若要接受所有的變更，同時關閉**追蹤修訂**的功能，請點按**接受所有變更並停止追蹤**即可。

Step.2 若要拒絕所有的變更，只要點按**校閱**索引標籤 \ **變更**群組 \ **拒絕** \ **拒絕所有變更**。

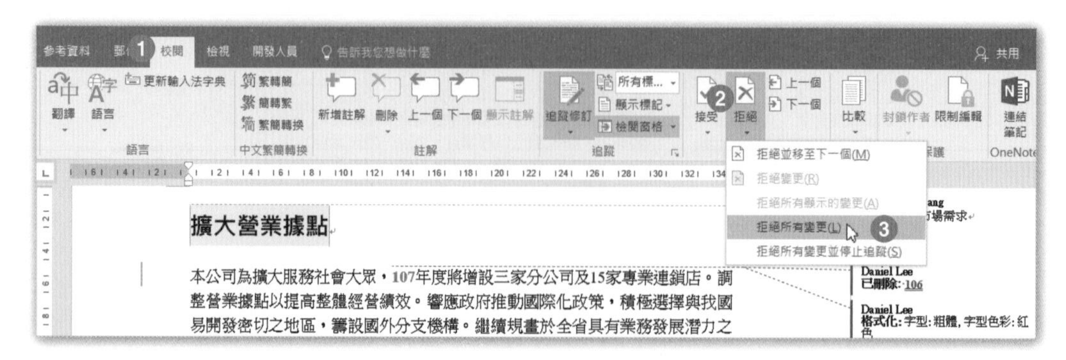

若要拒絕所有的變更，同時關閉**追蹤修訂**的功能，只要點按**拒絕所有變更並停止追蹤**即可。

Step.3 如接受了所有的變更，整份文件中的修訂都將被接受，文件中的註解將仍然保留在其中，成為如下圖的結果：

調整檢閱窗格

如果想要在追蹤修訂之下看到完整的操作環境，例如下圖左邊的「修訂」窗格，其中記載了每位檢閱者對文件做了哪些更動；下圖中央用紅字標註了文件更動的內容和確實位置；下圖右方的「註解方塊」則是每位檢閱者插入或回覆的**註解**內容。

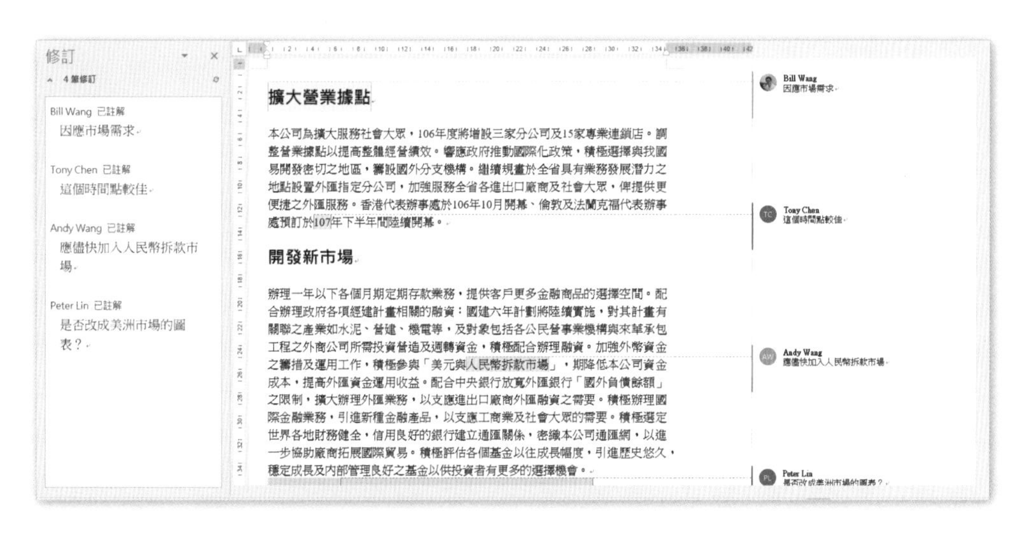

開啟與關閉「修訂」窗格

Step.1 在**校閱**索引標籤 \ **追蹤**群組 \ **檢閱窗格**之下，點按**垂直檢閱窗格**按鈕，即可開啟左邊的「修訂」窗格。

Step.2 若再點按一下**垂直檢閱窗格**按鈕即可關閉「修訂」窗格（點按**水平檢閱窗格**按鈕，「修訂」格將會被置於文件下方的水平位置）。

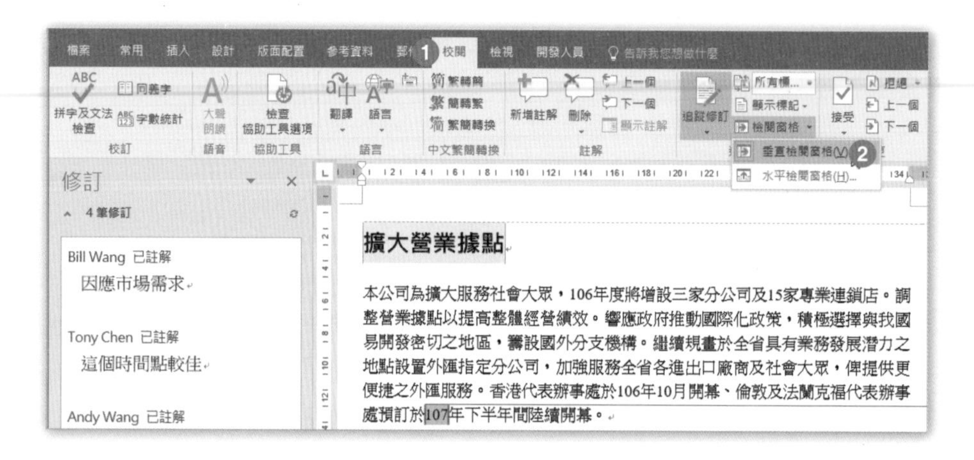

開啟與關閉「註解方塊」

Step.1 點按**校閱**索引標籤 \ **追蹤**群組 \ **顯示標記**，點選**註解**，即可開啟右邊的「註解方塊」，再點選一次即可關閉註解方塊。

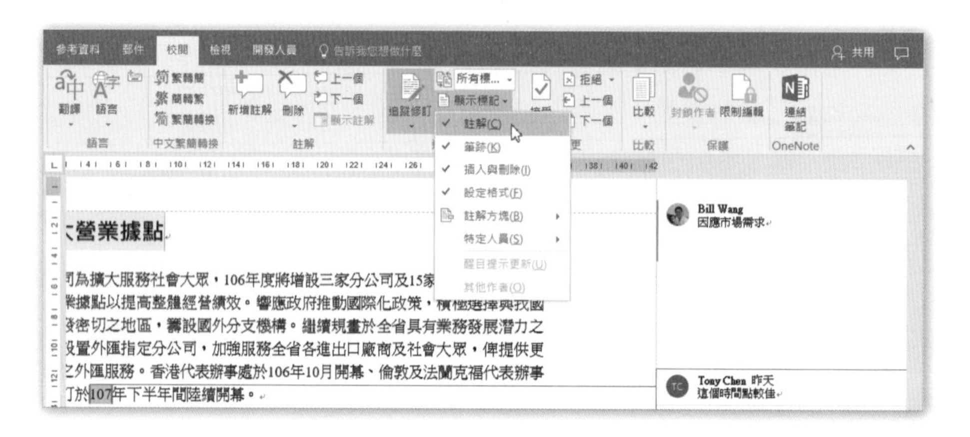

Step.2 點按**校閱**索引標籤 \ **追蹤**群組 \ **顯示標記 \ 註解方塊**，其中有三個選項，「在註解方塊顯示修訂」是預設選項，也就是目前看到的結果，其他兩個選項比較少用到，如有需要，可自行測試。

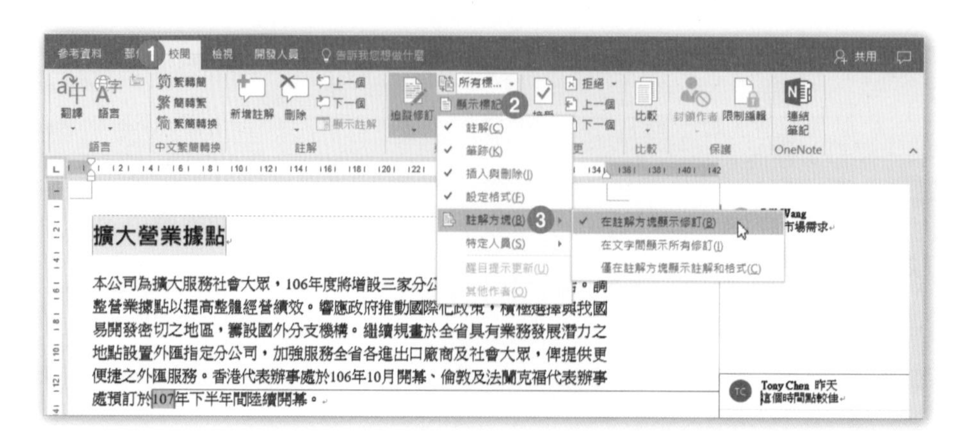

設定簡易標記

「簡易標記」是用來簡化追蹤修訂標記的功能，讓文件畫面看起來不致於太複雜。

Step.1 點按**校閱**索引標籤 \ **追蹤**群組 \ **顯示供檢閱** \ **簡易標記**，所有的註解都變成如下圖的小方框。

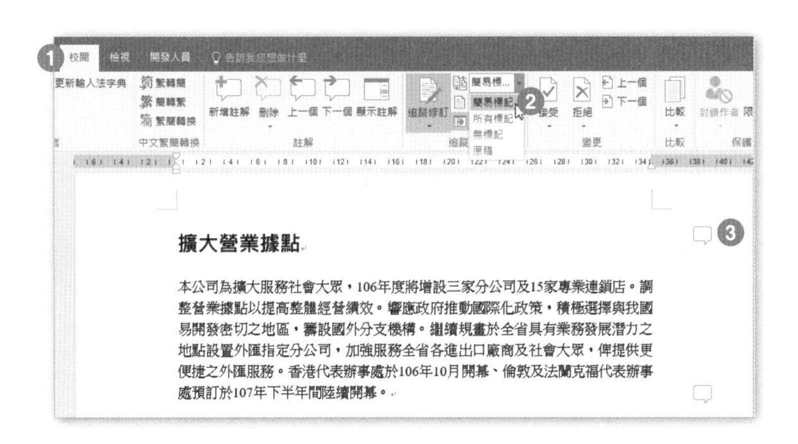

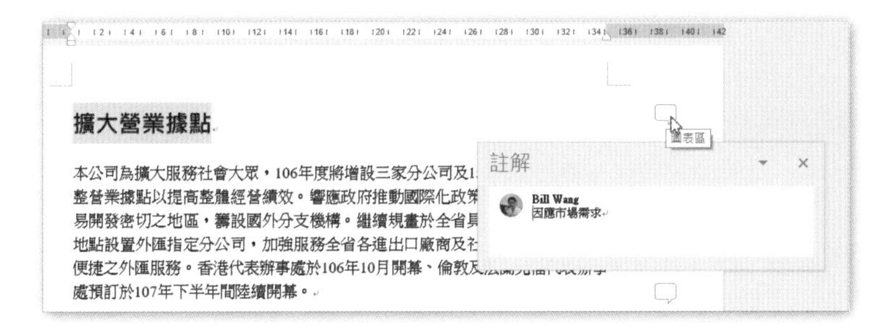

Step.2 要檢視某一個註解中的訊息，必須點按一下小方框，才能看到該註解內容。

1.3.3 鎖定追蹤

若要確保 Word 能夠隨時追蹤所有編輯者的變更，請鎖定追蹤，讓追蹤修訂永遠保持在開啟的狀態，並給予密碼設定，這樣任何人都無法解除追蹤修訂的控制。

請開啟**文件**料夾 \Word 2016 Expert 第 1 章練習檔 \1.3.3 鎖定追蹤。

Step.1 點按**校閱**索引標籤 \ **追蹤**群組 \ **追蹤修訂** \ **鎖定追蹤**。

Step.2 輸入密碼兩次，按下**確定**。

Step.3 追蹤修訂一經鎖定，就無法關閉此項功能，只要一編輯文件，就會留下追蹤標記，而且**校閱**索引標籤 \ **變更**群組中的「接受」和「拒絕」按鈕變成灰色的狀態，表示再也無法接受或拒絕修訂了。

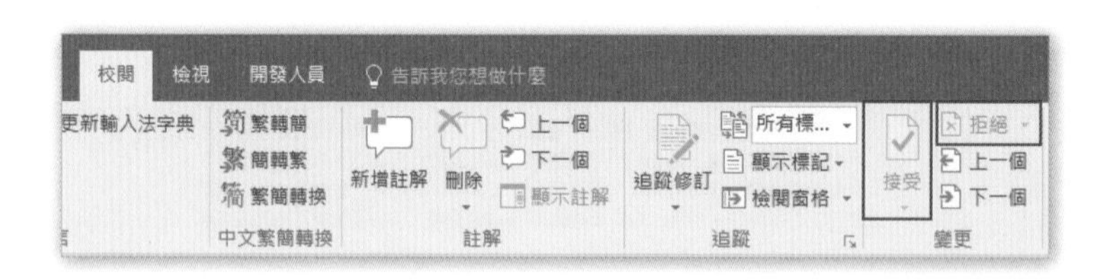

若要解除鎖定追蹤修訂，**校閱**索引標籤 \ **追蹤**群組 \ **追蹤修訂 \ 鎖定追蹤**，輸入密碼之後，即可解除鎖定。

1.3.4 管理註解

在文件中加上註解，能夠讓其他檢閱者更清楚地了解文字的涵意。本節內容主要介紹如何新增註解、刪除註解、回覆註解、以及將註解**標示為完成** (或稱為「解決」註解)。

新增與刪除註解

開啟**文件**資料夾 \Word 2016 Expert 第 1 章練習檔 \1.3.4 管理註解 .docx。

點按檔案索引**標籤 \ 選項**，在下圖中變更使用者名稱為「Daniel Lee」之後，就可以在插入或回覆註解時，看到新的使用者名稱留下的訊息了。

例如要將第一頁的標題文字「擴大營業據點」新增註解，註解中的文字為「因應市場需求」，請依下列步驟新增註解：

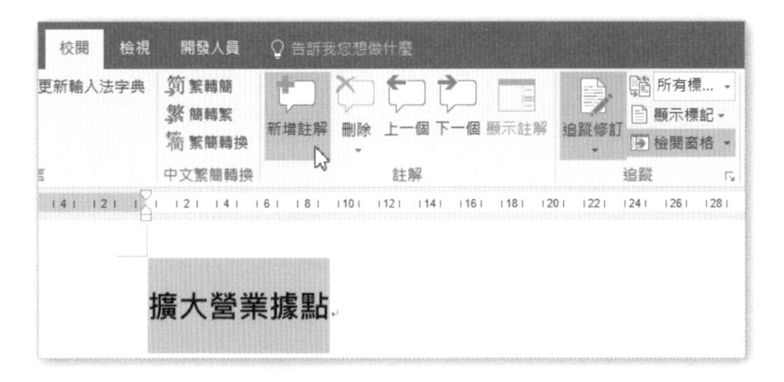

Step.1 選取第一頁的標題文字「擴大營業據點」，點按**校閱**索引標籤 \ **註解**群組 \ **新增註解**（也可以按下滑鼠右鍵，點選「新增註解」）。

Step.2 在右方的窗格中，輸入「因應市場需求」，接著在文件任何位置點按一下即可。

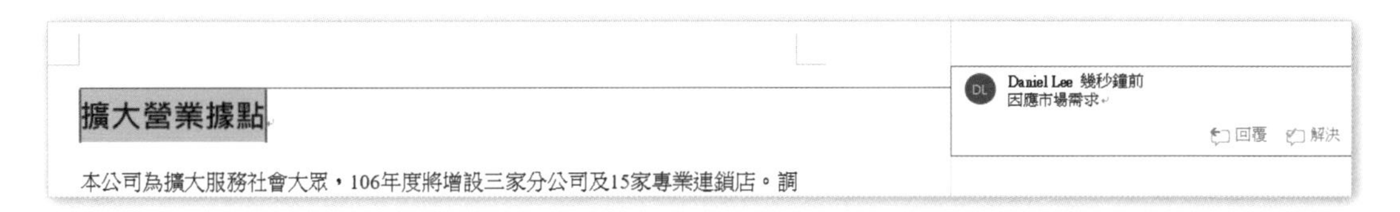

Step.3 若要刪除註解，請點按**校閱**索引標籤 \ **註解**群組 \ **刪除**即可。

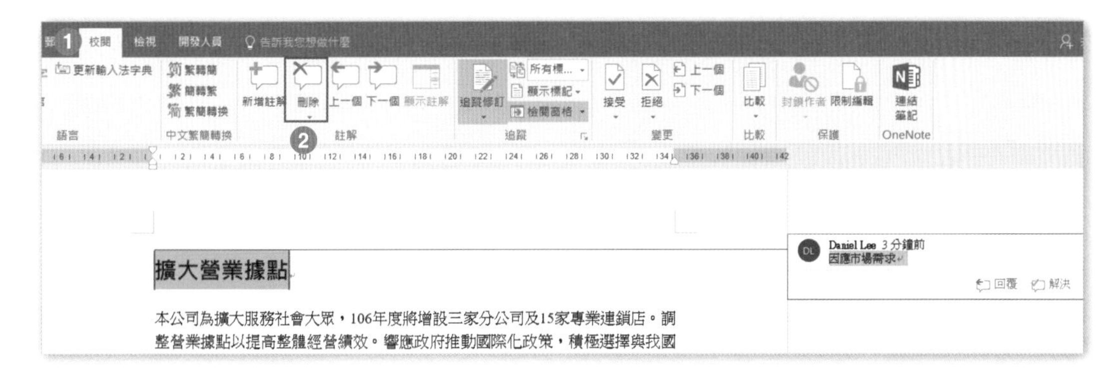

也可以在註解上按下滑鼠右鍵，點選「刪除註解」。

回覆註解與解決註解

回覆註解

如果「Daniel Lee」要對檢閱者「Tony Chen」的註解做出回應，先確認 Word 使用者名稱已改成「Daniel Lee」。（請參考「變更使用者名稱」一節中的說明），再參考下列步驟來回覆註解：

Step.1 在「Tony Chen」的註解方塊中，按下**回覆**按鈕。

Step.2 輸入回覆的文字「確定嗎？」，接著在文件任何位置點按一下即可。

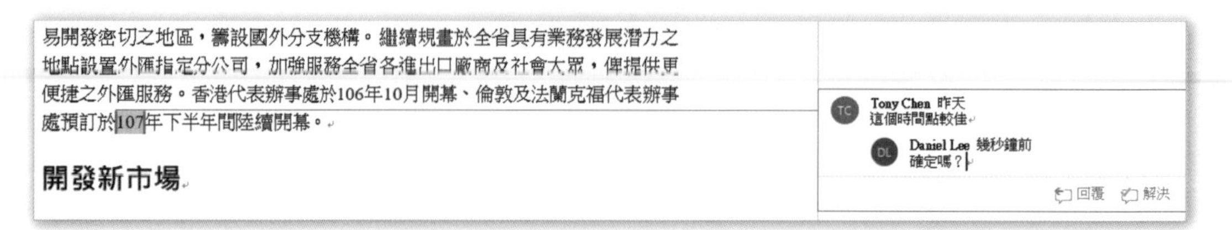

如果要刪除「Daniel Lee」回覆給「Tony Chen」的訊息，請在「Daniel Lee」回覆的訊息上按下滑鼠右鍵，點選**刪除註解**即可。

解決註解

如果註解訊息所點出的問題或建議已獲得解決，即可將訊息文字淡化處理。例如 Andy Wang 在註解中提出的建議「應儘快加入人民幣拆款市場」，問題已獲得解決，就可以採取下列動作來淡化註解文字：

Step.1 在 Andy Wang 的註解「應儘快加入人民幣拆款市場」之上按下滑鼠右鍵，點選「解決註解」。

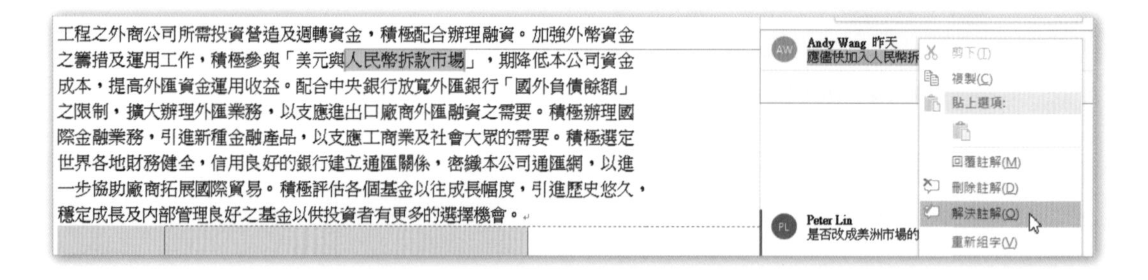

Step.2 此時 Andy Wang 的註解「應儘快加入人民幣拆款市場」將變成淡灰色；若要讓註解恢復成為正常的文字顏色，按下**註解方塊**右下方的「重新開啟」即可。

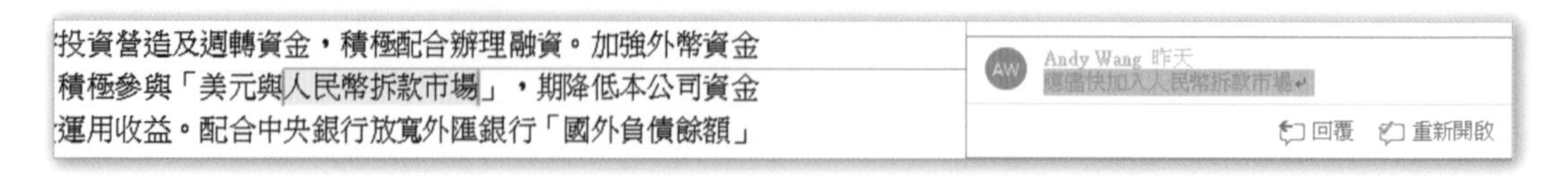

實作練習

開啟**文件**資料夾 \ 模擬題目 \「模擬題目 1-A.docx」，完成下列工作：

- 複製「Normal.dotm」裡的「內文」樣式至「模擬題目 1-A.docx」文件裡，並覆蓋其原本的「內文」樣式。(解題步驟 1-5)
- 設定 Word 2016 可以每隔 15 分鐘便儲存自動回復資訊。(解題步驟 6-8)
- 在標題文字「安全性與隱私權」上方的空白列，連結來自「文件」資料夾裡名為「免費軟體 .docx」文件檔案。(解題步驟 9-13)
- 在文件第二頁最後一個段落標記處，插入「文件」資料夾裡「網路交易 .docx」檔案的內容，對於「網路交易 .docx」檔案內容的變更應該也要自動反映在「模擬題目 1-A.docx」裡。(解題步驟 14-16)
- 僅啟用經過數位簽章的巨集。(解題步驟 17-20)
- 將「開發人員」索引標籤，置於功能區中。(解題步驟 21-22)
- 僅設定這份文件的預設字型大小為 11 點，並套用 Dubai 字型。(解題步驟 23-24)

完成的練習請**另存新檔**到**文件**資料夾 \ 模擬題目 1-A- 完成 .docx

下圖是開啟「模擬題目 1-A.docx」檔案之後看到的部份內容。

Step.1 以滑鼠點按**常用**索引標籤 \ **樣式**群組 \ **樣式**按鈕，點按**樣式**工作窗格下方的「管理樣式」按鈕。

Step.2 在**管理樣式**對話方塊中，點按**匯入 / 匯出**按鈕。

Step.3 點選**組合管理**對話方塊右方「Normal.dotm」裡的「內文」樣式，按下中央的**複製**按鈕。

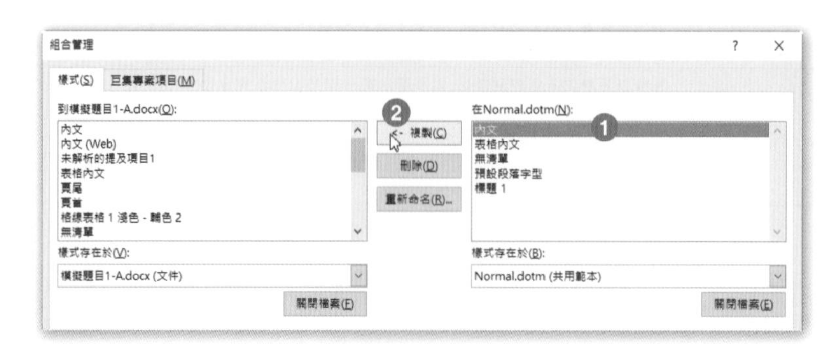

Step.4 在詢問的對話方塊中，按下**是**，再按下**組合管理**對話方塊右下方的**關閉**即可。

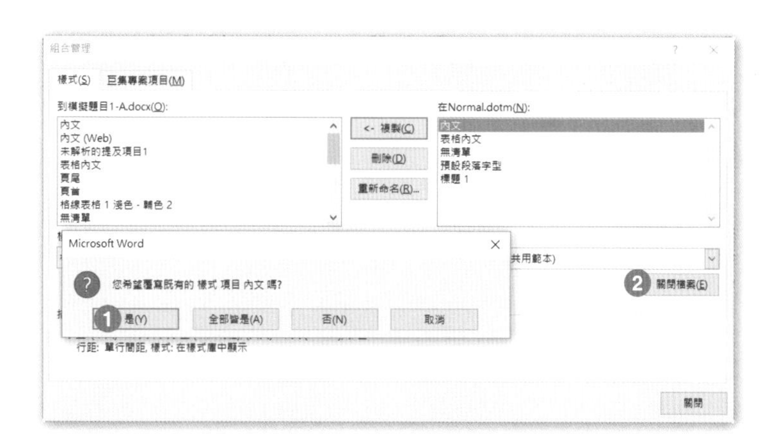

Step.5 做完上述工作之後，文件中的文字間距變得很小，如下圖所示。

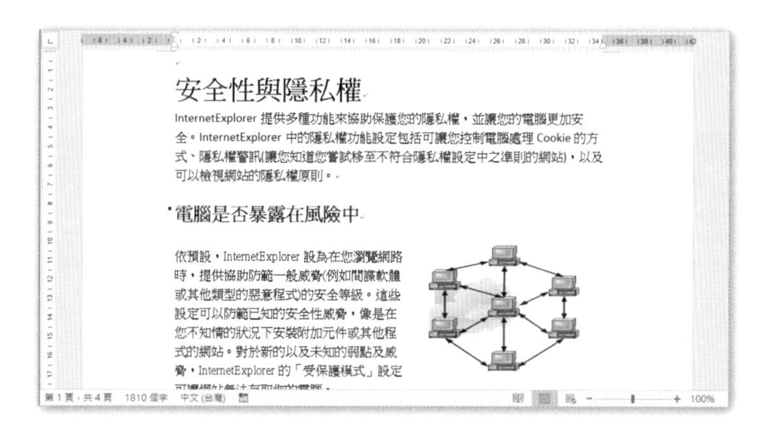

Step.6 點按**檔案**索引標籤 \ **選項**。

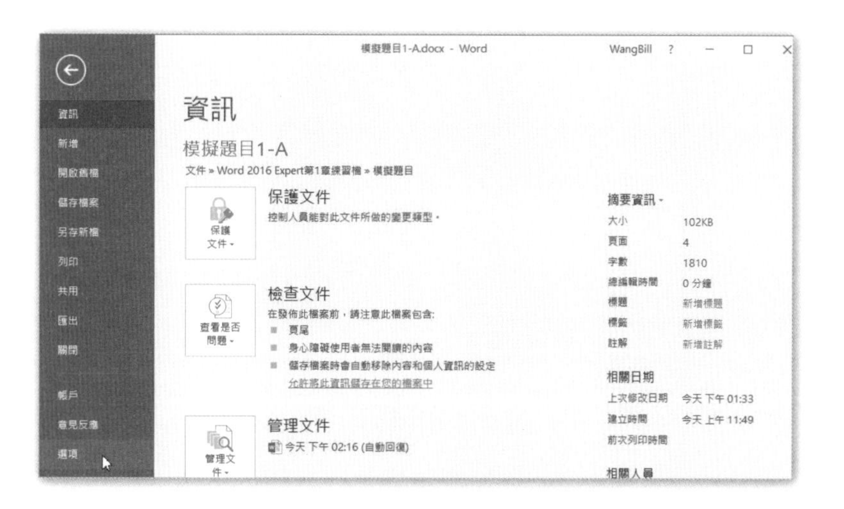

Step.7 在 Word **選項**對話方塊中，勾選「儲存自動回復資訊時間間隔」核取方塊，並設定為「15」分鐘。

Step.8 勾選「若我關閉而不儲存，保留上一個自動回復版本」核取方塊，再按下**確定**即可。

Step.9 插入點置於第一頁標題文字上方的的空白列，點按**插入**索引標籤 \ **文字**群組 \ **物件**。

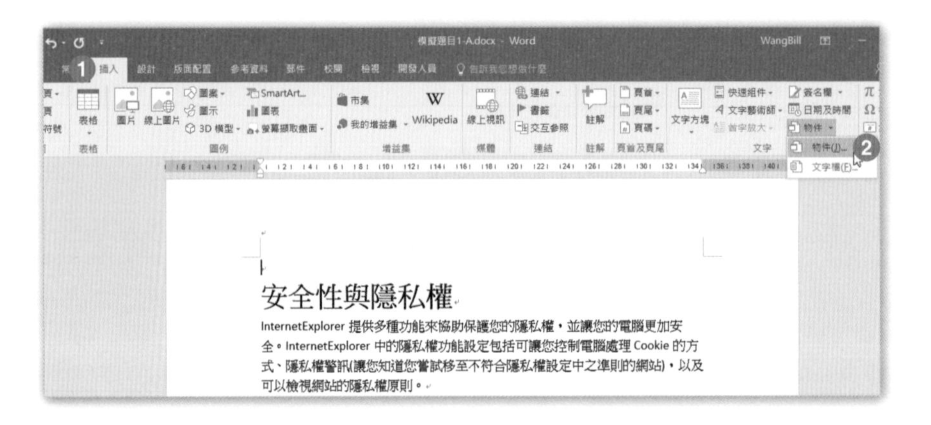

Step.10 在**物件**對話方塊中，點按**檔案來源**標籤，按下**瀏覽**。

Step.11 在**瀏覽**對話方塊中，點選**文件**資料夾 \Word 2016 Expert 第 1 章練習檔 \ 模擬題目 \ 免費軟體 .docx，按下**插入**。

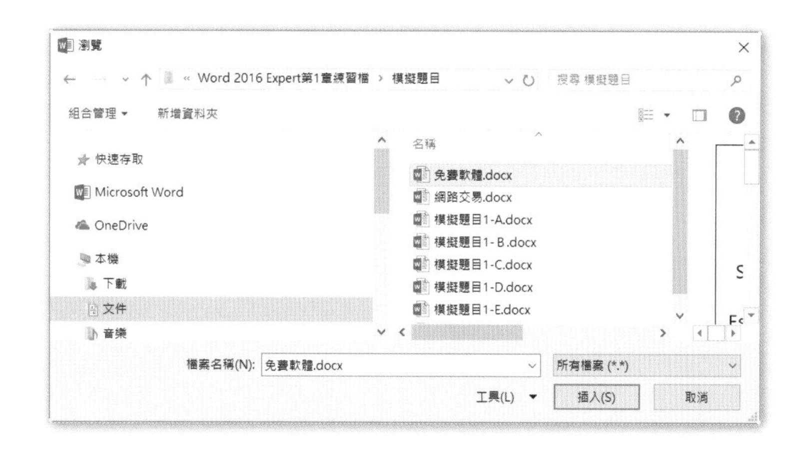

Step.12 回到**物件**對話方塊，勾選「連結至檔案」以及「以圖示顯示」，按下**確定**。

Step.13 在「免費軟體 .docx」物件圖示上連續點按兩下，即可看到開啟的免費軟體 .docx 文件。

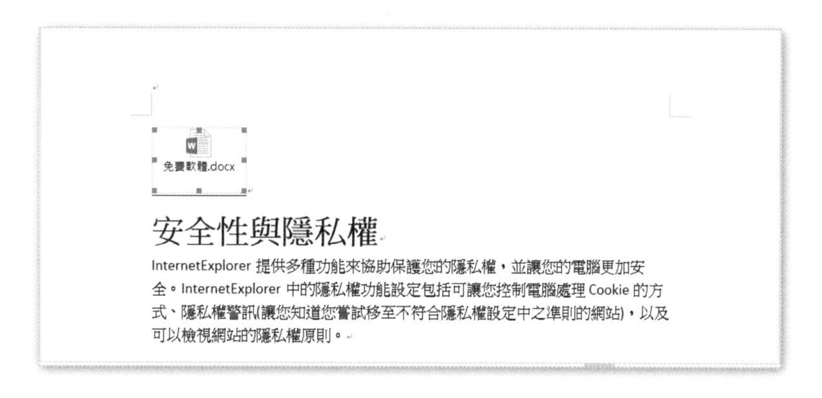

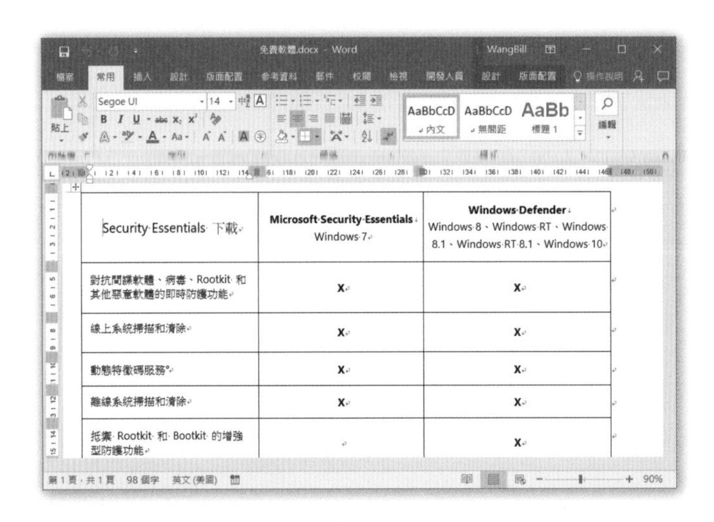

Step.14 插入點置於文件第二頁最後一個段落標記上，點按**插入**索引標籤 \ **文字**群組 \ **物件** \ **文字檔**。

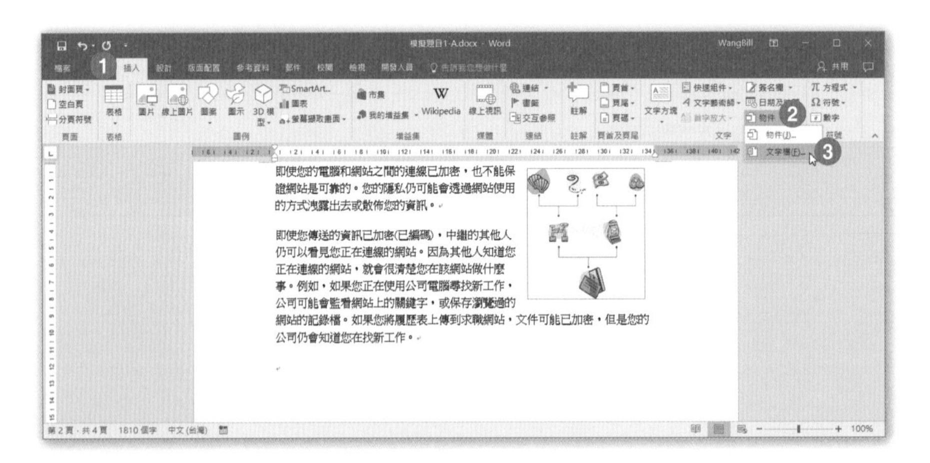

Step.15 在**插入檔案**對話方塊中，點選**文件**資料夾 \Word 2016 Expert 第 1 章練習檔 \ 模擬題目 \ 網路交易 .docx，按下**插入** \ **插入成連結**。

Step.16 完成的文件如下圖所示。

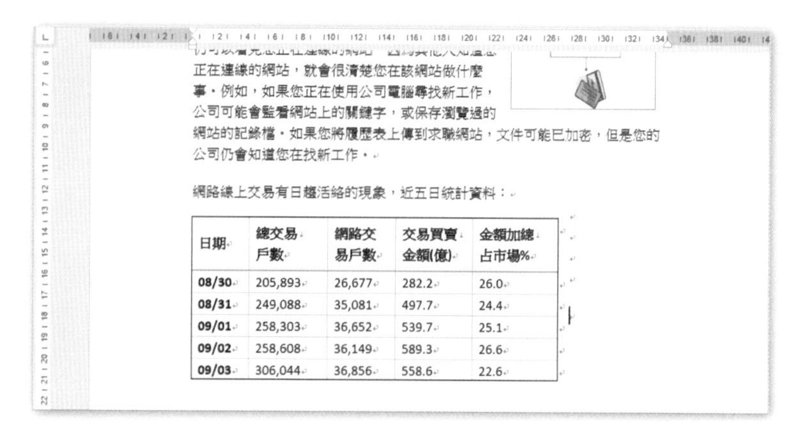

正在連線的網站，就會很清楚您在該網站做什麼事。例如，如果您正在使用公司電腦尋找新工作，公司可能會監看網站上的關鍵字，或保存瀏覽過的網站的記錄檔。如果您將履歷表上傳到求職網站，文件可能已加密，但是您的公司仍會知道您在找新工作。

網路線上交易有日趨活絡的現象，近五日統計資料：

日期	總交易戶數	網路交易戶數	交易買賣金額(億)	金額加總占市場%
08/30	205,893	26,677	282.2	26.0
08/31	249,088	35,081	497.7	24.4
09/01	258,303	36,652	539.7	25.1
09/02	258,608	36,149	589.3	26.6
09/03	306,044	36,856	558.6	22.6

Step.17 點按**檔案**索引標籤 \ **選項**。

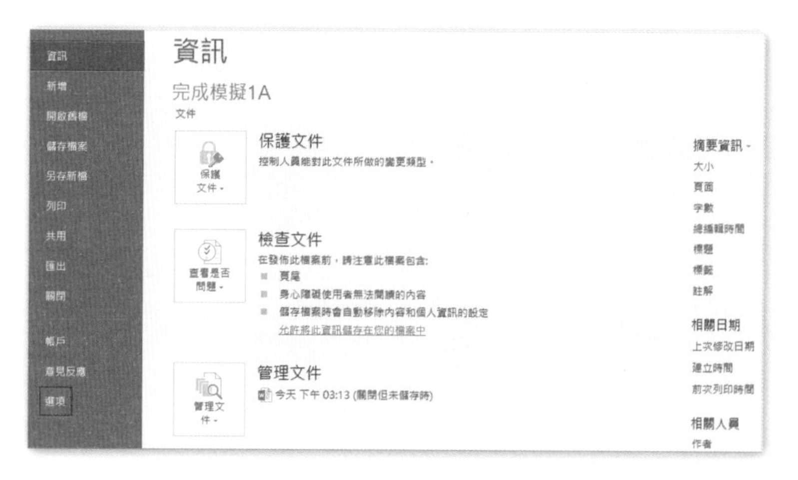

Step.18 在 Word **選項**對話方塊中，點按**信任中心設定**按鈕。

Step.19 在**巨集設定**項目之下，點選「除了經數位簽章的巨集外，停用所有巨集」，按下**確定**。

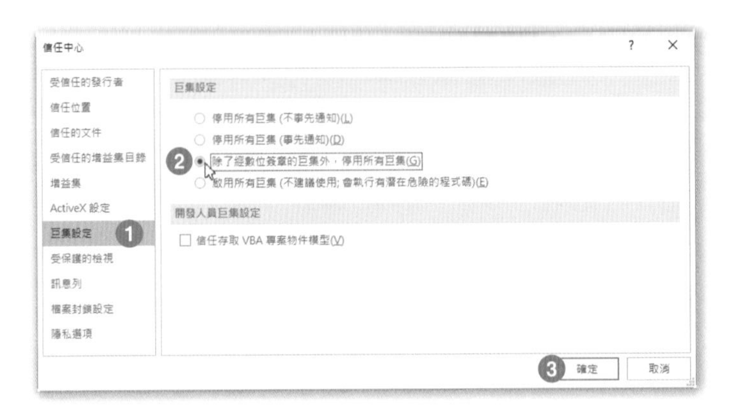

Step.20 回到 Word **選項**對話方塊，按下**確定**即可。

Step.21 點按左圖左上方的**自訂快速存取工具列**按鈕，並點按選單中的「其他命令」。

Step.22 在 Word **選項**對話方塊中，點選「自訂功能區」；再點選「開發人員」核取方塊，按下**確定**。

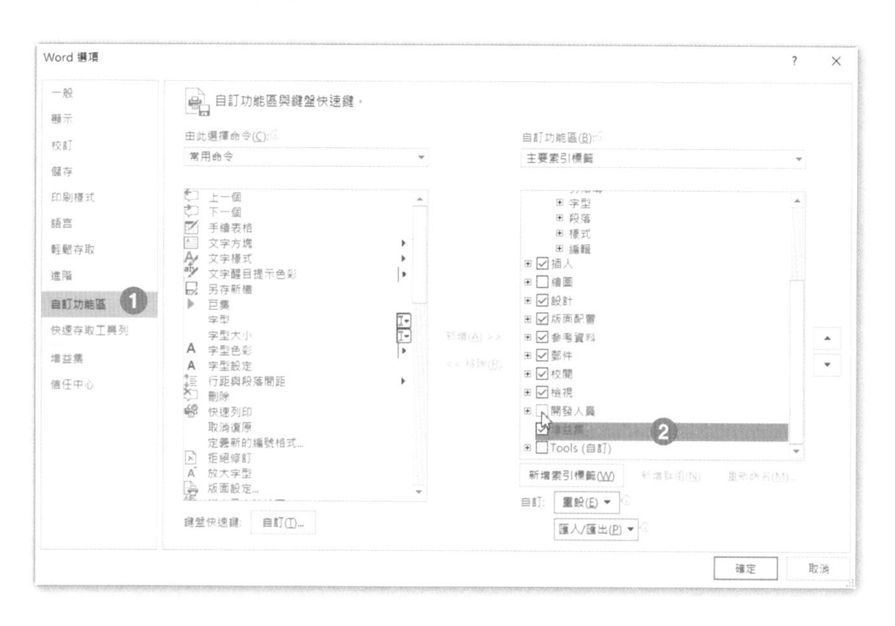

也可以透過下列步驟將**開發人員**索引標籤置於**功能區**中：

➤ 點按**檔案**索引標籤 **\ 選項**，在 Word 選項對話方塊中，點選「自訂功能區」；再點選「開發人員」核取方塊，按下**確定**。

Step.23 點按**常用**索引標籤 \ **字型**群組 \ **字型**按鈕。

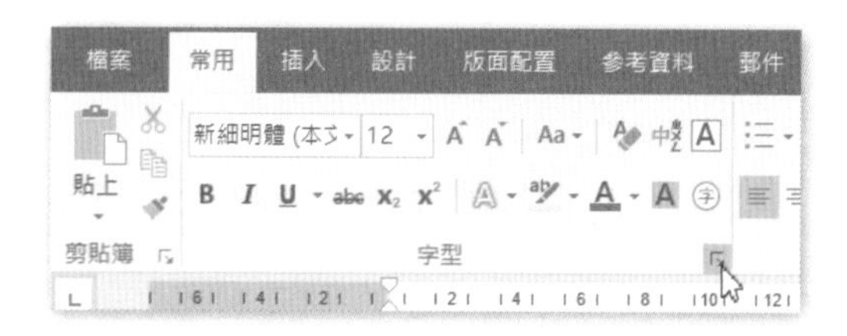

Step.24 將**字型**都設定成為「Dubai」，在**大小**選單中點選「11」，按下**設定成預設值**按鈕，並在 Microsoft Word 對話方塊中點選「只有這份文件嗎？」，再按下**確定**即可。

實作練習

開啟**文件**資料夾 \ 模擬題目 \「模擬題目 1-B.docx」，完成下列工作：

- 變更使用者名稱為「Frank Chen」。(解題步驟 1-3)
- 接受所有的插入與刪除變更，不接受所有的格式的變更。(解題步驟 4-7)
- 對第 2 頁的標題文字「自由基的產生」新增註解，輸入註解文字「需細讀！」。(解題步驟 8-9)
- 在第 2 頁標題文字「外界環境」下方，對第 5 個項目新增註解，註解內容為「受情緒的影響嗎？」。(解題步驟 10-11)
- 將註解文字為「需細讀！」的註解，標記為完成 (即解決註解)。(解題步驟 12-13)
- 針對內容為「不宜過度使用」的註解，用「的確如此」來回覆註解。(解題步驟 14-15)
- 修改檔案以確認接受所有變更。(解題步驟 16-18)

完成的練習請**另存新檔**到**文件**資料夾 \ **模擬題目** 1-B- **完成** .docx

下圖是開啟「模擬題目 1-B.docx」檔案之後看到的部份內容。

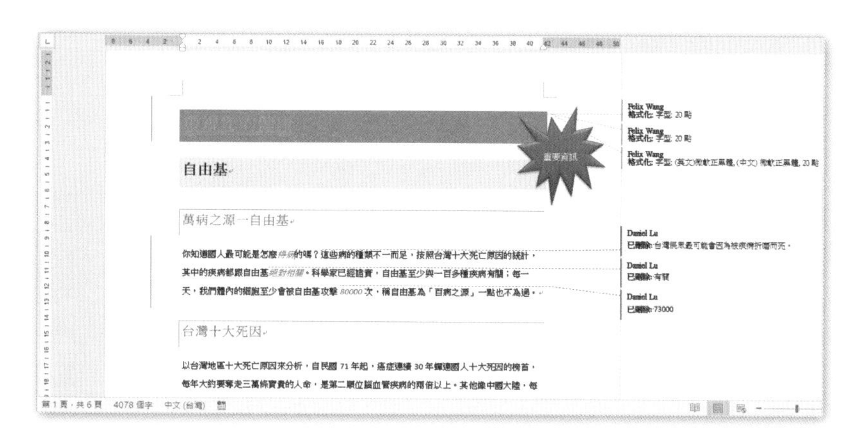

Step.1 點按**校閱**索引標籤 \ **追蹤**群組 \ **變更追蹤選項**，在**追蹤修訂選項**對話方塊中，點按「變更使用者名稱」。

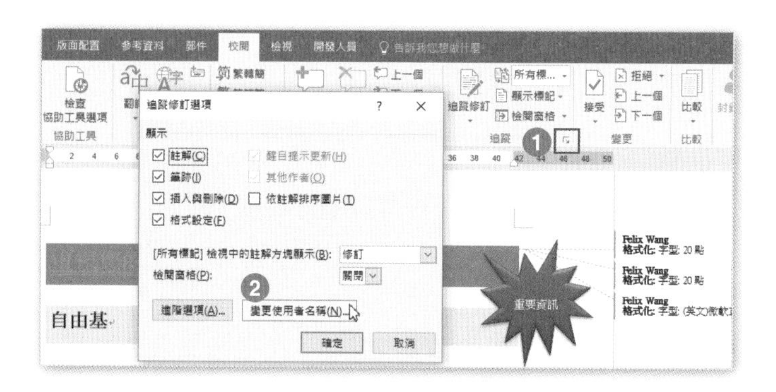

Step.2 在 Word **選項**對話方塊中，輸入**使用者名稱**「Frank Chen」以及縮寫「Frank」，按下**確定**。

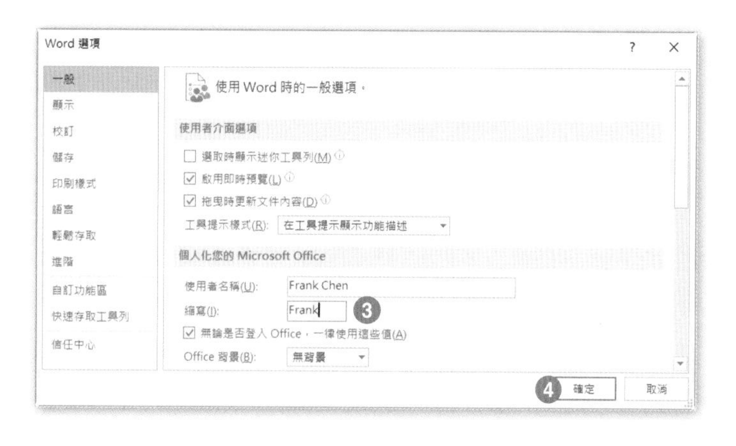

Step.3 回到**追蹤修訂選項**對話方塊，按下**確定**即可。

Step.4 點按**校閱**索引標籤 \ **追蹤**群組，點按**變更追蹤選項**按鈕，在**追蹤修訂選項**對話方塊中，取消其他勾選，僅勾選「插入與刪除」，按下**確定**。

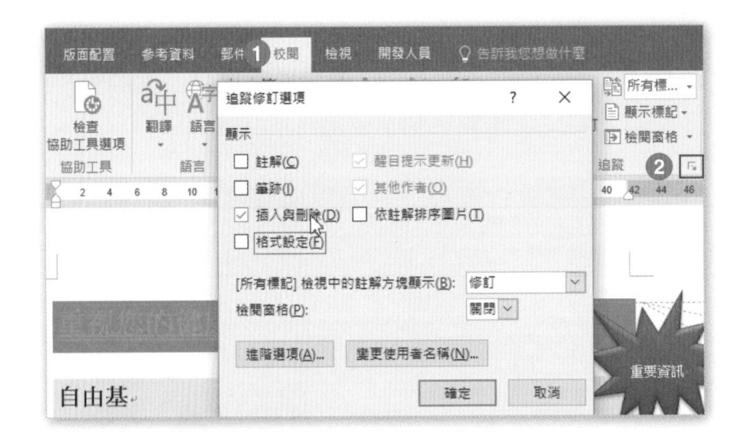

Step.5 點按**校閱**索引標籤 \ **變更**群組 \ **接受** \ **接受所有顯示的變更**。

Step.6 點按**校閱**索引標籤 \ **追蹤**群組，點按**變更追蹤選項**按鈕，在**追蹤修訂選項**對話方塊中，取消其他勾選，僅勾選「格式設定」，按下**確定**。

Step.7 點按**校閱**索引標籤 \ **變更**群組 \ **拒絕** \ **拒絕所有顯示的變更**。

Step.8 選取第 2 頁的標題文字「自由基的產生」，在**校閱**索引標籤 \ **註解**群組中，點按**新增註解**按鈕。

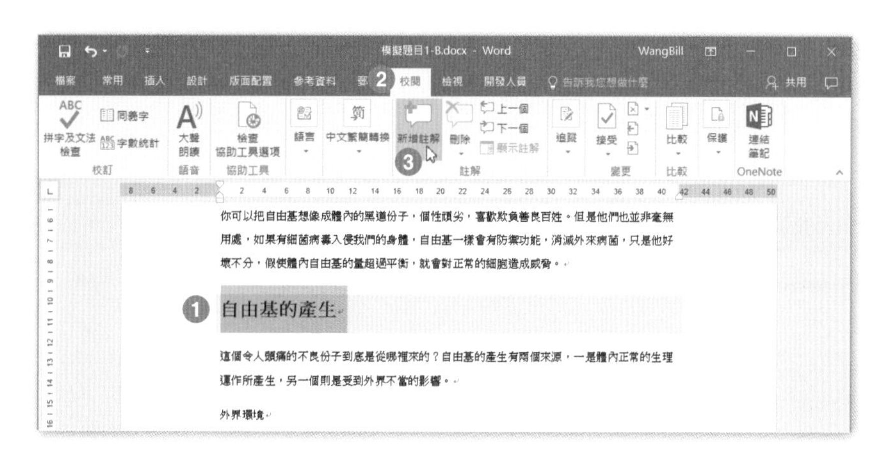

Step.9 在註解方塊中，輸入文字「需細讀！」。

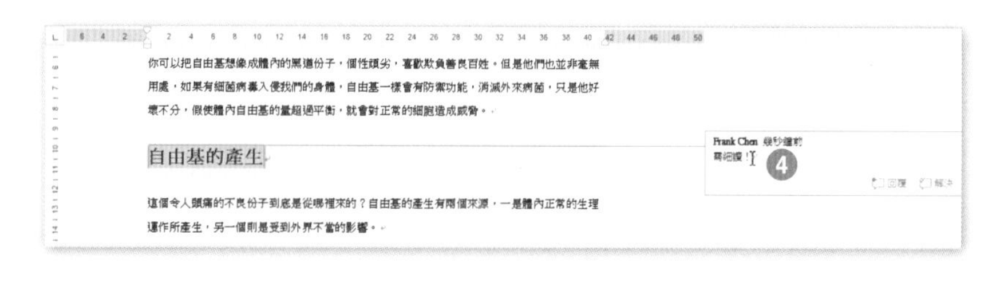

Step.10 選取第 2 頁標題文字「自由基的產生」下方第 5 個項目，在**校閱**索引標籤 \ **註解**群組中，點按**新增註解**按鈕。

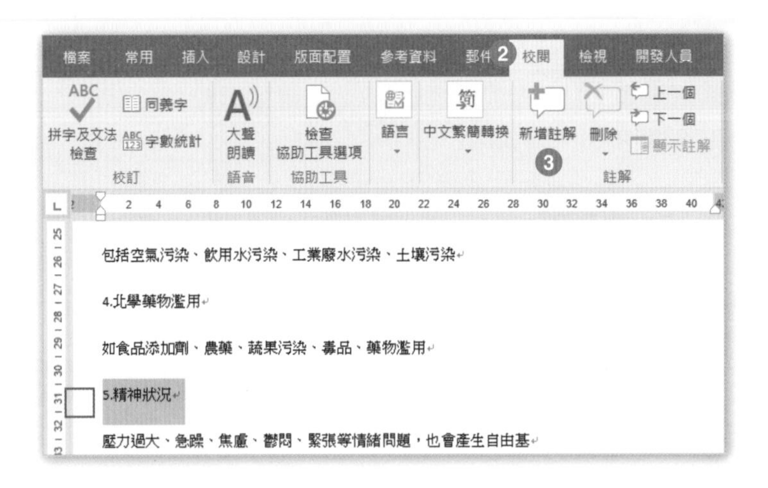

Step.11 在註解方塊中，輸入文字「受情緒的影響嗎？」即可。

Step.12 在內容為「需細讀！」的註解方塊中，點按**解決**標籤。

Step.13 註解方塊中的使用者名稱和註解文字，淡化成灰色；如要還原註解文字，請按下「重新開啟」即可。

Step.14 移至第 4 頁內含文字「不宜過度使用」的註解方塊，按下**回覆**。

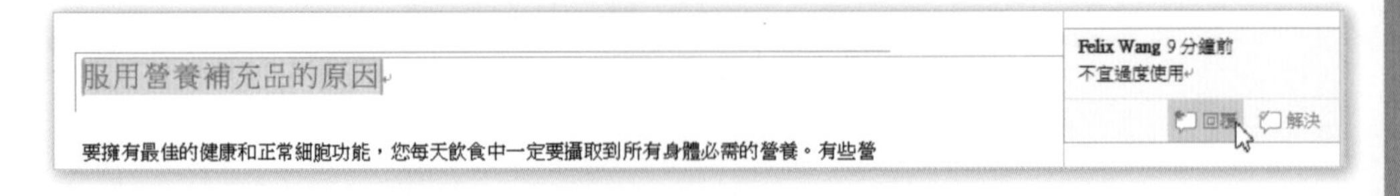

Step.15 輸入「的確如此」來回覆註解。

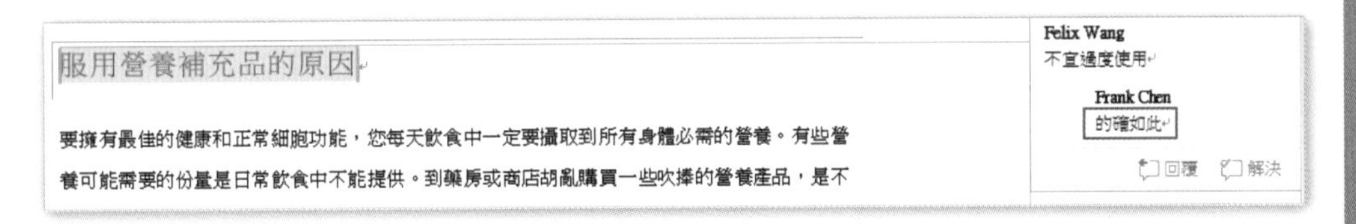

Step.16 點按**檔案**索引標籤 \ **資訊** \ **保護文件** \ **標示為完稿**。

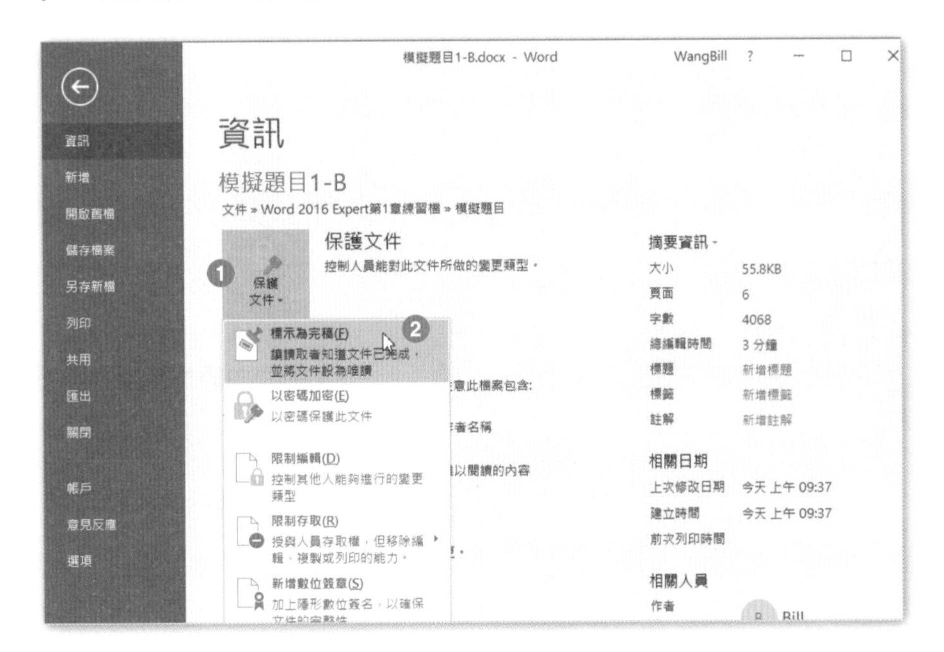

Step.17 在下二圖中的提示訊息中，分別按下**確定**。

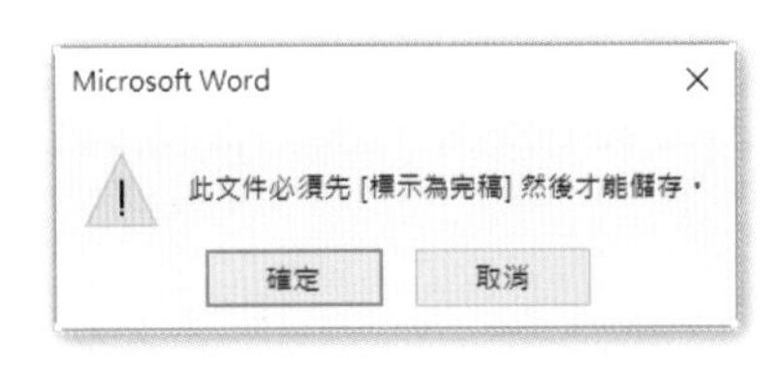

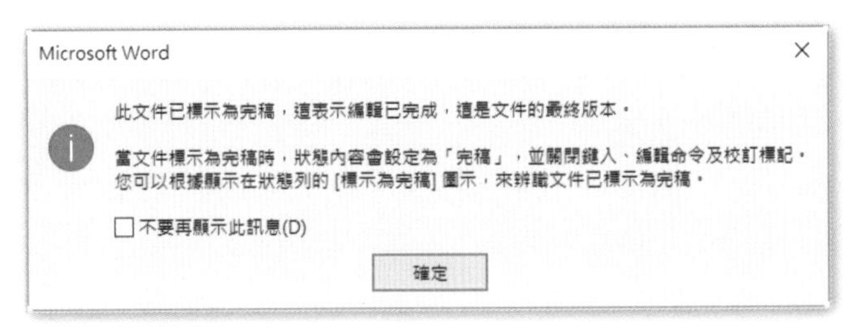

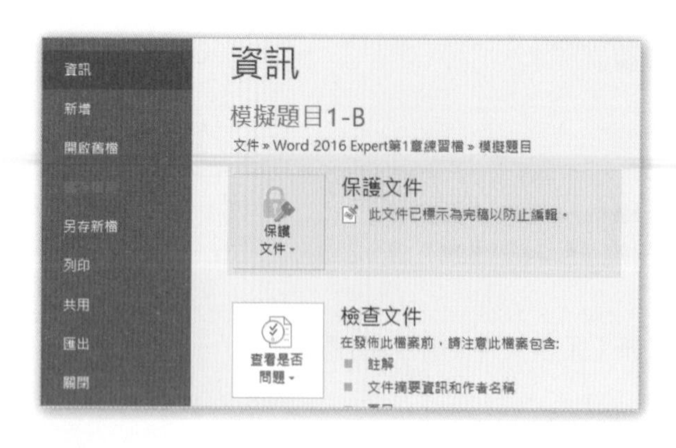

Step.18 此時，**保護文件**的選項，以黃色背景呈現。

➤ 若要取消「標示為完稿」，回到正常編輯狀態，只要再點按**保護文件 \ 標示為完稿**即可。

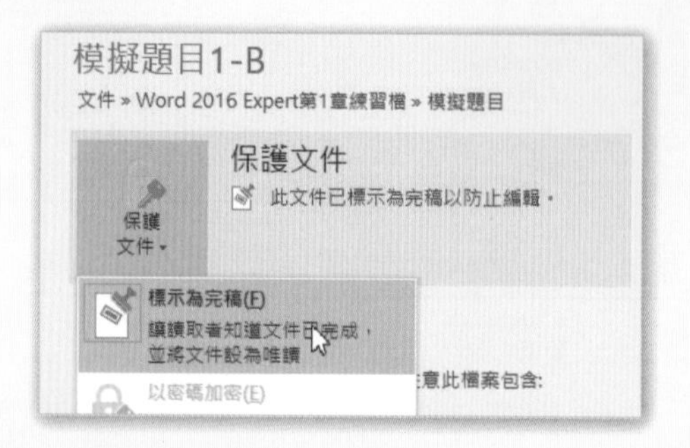

➤ 標示為完稿之後，回到文件可以看到黃色警訊息，文件將以「唯讀」的方式呈現。

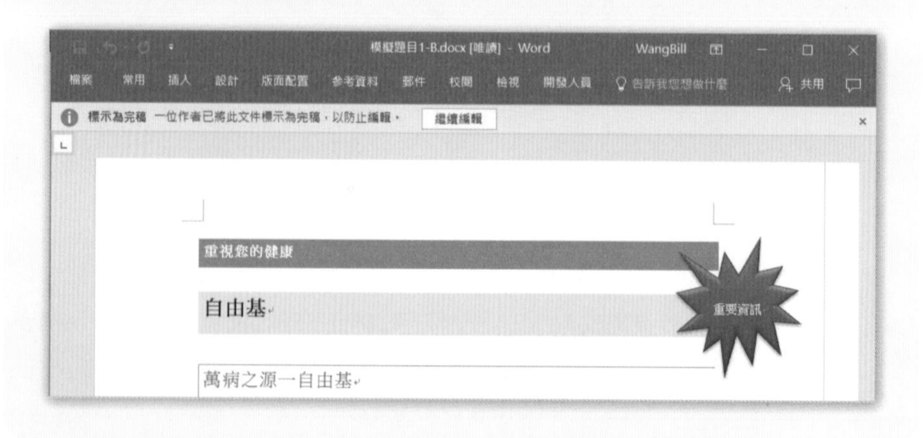

Chapter 02 進階文件設計

學習重點

本章重點在於如何設計進階文件，並且更有效率的格式化文件，尤其是結構多元的長文件，例如書籍、論文、企劃書以及各式報告…等等。您將可以學習到：使用萬用字元與特殊字元來尋找與取代文字或字串、利用尋找與取代來為段落套用指定的樣式、透過版面配置來進行分節設定、建立文方字方塊之間的連結、以及建立與修改樣式，摘要成兩大主題：

- 2-1 完成進階編輯與格式化文件
- 2-2 建立樣式

2-1 完成進階編輯與格式化文件

本單元的重點在於學習「在尋找與取代中使用**萬用字元**、利用**尋找與取代**來將段落套用指定的**樣式**、在文件中插入**分節符號**或加入行號、文字方塊之間的連結以及當您將格式化之後的文件複製到他人的文件時，如何解決格式衝突」，共分為下列七個學習目標：

- 尋找與取代文字使用萬用字元和特殊字元
- 尋找與取代格式和樣式
- 設定進階版面
- 使用文字方塊
- 設定英文斷字
- 段落的分行與分頁設定
- 使用貼上選項解決樣式衝突

2.1.1 尋找與取代文字使用萬用字元和特殊字元

除了可以使用**尋找與取代**的功能來替換文字之外 (例如：**臺北**變成**台北**或者**台北**變成**台北市**)，還可以使用**萬用字元**來尋找或取代特定的文字，例如：在**尋找目標**方塊中輸入 8{1,3} 就可以找尋 8,80,800 三個數字，Word 會將這三個數字用黃色醒目提示標記出來。

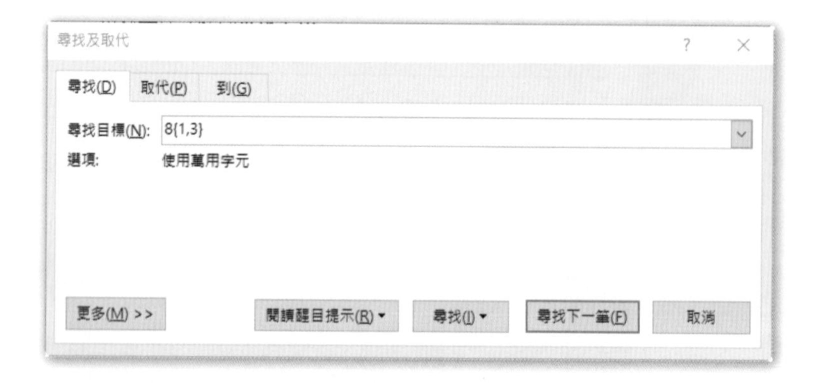

我們也可以利用**尋找與取代**來對調字串的前後順序，例如：在 [尋找目標] 方塊中輸入 (**大安區**)@(**台北市**)，並且在 [取代為] 方塊中輸入 \2 \1。Word 將會尋找字串「**大安區台北市**」，並且將它取代成為「**台北市大安區**」。

萬用字元列表

常用的萬用字元如下表所示：

萬用字元	尋找	用法及說明
?	任何單一字元包括空格和標點符號	s?t 可以找出 sat、set 和 s t。
[ ]	其中一個指定字元	w[io]n 可以找出 win 和 won。
[-]	此範圍內的任何單一字元	[r-t]ight 可以找出 right、sight 和 tight，範圍必須以遞增順序排列。
<	文字的開頭	<(inter) 可以找出 interesting 和 intercept，但無法找出 splintered。
>	文字的結尾	(in)> 可以找出 in 和 within，但無法找出 interesting。
()	運算式	Word 會記住搜尋組合的結果，將它們用在取代作業中，例如：(大安區)@(台北市)。
[!x-z]	角括號內範圍之字元外的任何單一字元	t[!a-m]ck 可以找出 tock 和 tuck，但無法找出 tack 或 tick。
{n}	前一個字元或運算式正好 n 個出現處	fe{2}d 可以找出 feed，但無法找出 fed。
{n,}	前一個字元或運算式至少 n 個出現處	fe{1,}d 可以找出 fed 和 feed。
{ m,n}	前一個字元或運算式出現過 m 到 n 個	8{1,3} 可以找出 8、80 和 800。
@	前一個字元或運算式出現一或多次之處	lo@t 可以找出 lot 和 loot。
*	任何字元和字串，包括空格和標點符號字元	s*d 可以找出 sad、started 和 significantly altered。

特殊字元

什麼是特殊字元？如何輸入特殊字元？特殊字元往往需要用特別的按鍵組合或者點按**插入**索引標籤 \ **符號群組 \ 符號 \ 其他符號**，即可看到如右圖所示的特殊字元清單。

常用的特殊字元包括了「長破折號 —」、「短破折號 –」、「不分行連字號 -」、「Copyright©」、「Registered®」以及「Trademark ™」，這些字元都可以參考上圖的快速鍵來輸入或是在上圖中選擇想要插入的特殊字元，再按下插入即可。

例如，要在字串「六都之首 台北市」中間空白處插入**短破折號**，只要先選取字串中間的空白，按下 Ctrl+ 九宮數字鍵上的減號「-」，即可得到「六都之首 – 台北市」的結果，要注意的是不能直接輸入減號「-」減號跟**短破折號**是不同的。

請開啟**文件**資料夾 \Word 2016 Expert 第 2 章練習檔 \2.1.1 使用萬用字元 .docx，可以看到如下圖的文件內容。

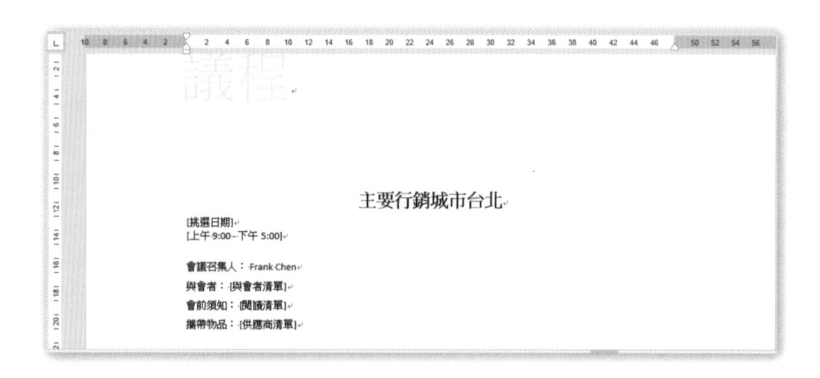

現在我們要將標題文字「主要行銷城市台北」的文字順序對調，並加上**短破折號**成為「台北 – 主要行銷城市」的結果，請參考下列操作步驟：

Step.1 點按**常用**索引標籤 \ **編輯**群組 \ **取代**。

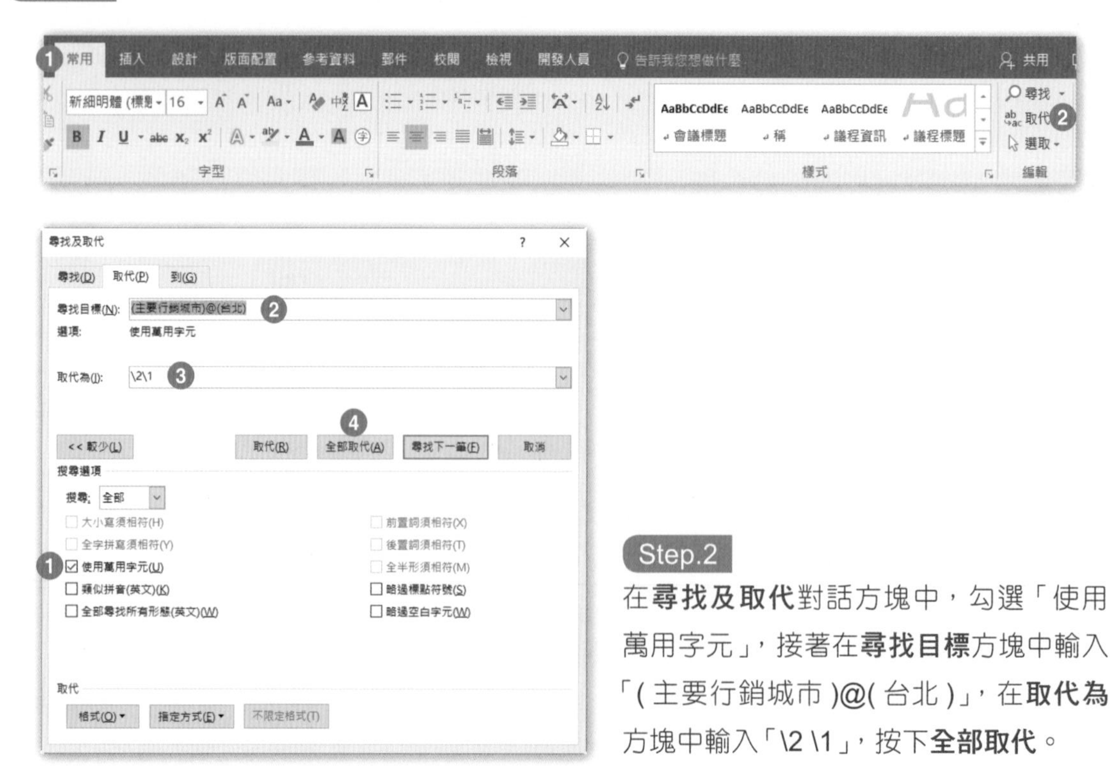

Step.2

在**尋找及取代**對話方塊中，勾選「使用萬用字元」，接著在**尋找目標**方塊中輸入「(主要行銷城市)@(台北)」，在**取代為**方塊中輸入「\2 \1」，按下**全部取代**。

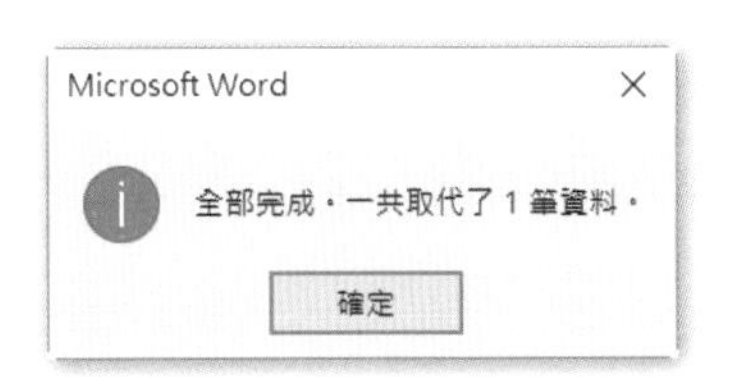

Step.3 在左圖之訊息中，按下**確定**。

Step.4 回到**尋找及取代**對話方塊，按下**關閉**。

Step.5 插入點置於下左圖標題字串「台北」的後面，按下 Ctrl+ 九宮數字鍵上的減號「-」，即可插入**短破折號**，得到如下右圖的結果。

TIPS & TRICKS

➤ 如果筆電沒有九宮數字鍵，請點按**插入**索引標籤 \ **符號**群組 \ **符號** \ **其他符號**。

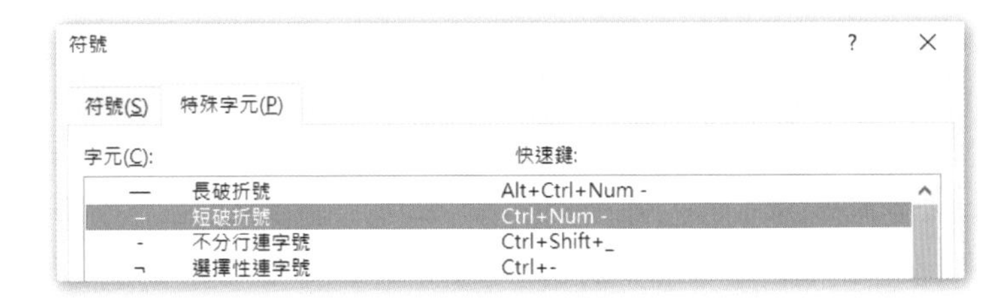

➤ 如果想要將文件中多個**短破折號**，同時改成**長破折號**，可以這麼做：

Step.1 點按**常用**索引標籤 \ **編輯**群組 \ **取代**。

Step.2 在**尋找及取代**對話方塊中，按下**更多**按鈕。

Step.3 插入點置於**尋找目標**方塊中，點按**指定方式**，再點選清單中的「短破折號」，Word會在**尋找目標**方塊中顯示「^=」。

Step.4 插入點置於**取代為**方塊中，點按**指定方式**，再點選清單中的「長破折號」，Word會在**取代為**方塊中顯示「^+」。

Step.5 在**尋找及取代**對話方塊中，按下**全部取代**按鈕。

Step.6 在下圖之訊息中，按下**確定**。

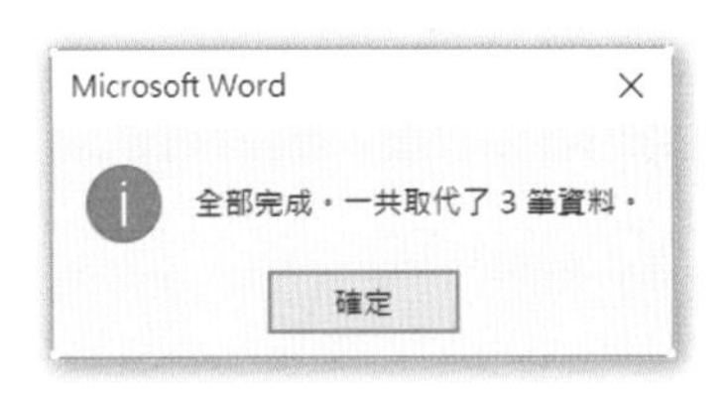

Step.7 回到**尋找及取代**對話方塊，按下**關閉**即可。

如果您熟記快速鍵，可以在上圖**尋找目標**方塊中，按下 Ctrl+ 九宮數字鍵上的減號「-」，輸入**短破折號**「–」；在**取代為**方塊中，按下 Ctrl+Alt+ 九宮數字鍵上的減號「-」，輸入**長破折號**「—」，再按下**全部取代**按鈕即可。

2.1.2 尋找與取代格式和樣式

在 Word 2016 **導覽**窗格中，除了能夠方便的瀏覽文件之外，更提供了強大的**搜尋**功能，不僅可以尋找文字，還能夠以全文檢索的方式，快速地以黃色**醒目提示**標記出關鍵字。不但如此，還能夠幫我們找出文件中哪些地方包含有**圖片**、**表格**、**註解**、**註腳**以及**方程式**…等等物件。

我們在編輯長文件時，還可以使用**取代**的方式，快速地將套用相同樣式的段落文字，改換成套用新的樣式，而不必逐一去套用新的樣式。

尋找與取代格式

請開啟**文件**資料夾 \Word 2016 Expert 第 2 章練習檔 \2.1.2 尋找與取代文字格式 .docx，以找出文件中的關鍵字「AIG」為例，其操作步驟中下：

Step.1 點按**常用**索引標籤 \ **尋找**。

Step.2 在**導覽**窗格中的文字方塊中輸入「AIG」三個字。

Step.3 Word 會以黃色的**醒目提示**來呈現所有找到的 AIG，只要含有「AIG」的段落文字，也會顯示在**導覽**窗格中。

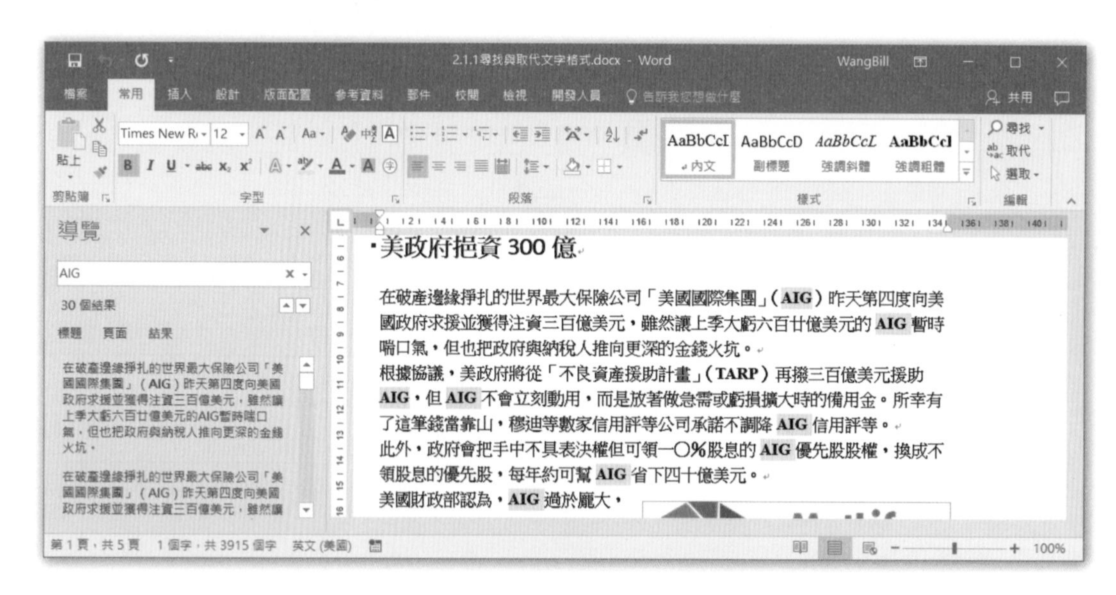

若要將「AIG」全部改成紅色斜體字，可以用**取代**的方式一次處理完畢。

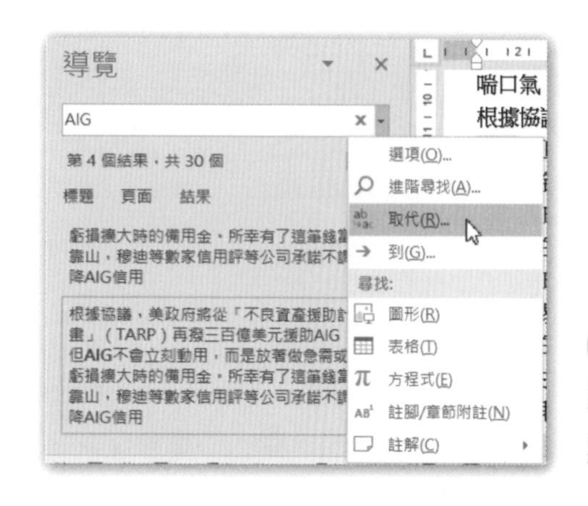

Step.1
點按**導覽**窗格中的**搜尋其他項目**按鈕，在清單中點選**取代**。

Step.2

插入點置於**取代為**方塊中，點按**格式**按鈕，點選清單中的**字型**。

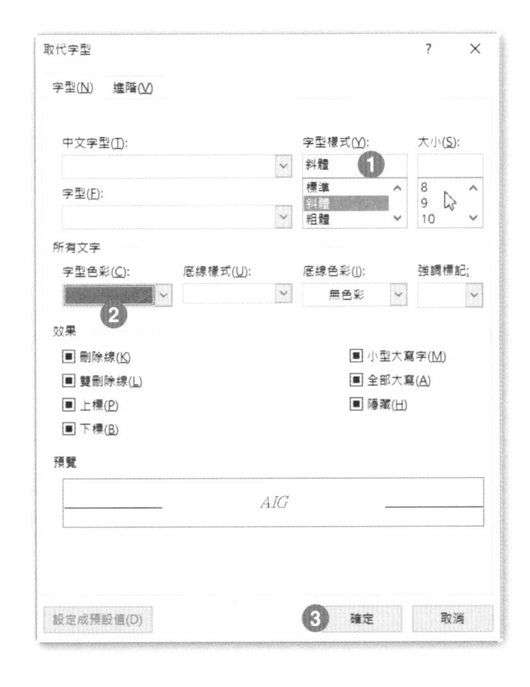

Step.3

在**取代字型**對話方塊中，**字型樣式**點選「斜體」，**字型色彩**點選「紅色」，按下**確定**。

Step.4 在**尋找及取代**對話方塊中，按下**全部取代**，並在訊息方塊中，按下**確定**。

Step.5 按下**尋找及取代**對話方塊中的關閉按鈕之後，可以看到如下圖的結果。

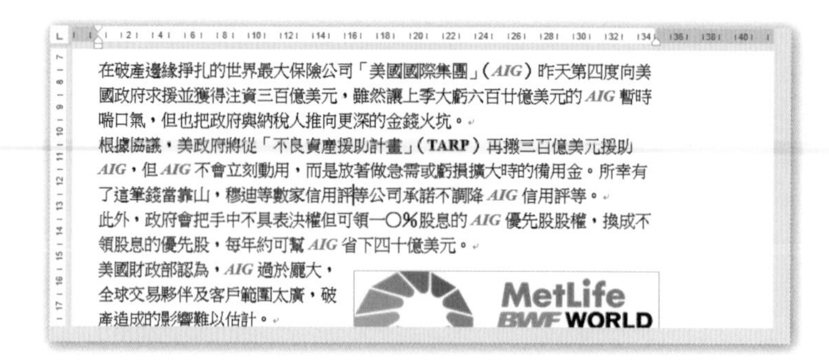
在破產邊緣掙扎的世界最大保險公司「美國國際集團」（*AIG*）昨天第四度向美國政府求援並獲得注資三百億美元，雖然讓上季大虧六百廿億美元的 *AIG* 暫時喘口氣，但也把政府與納稅人推向更深的金錢火坑。
根據協議，美政府將從「不良資產援助計畫」（TARP）再撥三百億美元援助 *AIG*，但 *AIG* 不會立刻動用，而是放著做急需或虧損擴大時的備用金。所幸有了這筆錢當靠山，穆迪等數家信用評等公司承諾不調降 *AIG* 信用評等。
此外，政府會把手中不具表決權但可領一〇%股息的 *AIG* 優先股股權，換成不領股息的優先股，每年約可幫 *AIG* 省下四十億美元。
美國財政部認為，*AIG* 過於龐大，全球交易夥伴及客戶範圍太廣，破產造成的影響難以估計。

尋找與取代樣式

例如，要將文件中本來套用「標題 3」樣式的段落，全部改成套用「標題 2」的樣式，請參考下列操作步驟：

Step.1
開啟**文件**資料夾 \Word 2016 Expert 第 2 章練習檔 \2.1.2 取代樣式 .docx。

Step.2
在**尋找及取代**對話方塊中，插入點置於**尋找目標**方塊，點按**格式**按鈕，點選清單中的**樣式**。

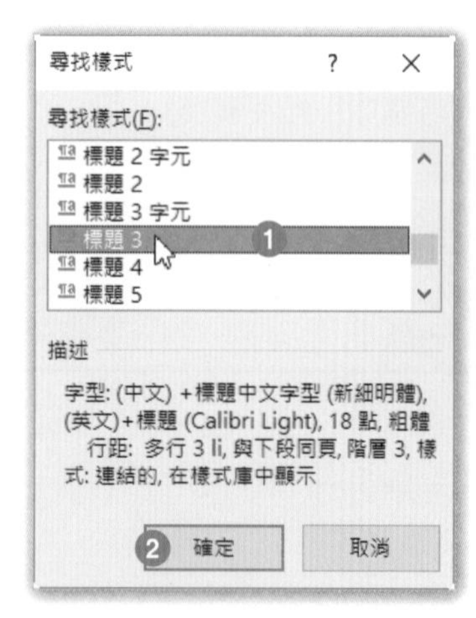

Step.3
點選**尋找樣式**清單中的「標題 3」，按下**確定**。

Step.4

插入點置於**取代為**方塊中，點按**格式**按鈕，點選清單中的**樣式**。

Step.5

點選**尋找樣式**清單中的「標題 2」，按下**確定**。

Step.6

在**尋找及取代**對話方塊中按下**全部取代**，並在左圖的訊息中，按下**確定**。

Step.7 回到**尋找及取代**對話方塊，按下**關閉**即可。

Step.8 此時可以看到文件中，原本套用「標題 3」的第二個標題文字，已改成套用「標題 2」的樣式。

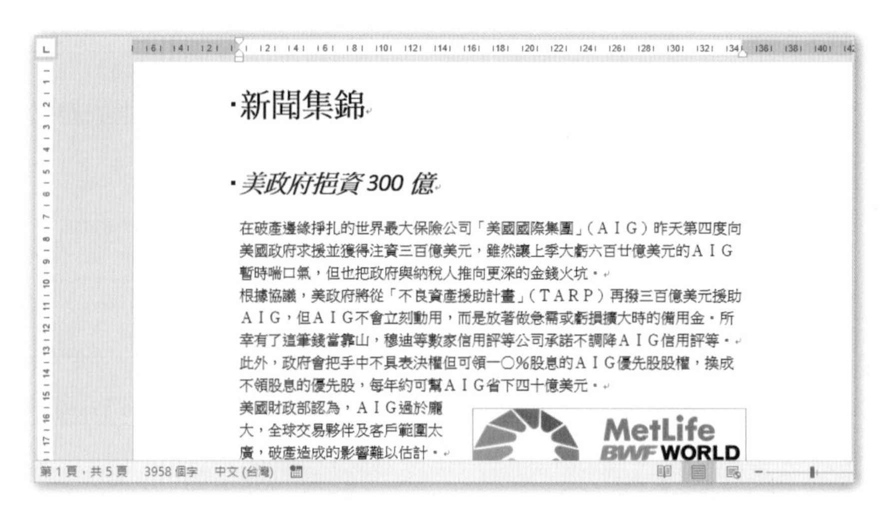

2.1.3 進階版面設定

您可以將文件版面依不同需求調整，其中包括了：調整文件的**邊界**、紙張的**方向**和**大小**、改變文字的方向、將條列式文字套用項目符號或編號、調整文字的斷字方式，讓文件成為自己想要的格式。

您也可以將段落文字改變成為多欄的編排方式，為段落文字設定不同的前後間距以及文字縮排；或者將文件分隔成不同的章節，讓各章節有不同的版面配置方式。

版面設定的主要功能，是放在**版面配置**索引標籤之下的版面設定：

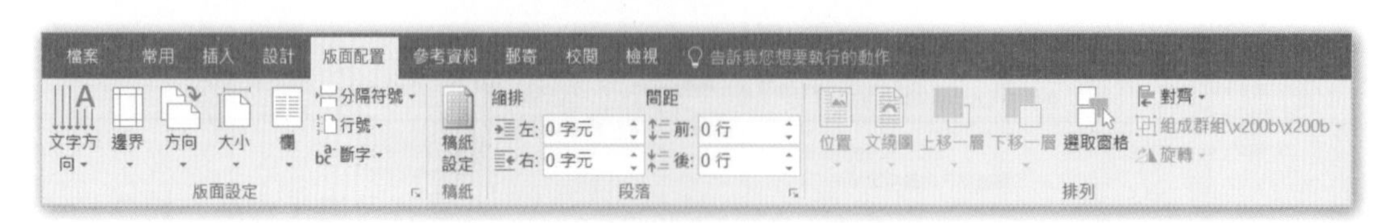

若要做更完整的設定，可以點按上圖**對話方塊啟動器**按鈕，進入右圖的設定畫面：

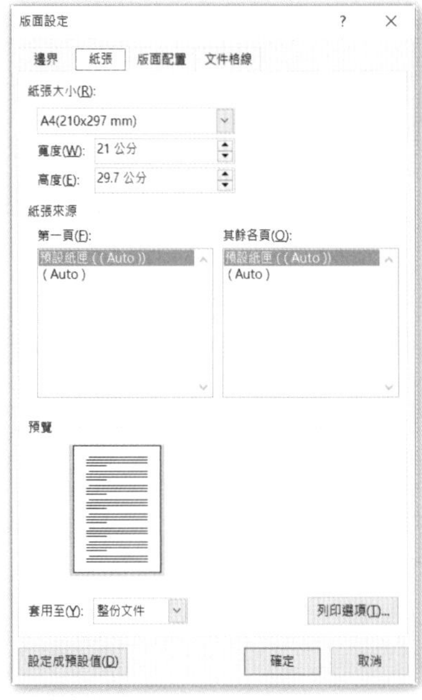

調整文件邊界

Word 文件邊界的預設寬度是「上、下：2.54 公分，左、右：3.17 公分」，若調整文件邊界，預設的情況是每一頁文件都會受到影響。

請開啟**文件**資料夾 \Word 2016 Expert 第 2 章練習檔 \2.1.3 進階版面設定 .docx，將文件邊界的寬度調成「上、下：2 公分，左、右：2 公分」的格式。

Step.1 點按**版面配置**索引標籤 \ **邊界** \ **自訂邊界**。

Step.2 在**版面設定**對話方塊中，在**上**、**下**、**左**、**右**的方塊中都輸入數字「2」，再按下**確定**即可。

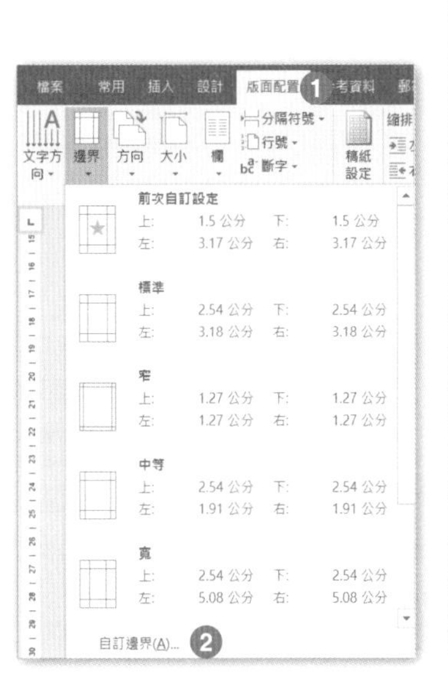

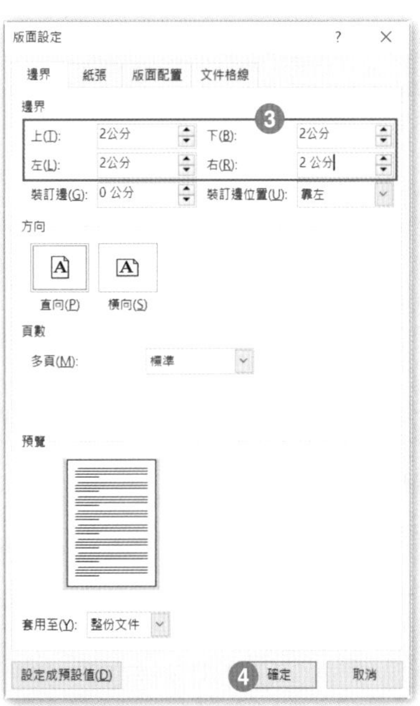

改變紙張方向

您可以將文件紙張的方向由預設的直式改成橫式的方向，以應付較寬的版面需求。

點按**版面配置**索引標籤 \ **方向** \ **橫向**，即可簡單的調整紙張的方向。或者也可以在**版面設定**對話方塊中，直接點按「橫向」圖示，再按下**確定**即可。

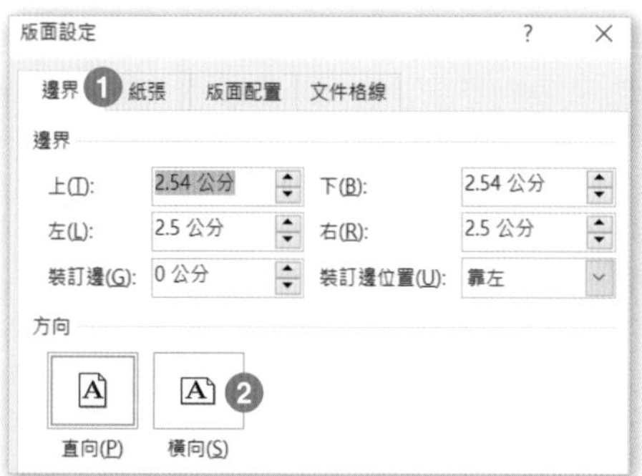

改變紙張大小

Word 文件的預設紙張大小為 A4 的格式，我們有時會將外部資料貼入到 Word 文件中，就可能會遇到 A4 紙張不夠寬的情況，而必須將紙張調成 B4 的大小；或者要配合書信的格式，而將紙張縮小成 A5 的大小。

點按**版面配置**索引標籤 \ **方向** \ **大小**，點選清單中「B4(257x364mm)」，即可將紙張調成 B4 的大小；若有需要，可以點選「其他紙張大小」，並在下右圖中輸入想要的寬度與高度，再按下**確定**即可。

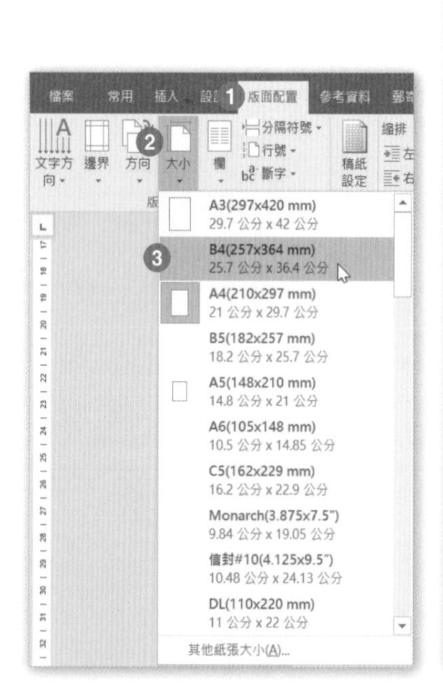

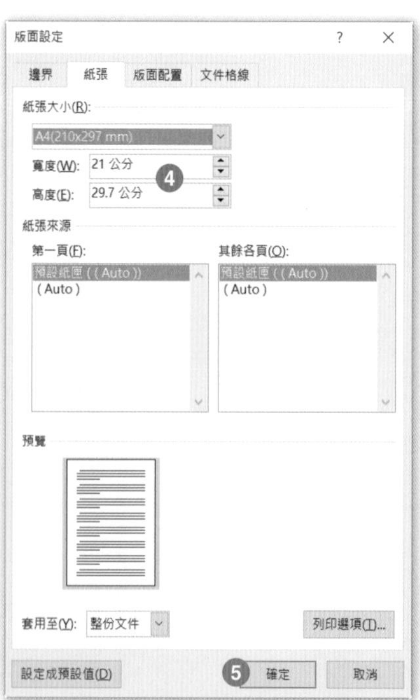

分欄設定

您可以將文件設定成多欄的格式，讓每行文字不至於太長，而且更容易閱讀。

開啟**文件**資料夾 \ 第 2 章練習檔 \2.1.3 分欄設定 .docx，現在要將文件分成兩欄的格式並加上分隔線，請參考下列操作步驟：

Step.1 將插入點置於文件任何位置，點按**版面配置**索引標籤 \ **欄**，點選清單中的「二」，即可將文件調整成為兩欄的編排方式。

Step.2 下圖即為兩欄格式的文件內容。

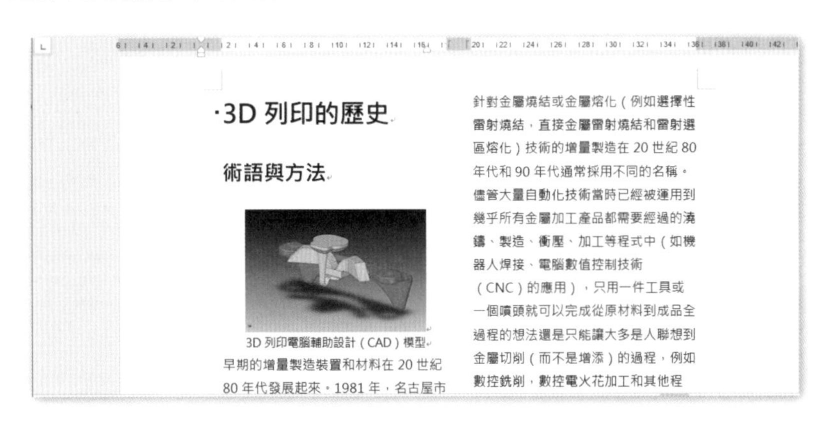

Step.3 要加上兩欄之間的分隔線，請點按下左圖的**版面配置**索引標籤 \ **欄** \ **其他欄**，並且在下右圖「欄」對話方塊中，點選二欄的格式，再勾選「分隔線」，按下**確定**。

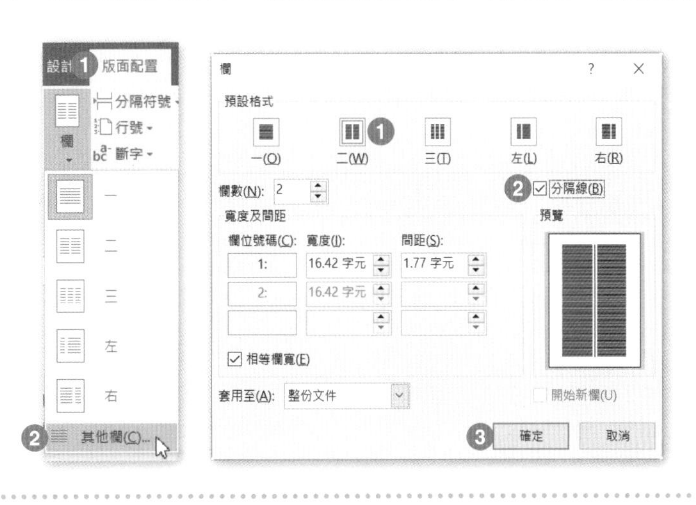

Step.4 完成分欄設定的文件，如下圖所示。

·3D 列印的歷史

術語與方法

3D 列印電腦輔助設計（CAD）模型

早期的增量製造裝置和材料在 20 世紀 80 年代發展起來。1981 年，名古屋市工業研究所的小玉秀男發明了兩種利用光硬化聚合物的增材製造三維塑料模型

針對金屬燒結或金屬熔化（例如選擇性雷射燒結，直接金屬雷射燒結和雷射選區熔化）技術的增量製造在 20 世紀 80 年代和 90 年代通常採用不同的名稱。儘管大量自動化技術當時已經被運用到幾乎所有金屬加工產品都需要經過的澆鑄、製造、衝壓、加工等程式中（如機器人焊接、電腦數值控制技術（CNC）的應用），只用一件工具或一個噴頭就可以完成從原材料到成品全過程的想法還是只能讓大多是人聯想到金屬切削（而不是增添）的過程，例如數控銑削，數控電火花加工和其他程式。但 AM 類型的燒結已經開始挑戰這個假設。到了上世紀 90 年代中期，

插入分欄符號

將文件版面設定成為多欄的格式之後，還可以將特定範圍中的文件內容分割到另一欄的開頭，以便騰出空間來放置其他的文件內容。

下左圖是兩欄的版面置，現在要將第一欄的第三行文字「1981 年」開始，之後的文字全部移到第二欄的開頭，成為如下右圖的結果。

術語與方法

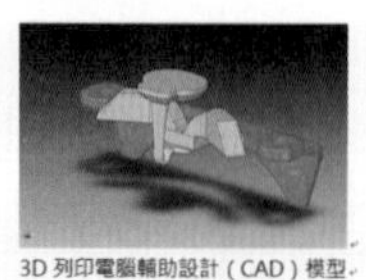

3D 列印電腦輔助設計（CAD）模型

早期的增量製造裝置和材料在 20 世紀 80 年代發展起來。1981 年，名古屋市工業研究所的小玉秀男發明了兩種利用光硬化聚合物的增材製造三維塑料模型

針對金屬燒結或金屬熔化（例如選擇性雷射燒結，直接金屬雷射燒結和雷射選區熔化）技術的增量製造在 20 世紀 80 年代和 90 年代通常採用不同的名稱。儘管大量自動化技術當時已經被運用到幾乎所有金屬加工產品都需要經過的澆鑄、製造、衝壓、加工等程式中（如機器人焊接、電腦數值控制技術（CNC）的應用），只用一件工具或一個噴頭就可以完成從原材料到成品全過程的想法還是只能讓大多是人聯想到金屬切削（而不是增添）的過程，例如數控銑削，數控電火花加工和其他程式。但 AM 類型的燒結已經開始挑戰這個假設。到了上世紀 90 年代中期，

·3D 列印的歷史

術語與方法

3D 列印電腦輔助設計（CAD）模型

早期的增量製造裝置和材料在 20 世紀 80 年代發展起來。……分欄符號……

1981 年，名古屋市工業研究所的小玉秀男發明了兩種利用光硬化聚合物的增材製造三維塑料模型的方法，其紫外線照射面積由掩模圖形或掃描光纖發射機控制。之後在 1984 年，三維系統公司的查克·赫爾（Chuck Hull）發明了立體光刻，用紫外雷射固化高分子光聚合物，將原材料層疊起來。Hull 稱這一程式可以「通過建立列印目標物體每部分之間的聯繫來列印三維物體」，但該程式已由小玉發明。Hull 的貢獻是設計了 STL（立體光刻）檔案格式，該格式被廣泛應用於 3D 列印軟體和電子切片與填充。「3D 列印」這個術語最早

Step.1 開啟**文件**資料夾 \ 第 2 章練習檔 \「1.3.1 插入分欄符號 .docx」，將插入點置於一欄的第三行文字「1981 年」的前面。

Step.2 點按**版面配置**索引標籤 \ **分隔符號** \ **分欄符號**。

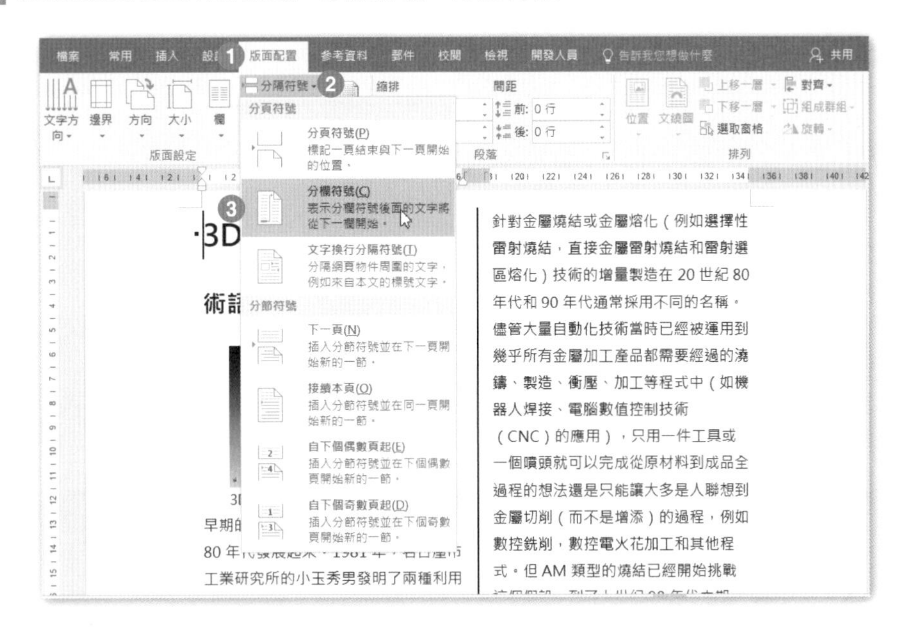

Step.3 此時，左邊第一欄尾端出現了「…分欄符號…」的標記，「1981 年」之後的文字被移到右邊第二欄的開頭。

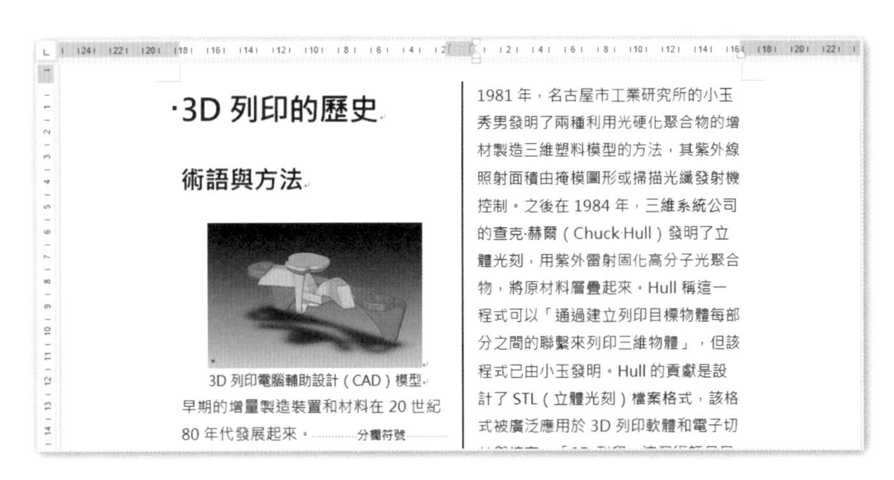

TIPS & TRICKS

若要刪除分欄符號，請在「…分欄符號…」的標記上點按一下，再按下 Delete 鍵即可，當初被分割的文字，會自動回復成原先的排列方式。

插入分頁符號

當您想要將文件標題、段落文字或者任何內容，向後移到新的一頁時，就可以將插入點置於任意位置，再插入一個分頁符號，Word 就會在插入點所在的位置，插入一個**自動分頁線**，並將插入點之後的所有文件內容，移到下一頁以後的頁次。

例如，從下圖第三行文字「之後在 1981 年」開始，要將其後所有的內容都移到第二頁以後的頁次去，就可以這麼做：

Step.1 開啟**文件**資料夾 \ 第 2 章練習檔 \「2.1.3 分頁設定 .docx」，將插入點置於一欄的第三行文字「之後在 1984 年」的前面。

Step.2 點按**版面配置**索引標籤 \ **版面設定**群組 \ **分隔符號** \ **分頁符號**。

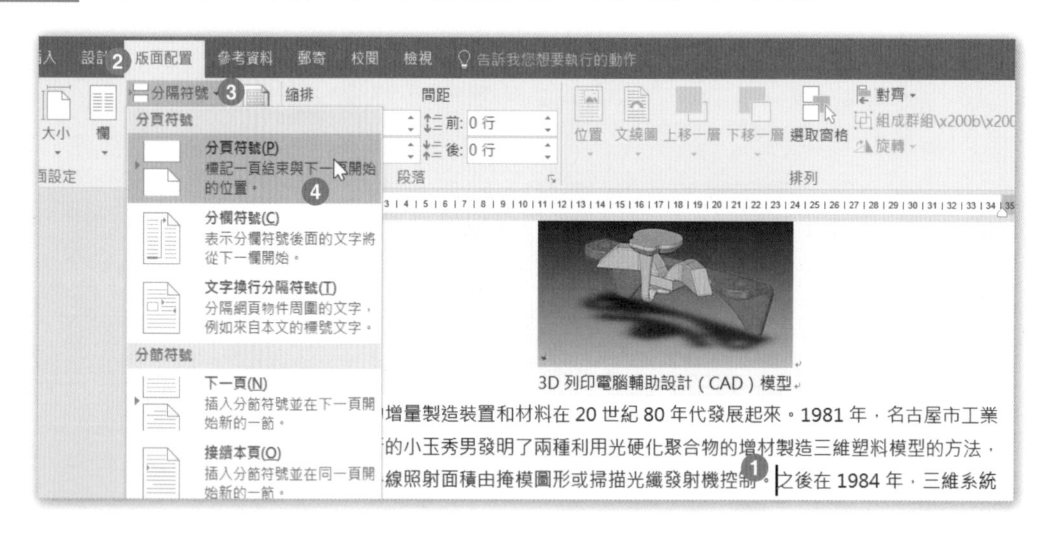

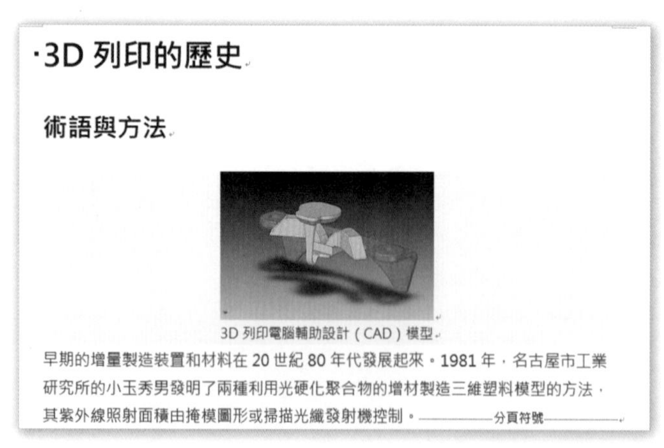

Step.3 插入點的位置出現了「…分頁符號…」的標記

Step.4 點按**檢視**索引籤 \ **閱讀模式**之後，可以同時看到兩頁的內容與分頁之後的結果。

3D 列印的歷史

術語與方法

3D 列印電腦輔助設計（CAD）模型

早期的增量製造裝置和材料在 20 世紀 80 年代發展起來。1981 年，名古屋市工業研究所的小玉秀男發明了兩種利用光硬化聚合物的增材製造三維塑料模型的方法，其紫外線照射面積由掩模圖形或掃描光纖發射機控制。

之後在 1984 年，三維系統公司的查克·赫爾（Chuck Hull）發明了立體光刻，用紫外雷射固化高分子光聚合物，將原材料層疊起來。Hull 稱這一程式可以「通過建立列印目標物體每部分之間的聯繫來列印三維物體」，但該程式已由小玉發明。Hull 的貢獻是設計了 STL（立體光刻）檔案格式，該格式被廣泛應用於 3D 列印軟體和電子切片與填充。「3D 列印」這個術語最早是指使用標準的傳統噴墨印表機噴頭的流程，到現在為止，大部分 3D 列印機，特別是 3D 列印愛好者使用的和針對消費者設計的 3D 列印機，使用的大都是採用熔融沉積建模法（這是塑料擠出的特殊應用）。

針對金屬燒結或金屬熔化（例如選擇性雷射燒結，直接金屬雷射燒結和雷射選區熔化）技術的增量製造在 20 世紀 80 年代和 90 年代通常採用不同的名稱。儘管大量自動化技術當時已經被運用到幾乎所有金屬加工產品都需要經過

TIPS & TRICKS

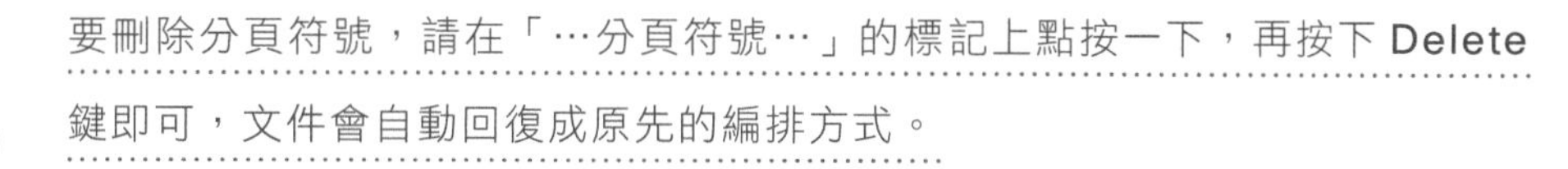

要刪除分頁符號，請在「…分頁符號…」的標記上點按一下，再按下 **Delete** 鍵即可，文件會自動回復成原先的編排方式。

分節設定

一份文件可以分成很多「節」，一節之中可以包含很多頁，分節的好處在於可讓文件的版面豐富多變化，每一節中可以有不同的邊界、頁首頁尾、浮水印、註腳、欄、紙張大小以及紙張方向。

有四種不同的分節方式：

- 下一頁：在插入點的位置插入分節符號，插入點之後的文件內容移到下一頁，並開始新的一節。
- 接續本頁：分節符號會在插入點同一頁，並開始新的一節。
- 自下個偶數頁起：在下一個偶數頁中，開始新的一節。
- 自下個奇數頁起：在下一個奇數頁中，開始新的一節。

開啟**文件**資料夾 \ 第 2 章練習檔 \2.1.3 分節設定 .docx 之後，請將第二頁連同標題文字「基本原則」之後的所有段落，分節到下一頁。

Step.1 在文件第二頁下方的標題文字「基本原則」之前點按一下。

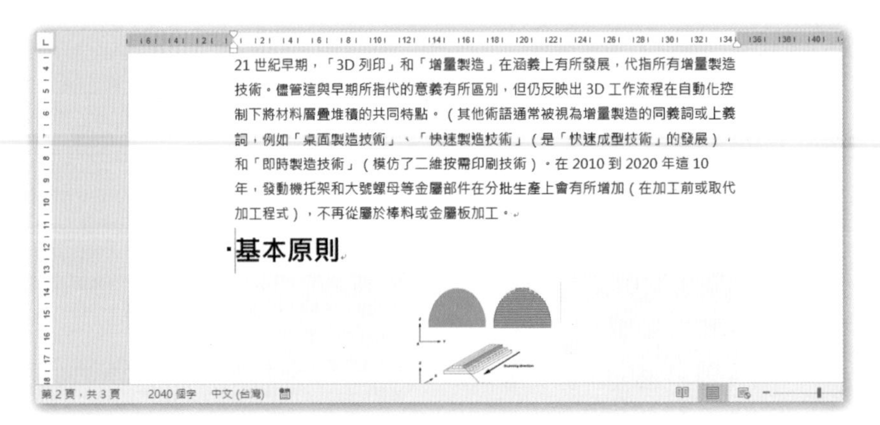

Step.2 點按**版面配置**索引標籤 \ **版面設定**群組 \ **分隔符號** \ **分節符號** \ **下一頁**。

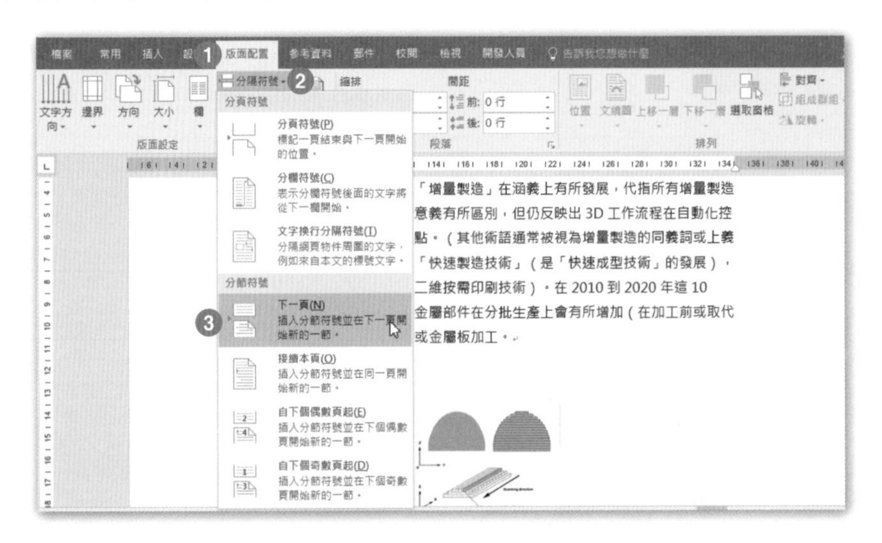

Step.3 點按**檢視**索標籤 \ **顯示比例**群組 \ **多頁**，即可看到原來第二頁下方標題文字「基本原則」之後的所有文件內容，連同標文字都被移到第三頁開頭的位置，第二頁結尾處可以看到「分節符號 (下一頁)」的標記。

如果使用「接續本頁」的分節方式，連同標題文字「基本原則」之後的所有文件內容，將不會移動到下一頁，而會呈現如下圖的結果：

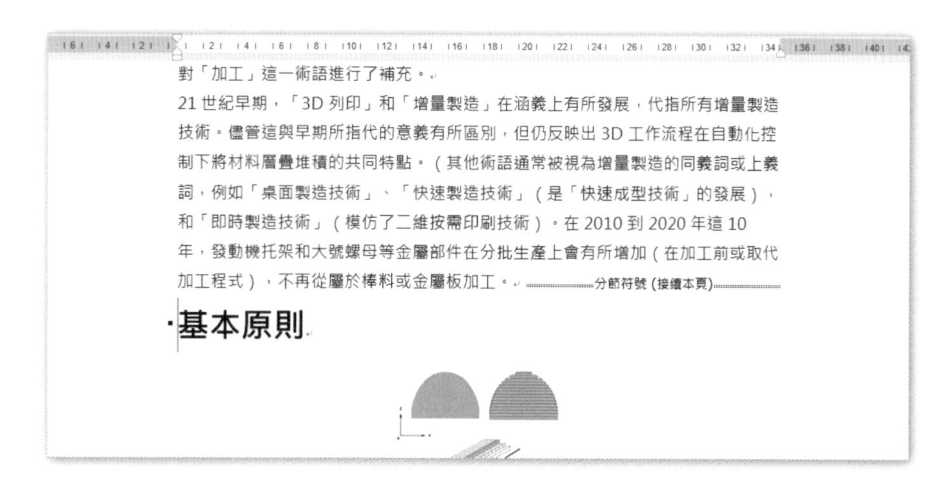

➤ 要刪除分節符號，請在分節符號前方點按一下，再按下 Delete 鍵，文件會自動回復成原先的編排方式。

➤ 如果沒有看到分節符號標記，請點按**常用**索引標籤 \ **段落**群組 \「顯示 / 隱藏編輯標記」按鈕，即可開啟或關閉分節符號的顯示。

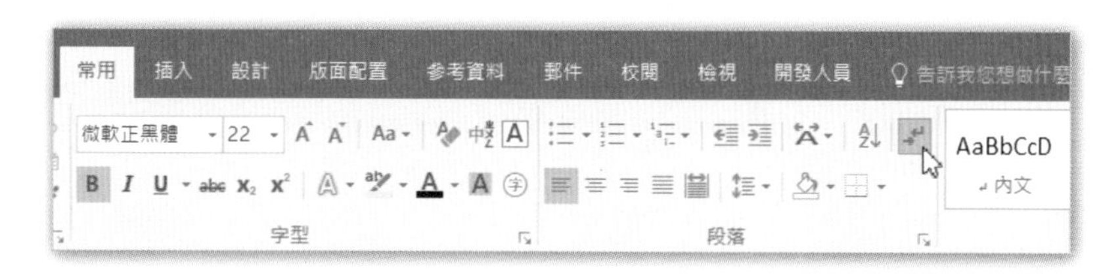

調整段落間距與縮排

您可以使用**版面配置**索引標籤 \ **段落**群組中的「縮排」與「間距」來簡單地調整段落的左、右縮排以及段落之間的距離。若點按了**段落**群組右下方的**段落設定**按鈕，就可以進行更多的設定，例如首行縮排、凸排，行距…等等。

請開啟**文件**資料夾 \ 第 2 章練習檔 \2.1.3 段落縮排與間距 .docx，要針對文件前兩段內文以及其下的三個項目符號的段落，完成如下的設定：

- 前兩段內文，第一行縮排 2 字元，1.5 倍行高，與後段距離 0.5 公分
- 項目符號的三個段落，左邊縮排 2 字元，凸排 1 字元，1.5 倍行高
- 其餘設定不需調整，全部採用預設值

Step.1 選取第一段和第二段文字，點按**版面配置**索引標籤 \ **段落**群組右下方的**段落設定**按鈕。

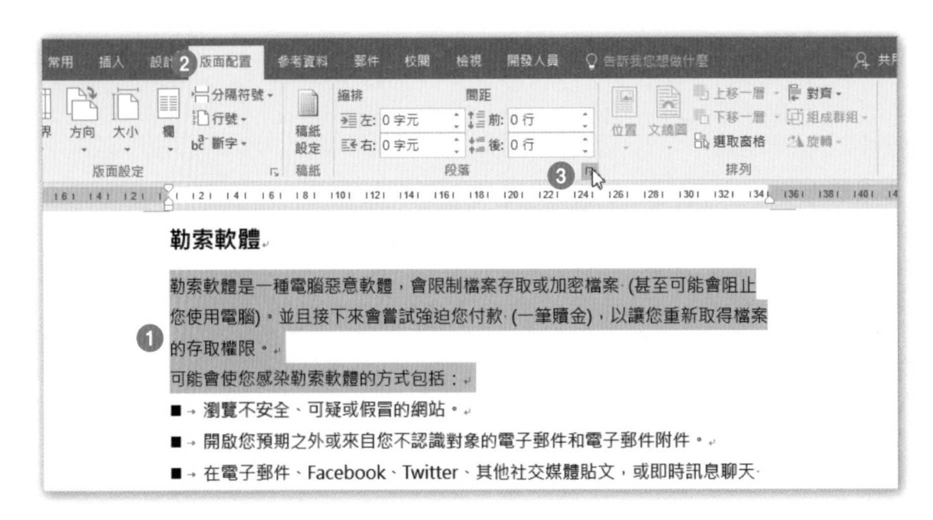

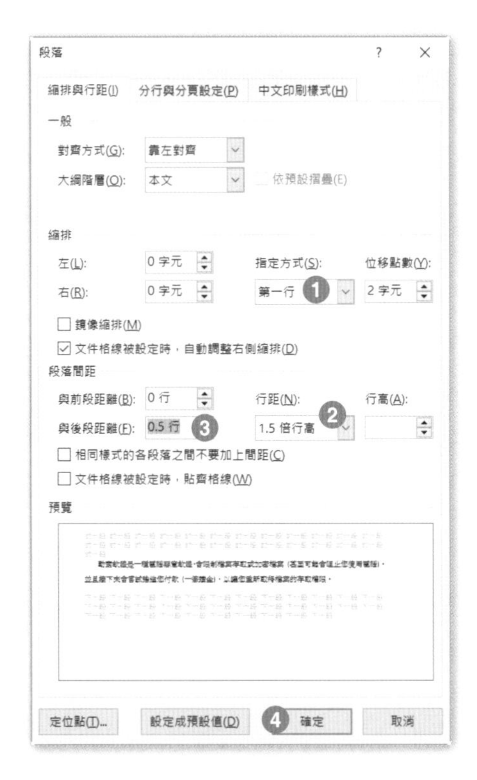

Step.2

在**指定方式**方塊中，點選「第一行」；在**位移點數**之下使用預設值「2 字元」；在**行距**方塊中，點選「1.5 倍行高」；並將**與後段距離**設定成「0.5 公分」，按下**確定**。

Step.3 設定完畢的前兩段文字，成為如下圖的結果。

> **勒索軟體**
>
> 　　勒索軟體是一種電腦惡意軟體，會限制檔案存取或加密檔案 (甚至可能會阻止您使用電腦)。並且接下來會嘗試強迫您付款 (一筆贖金)，以讓您重新取得檔案的存取權限。
>
> 　　可能會使您感染勒索軟體的方式包括：

Step.4 選取項目符號所在的三個段落，點按**版面配置**索引標籤 \ **段落**群組右下方的**段落設定**按鈕。

> 　　可能會使您感染勒索軟體的方式包括：
>
> ■ 瀏覽不安全、可疑或假冒的網站。
> ■ 開啟您預期之外或來自您不認識對象的電子郵件和電子郵件附件。
> ■ 在電子郵件、Facebook、Twitter、其他社交媒體貼文，或即時訊息聊天 (例如 Skype) 中開啟惡意連結。
>
> **我該如何保護我電腦的安全？**

Step.5

在**指定方式**方塊中，點選「凸排」；在**位移點數**方塊中設定成「1 字元」；在**行距**方塊中，點選「1.5 倍行高」，按下**確定**。

Step.6 設定完成的三個項目符號段落，成為如下圖的結果。

可能會使您感染勒索軟體的方式包括：

■瀏覽不安全、可疑或假冒的網站。

■開啟您預期之外或來自您不認識對象的電子郵件和電子郵件附件。

■在電子郵件、Facebook、Twitter、其他社交媒體貼文，或即時訊息聊天 (例如 Skype) 中開啟惡意連結。

安排物件在頁面中的位置

文件中可以包含文字、圖片、表格、圖表、文字藝術師、浮水印以及 AmartArt 圖形…等等各種不同的物件元素。例如，將圖片物件插入到文件時，Word 會以預設「與文字排列」的方式來安排物件的位置。

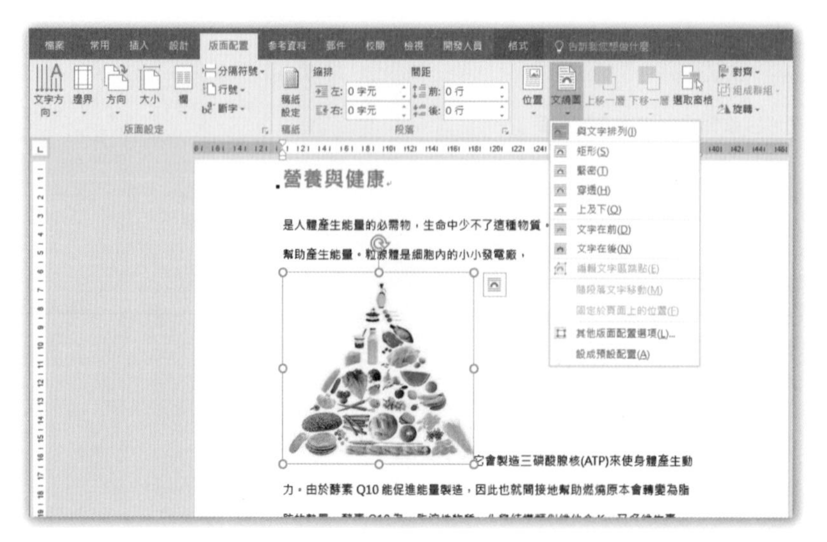

請開啟**文件**資料夾 \ 第 2 章練習檔 \2.1.3 物件定位 .docx，文件中看到的圖片，就是採取「與文字排列」的編排方式。

您可以使用**版面配置**索引標籤 \ **排列**群組 \ **文繞圖**的功能，透過「矩形」、「緊密」、「穿透」、「上及下」、「文字在前」與「文字在後」等功能，讓圖片變成浮動式的物件並與文字融為一體，當您將圖片移動到頁面的任何位置時，四周的段落文字也將自動重新編排。另外也可以將圖片設定成為「隨著段落文字一起移動」，當段落文字的位置變動時，圖片也會跟著移動；或者將圖片固定在一個特定位置，不論段落文字如何移動，都不會影響圖片的位置，其他物件也適用這樣的做法。

如果想要快速的將採用「與文字排列」編排方式的圖片，變成「下方置中矩形文繞圖」的排列方式，可以依照下列操作方式：

Step.1

點選文件中的圖片，在**版面配置**索引標籤 \ **排列**群組 \ **位置**之下，點選下方中央的「下方置中矩形文繞圖」圖示。

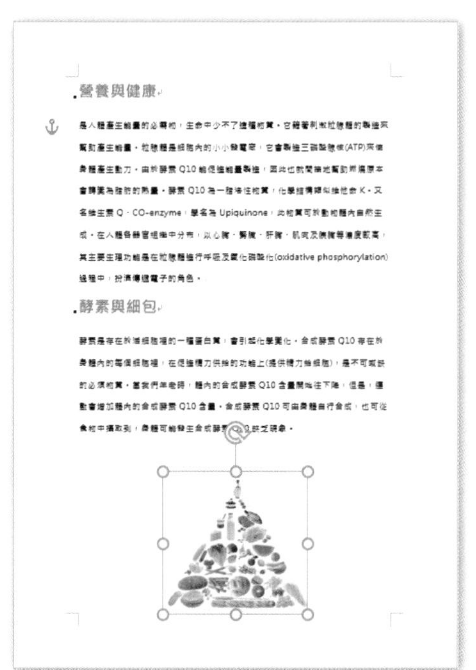

Step.2

左圖是在 50% 的比例之下檢視文件，可以看到圖片已被移到文件下緣中央。

如果想要更精確的定位圖片，只要圖片不是「與文字排列」的編排方式，就可以在文繞圖的選單中，點選了下左圖最下方的「其他版面配置選項」，並在下右圖中進行圖片位置的設定。

2.1.4 設定英文斷字

在段落的結尾遇到較長的英文單字，**Word** 會採取自動斷字的方式，將單字分割部份到下一行，中間用「-」來作連接，如果不想讓它自動斷字，可以採用不斷字的方式，將整個單字移至下一行作完整的顯示。

開啟**文件**資料夾 \ 第 2 章練習檔 \2.1.4 設定斷字 .docx，其中黃色醒目提示中的單字，是 Word 自動斷字的結果：

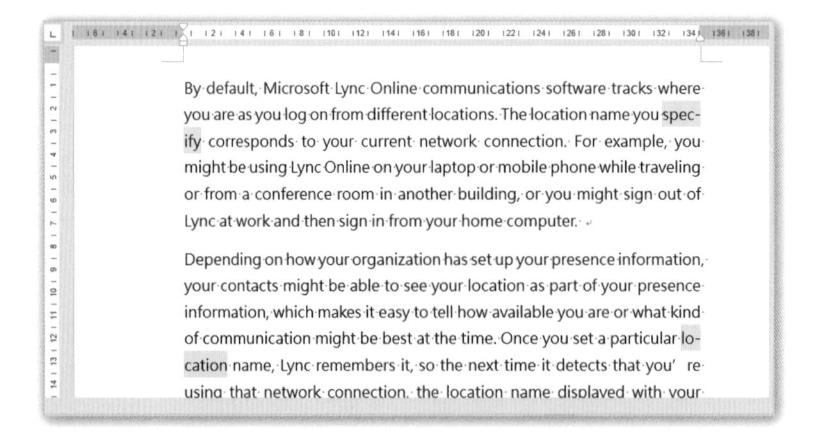
By default, Microsoft Lync Online communications software tracks where you are as you log on from different locations. The location name you spec-ify corresponds to your current network connection. For example, you might be using Lync Online on your laptop or mobile phone while traveling or from a conference room in another building, or you might sign out of Lync at work and then sign in from your home computer.

Depending on how your organization has set up your presence information, your contacts might be able to see your location as part of your presence information, which makes it easy to tell how available you are or what kind of communication might be best at the time. Once you set a particular lo-cation name, Lync remembers it, so the next time it detects that you' re using that network connection, the location name displayed with your

現在要回復單字的完整性，不要將單字拆分成兩行，請參考下列方法設定單字為不要斷字。

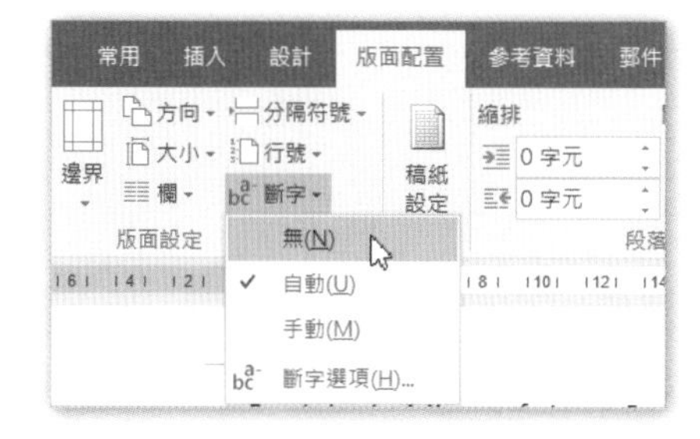

Step.1 點按**版面配置**索引標籤 \ **版面設定**群組 \ **斷字** \ **無**。

Step.2 取消自動斷字之後，可以看到完整的兩個單字。

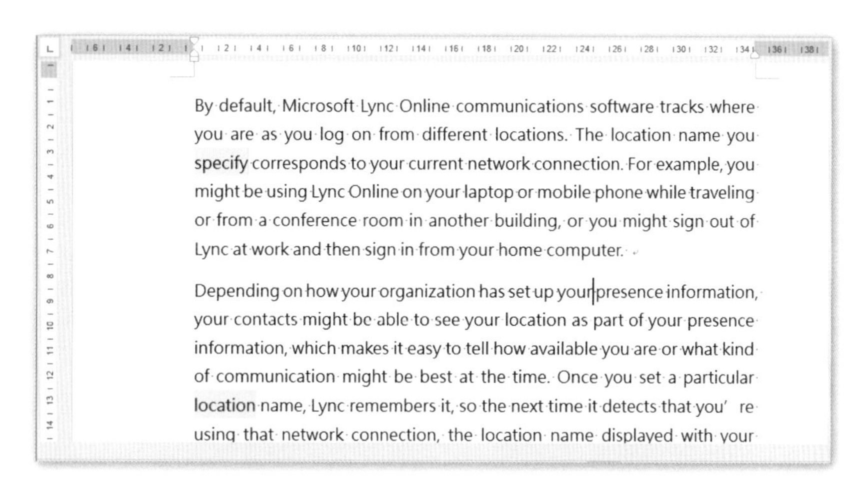

By default, Microsoft Lync Online communications software tracks where you are as you log on from different locations. The location name you specify corresponds to your current network connection. For example, you might be using Lync Online on your laptop or mobile phone while traveling or from a conference room in another building, or you might sign out of Lync at work and then sign in from your home computer.

Depending on how your organization has set up your presence information, your contacts might be able to see your location as part of your presence information, which makes it easy to tell how available you are or what kind of communication might be best at the time. Once you set a particular location name, Lync remembers it, so the next time it detects that you' re using that network connection, the location name displayed with your

2.1.5 使用文字方塊

您可以將段落文字置於**文字方塊**中，**文字方塊**中的文字能隨著文字方塊移動到文件版面中的任何位置，讓文件版面更具視覺化的美感。如有需要，還可以透過連結文字方塊的方式，輕鬆的將文字方塊中的大量文字移動另一個文字方塊中，使得段落文字在不同的文字方塊中相互流動。

建立文字方塊

Word 提供了三種建立文字方塊的方式：

使用內建的文字方塊建置組塊

Step.1 開啟**文件**資料夾 \ 第 2 章練習檔 \2.1.5 使用文字方塊 .docx。

Step.2 點按**插入**索引標籤 \ **文字**群組 \ **文字方塊**，點選「切割線提要欄位 (深)」。

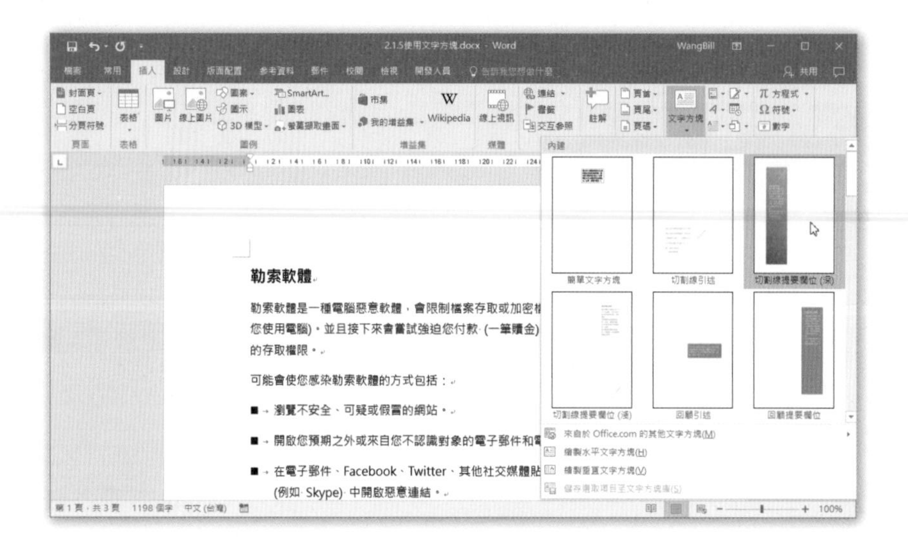

Step.3 文件左邊插入了一個文字方塊，所有的文字都向右重新排列，接著，在文字方塊中輸入所需的內容即可。

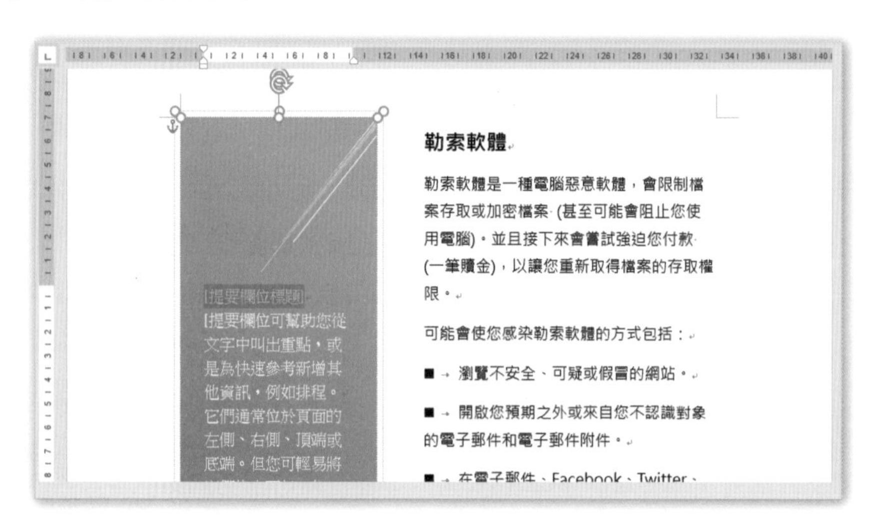

Step.4 您可以任意調整文字方塊的大小，或是套用不同的文字方塊圖案樣式；若在文字方塊上按下滑鼠右鍵，點按**填滿**，點選需要的色彩，即可改變文字方塊的背景顏色。

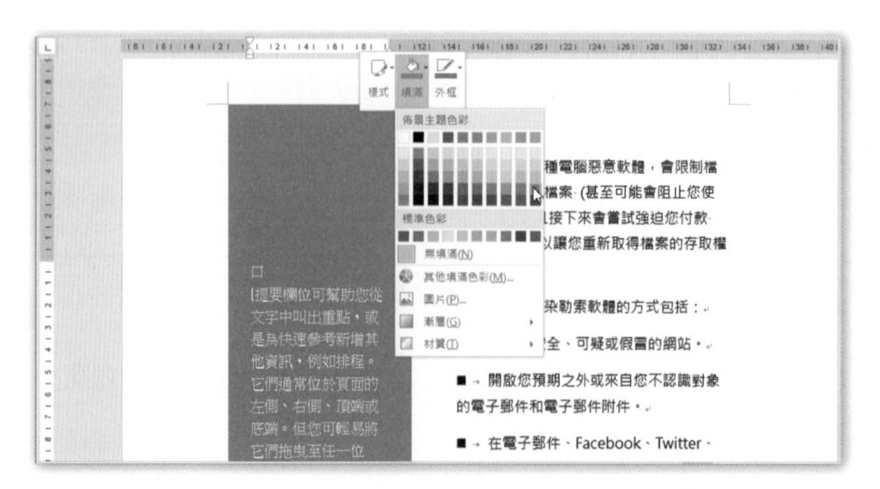

自行繪製文字方塊

Step.1 點按**插入**索引標籤 \ **文字**群組 \ **文字方塊** \ **繪製水平文字方塊**。

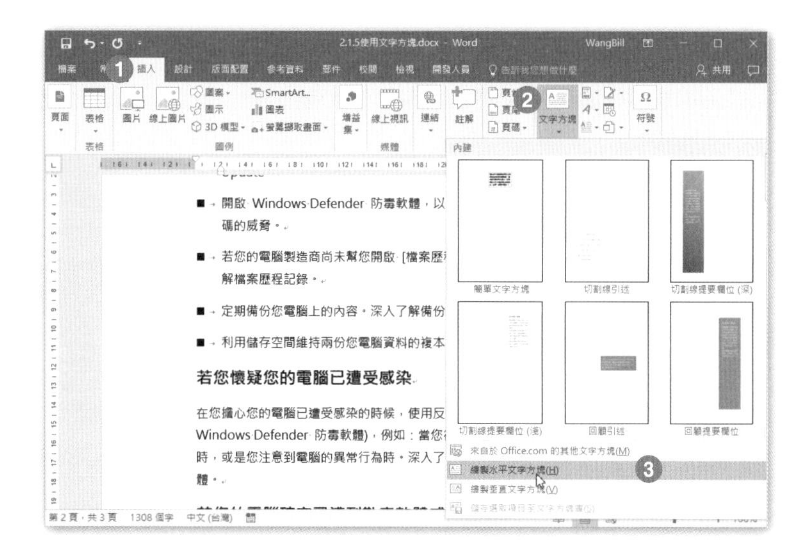

Step.2 在文件中按住滑鼠左鍵，拉出一個文字方塊，再輸入文字內容即可。

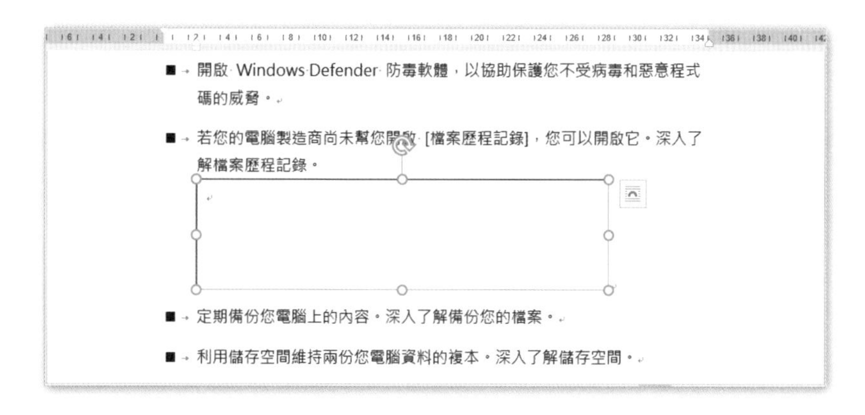

套用文字方塊在選取的文字上

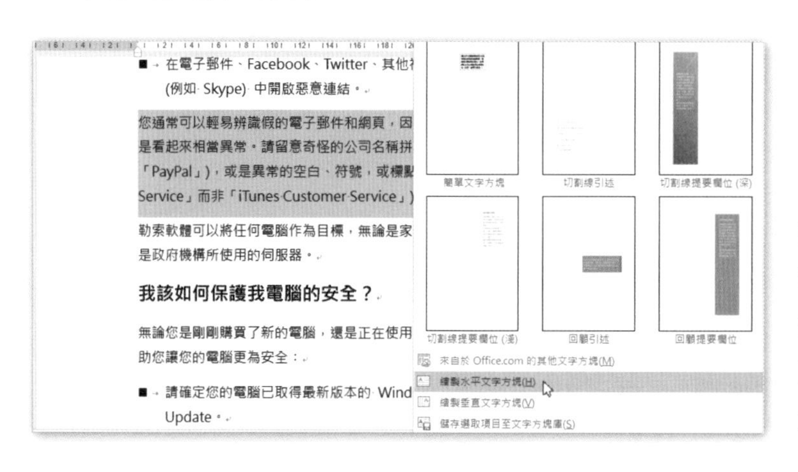

Step.1 選取段落文字之後，點按**插入**索引標籤 \ **文字**群組 \ 文字方塊 \ **繪製水平文字方塊**。

練習如何插入文字方塊之後，不需要儲存練習結果，請直接關閉檔案。

Step.2 整段文字都被置於文字方塊之中。

建立文字方塊連結

如果限制了文字方塊的大小，過多的文字無法顯示在狹小的文字方塊之中。此時，可以繪製另一文字方塊，再建立兩個文字方塊之間的連結，就能將第一個文字方塊中無法顯示的文字，移轉到第二個文字方塊中。

建立連結之後，將看到杯子形狀的指標出現，把杯子移到第二個文字方塊上，按一下滑鼠左鍵，就可以將第一個文字方塊中無法顯示的文字，倒進第二個文字方塊中。要注意的是，您必須在第一個文字方塊上完成建立連結的動作。

Step.1 開啟**文件**資料夾 \ 第 2 章練習檔 \2.1.5 使用文字方塊 .docx。

Step.2 選取第一頁中間的兩段文字 (不含最後一個段落標記)，點按**插入**索引標籤 \ **文字**群組 \ **文字方塊** \ **繪製水平文字方塊**。

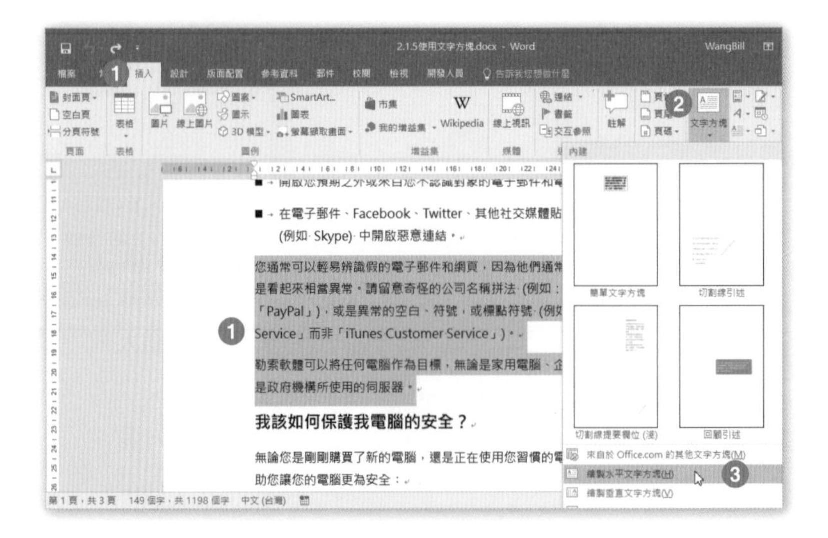

Step.3 點選**版面配置選項**按鈕中的**與文字排列**。

Step.4 在**繪圖工具 \ 格式**之下，設定文字方塊高度 5 公分，寬度 7 公分。

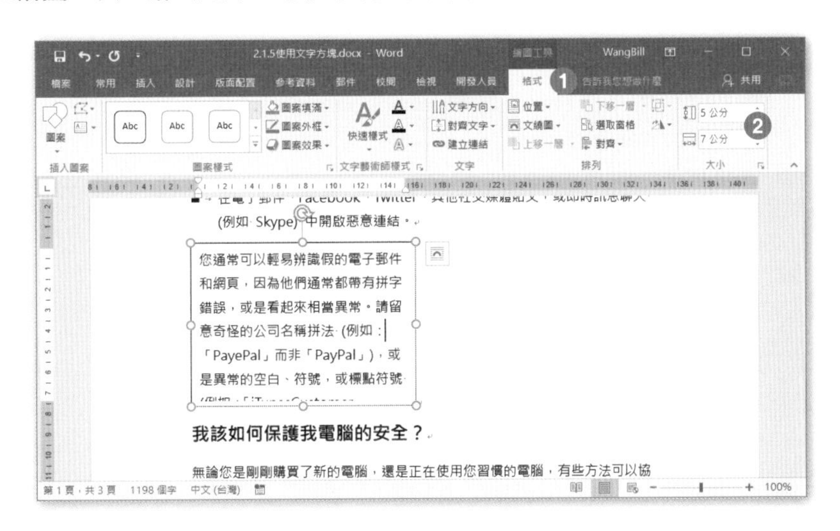

Step.5 點按**插入**索引標籤 \ **文字**群組 \ **文字方塊** \ **繪製水平文字方塊**，拉出另一個文字方塊，設定文字方塊高度 5 公分，寬度 7 公分。

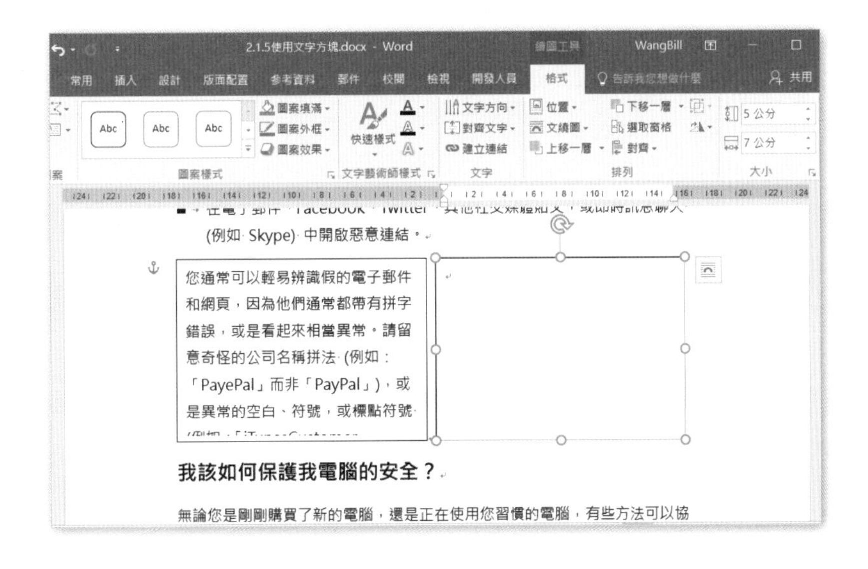

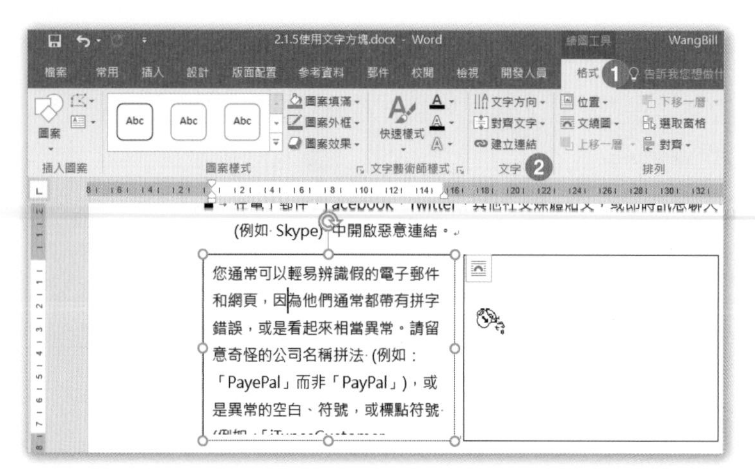

Step.6

點按左邊的文字方塊，再點按**繪圖工具 \ 格式 \ 文字**群組 \ **建立連結**，並將杯子形狀的指標移至右邊的文字方塊中，按一下滑鼠左鍵。

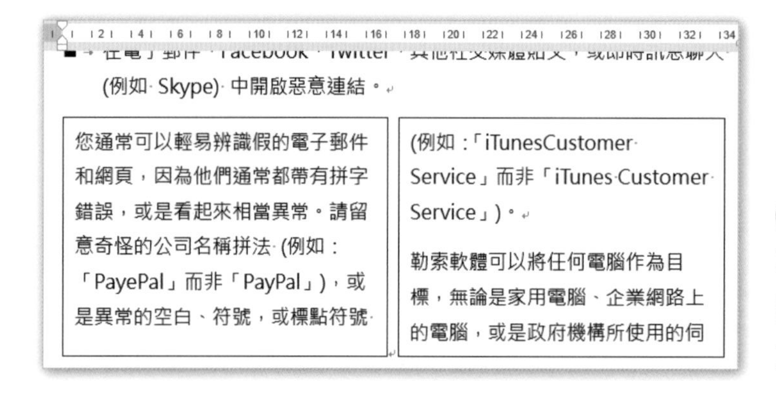

Step.7

左邊文字方塊中無法顯示出來的文字，移到了右邊文字方塊。

當第一個文字方塊放大空間時，第二個文字方塊中的文字，將會回流至第一個文字方塊中；若再度縮小第一個文字方塊，文字又會流入第二個文字方塊中。

中斷連文字方塊的連結

要切斷兩個文字方塊的連結，並刪除多餘的文字方塊，請參考下列步驟：

Step.1 點選左邊的文字方塊，點按**繪圖工具 \ 格式 \ 文字**群組 \ **中斷連結**。

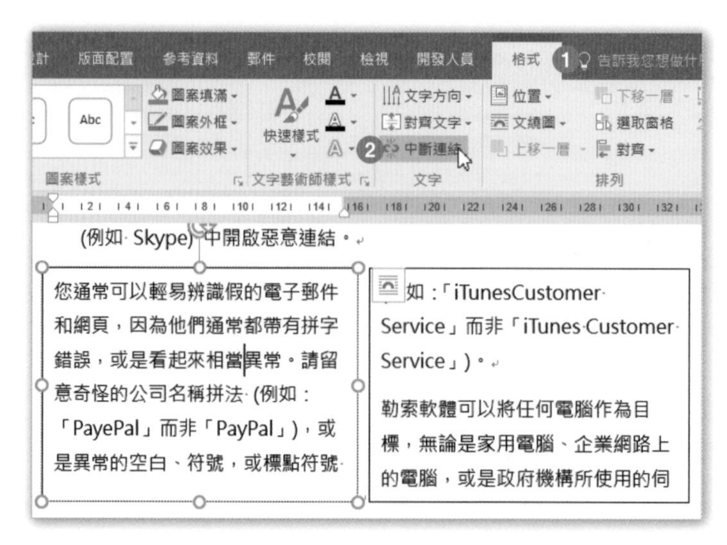

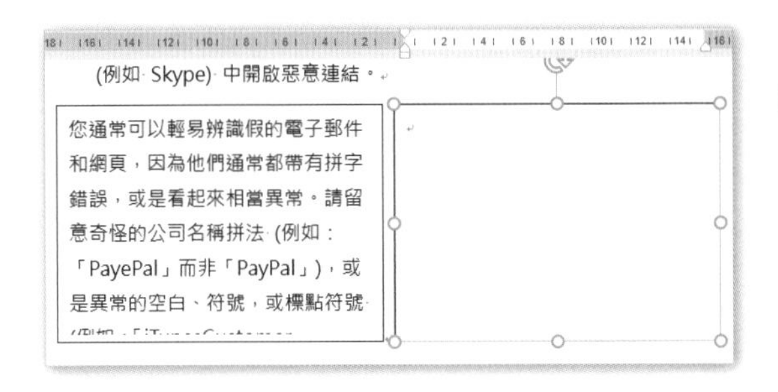

Step.2 中斷連結之後，右方文字方塊中的文字，全部回流至左方的文字方塊中，在右方文字方塊的邊框上按一下，按下 Delete 鍵，即可將其刪除。

2.1.6 使用段落分頁選項

多頁文件中，常會有一段文字被分割成兩部份，一部份在頁面的尾端，另一部份在下一個頁面的開頭，整段文字被切割得支離破碎（如下圖所示）。要不就是段落標題文字被放在頁面的最下方，其下的段落文字卻被放在下一個頁面的開頭，這兩種情況都會影響到文件的專業性，必須加以處理成為「段落中不分頁」的狀態，而標題文字「2B 類致癌物」也要跟著其下的段落文字移到下一頁。

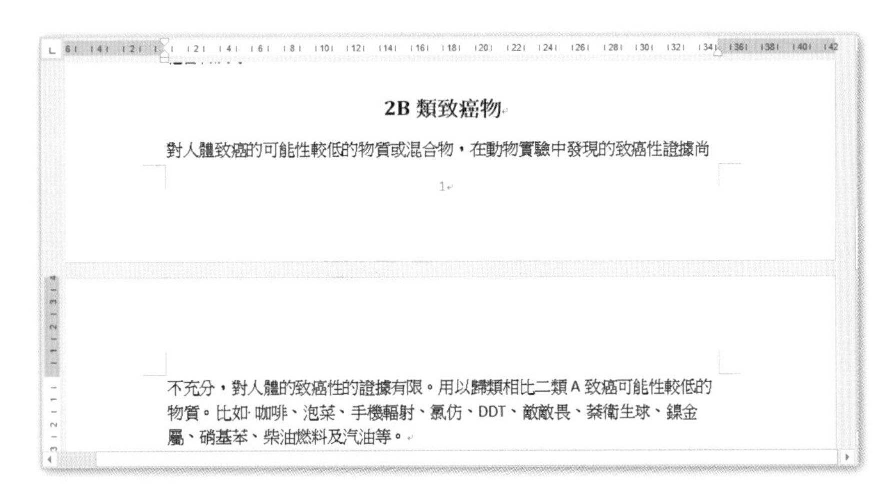

Step.1 開啟**文件**資料夾 \ 第 2 章練習檔 \2.1.6 段落分頁選項 .docx。

Step.2 插入點置於第 1 頁最後一行文字上，點按**常用**索引標籤 \ **段落**群組 \ **段落設定**按鈕。

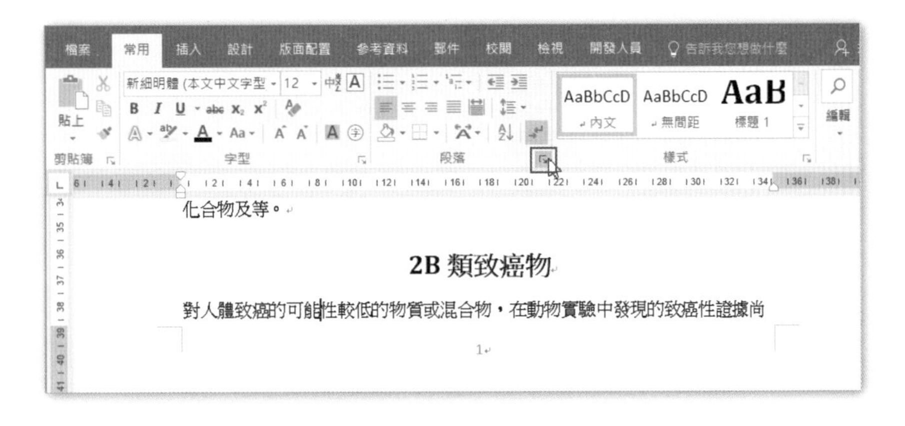

Step.3 點按下左圖之**分行與分頁設定**標籤，勾選**分頁**項目之下的「段落中不分頁」，按下**確定**。

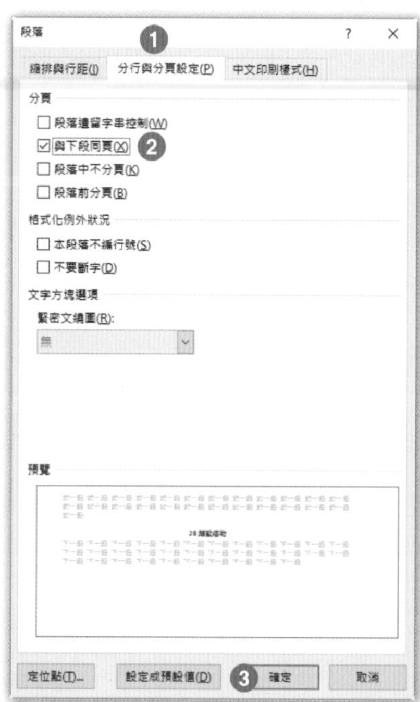

Step.4 插入點置於第 1 頁尾端標題文字「2B 類致癌物」上，點按**常用**索引標籤 \ **段落**群組 \ **段落設定**按鈕。

Step.5 點按上右圖之**分行與分頁設定**標籤，勾選**分頁**項目之下的「與下段同頁」，按下**確定**，即可看到如下圖的結果。

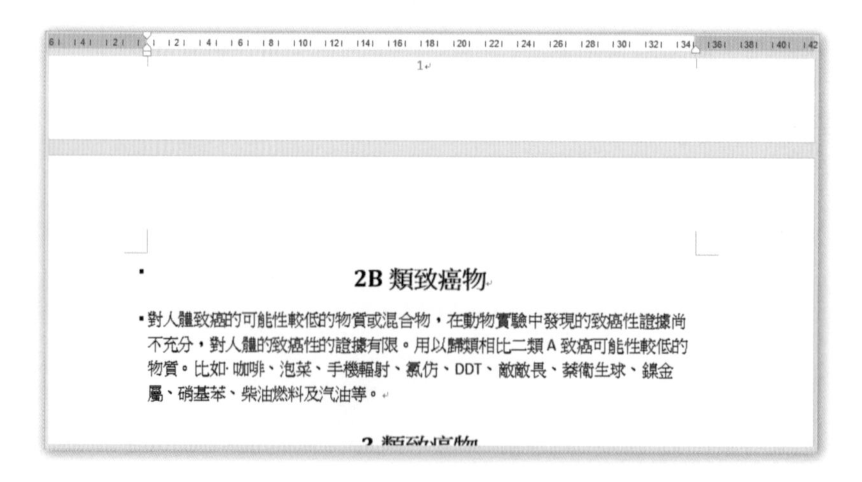

2.1.7 使用貼上選項解決樣式衝突

在不同的文件之間複製及貼上文字時，並沒有什麼特別之處，但是如果複製的是套用段落樣式的文字，當您貼到另一份文件時，碰到名稱相同但格式不同的段落樣式，就會產生樣式衝突的問題。

例如要將「2.1.7 樣式衝突 .docx」中的標題文字，複製並貼上到「2.1.7 Word 2016 簡介」中的第二個段落標記的位置，但須保留原來的格式。

Step.1 請開啟**文件**資料夾 \ 第 2 章練習檔 \2.1.7 樣式衝突 .docx。

Step.2 其中標題文字「Word 2016 中的基本工作」套用了自訂的「標題 1」段落樣式，其格式為「多行、與前後段距離各 9pt、18pt、紅色、粗體、斜體、加底線」。

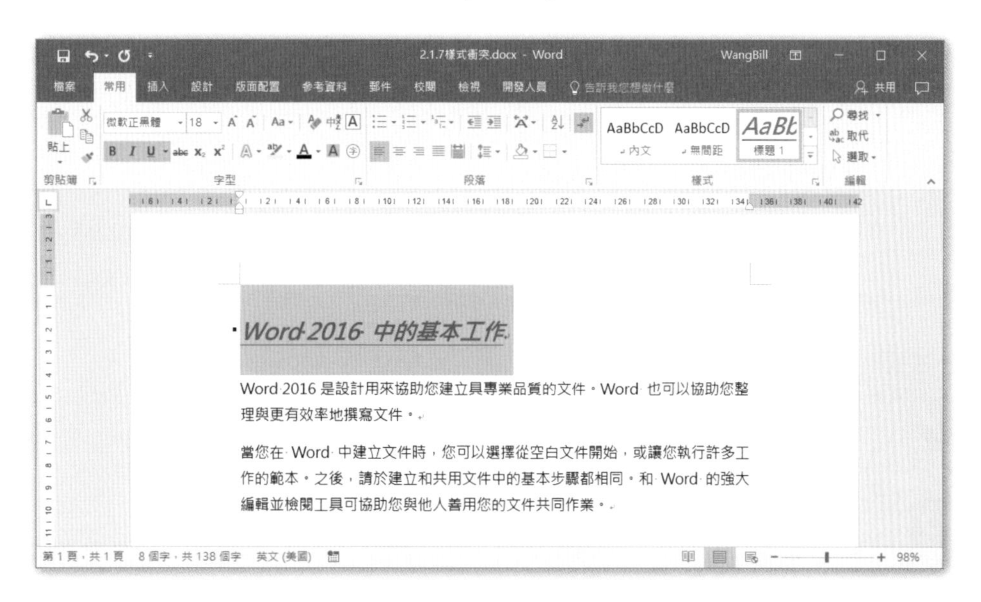

Step.3 接著再開啟**文件**資料夾 \ 第 2 章練習檔 \2.1.7 Word 2016 簡介 .docx。

Step.4 其中「標題 1」的段落樣式為自訂樣式，格式為「1.5 倍行高、新細明體 20pt、藍色、粗體」。

Step.5 切換到「2.1.7 樣式衝突 .docx」，選取並複製紅色標題文字「Word 2016 中的基本工作」。

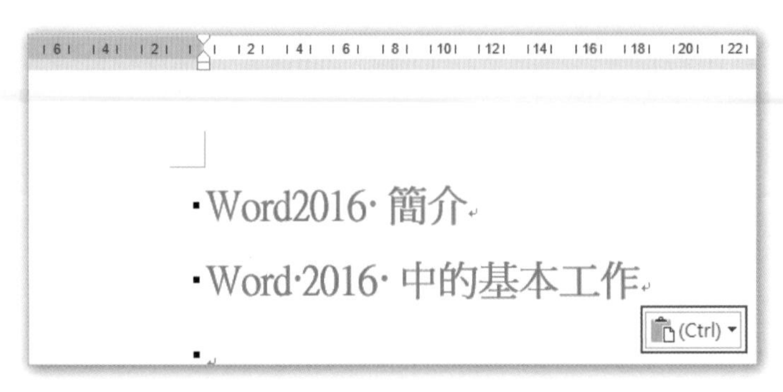

Step.6 切換到「2.1.7 Word 2016 簡介 .docx」，點選第二個段落標記，按下 Ctrl+V，貼上「Word 2016 中的基本工作」，成為如左圖的結果，再點按右下方的**智慧標籤**按鈕。

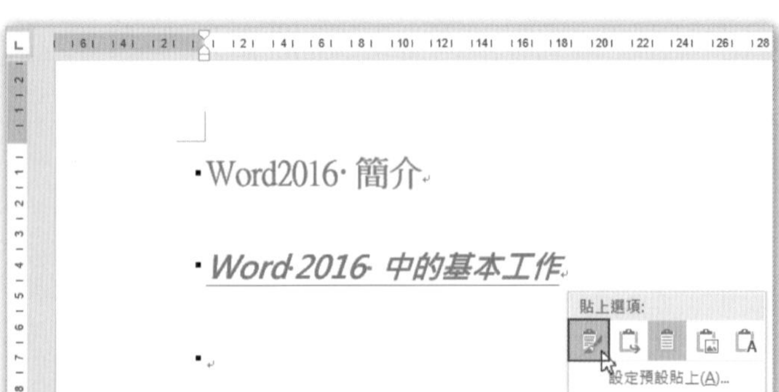

Step.7 點選「保持來源的格式設定」即可回到原來的段落格式。

如果要讓「保持來源的格式設定」變成 Word 預設選項，可以依照如下的方法調整設定：

點按**檔案**索引標籤 **\ 選項 \ 進階**，在「當樣式定義衝突時，文件之間貼上」清單中點選「保持來源的格式設定」，按下**確定**即可。

➤ 保持來源的格式設定：保留來源文字的段落格式。

➤ 使用目的的樣式 (預設)：以同名的段落樣式，取代來源文字的格式。

➤ 合併格式設定：套用目的文件的「標題 1」樣式，但仍保留「斜體、加底線」的格式。

➤ 保留純文字：套用標準的「內文」樣式。

2-2 建立樣式

Word 2016 的 Normal.dotm 範本檔中提供許多現成的段落樣式，供我們在編輯長文件時，方便段落或文字的格式化，其中包括了多種預設的**段落樣式**和**字元樣式**，最常用到的不外乎是「內文」以及「標題 1」、「標題 2、「標題 3」等段落樣式，套用樣式的好處是可以快速格式化段落文字，使得文件的各章節之間具有相同的風格和專業性。

因此，最好能將文件中的每一個段落文字都套用一種**樣式**，以後當您想要調整文件的外觀，例如要將所有套用「內文」樣式的段落，加寬字距，此時只要修改「內文」樣式中的字距，文件中所有套用「內文」樣式的段落都會同步加大字距。

本單元的重點在於學習「如何建立樣式與修改樣式」，共分為下列兩個學習目標：

➤ 建立段落樣式和字元樣式

➤ 修改現有樣式

2.2.1 建立段落樣式和字元樣式

企業的文件格式千變萬化，Word 提供的預設樣式畢竟有限，難以涵蓋各種文件的需求，因此我們可以自訂**段落樣式**或**字元樣式**，並且可以依據 Word 預設樣式來略作調整，即可產生不同名稱的新樣式。

段落樣式會影響整個段落的外觀，字元樣式只會格式化選取的文字。新建的樣式可以設定成只用在目前文件，或是可以用在所有開啟的文件。

建立並套用段落樣式

開啟**文件**資料夾 \ 第 2 章練習檔 \2.2.1 建立樣式 .docx，請完成下列工作：

➤ 建立一個名為「說明 2」的新樣式，並設定其格式根據「內文」樣式，並加上「斜體」字型樣式，置中對齊。

➤ 並請將「說明 2」段落樣式，套用到第一頁第三行的段落文字「對人體有⋯」之上。

Step.1 插入點置於標題文字「2 類致癌物」上方的空白段落標記上。

Step.2 點按**常用**索引標籤 \ **樣式**群組 \ **樣式**按鈕，在**樣式**窗格中，點按**新增樣式**按鈕。

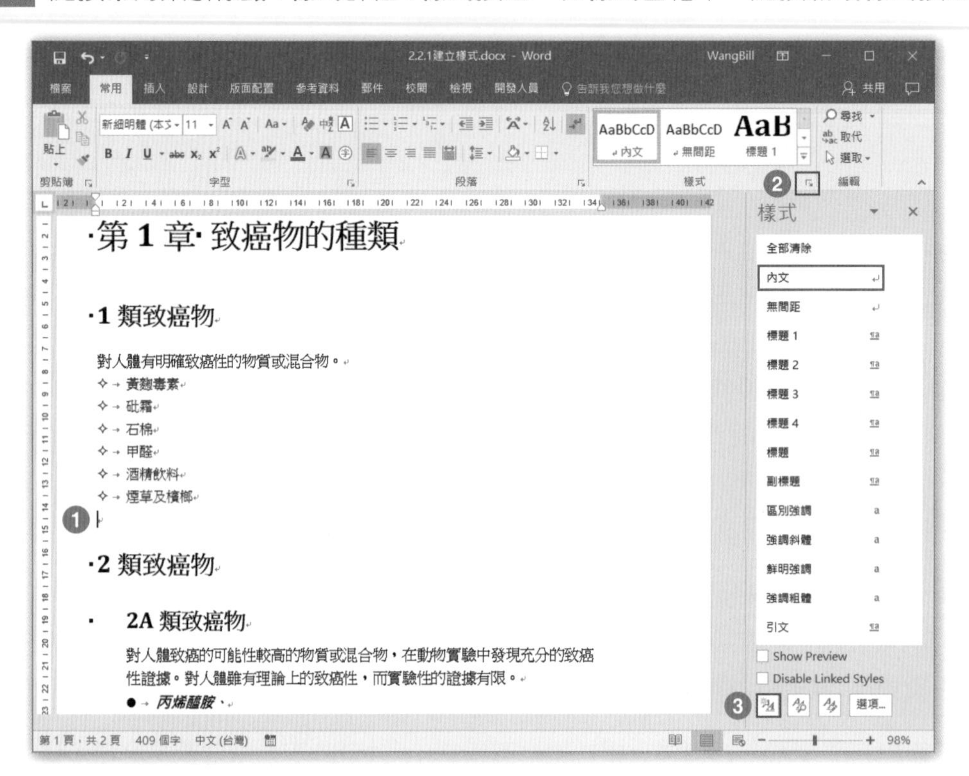

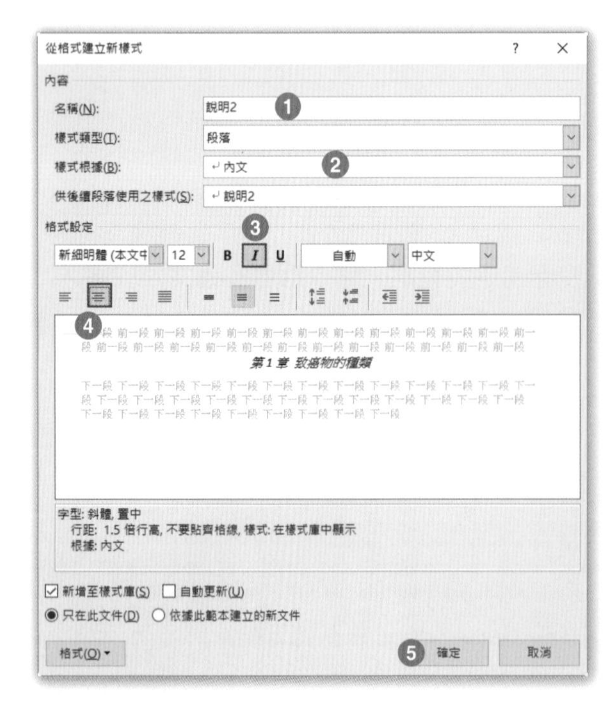

Step.3

在**名稱**方塊中輸入「說明 2」；在**樣式根據**方塊中選取「內文」；分別再點按「斜體」以及「置中」按鈕，再按下**確定**。

Step.4 回到文件中，在**樣式**窗格中，看到了新建立的樣式「說明 2」，請將插入點置於第三行文字「對人體有…」之中。

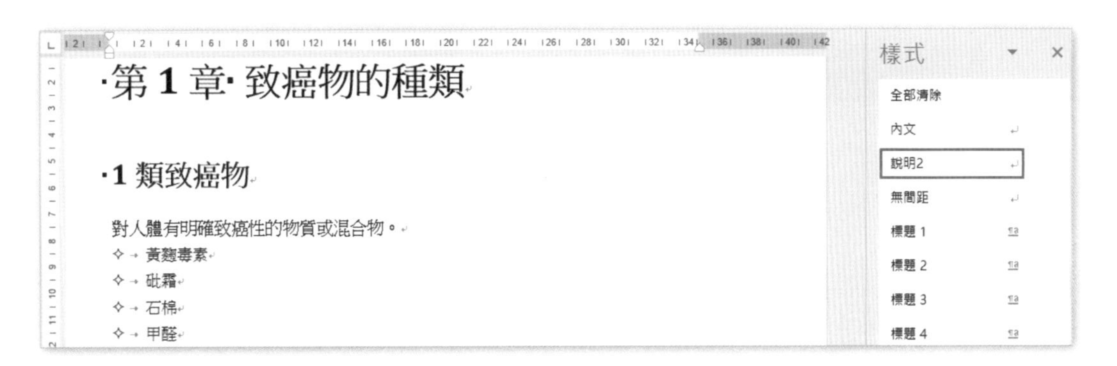

Step.5 點選**樣式**窗格中的「說明 2」樣式，隨即可以看到套用了「說明 2」樣式之後的結果。

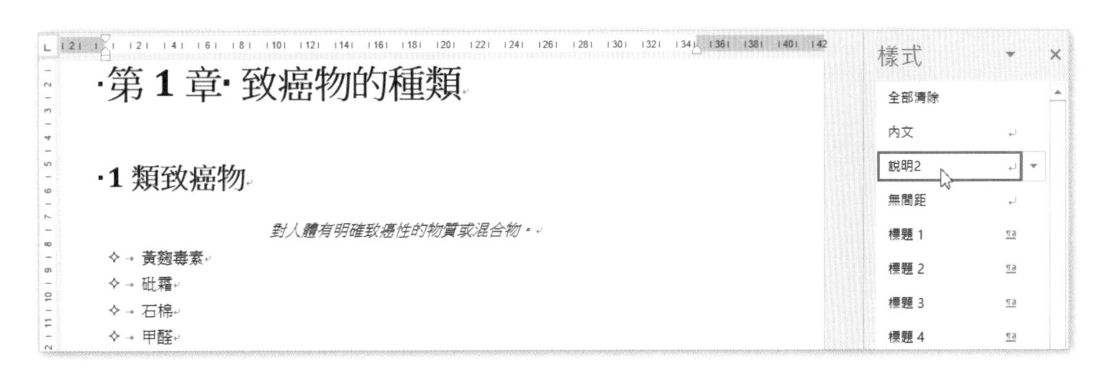

建立並套用字元樣式

開啟**文件**資料夾 \ 第 2 章練習檔 \2.2.1 建立樣式 .docx，請完成下列工作：

- 請建立一個「字元」類型的樣式，名為「警示 1」。此**樣式依據**為預設段落字型，但須套用粗體、斜體與紅色字型樣式。
- 並請將「警示 1」字元樣式，套用到第一頁第六個項目符號中的前兩個字「煙草」之上。

Step.1 插入點置於標題文字「2 類致癌物」上方的空白段落標記上。

Step.2 點按**常用**索引標籤 \ **樣式**群組 \ **樣式**按鈕，在**樣式**窗格中，點按**新增樣式**按鈕。

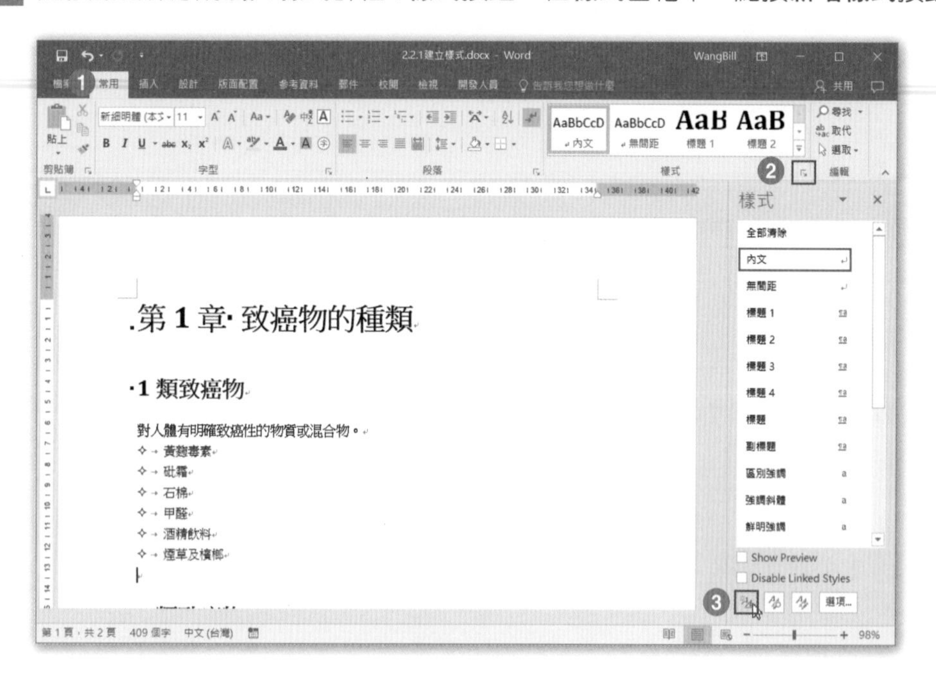

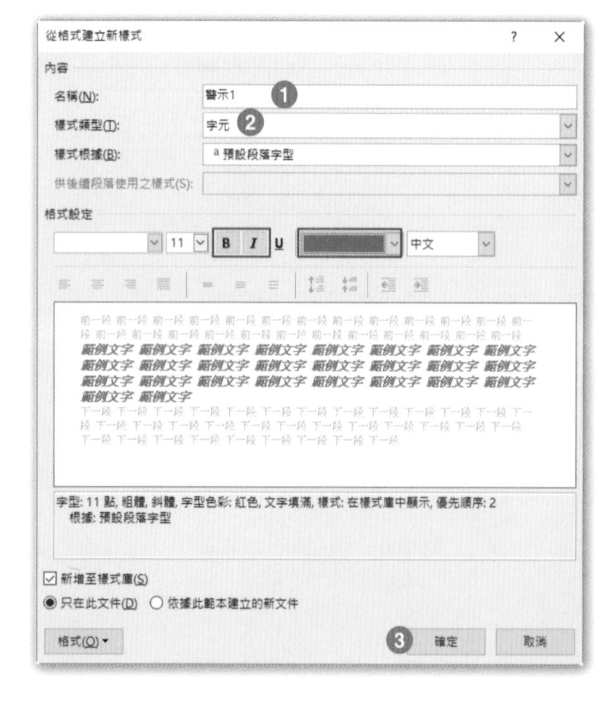

Step.3 在**名稱**方塊中輸入「警示 1」；在**樣式類型**方塊中選取「字元」；分別再點按「粗體」、「斜體」以及「紅色」字型色彩，再按下**確定**。

Step.4 在樣式清單中可以看到紅色的字元樣式「警示 1」，選取第六個項目符號中的前兩個字「煙草」。

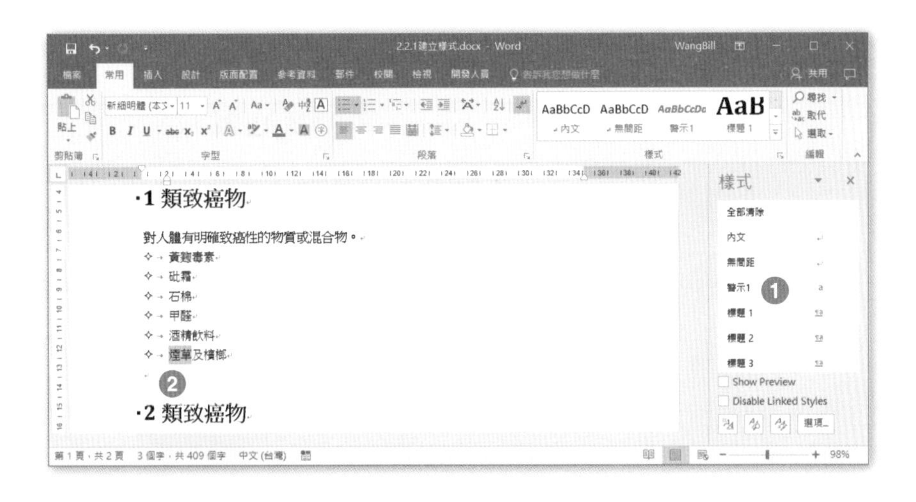

Step.5 點選樣式清單中字元樣式「警示 1」，隨即可以看到如下圖的結果

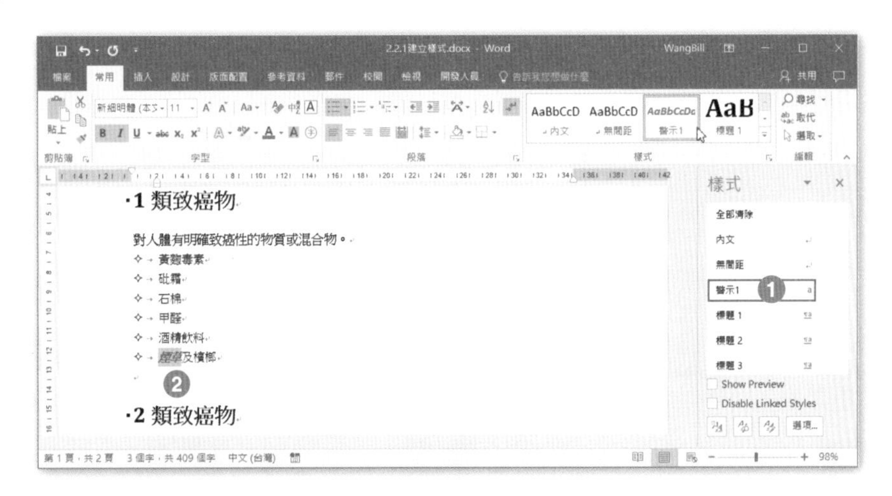

2.2.2 修改現有樣式

不論是自訂的樣式或者 Word 預設樣式，都可以依實際需要加以更改；更改過的樣式可以只影響目前的文件，也可以設定成影響所有新建立的文件。

開啟**文件**資料夾 \ 第 2 章練習檔 **\2.2.2** 修改樣式 .docx，請完成下列工作：

- 修改「鮮明強調」樣式，將字型大小調整為 14 點。
- 修改「標題 1」樣式，將字型色彩變更為「橙色 , 輔色 6, 較深 25%」，並將文字置中對齊。

Step.1 點按**常用**索引標籤 \ **樣式**群組 \ **其他**按鈕。

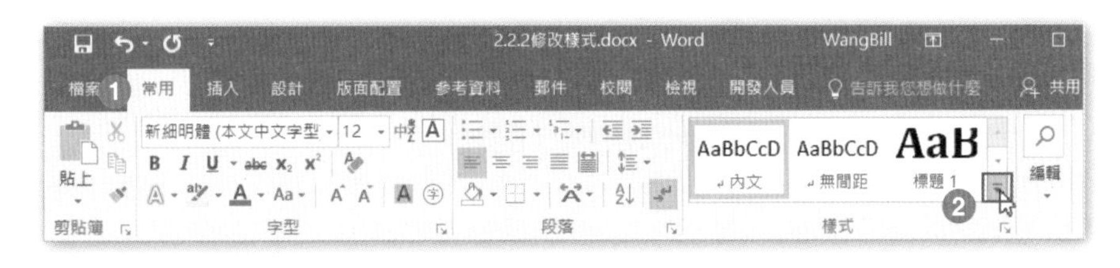

Step.2 在「鮮明強調」樣式上，按下滑鼠右鍵，點選「修改」。

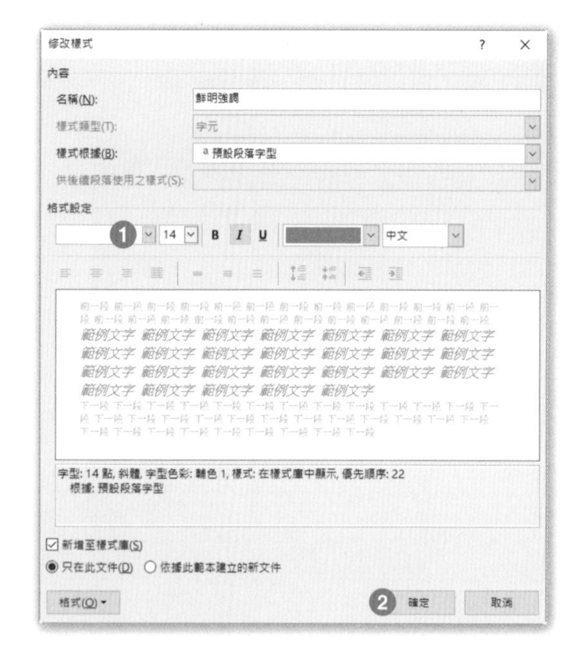

Step.3

在**修改樣式**對話方塊中，將字型大小設定成 14，再按下**確定**。

·1 類致癌物

對人體有明確致癌性的物質或混合物。

✧ 黃麴毒素

✧ 砒霜

Step.4

先前套用「鮮明強調」樣式的字元，也會同步更新文字的大小。

Step.5 在**常用**索引標籤 \ **樣式**群組 \「標題 1」樣式上，按下滑鼠右鍵，點選「修改」。

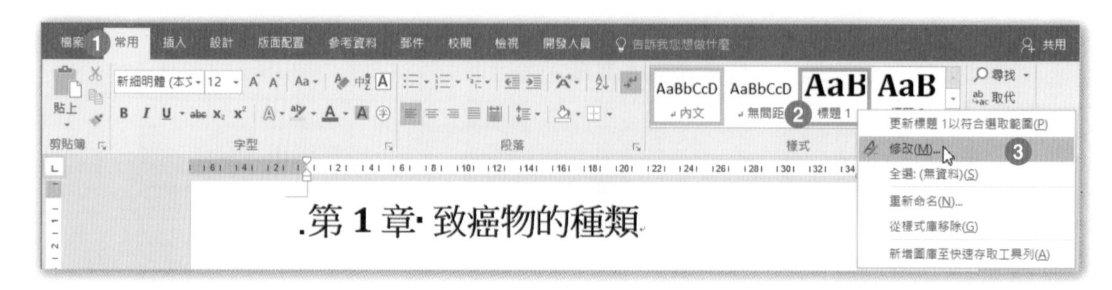

Step.6

在**修改樣式**對話方塊中，點按「置中」按鈕；在**字型色彩**清單中，點選「橙色，輔色 6, 較深 25%」，再按下**確定**。

Step.7 套用「標題 1」樣式的段落「第 1 章 致癌物的種類」，也會同步更新成為如下圖的結果。

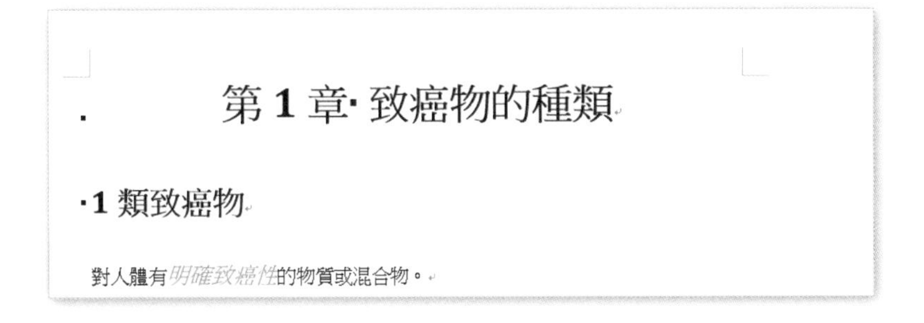

TIPS & TRICKS

當樣式修改完畢時，若只想將修改過的樣式用在目前文件，可在**修改樣式**對話方塊的左下方點選「只在此文件」(這是預設選項)；如果讓修改過的樣式影響後續文件的編輯，可以點選「依據此範本建立的新文件」，也就是會將修改過的樣式儲存到 Normal.dotm 範本檔中，來影響後續所有的文件。

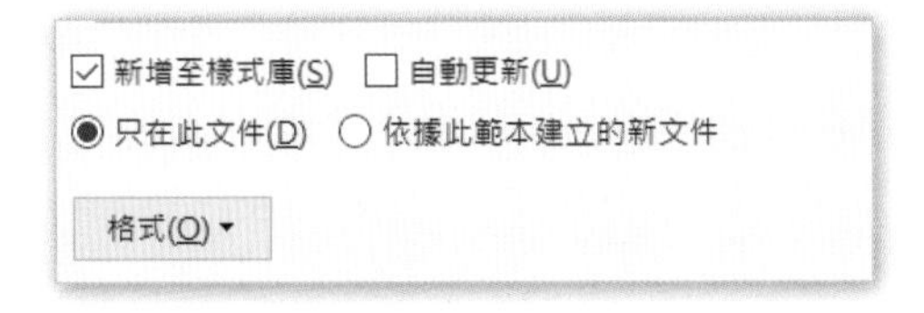

實作練習

開啟**文件**資料夾 \ 模擬題目 \「模擬題目 -2A.docx」，完成下列工作：

- 將文件中藍色文字取代成為紅色文字。（解題步驟 1-7）
- 將檔案裡所有的「連字號」更換為「短破折號」。（解題步驟 8-12）
- 找到文件中兩個連續段落標記，將它們替換為單一個段落標記。（解題步驟 13-16）
- 尋找所有套用「標題 1」段落樣式的內容，替換成套用「大標題」段落樣式。（解題步驟 17-22）
- 將文件裡的每一個「短破折號」都替換為「長破折號」。（解題步驟 23-28）
- 將文件最後一頁標題文字「4 類致癌物」之下的第一段文字，分割成兩欄的格式，並加上分隔線。（解題步驟 29-31）
- 在文件第一頁標題文字「2 類致癌物」之前，插入一個「接續本頁」的分節符號。（解題步驟 32-33）
- 將文件最後一頁圖片，設定為「下方置中矩形文繞圖」的排列方式。（解題步驟 34-35）
- 設定英文不要自動斷字。（解題步驟 36-37）
- 連結第 1 頁右上方的文字方塊，至第 1 頁左下方的文字方塊中。（解題步驟 38-39）
- 針對第一頁最後一段文字，設定分頁格式為「段落中不分頁」。（解題步驟 40-42）
- 將文件最後一頁項目符號清單裡的最後兩項「有機鉛化合物」與「三聚氰胺及汞」，搬移到文件底部的項目符號清單最後面，搬移的項目格式應與目的項目格式相同，並請移除多餘空白段落的項目符號。

完成的練習請**另存新檔**到**文件**資料夾 \ 模擬題目 -2A- 完成 .docx（解題步驟 43-44）

下圖是開啟「模擬題目 -2A.docx」檔案之後看到的兩頁文件內容。

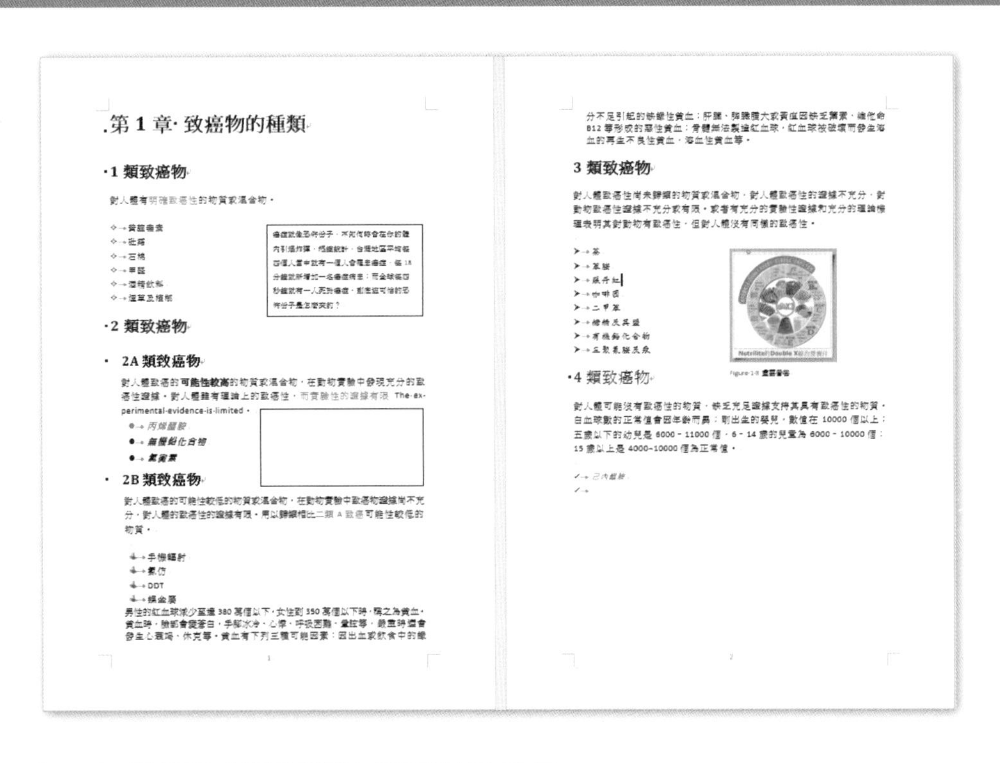

Step.1 點按**常用**索引標籤 \ **編輯**群組 \ **取代**。

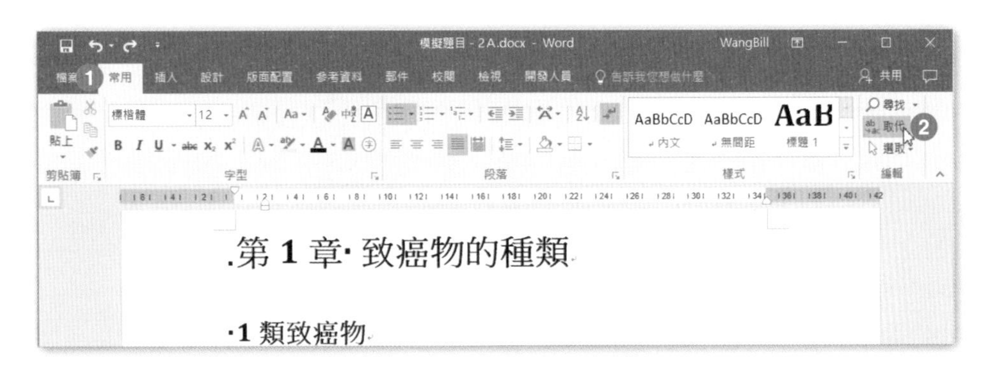

Step.2 在**尋找及取代**對話方塊中，按下**更多**按鈕。

尋找及取代

尋找(D) 取代(P) 到(G)

尋找目標(N):

選項: 全半形須相符

取代為(I):

更多(M) >> 取代(R) 全部取代(A) 尋找下一筆(F) 取消

Step.3 插入點置於**尋找目標**方塊中，點按**格式**按鈕，點選清單中的**字型**。

Step.4 在**尋找字型**對話方塊中，**字型色彩**點選「藍色」，按下**確定**；再將插入點置於**取代為**方塊中，點按**格式**按鈕，點選清單中的**字型**。

Step.5 在**取代字型**對話方塊中，**字型色彩**點選「紅色」，按下**確定**。

Step.6 回到**尋找及取代**對話方塊中，按下**全部取代**。

Step.7 在訊息方塊中，按下**確定**。

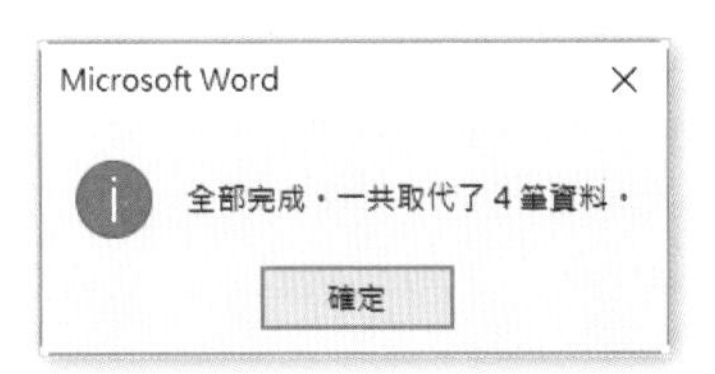

Step.8 插入點置於**尋找目標**方塊中，點按**不限定格式**按鈕。

Step.9 按下**指定方式**按鈕，點選「不分行連字號」。

Step.10 插入點置於**取代為**方塊中，點按**不限定格式**按鈕。

Step.11 按下**指定方式**按鈕，點選「短破折號」。

Step.12 在**尋找及取代**對話方塊中，按下**全部取代**，並在訊息方塊中，按下**確定**。

Step.13 將**尋找目標**方塊中以及**取代**方塊中留下的標記刪除，再點按一下**尋找目標**方塊，按下**指定方式**按鈕，點選「段落標記」。

Step.14 再度按下**指定方式**按鈕，點選「段落標記」，此時在**尋找目標**方塊中可以看到「^p^p」的標記。

Step.15 點按一下**取代為**方塊，按下**指定方式**按鈕，點選「段落標記」，此時在**取代為**方塊中可以看到「^p」的標記，按下**全部取代**。

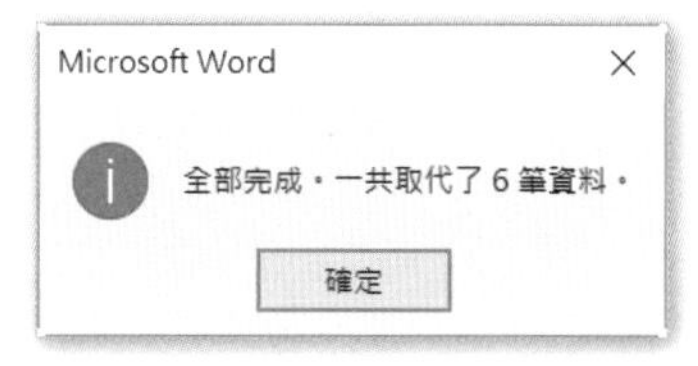

Step.16 在出現的訊息中，按下**確定**。

Step.17 將**尋找目標**方塊中以及**取代**方塊中留下的標記刪除，再點按一下**尋找目標**方塊，點按**格式**按鈕，點選清單中的「樣式」。

Step.18 點選**尋找樣式**清單中的「標題 1」，按下**確定**。

Step.19 插入點置於**取代為**方塊中，點按**格式**按鈕，點選清單中的「樣式」。

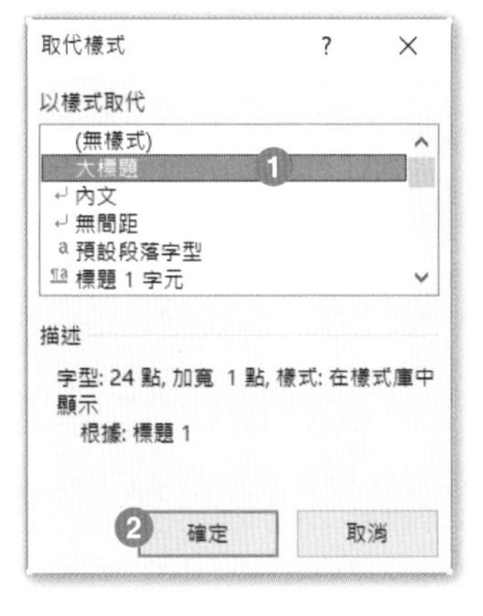

Step.20 點選**取代樣式**清單中的「大標題」，按下**確定**。

Step.21 在**尋找及取代**對話方塊中按下**全部取代**。

Step.22 在下圖的訊息中，按下確定。

Step.23 插入點置於**尋找目標**方塊中，點按**不限定格式**按鈕。

Step.24 按下**指定方式**按鈕，點選「短破折號」。

Step.25 插入點置於**取代為**方塊中，點按**不限定格式**按鈕。

Step.26 按下**指定方式**按鈕，點選「長破折號」。

Step.27 在**尋找及取代**對話方塊中，按下**全部取代**，並在訊息方塊中，按下**確定**。

Step.28 在**尋找及取代**對話方塊中，按下**關閉**即可。

Step.29 選取文件最後一頁標題文字「4 類致癌物」之下的第一段文字，點按**版面配置**索引標籤 \ **版面設定**群組 \ **欄** \ **其他欄**。

Step.30 在**預設格式**之下點選「二(W)」的兩欄格式；勾選「分隔線」，按下**確定**。

Step.31 分欄之後的結果，如下圖所示。

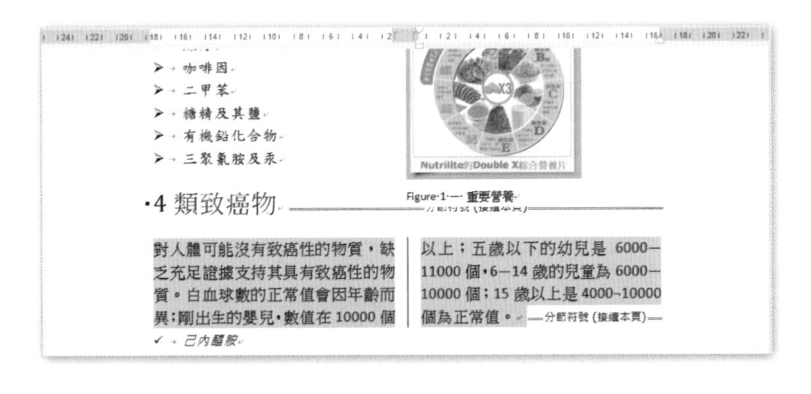

Step.32 插入點置於第一頁標題文字「2 類致癌物」之前，點按**版面配置**索引標籤**版面設定**群組**分隔符號****分節符號****接續本頁**。

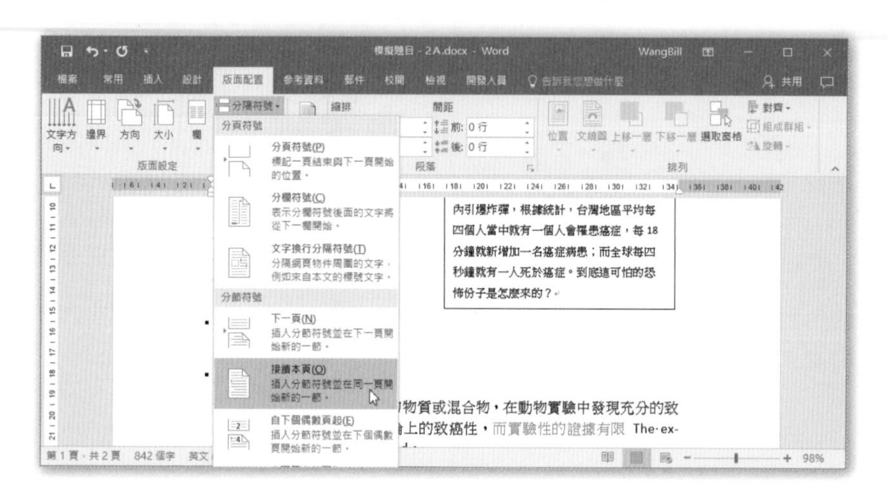

Step.33 插入分節符號的結果，如下圖所示。

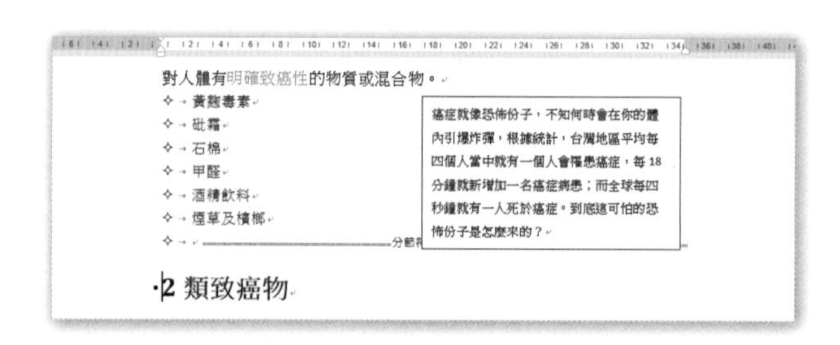

Step.34 點選文件最後一頁圖片，點選**圖片工具****格式****排列**群組**位置**\「下方置中矩形文繞圖」的排列方式。

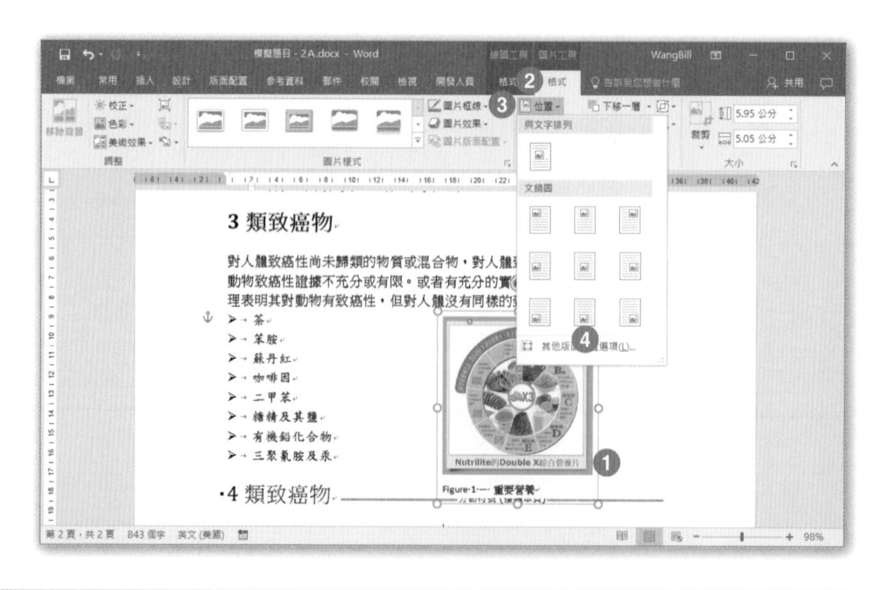

Step.35 調整圖片位置之後的結果，如下圖所示。

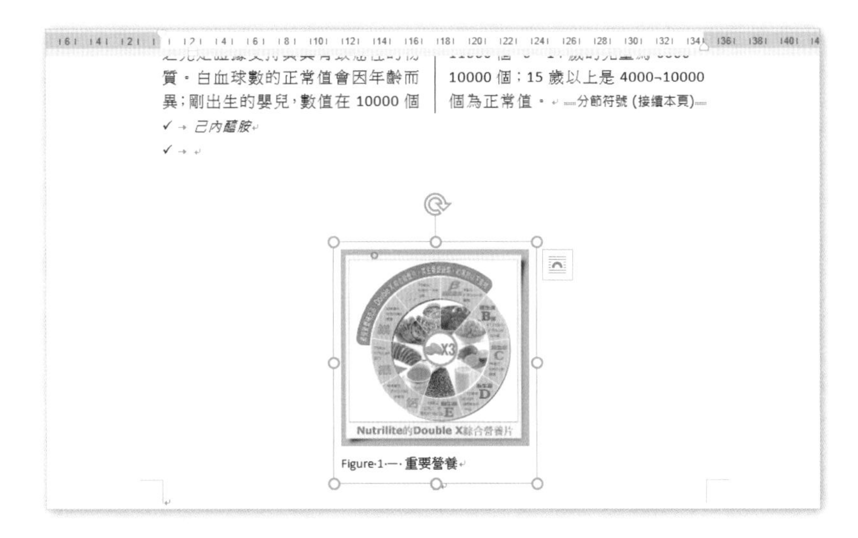

Step.36 點按**版面配置**索引標籤 \ **版面設定**群組 \ **斷字** \ **無**。

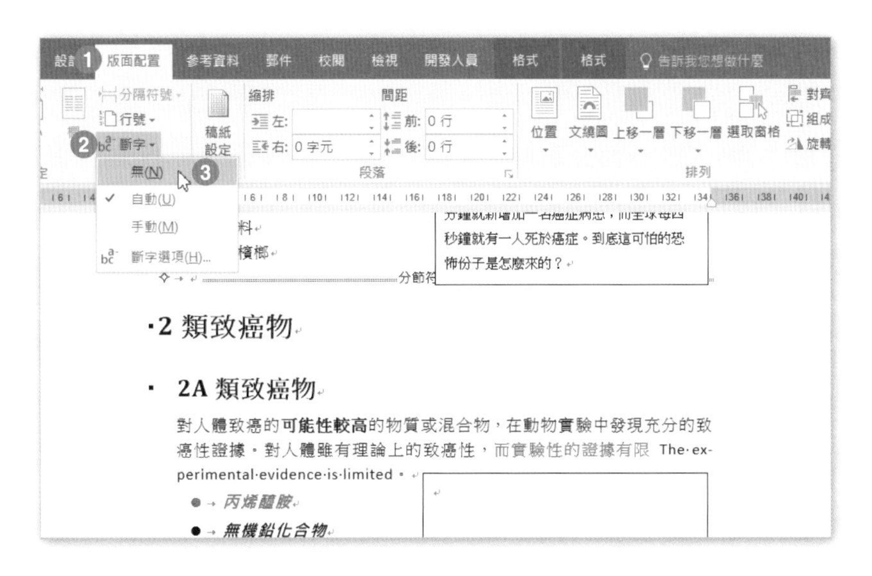

Step.37 取消自動斷字之後，可以看到完整的單字。

▪ **2A 類致癌物**

對人體致癌的**可能性較高**的物質或混合物，在動物實驗中發現充分的致癌性證據。對人體雖有理論上的致癌性，而實驗性的證據有限 The experimental evidence is limited。

- *丙烯醯胺*
- ***無機鉛化合物***

Step.38 點選第 1 頁右上方的文字方塊，點按**繪圖工具 \ 格式 \ 文字**群組 \ **建立連結**。

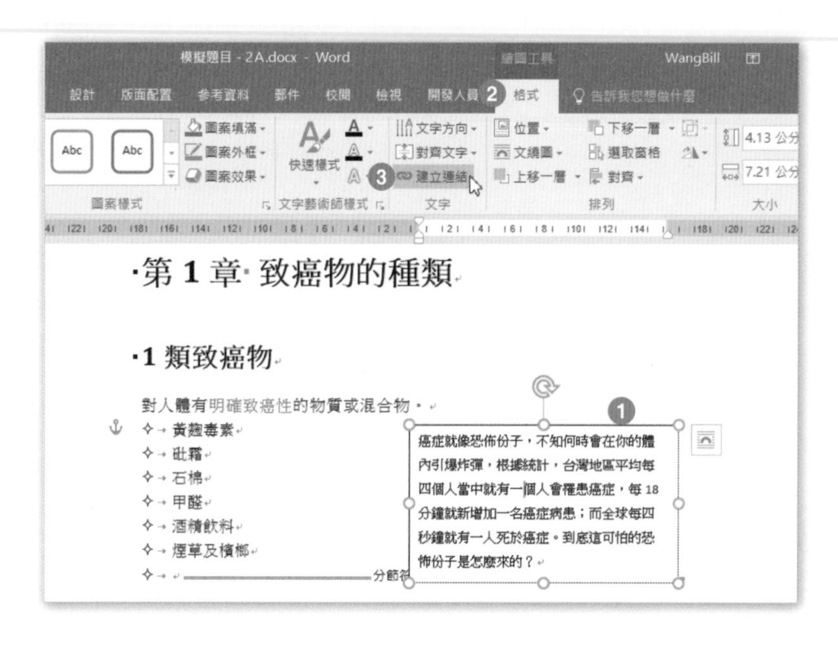

Step.39 建立連結之後，將看到杯子形狀的指標出現，把杯子移到第二個文字方塊上，按一下滑鼠左鍵，隱藏在第一個文字方塊中無法顯示的文字，出現在下方的文字方塊中。

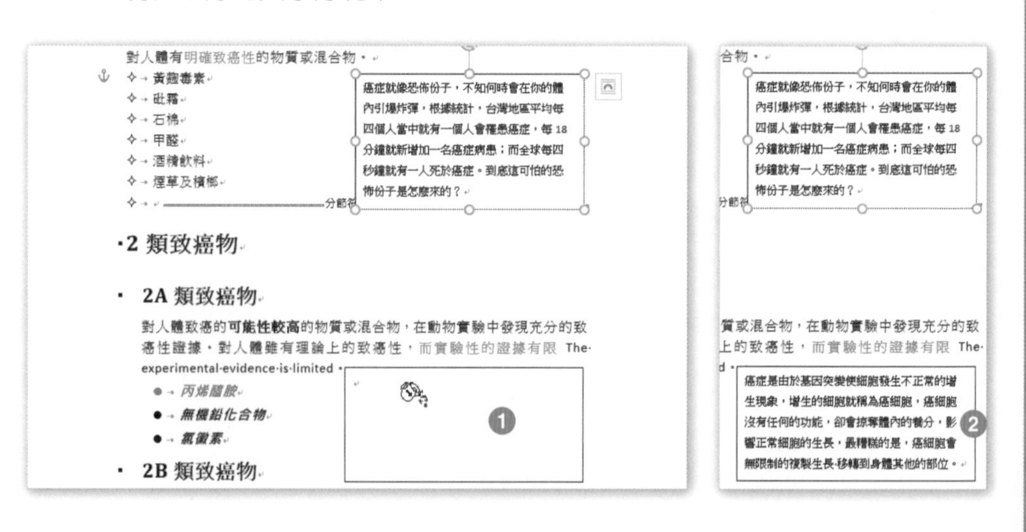

Step.40 在第一頁最後一段文字上按下滑鼠右鍵，點選「段落」。

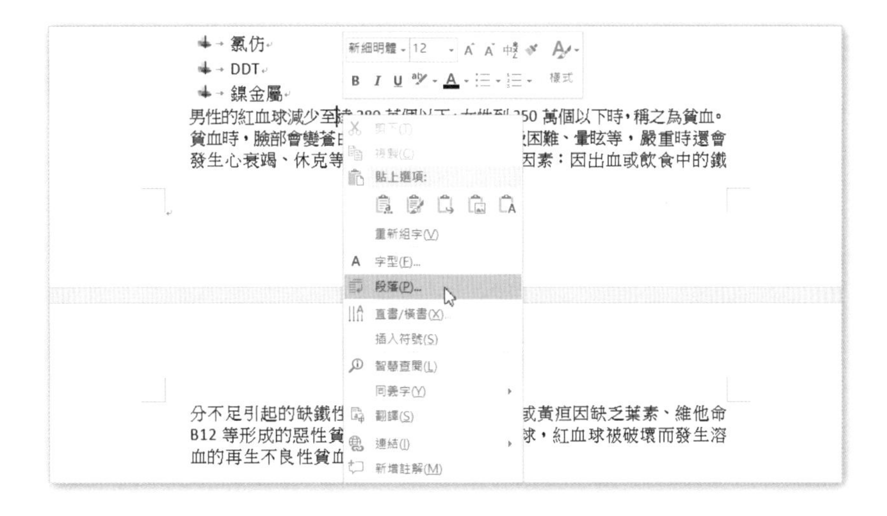

Step.41 在**段落**對話方塊中，勾選「段落中不分頁」，按下**確定**。

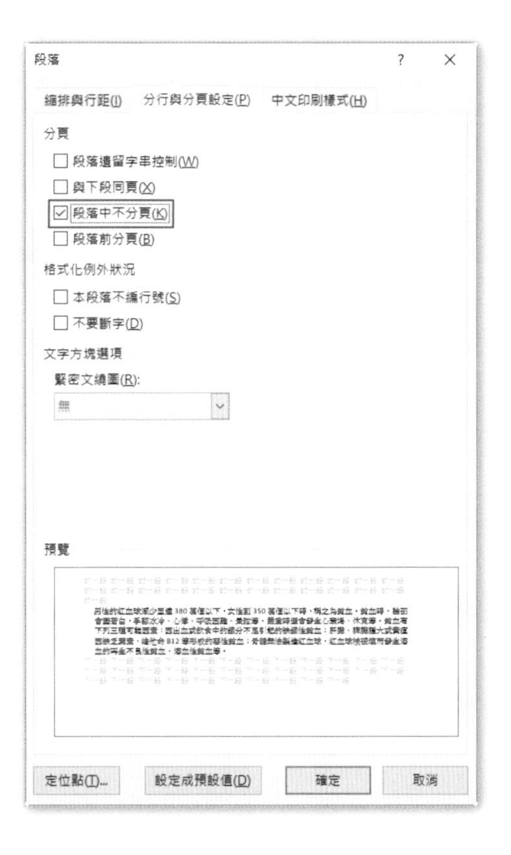

Step.42 原先第一頁最後面的三行文字，被移到第二頁的開頭。

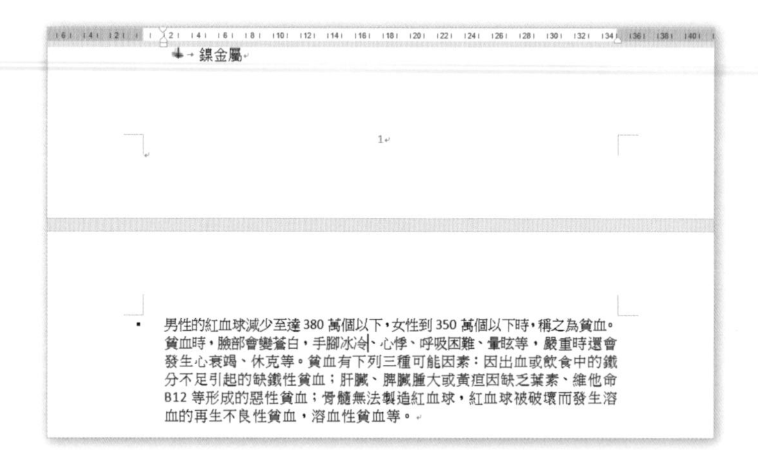

Step.43 選取文件最後一頁項目符號清單裡的最後兩項「有機鉛化合物」與「三聚氰胺及汞」，按下 Ctrl+X 剪下這兩段項目符號文字。

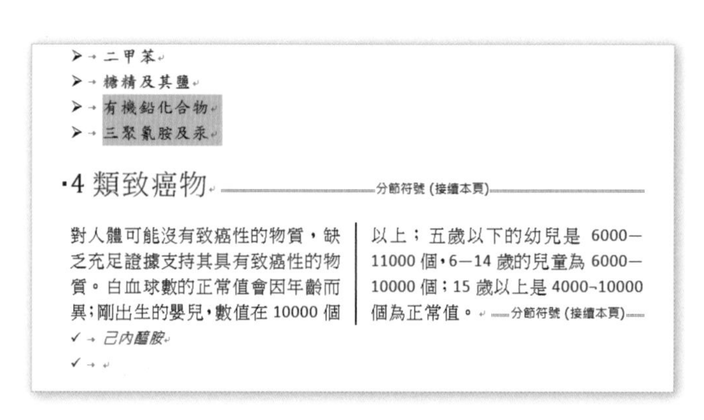

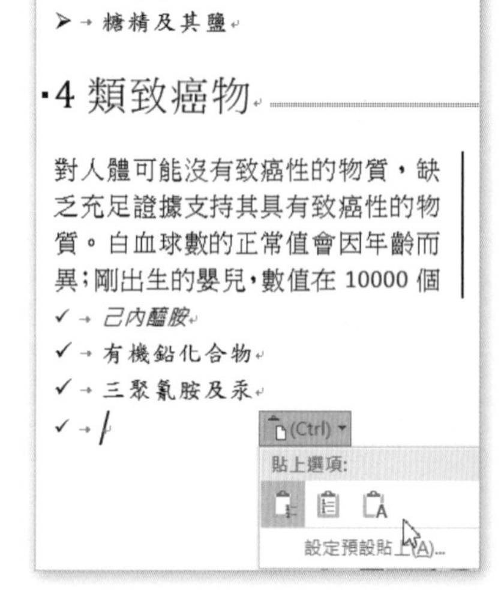

Step.44 在「己內醯胺」之下的空白項目符號清單上點按一下，按下 Ctrl+V，接著在智慧標籤中，點選「只保留文字」，再刪除最後面的空白項目符號即可。

實作練習

開啟**文件**資料夾 \ 模擬題目 \「模擬題目 -2B.docx」，完成下列工作：

- 依「清單段落」樣式建立一個「段落」類型的新樣式，並命名為「條目」，再套用至文字「A. 閱讀」。（解題步驟 1-5）
- 建立一個「字元」類型的樣式，並命名為「名稱 1」。此樣式為預設段落字型，但須套用粗體與斜體字型樣式。（解題步驟 6-8）
- 建立一個名為「淺褐色格式」的新樣式，並設定此新樣式的段落格式為左右對齊，且具有「綠色 , 輔色 6, 較淺 60%」的背景。（解題步驟 9-13）
- 將「標題 1」樣式的字型色彩變更為「金色 , 輔色 4, 較深 50%」，將文字置中對齊，並使其後續的段落使用「本文第一層縮排」樣式（解題步驟 14-16）
- 修改「鮮明參考」樣式，使其根據樣式「強調斜體」樣式並套用字型大小為 18 點、字型色彩為「橙色 , 輔色 2」。（解題步驟 17-18）
- 修改「標題 2」樣式，設定字型大小為 16 點、字型顏色為「藍綠色 , 輔色 5, 較深 25%」。（解題步驟 19-20）

完成的練習請**另存新檔**到**文件**資料夾 \ 模擬題目 -2B- 完成 .docx

下圖是開啟「模擬題目 -2A.docx」檔案之後，看到的部份文件內容。

Step.1 插入點置於第三頁「D. 使用數位筆跡寫下筆記或記下註釋」下方的空白段落標記上。

Step.2 點按**常用**索引標籤 \ **樣式**群組 \ **樣式**按鈕，在**樣式**窗格中，點按**新增樣式**按鈕。

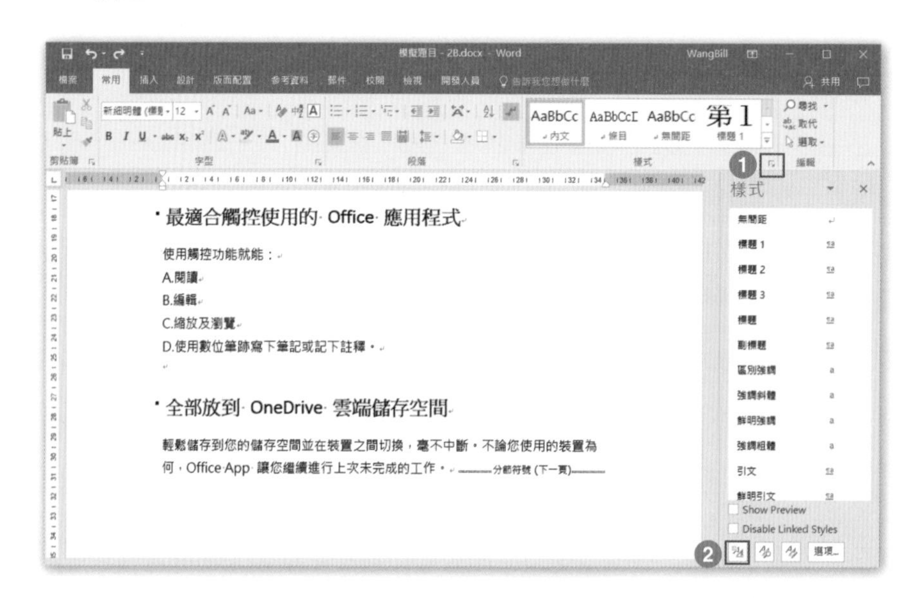

Step.3 在**名稱**方塊中輸入「條目」；在**樣式根據**方塊中選取「清單段落」，按下**確定**。

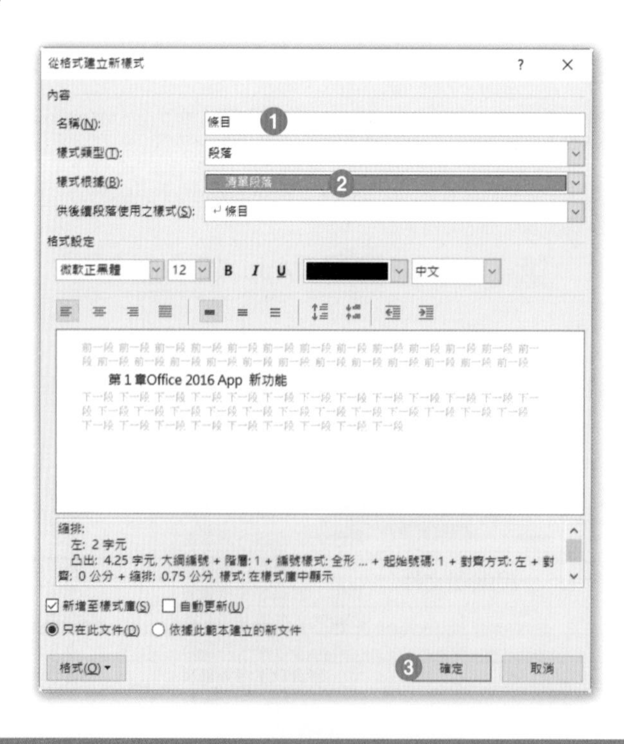

Step.4 回到文件第三頁，點選條列式文字「A. 閱讀」，點按**樣式**窗格中的「條目」樣式。

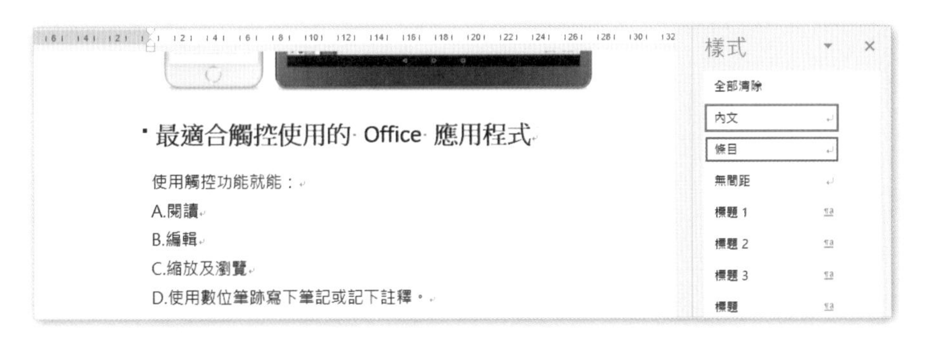

Step.5 條列式文字「A. 閱讀」成為如下圖的結果。

最適合觸控使用的 Office 應用程式

使用觸控功能就能：

A.閱讀

B.編輯

C.縮放及瀏覽

D.使用數位筆跡寫下筆記或記下註釋。

內文

條目

無間距

標題 1

標題 2

標題 3

Step.6 插入點置於第一頁圖片上方的空白段落標記上。

Step.7 點按**常用**索引標籤 \ **樣式**群組 \ **樣式**按鈕，在**樣式**窗格中，點按**新增樣式**按鈕。

Step.8 在**名稱**方塊中輸入「名稱 1」；在**樣式類型**方塊中選取「字元」；分別再點按「粗體」、「斜體」，再按下**確定**，隨即在**樣式**窗格中顯示了「名稱 1」的樣式名稱。

Step.9 插入點置於第一頁圖片上方的空白段落標記上。

Step.10 點按**常用**索引標籤 \ **樣式**群組 \ **樣式**按鈕，在**樣式**窗格中，點按**新增樣式**按鈕。

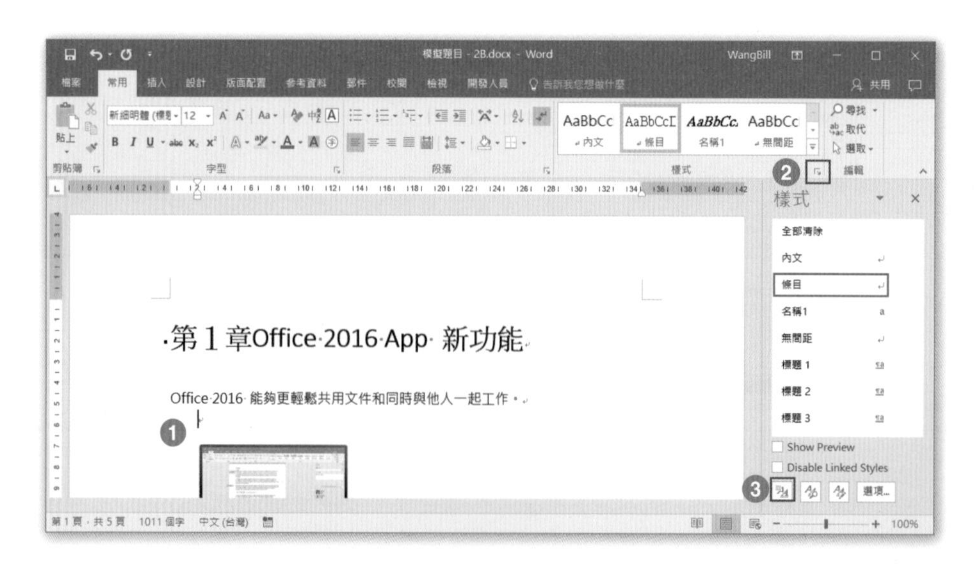

Step.11 在**從格式建立新樣式**對話方塊的**名稱**方塊中輸入「淺綠色格式」;點按「左右對齊」按鈕，再按下**格式\框線**。

Step.12 在**框線及網底**對話方塊中，按下**網底**標籤，在**填滿**清單中點選「綠色，輔色 6, 較淺 60%」的色彩，再按下**確定**。

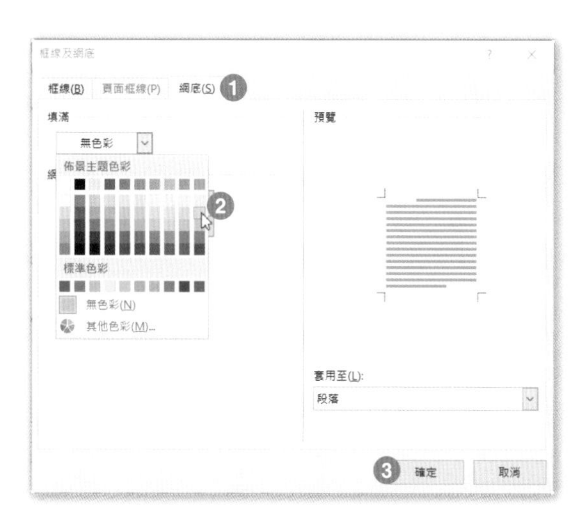

Step.13 回到**從格式建立新樣式**對話方塊，按下**確定**，隨即在**樣式**窗格中顯示了「淺綠色格式」的樣式名稱。

Step.14 點按**常用**索引標籤 \ **樣式**群組 \ **樣式**按鈕，在**樣式**窗格中，點按「標題 1」樣式名稱右邊的按鈕，點選**修改**。

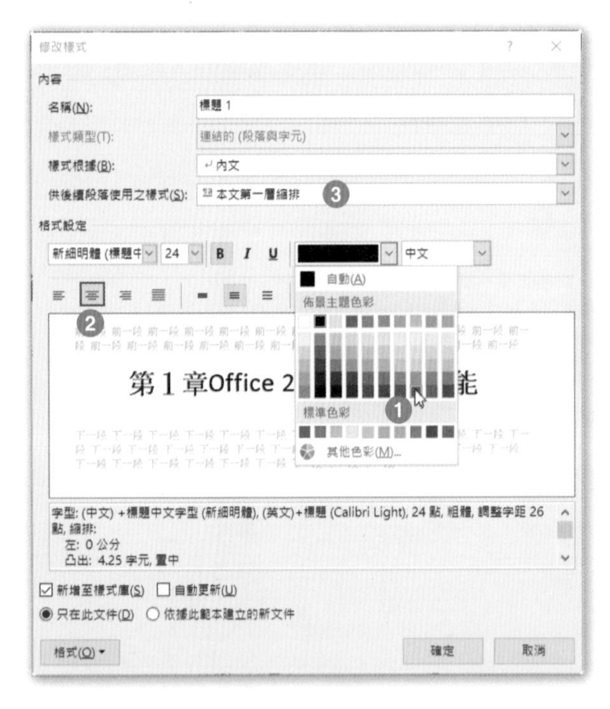

Step.15 在**修改樣式**對話方塊中，將字型色彩變更為「金色，輔色 4, 較深 50%」，將文字置中對齊，並使其後續的段落使用「本文第一層縮排」樣式，再按下**確定**。

Step.16 套用「標題 1」段落樣式的標題文字，成為如下圖的結果。

Step.17 點按**常用**索引標籤 \ **樣式**群組 \ **樣式**按鈕，在**樣式**窗格中，點按「鮮明參考」樣式名稱右邊的按鈕，點選**修改**。

Step.18 在**修改樣式**對話方塊中，點選**樣式根據**方塊中的「強調斜體」，並套用字型大小為 18 點，將字型色彩變更為「橙色，輔色 2」，再按下**確定**。

Step.19 點按**常用**索引標籤 \ **樣式**群組 \ **樣式**按鈕，在**樣式**窗格中，點按「標題 2」樣式名稱右邊的按鈕，點選**修改**。

Step.20 在**修改樣式**對話方塊中，套用字型大小為 16 點，將字型色彩變更為「藍綠色 , 輔色 5, 較深 25%」，再按下**確定**。

Step.21 所有套用「標題 2」段落樣式的段落文字，都變成了 16 點大小、「藍綠色 , 輔色 5, 較深 25%」的字型色彩。

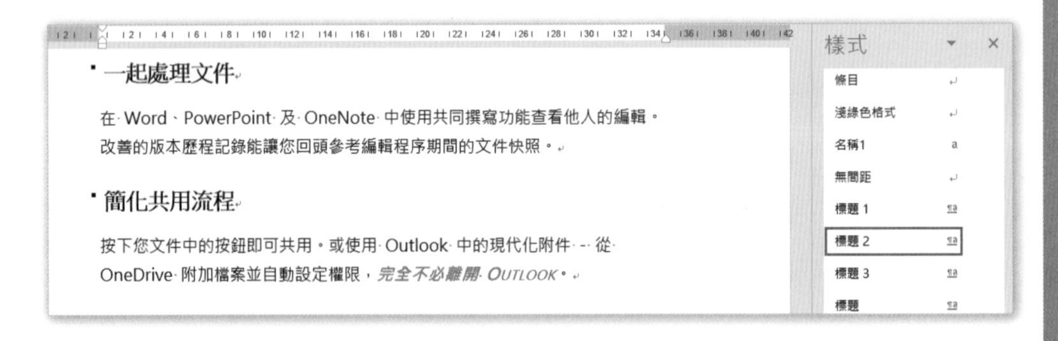

Chapter 03 建立進階參照

學習重點

本章重點在於介紹在商業報告、學術論文、企劃書以及其他形式的長文件中，如何建立和管理索引、如何建立和修改目錄、以及如何管理表單、功能變數與合併列印，其中包括下列三個主題：

- 3-1 建立和管理索引
- 3-2 建立與管理目錄
- 3-3 管理表單欄位與合併列印作業

3-1 建立和管理索引

「索引」主要用來摘錄長文件中的關鍵字，以方便我們快速查閱關鍵字在文件中所在的頁次；建立「索引」的方式有兩種，第一種是「單層次索引」，第二種是「多層次索引」，不論哪一種索引，事先必須完成關鍵字的「項目標記」，再利用「插入索引」的方式，完成索引的建置。

本單元的重點在於學習**索引的標記**以及**如何製作文件索引**，共分為下列四個主題：

- 標記索引項目
- 建立索引
- 使用索引「自動標記檔」
- 更新索引

3.1.1 標記索引項目

製作索引的第一件事，就是做關鍵字的「項目標記」，Word 將項目標記分為主要項目和次要項目，若是單層次索引，只要設定「主要項目」即可；若是多層次索引，必須將用來做為大分類的關鍵字設定成為「主要項目」，做為大分類內容的關鍵字，必須放在「次要項目」的設定中，本節將介紹將關鍵字標記為「主要項目」的方法。

單層次項目標記

開啟**文件**資料夾 \Word 2016 Expert 第 3 章練習檔 \3.1.1 單層索引 .docx。這是文件的部份內容，現在要將文件中的「自由基」與「癌症」兩個關鍵字，分別標記成為索引的「主要項目」。

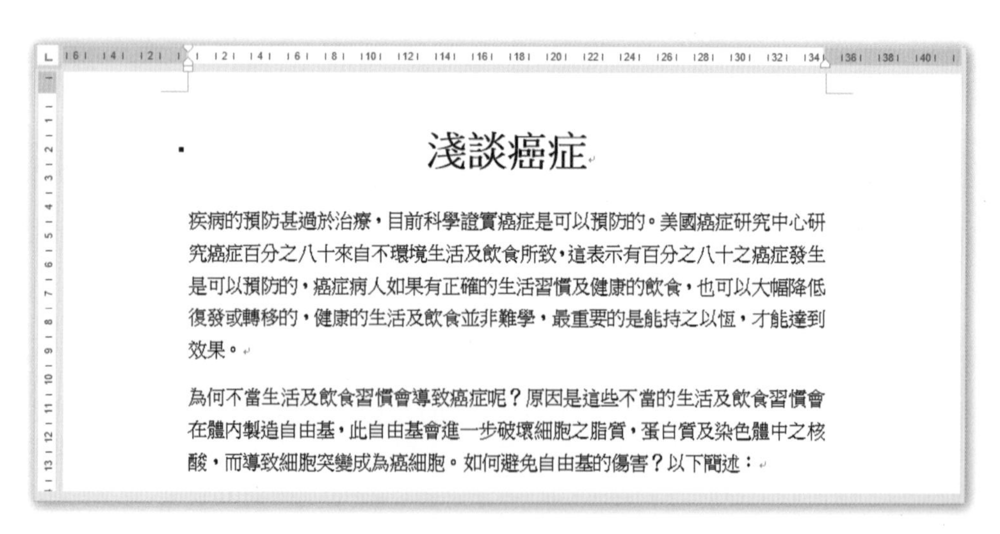

淺談癌症

疾病的預防甚過於治療，目前科學證實癌症是可以預防的。美國癌症研究中心研究癌症百分之八十來自不環境生活及飲食所致，這表示有百分之八十之癌症發生是可以預防的，癌症病人如果有正確的生活習慣及健康的飲食，也可以大幅降低復發或轉移的，健康的生活及飲食並非難學，最重要的是能持之以恆，才能達到效果。

為何不當生活及飲食習慣會導致癌症呢？原因是這些不當的生活及飲食習慣會在體內製造自由基，此自由基會進一步破壞細胞之脂質，蛋白質及染色體中之核酸，而導致細胞突變成為癌細胞。如何避免自由基的傷害？以下闡述：

Step.1 選取文件任何位置的「自由基」三個字。點按**參考資料**索引標籤 \ **索引**群組 \ **項目標記**。

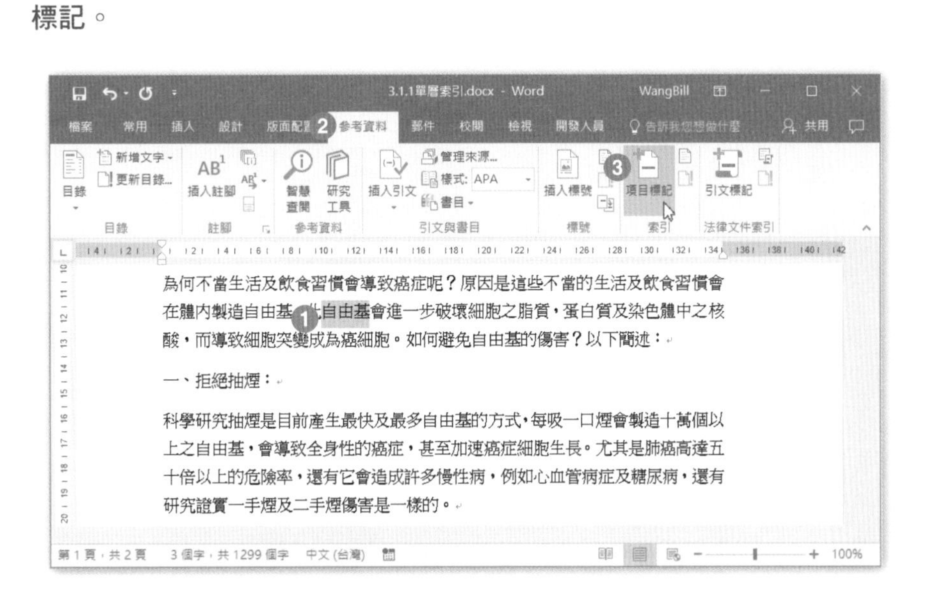

Step.2 在**索引項目標記**對話方塊中，「自由基」三個字被置於主要項目右邊的文字方塊中，按下**全部標記**。

Step.3 完成標記的結果，如下圖所示。

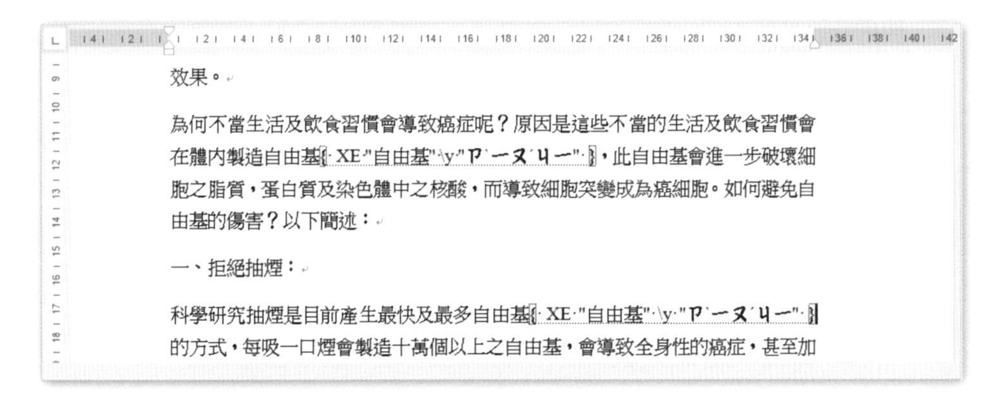

Step.4 不必關閉**索引項目標記**對話方塊，直接選取文件中的「癌症」兩個字，接著在「主要項目」文字方塊中按一下，原來的「自由基」三個字，將被「癌症」兩個字取代，按下**全部標記**」按鈕，再按下**關閉**即可。

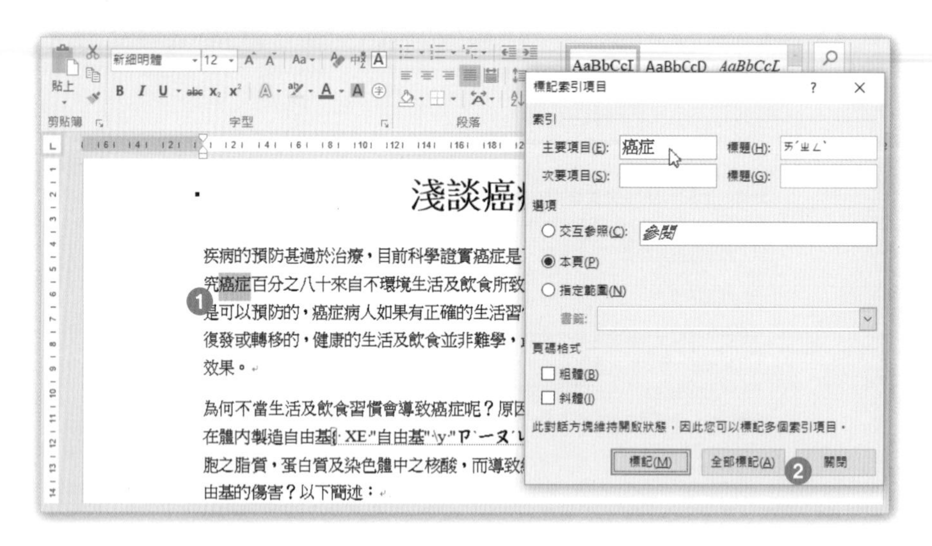

Step.5 下圖是經過項目標記之後的部份文件內容。

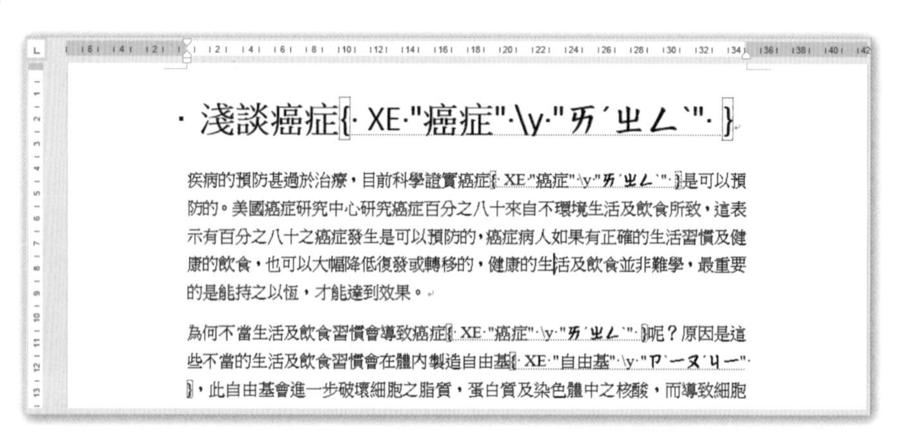

如有必要，可將完成練習的檔案另存新檔，以保留原始檔來反覆練習。

➤ 隱藏索引的功能變數

索引項目標記完成之後，文件會以「功能變數」來顯示標記的內容，例如：「{ XE "自由基" \y "ㄗ ˋ ㄧㄡ ˊ ㄐㄧ "}」，如果覺得文件看起來太雜亂且不易閱讀，可以按下**常用**索引標籤 **\ 段落**群組 **\ 顯示 / 隱藏編輯標記**，即可隱藏索引的功能變數。

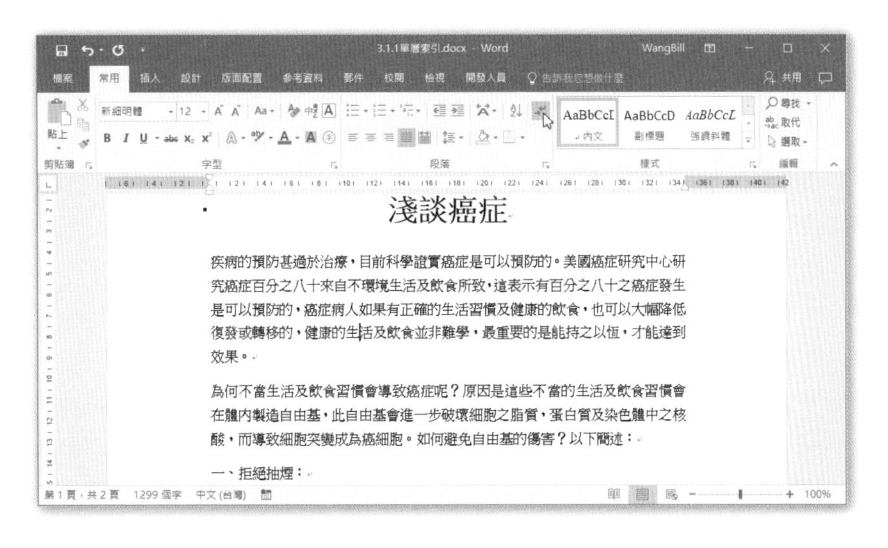

➤ 移除索引的功能變數

如果想要移除所有的索引功能變數，請參考下列操作步驟：

Step.1 請點按**常用**索引標籤 \ **編輯**群組 \ **取代**。

Step.2 在**尋找及取代**對話方塊中，按下**更多**。

Step.3 按下**指定方式**按鈕，點選「功能變數」。

Step.4 在**尋找及取代**對話方塊中，按下**全部取代**即可刪除所有的**索引**功能變數。

多層次項目標記

多層次索引也是常見的索引格式，以下左圖的索引為例，就是一般常見的單層式索引，Word 以字串中第一個字的筆畫來排序關鍵字，而這樣的索引沒有經過分類，因此可讀性較差。

下右圖的索引則是在「主要項目」「引發病症」之下列出了「血管病症」、「糖尿病」以及「癌症」三個「次要項目」；同樣的，在「致病因子」「主要項目」之下，也列出了「二手煙」、「自由基」以及「胺類衍生物」等三個「次要項目」，這樣的索引，就是多層次索引。

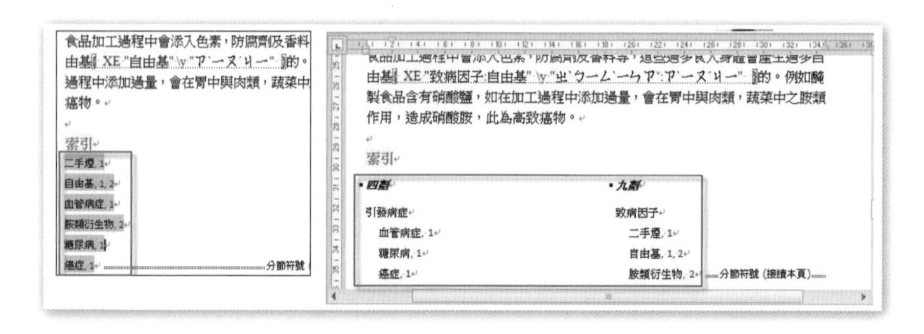

Step.1 開啟**文件**資料夾 \Word 2016 Expert 第 3 章練習檔 \3.1.1 多層索引 .docx。

Step.2 選取「癌症」兩個字。點按**參考資料**索引標籤 \ **索引**群組 \ **項目標記**。

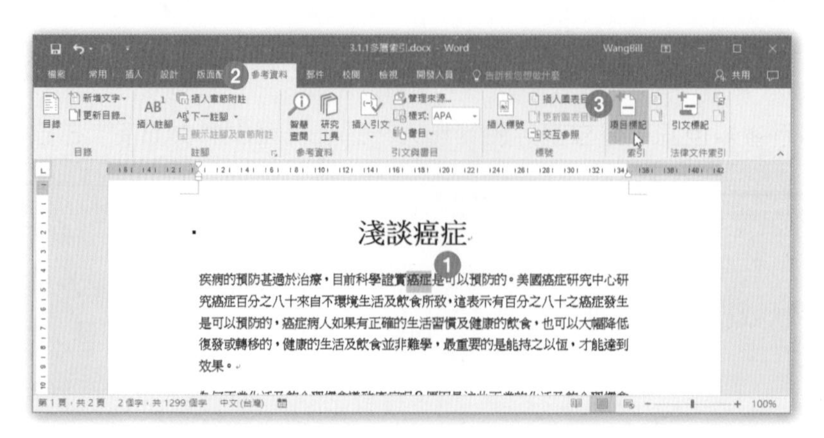

Step.3 在「索引項目標記」對話方塊中，將「主要項目」文字方塊中的「癌症」用 Ctrl+X 剪下，再按下 Ctrl+V 貼到「次要項目」文字方塊中；接著在「主要項目」文字方塊中輸入「引發病症」，再按下「全部標記」。

Step.4 不必關閉「索引項目標記」對話方塊，直接選取文件中的「糖尿病」三個字，在「主要項目」文字方塊中按一下，原來的「引發病症」四個字，將被「糖尿病」三個字取代。用 Ctrl+X 剪下「糖尿病」三個字，再按下 Ctrl+V 貼到「次要項目」文字方塊中，接著在「主要項目」文字方塊中輸入「引發病症」，再按下「全部標記」，依相同方法將「血管病症」四個字納入到「引發病症」主要項目之下，再按下「全部標記」。

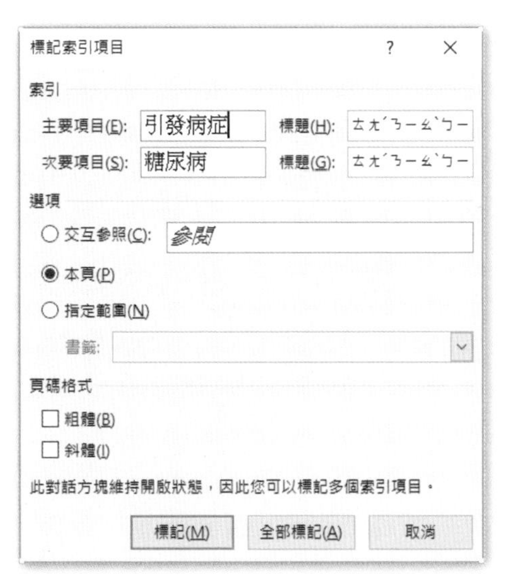

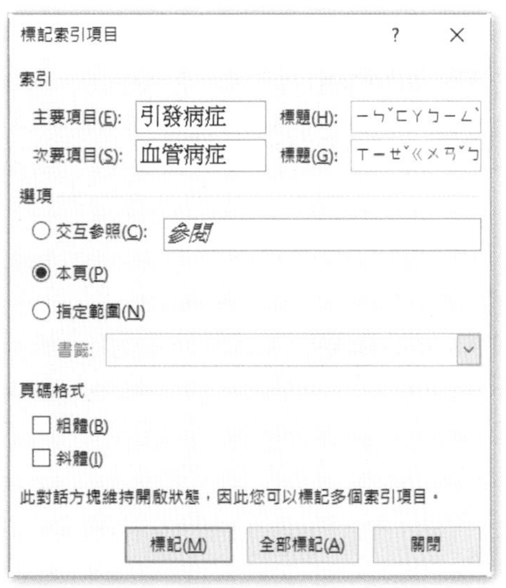

Step.5 直接選取文件中的「自由基」三個字，在「主要項目」文字方塊中按一下，原來的「引發病症」四個字，將被「自由基」三個字取代。用 Ctrl+X 剪下「自由基」三個字，再按下 Ctrl+V 貼到「次要項目」文字方塊中；接著在「主要項目」文字方塊中輸入「致病因子」，再按下「全部標記」。

Step.6 依相同步驟，分別將「二手煙」以及「胺類衍生物」等次要項目，納入到「致病因子」主要項目之下，最後再按下**索引項目標記**對話方塊中的「關閉」。

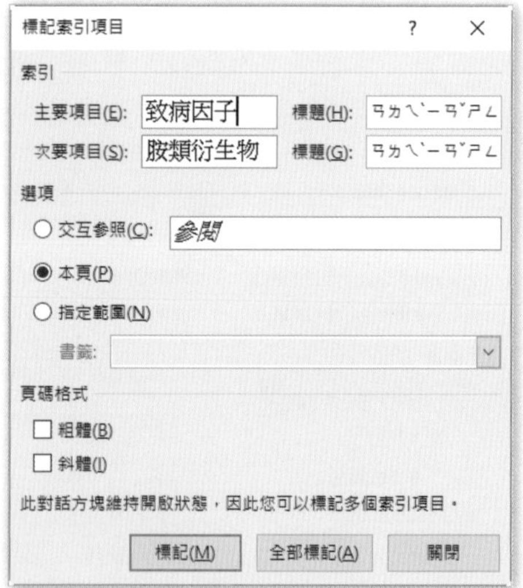

3.1.2 使用索引「自動標記檔」

為了更有效率的標記索引項目，我們可以先將文件中的關鍵字以一行一個關鍵字的方式，建立成為一個獨立的 Word 檔案 (*.docx)，如下左圖所示。

這種檔案被稱作「自動標記檔」或者「索引檔」，它也可以是文字檔 (*.txt) 的形式。爾後當您建立索引時，就可以直接讀取這個「自動標記檔」，Word 會以該檔中列出的關鍵字，自動完成索引的建置。

如果您要建立多層次的「自動標記檔」，就可將多層次關鍵字，依下右圖的方式輸入到表格中，並儲存成為一個多層次的「自動標記檔」。

自由基
癌細胞
染色體
粒腺體
二手煙
化療藥物
抗生素
煎炸食物
癌症
心血管疾病

自由基	健康殺手:自由基
癌細胞	健康殺手:癌細包
染色體	健康殺手:癌細包:染色體
粒腺體	發電場:粒腺體
二手煙	健康殺手:癌細包:二手煙
化療藥物	健康殺手:藥物:化療藥物
抗生素	健康殺手:藥物:抗生素
煎炸食物	健康殺手:煎炸食物
癌症	健康殺手:: 癌症
心血管疾病	健康殺手:心血管疾病

單層自動項目標記

例如，要利用「3.1.2 單層自動標記檔 .docx」(如上左圖所示) 來標記「3.1.2 自動標記單層索引 .docx」檔案中所有的關鍵字，請參考下列操作步驟：

Step.1 開啟**文件**資料夾 \Word 2016 Expert 第 3 章練習檔 \3.1.2 自動標記單層索引 .docx，點按**參考資料**索引標籤 \ **索引**群組 \ **插入索引**。

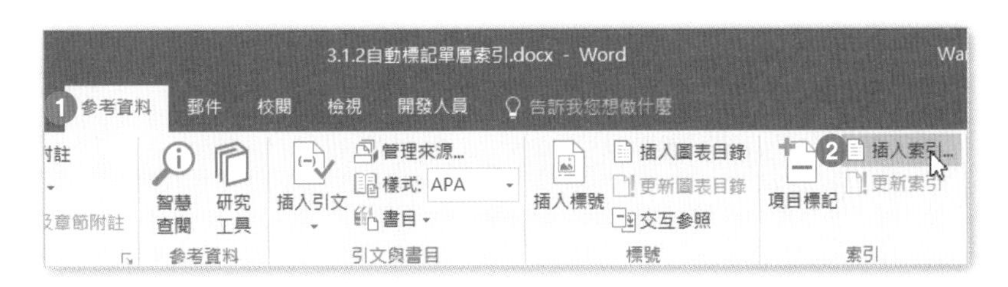

Step.2 在**索引**對話方塊中，點按**自動標記**按鈕。

Step.3 在**開啟索引自動標記檔**對話方塊中，點選**文件**資料夾 \Word 2016 Expert 第 3 章練習檔 \3.1.2 單層自動標記檔 .docx，按下**開啟**。

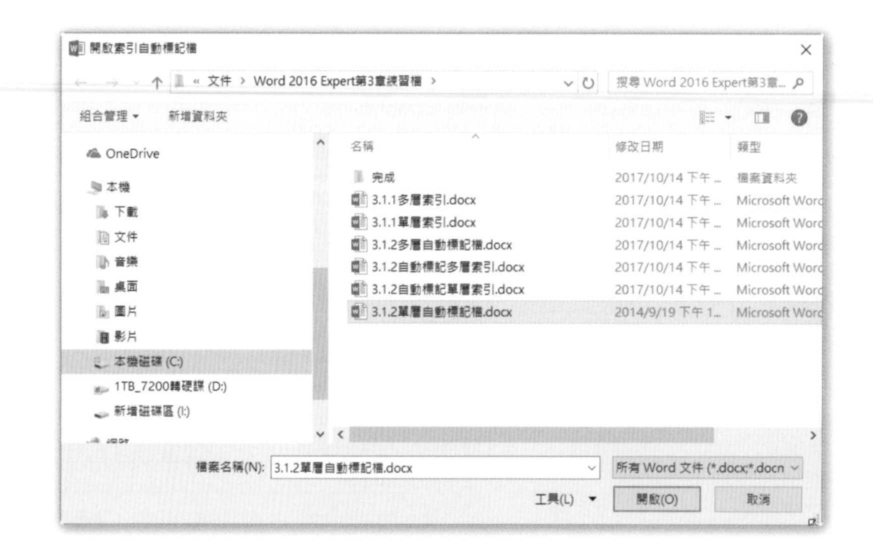

Step.4 自動標記完成的文件內容，如下圖所示。

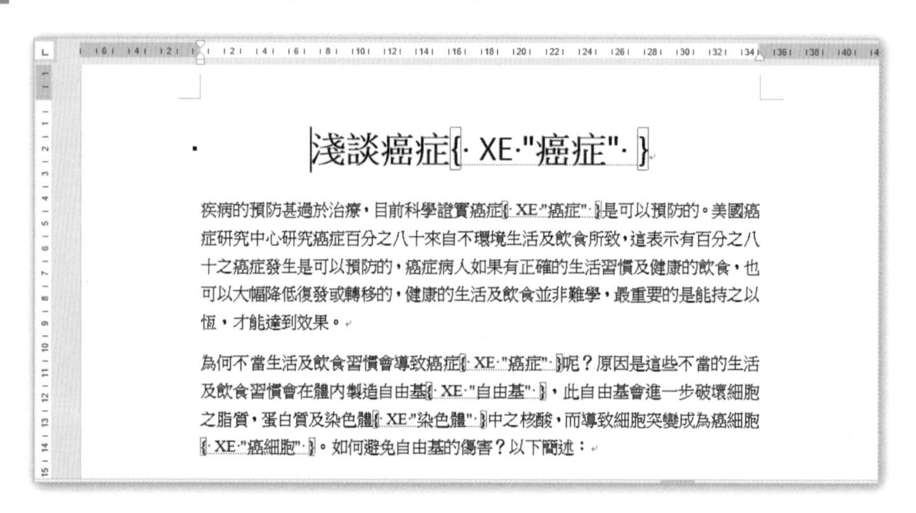

淺談癌症{ XE "癌症" }

疾病的預防甚過於治療，目前科學證實癌症{ XE "癌症" }是可以預防的。美國癌症研究中心研究癌症百分之八十來自不環境生活及飲食所致，這表示有百分之八十之癌症發生是可以預防的，癌症病人如果有正確的生活習慣及健康的飲食，也可以大幅降低復發或轉移的，健康的生活及飲食並非難學，最重要的是能持之以恆，才能達到效果。

為何不當生活及飲食習慣會導致癌症{ XE "癌症" }呢？原因是這些不當的生活及飲食習慣會在體內製造自由基{ XE "自由基" }，此自由基會進一步破壞細胞之脂質，蛋白質及染色體{ XE "染色體" }中之核酸，而導致細胞突變成為癌細胞{ XE "癌細胞" }。如何避免自由基的傷害？以下簡述：

多層自動項目標記

針對下圖「3.1.2 多層自動標記檔 .docx」檔案內容，關鍵字的建置方法，說明如下。

自由基	健康殺手:自由基
癌細胞	健康殺手:癌細包
染色體	健康殺手:癌細包:染色體
粒腺體	發電場:粒腺體
二手煙	健康殺手:癌細包:二手煙
化療藥物	健康殺手:藥物:化療藥物
抗生素	健康殺手:藥物:抗生素
煎炸食物	健康殺手:煎炸食物
癌症	健康殺手: 癌症
心血管疾病	健康殺手:心血管疾病

其中第 1 欄是要標記的關鍵字，第 2 欄是關鍵字隸屬的層次描述，以第一列為例：

- 第 1 欄中的「自由基」是準備要標記的關鍵字。
- 第 2 欄中的「健康殺手 : 自由基」，「健康殺手」是「主要項目」，也就是分類標題；「自由基」是第二層的「次要項目」，中間用冒號隔開。

再以第三列為例：

- 第 1 欄中的「染色體」是準備要標記的關鍵字。
- 第 2 欄中的「健康殺手 : 癌細包 : 染色體」，「健康殺手」是「主要項目」，也就是分類標題；「癌細包」是第二層的「次要項目」，「染色體」則是「癌細包」之下第三層的「次要項目」，中間用兩個冒號隔開。

由於「多層自動項目標記」與前述「單層自動項目標記」的操作方式幾乎完全相同，因此僅列出操作步驟，和最後完成的畫面畫面。

Step.1 開啟**文件**資料夾 \Word 2016 Expert 第 3 章練習檔 \3.1.2 自動標記多層索引 .docx，點按**參考資料**索引標籤 \ **索引**群組 \ **插入索引**。

Step.2 在**索引**對話方塊中，點按**自動標記**按鈕。

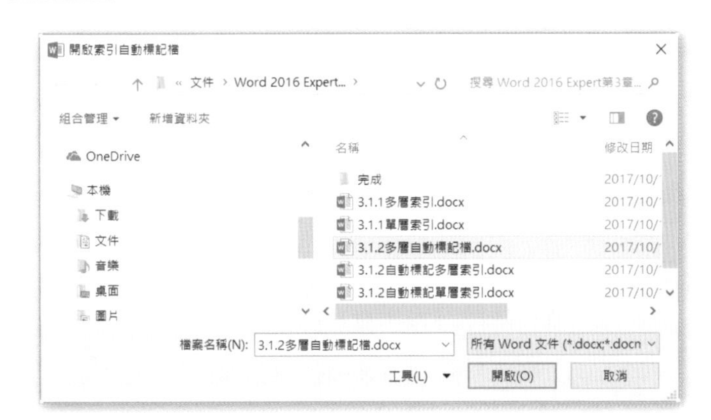

Step.3 在**開啟索引自動標記檔**對話方塊中，點選**文件**資料夾 \Word 2016 Expert 第 3 章練習檔 \3.1.2 多層自動標記檔 .docx，按下**開啟**。

Step.4 自動標記完成的文件內容，如下圖所示。

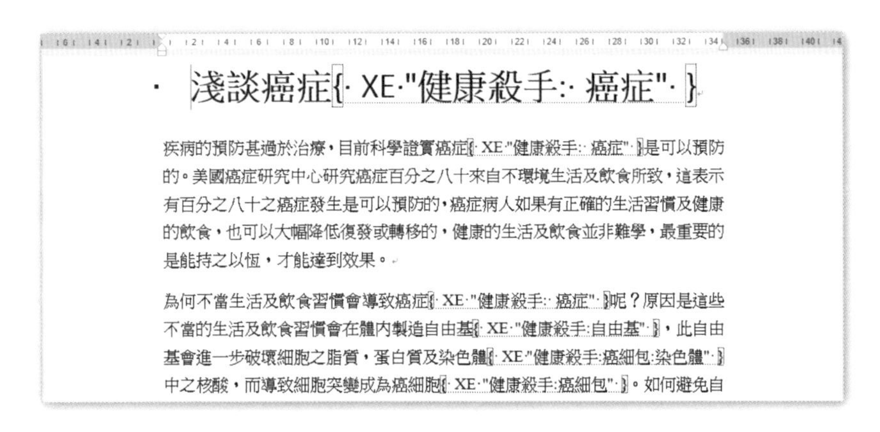

3.1.3 建立索引

文件索引的**項目標記**完成之後，接著就可以在文件尾端，插入文件索引了。索引項目預設的排列方式是採用兩欄的排列，您也可以使用單欄的排列方式。本節您將學習如何利用已完成索引標記的文件，插入多層次索引，並套用特定的索引格式。

開啟**文件**資料夾 \Word 2016 Expert 第 3 章練習檔 \3.1.3 建立索引 .docx，現在要在文件尾端插入多層次索引，並套用「2 欄」、「新潮的」格式；再將插入索引之後的文件，另存至「文件」資料夾，檔名為「3.1.3 建立索引 - 完成 .docx」

Step.1 插入點置於文件尾端，點按**參考資料**索引標籤 \ **索引**群組 \ **插入索引**。

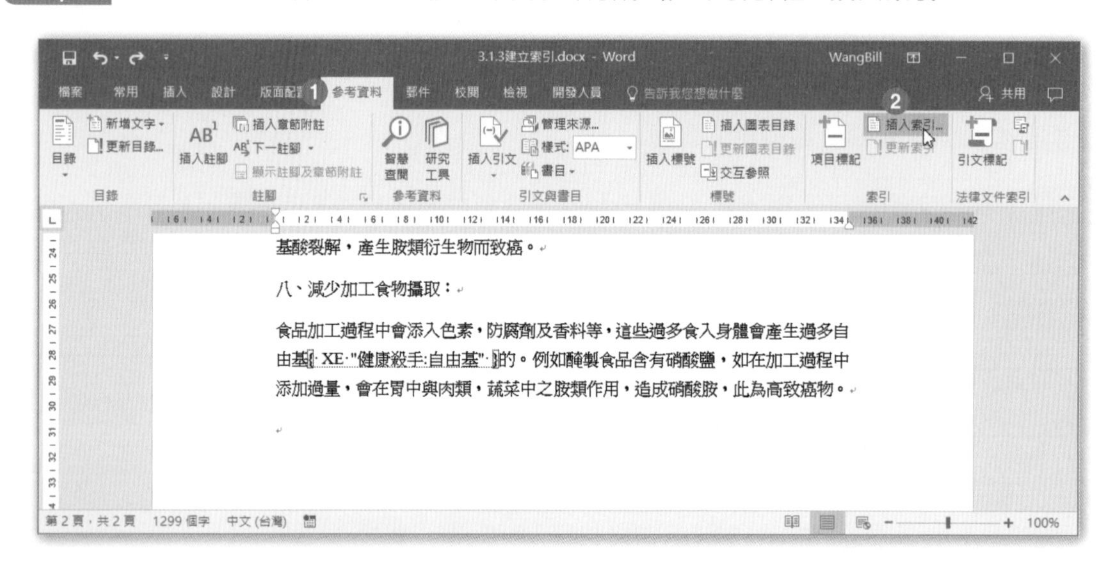

Step.2 在**索引**對話方塊中，點選「2」欄以及「新潮的」格式，按下**確定**。

Step.3 完成的多層次索引，如下圖示。

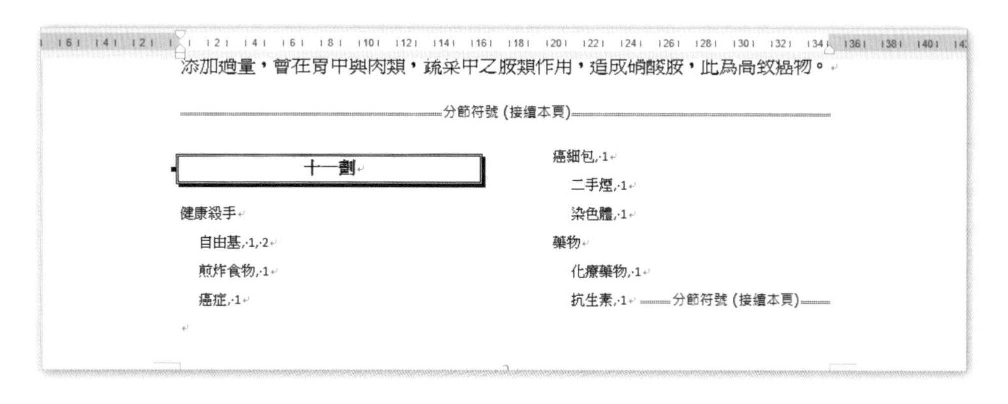

Step.4 點按**檔案**索引標籤 \ **另存新檔** \ 這台電腦，在**另存新檔**對話方塊中，點按「文件」，輸入檔案名稱「3.1.3 建立索引 - 完成 .docx」，按下**儲存**即可。

3.1.4 更新索引

在文件中插入索引之後，若您又標記一個新的關鍵字，就可以用「更新索引」的方式，將新標記的關鍵字加到現有的索引中，而不必重新製作索引。

若您不小心刪掉一個關鍵字的索引，也沒有關係，只要再更新索引一次，就可以回復被刪除的索引。

開啟**文件**資料夾 \Word 2016 Expert 第 3 章練習檔 \3.1.4 更新索引 .docx。

請使用「項目標記」單獨標記文件最後一段文字中的關鍵字「防腐劑」，並更新索引。

Step.1 選取文件最後一段文字中的關鍵字「防腐劑」；點按**參考資料**索引標籤 \ **索引**群組 \ **項目標記**。

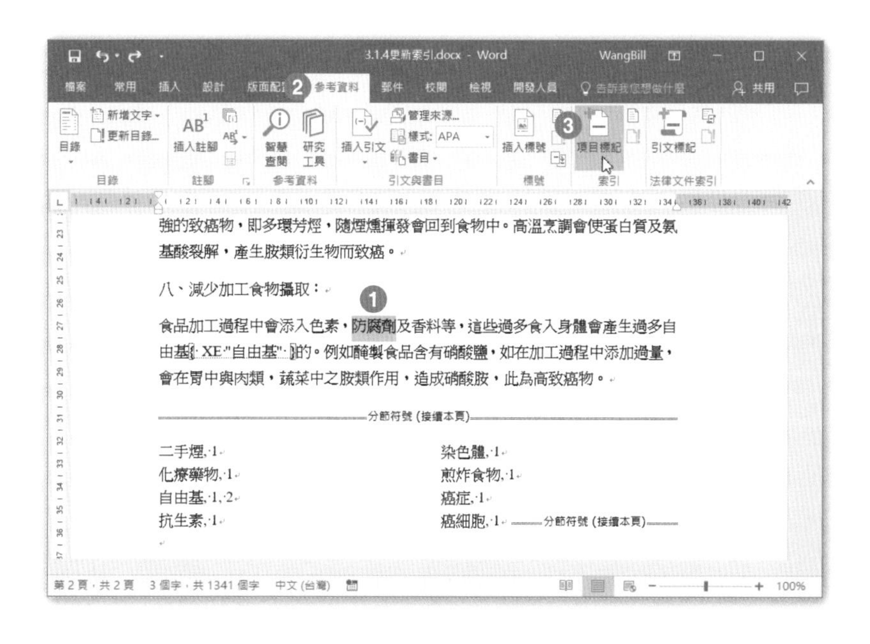

Step.2 在**索引項目標記**對話方塊中，按下**標記**按鈕，再按下**關閉**。

標記索引項目

索引

主要項目(E): 防腐劑　標題(H): ㄈㄤˊㄈㄨˇㄐㄧˋ

次要項目(S):　標題(G):

選項

○ 交互參照(C): *參閱*

◉ 本頁(P)

○ 指定範圍(N)

書籤:

頁碼格式

☐ 粗體(B)

☐ 斜體(I)

此對話方塊維持開啟狀態，因此您可以標記多個索引項目。

標記(M)　全部標記(A)　取消

標記索引項目

索引

主要項目(E): 防腐劑　標題(H): ㄈㄤˊㄈㄨˇㄐㄧˋ

次要項目(S):　標題(G):

選項

○ 交互參照(C): *參閱*

◉ 本頁(P)

○ 指定範圍(N)

書籤:

頁碼格式

☐ 粗體(B)

☐ 斜體(I)

此對話方塊維持開啟狀態，因此您可以標記多個索引項目。

標記(M)　全部標記(A)　關閉

Step.3 在文件最下方的任何一個索引關鍵字中點按一下；點按**參考資料**索引標籤 \ **索引**群組 \ **更新索引**。

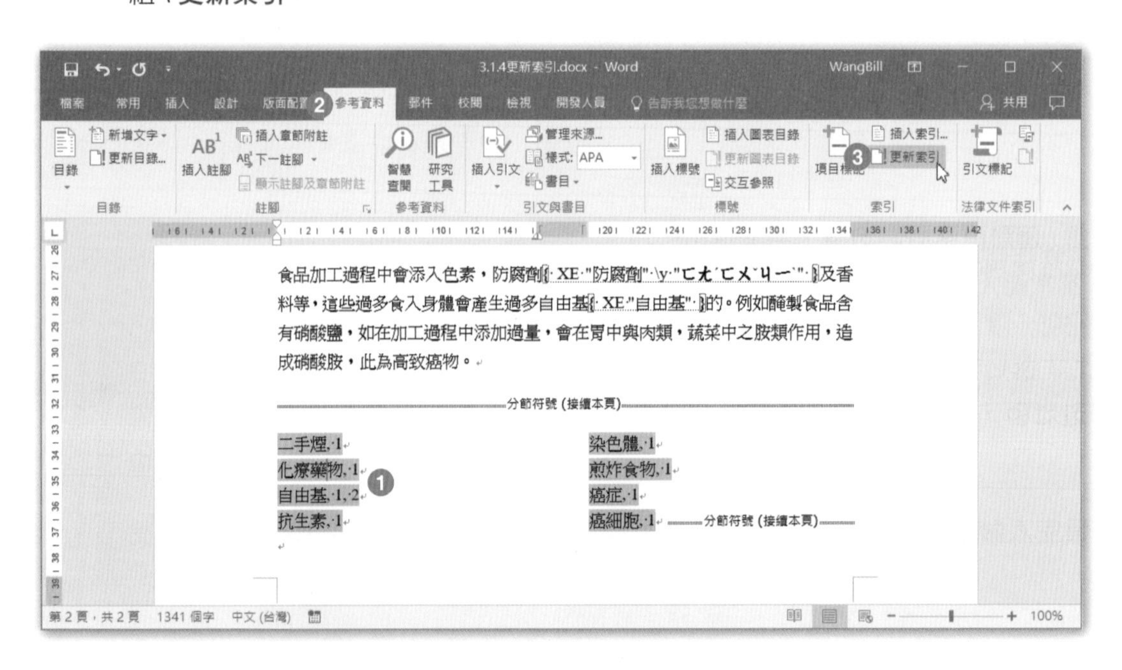

食品加工過程中會添入色素，防腐劑{ XE "防腐劑" \y "ㄈㄤˊㄈㄨˇㄐㄧˋ" }及香料等，這些過多食入身體會產生過多自由基{ XE "自由基" }的。例如醃製食品含有硝酸鹽，如在加工過程中添加過量，會在胃中與肉類，蔬菜中之胺類作用，造成硝酸胺，此為高致癌物。

分節符號 (接續本頁)

二手煙, 1
化療藥物, 1
自由基, 1, 2
抗生素, 1
防腐劑, 2

染色體, 1
煎炸食物, 1
癌症, 1
癌細胞, 1

分節符號 (接續本頁)

Step.4 改新之後的索引，加入了新的關鍵字「防腐劑」。

若您直接更改或刪除索引中的鍵字，那是無效的，因為只要您再按下**參考資料**索引標籤 \ **索引**群組 \ **更新索引**，就能將更動過的索引內容全部還原。

3-2 建立與管理目錄

Word 在「參照」索引標籤之下，提供了很多管理文件的工具，其中包括了文件目錄、圖表目錄、法律文件索引、書目、註腳和章節附註以及利用交互參照連結文件中內容。本節將介紹「建立與格式化目錄」、「建立圖表目錄」、「建立標號」、「建立圖表目錄」以及「更新目錄」，共分為下列四個主題：

- 建立與格式化目錄
- 建立圖表目錄
- 建立標號
- 更新目錄

3.2.1 建立與格式化目錄

「文件目錄」是長文件必備的元素，建立文件目錄最常使用的方法，是將 Word 內建的「標題 1~ 標題 9」段落樣式，套用到文件的章、節標題所在的段落，就可以在「導覽」窗格中，看見所有的章節標題內容，這些內容就是將來文件目錄的內容。

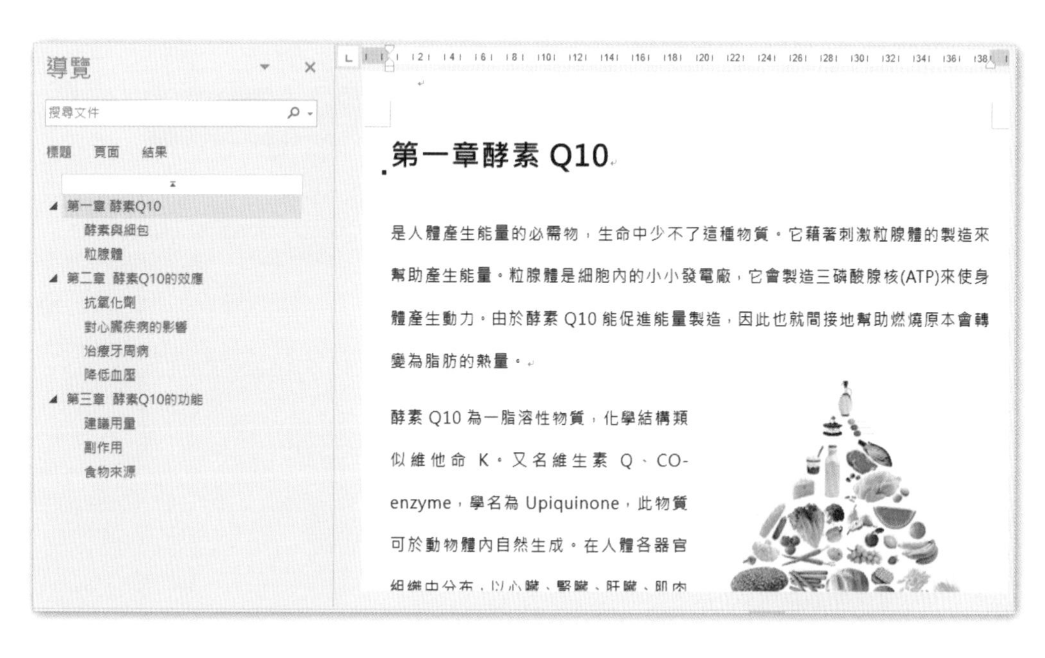

也可以在文件最前面插入一個如下圖的目錄頁；您只要再透過簡單的幾個步驟，就能輕鬆地完成文件目錄的建置。

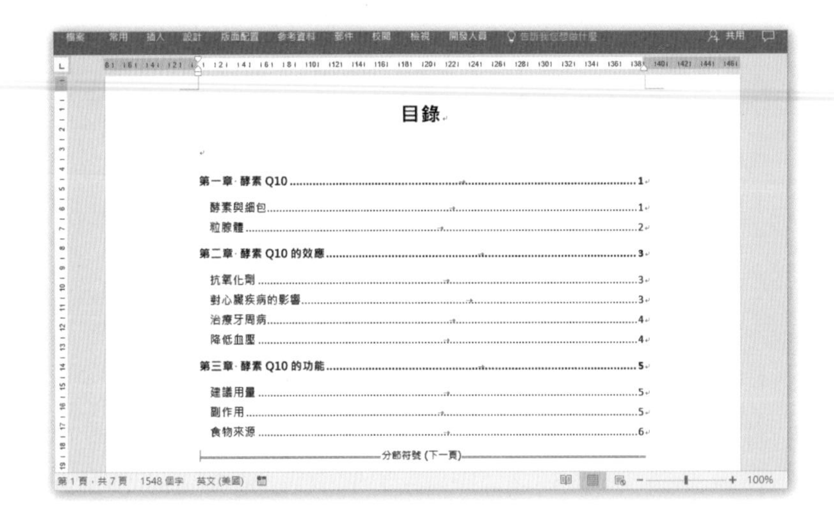

開啟**文件**資料夾 \Word 2016 Expert 第 3 章練習檔 \3.2.1 建立目錄 .docx。

請使用「自訂目錄」的方式，在第 1 頁標題文字「目錄」之下，建立文件目錄，目錄格式的要求如下：

- 定位點前置字元：採用選單中「無」下方的「……」格式。
- 格式：正式的。
- 顯示階層：2。
- 其餘設定均採用預設值。

Step.1 插入點置於在第 1 頁標題文字「目錄」之下的段落標記上，點按**參考資料**索引標籤 \ **目錄**群組 \ **目錄** \ **自訂目錄**。

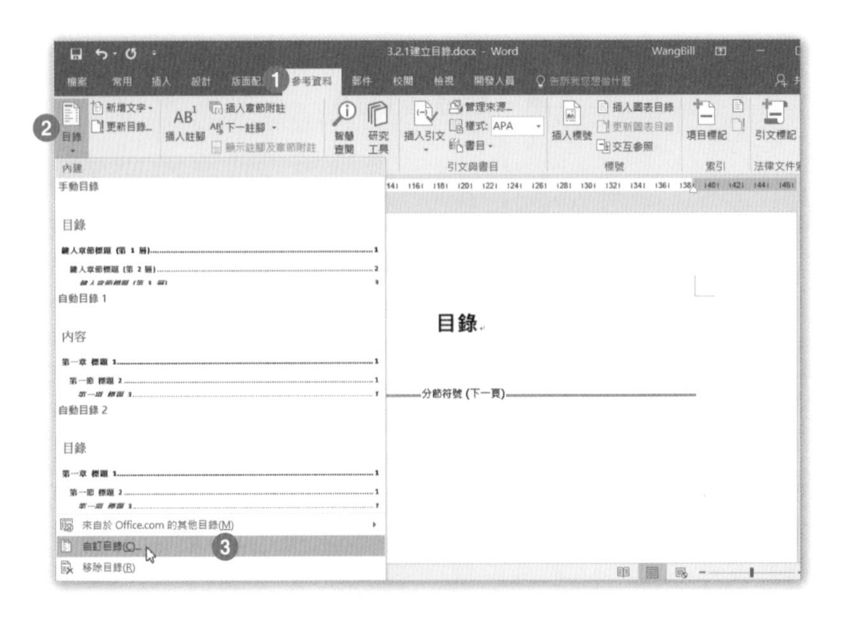

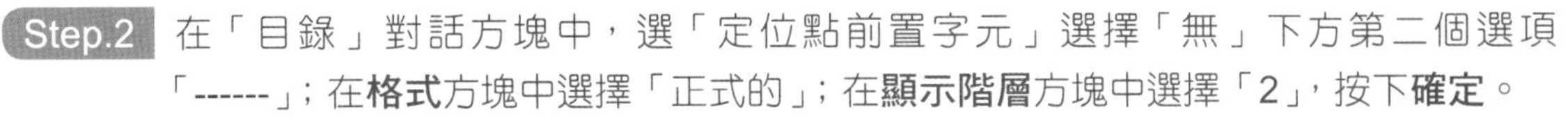

Step.2 在「目錄」對話方塊中，選「定位點前置字元」選擇「無」下方第二個選項「------」；在**格式**方塊中選擇「正式的」；在**顯示階層**方塊中選擇「2」，按下**確定**。

Step.3 完成之後的目錄，如下圖所示。

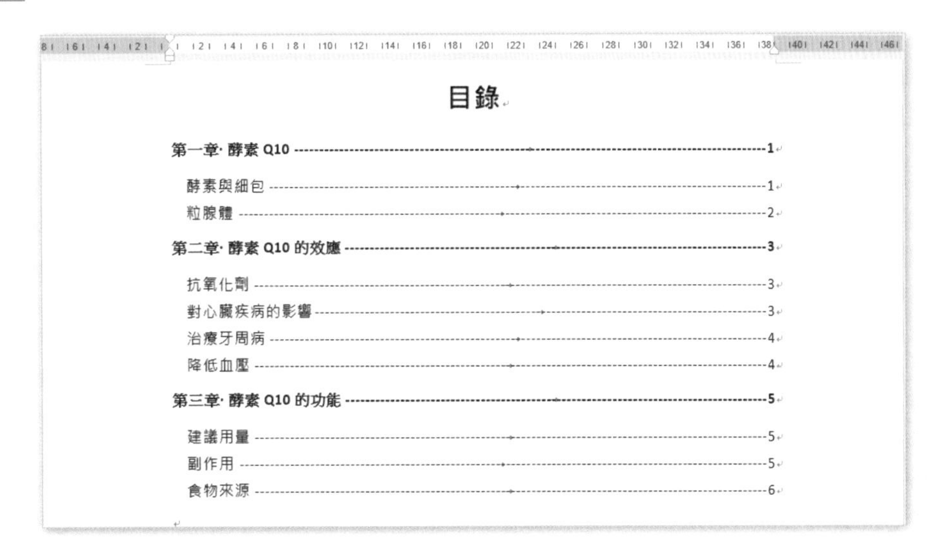

目錄

TIPS & TRICKS

➤ 建立目錄時，可以直接選用 Word 預設的目錄格式，只要下左圖中點按**參考資料**索引標籤 \ **目錄**群組 \ **目錄**，點選「自動目錄 2」的格式，即可看到如下右圖的結果。

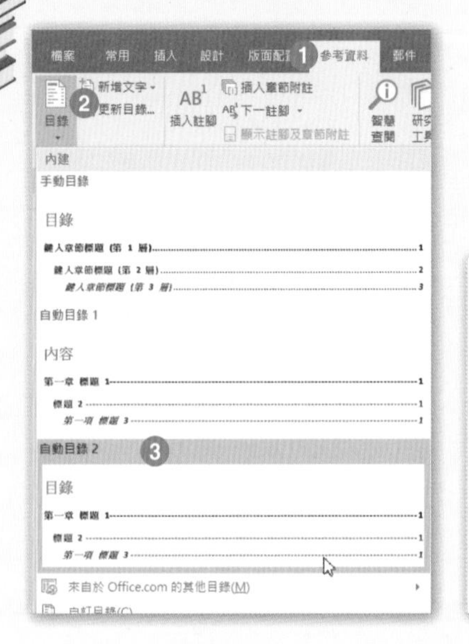

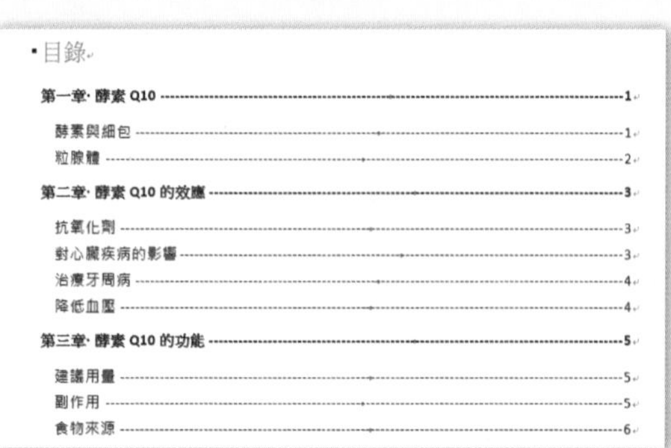

➤ 文件編輯完畢之後，若要在第 1 之前插入空白頁，以便放置目錄的內容，我們通常會使用**版面配置**索引標籤 \ **版面設定**群組 \ **分隔符號 \ 分節符號 \ 下一頁**的方式，在文件前面增加空白頁，而不會採用**插入**索引標籤 \ **頁面**群組 \ **空白頁**的方式來增加空白頁。

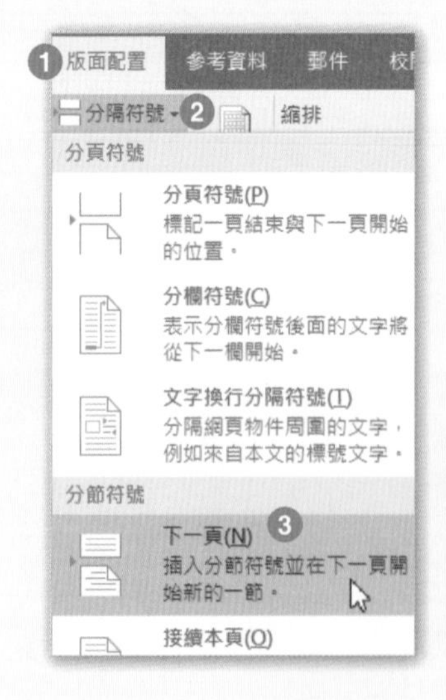

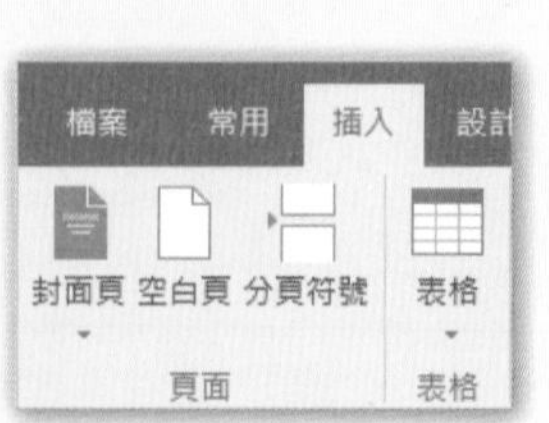

➤ 若要以人工的方式建立目錄，請參考下列步驟：

1. 插入點置於準備建立目錄的位置，在**參考資料**索引標籤 \ **目錄**群組 \ **目錄**之下，點選「手動目錄」的項目。

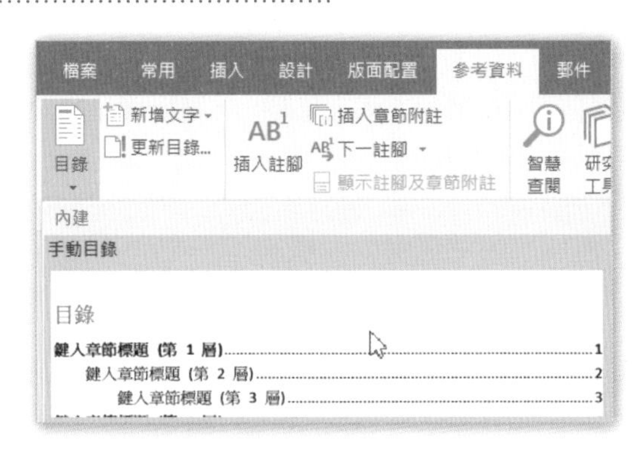

2. 依照下圖中的提示文字，分別輸入章節目錄的文字即可。

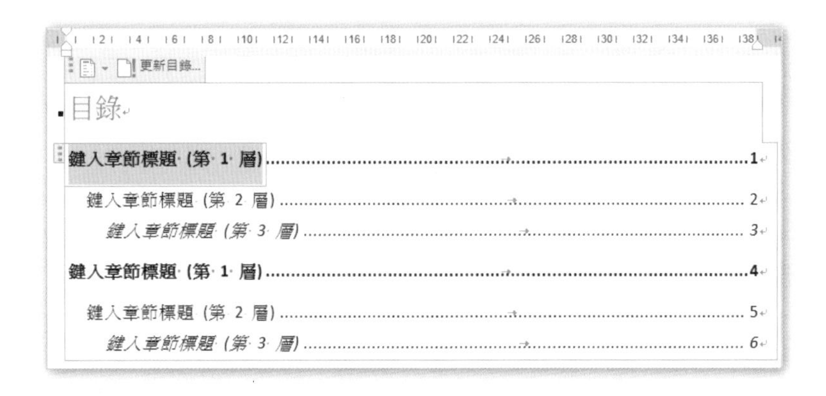

3.2.2 建立圖表目錄

一份完整的長文件目錄，除了文件目錄之外，尚應包括「圖目錄」與「表格目錄」，統稱為**圖表目錄**。要將文件中的圖片或表格加到圖表目錄中，必須先設定圖、表的「標籤」，才能建立**圖表目錄**，本節將介紹如何**新增標籤**及如何建立圖表目錄。

開啟**文件**資料夾 \Word 2016 Expert 第 3 章練習檔 \3.2.2 建立圖表目錄 .docx，完成下列工作：

➤ 建立名為「營養與健康」的標籤，並將此標籤分別套用到第 1、2、3 頁與第 4 頁的圖片之下。

➤ 建立名為「統計數字」的標籤，並將此標籤分別套用到第 5 頁中的表格之下。

- 在文件最前面目錄頁的標題「圖目錄」之下，建立圖片目錄；在標題「表格目錄」之下，建立表格目錄，「圖片目錄」與「表格目錄」的格式相同，列舉如下：
  - 定位點前置字元：採用選單中「無」下方的「……」格式。
  - 格式：正式的。
  - 標題標籤：圖片目錄的**標題標籤**使用「營養與健康」；表格目錄的**標題標籤**使用「統計數字」。
  - 其餘設定均採用預設值。

新增標籤

Step.1 選取第 1 頁的圖片，點按**參考資料**索引標籤 \ **標號**群組 \ **插入標號**。

Step.2 在**標號**對話方塊中，按下**新增標籤**按鈕，在**新增標籤**對話方塊中輸入「營養與健康」，按下**確定**；回到**標號**對話方塊，按下**確定**，圖片左下方看到了「營養與健康 1」的標號，可以將標號置中對齊。

Step.3 選取第 2 頁的圖片，點按**參考資料**索引標籤 \ **標號**群組 \ **插入標號**，在**標號**對話方塊中看到了「營養與健康 2」的標號，直接按下**確定**。

Step.4 完成的標號「營養與健康 2」，出現在圖片下方，可以將標號置中對齊。

Step.5 選取第 3 頁的圖片，點按**參考資料**索引標籤 \ **標號**群組 \ **插入標號**，在**標號**對話方塊中看到了「營養與健康 3」的標號，直接按下**確定**。

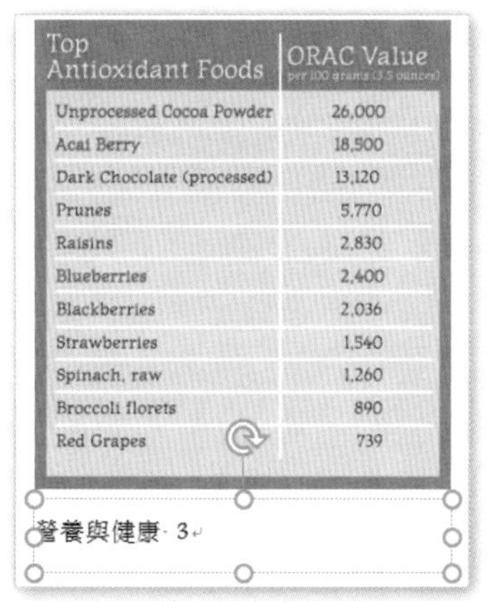

Top Antioxidant Foods	ORAC Value per 100 grams (3.5 ounces)
Unprocessed Cocoa Powder	26,000
Acai Berry	18,500
Dark Chocolate (processed)	13,120
Prunes	5,770
Raisins	2,830
Blueberries	2,400
Blackberries	2,036
Strawberries	1,540
Spinach, raw	1,260
Broccoli florets	890
Red Grapes	739

Step.6 完成的標號「營養與健康 3」，出現在圖片下方，可以將標號置中對齊。

Step.7 選取第 4 頁的表格，點按**參考資料**索引標籤 \ **標號**群組 \ **插入標號**；在**標號**對話方塊中，按下**新增標籤**按鈕，在**新增標籤**對話方塊中輸入「統計數字」，按下**確定**；回到**標號**對話方塊，按下**確定**。

Step.8 表格左下方看到了「統計數字 1」的標號，可以將標號置中對齊。

2011年與2010年國人常見癌症發生人數比較

發生序位	原發部位	2011年癌症時鐘(每幾分鐘發生一例)	2011年			2010年			2011年發生人數增減值	2011年發生率增減值
			個案數	標準化率	年齡中位數	個案數	標準化率	年齡中位數		
1	大腸	37.3	14,087	43.8	66	14,040	45.3	66	47	-1.5
2	肝及肝內膽管	46.5	11,292	35.8	65	11,023	36.1	65	269	-0.3
3	肺、支氣管及氣管	47.5	11,059	34.0	70	10,615	33.6	70	444	0.4
4	女性乳房	52.3	10,056	64.3	53	9,655	63.2	52	401	1.1
5	口腔、口咽及下咽	76.3	6,890	22.2	53	6,560	21.7	54	330	0.5
6	攝護腺	113.6	4,628	29.7	74	4,392	28.8	74	236	0.9
7	胃	137.4	3,824	11.6	70	3,854	12.0	70	-30	-0.4
8	皮膚	176.1	2,985	9.0	74	2,978	9.3	73	7	-0.3
9	子宮體	305.2	1,722	10.9	54	1,737	11.3	54	-15	-0.4
10	子宮頸	314.2	1,673	10.5	56	1,680	10.8	56	-7	-0.3
	全癌症	**5.7**	**92,682**	**295.1**	**62**	**90,649**	**296.7**	**62**	**2,033**	**-1.6**

統計數字 1

建立圖表目錄

依上一小節的方法，完成文件中所有的圖、表**標號**的設定之後，就可以進行圖表目錄的建置了。

Step.1 插入點置於在第 1 頁標題文字「圖目錄」之下，**參考資料**索引標籤 \ **標號**群組 \ **插入圖表目錄**。

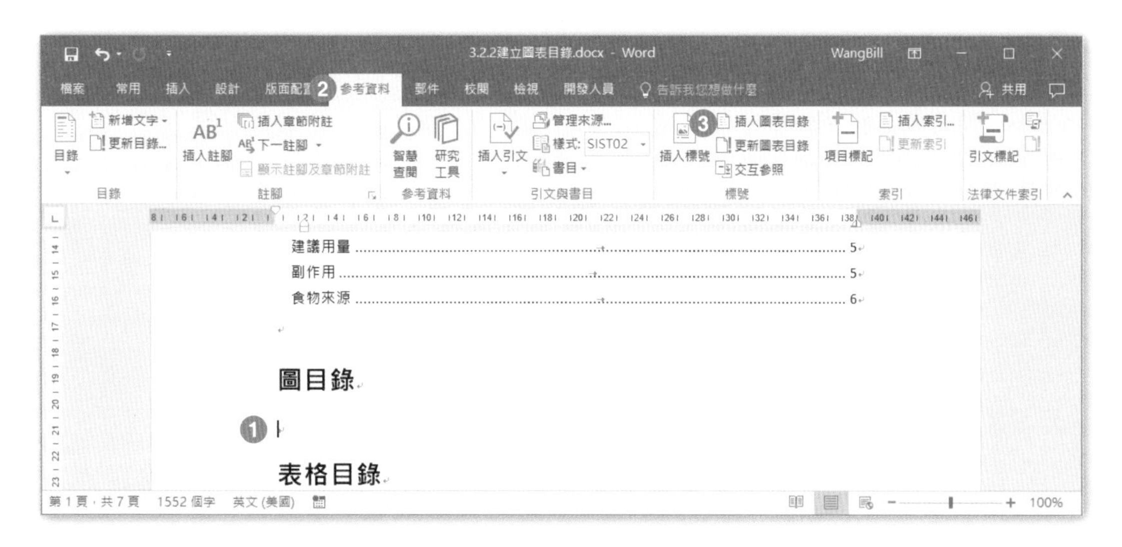

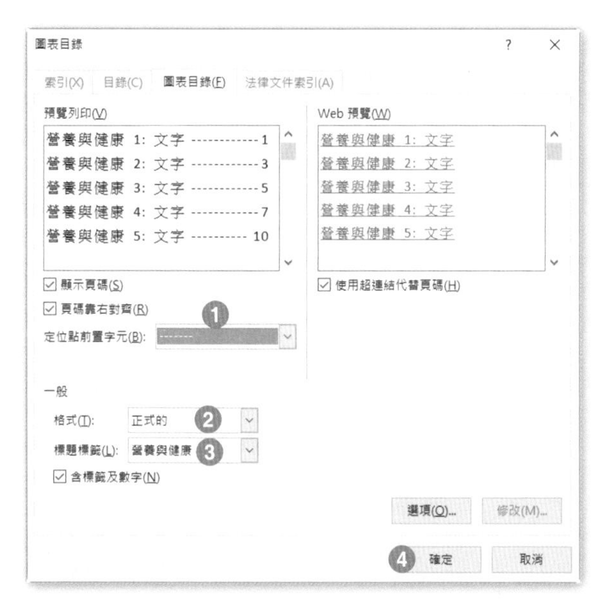

Step.2 在**圖表目錄**對話方塊中，在**定位點前置字元**方塊中，選擇「無」下方第二項「----」的格式；**格式**方塊中選擇「正式的」；在**標題標籤**方塊中，選擇「營養與健康」，按下**確定**。

Step.3 完成的「圖目錄」如下圖所示。

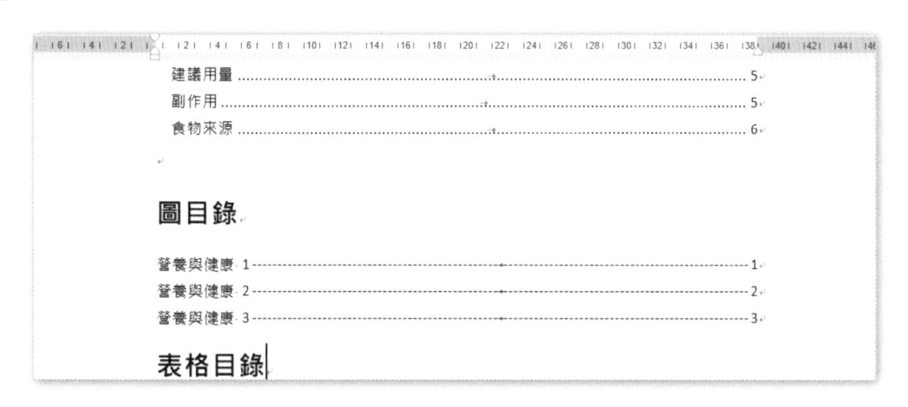

Step.4 插入點置於在第 1 頁標題文字「表格目錄」之下，**參考資料**索引標籤 \ **標號**群組 \ **插入圖表目錄**。

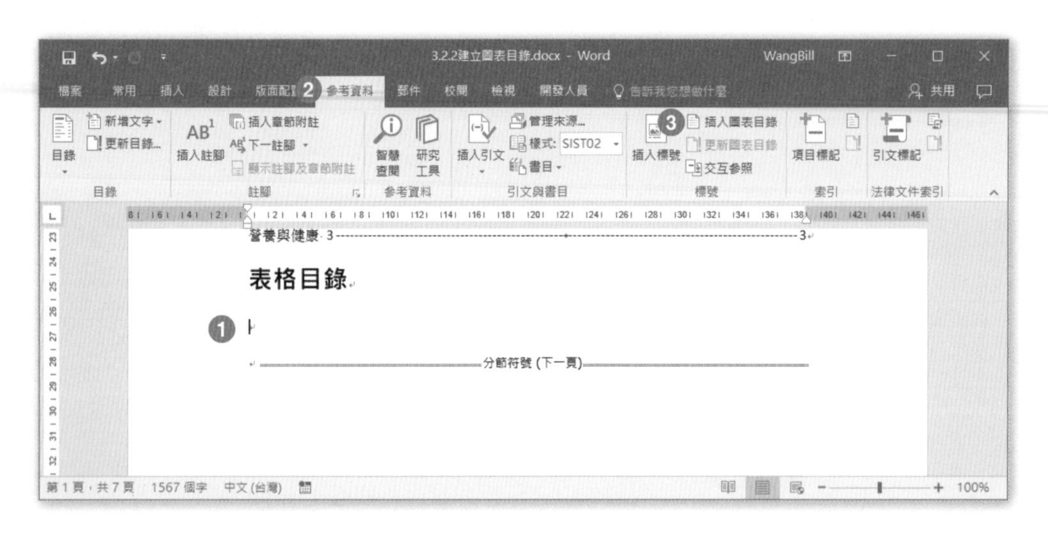

Step.5

在**圖表目錄**對話方塊中，在**定位點前置字元**方塊中，選擇「無」下方第二項「----」的格式；**格式**方塊中選擇「正式的」；在**標題標籤**方塊中，選擇「統計數字」，按下**確定**。

Step.6 完成之後的「表格目錄」以及「圖片目錄」，如下圖所示。

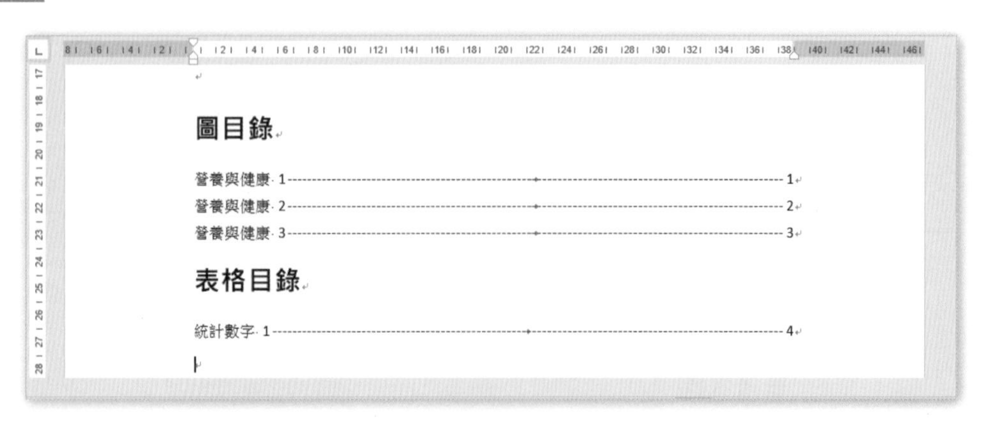

若要刪除不用的標號，請依下列步驟進行：

Step.1 點按**參考資料**索引標籤**標號**群組**插入標號**；在**標號**對話方塊中，點選**籤**方塊中要刪除的標籤，按下「刪除標號」，再按下「關閉」即可。

3-3 管理表單欄位與合併列印作業

表單的用途主要在於蒐集特定的資料，以作為後續利用的資料來源，如果您常需要建立各種表單，可以先參考 Word 2016 提供的各種表單範本，如果表單樣式合用，就可以直接下載使用，這樣可以節省大量設計表單的時間。

合併列印也是用來設計信件以及各種單據套表列印的好工具，主要在信件或單據中設定想要列印的資料欄位，Word 就會自動完成大量書信或單據的套印。共分為下列兩個主題：

- 使用功能變數建立表單
- 改變功能變數及屬性
- 合併列印作業
- 在合併列印中使用外部資料
- 建立標籤和信封

在 Word 2016 中，新增一份文件時，輸入關鍵字「表單」之後，就可以看到各種類型的表單範本供我們選用：

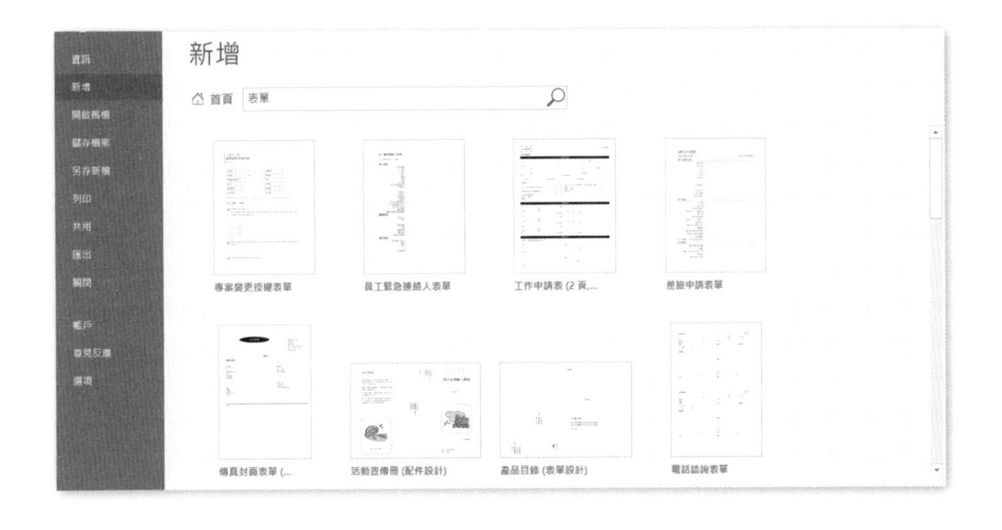

表單的好處在於：「可以避免輸入不正確的資料內容」，如果下載表單的格式不合用，還可以使用 Word「功能變數」或其他工具來自行設計表單以及表單中的提示文字，例如下圖表單中的「[輸入客戶姓名]」就是提示文字。

客戶連絡單

客戶姓名：	[輸入客戶姓名]	建立日期：	[輸入建立日期]
公司名稱：	[輸入公司名稱]	連絡電話：	[輸入手機號碼]
職‧‧‧‧稱：	[輸入職務名稱]	建‧立‧者：	[輸入建立者姓名]
事‧‧‧‧由：	[輸入事由之重點內容]		

3.3.1 建立表單

使用功能變數設計表單欄位

前圖「客戶連絡單」的表單建置方法，詳述如下：

Step.1 開啟**文件**資料夾 \Word 2016 Expert 第 3 章練習檔 \3.3.1 表單與功能變數 .docx。

Step.2 插入點置於「客戶姓名：」欄位的右方儲存格，點按**插入**索引標籤 \ **文字**群組 \ **快速組件 \ 功能變數**。

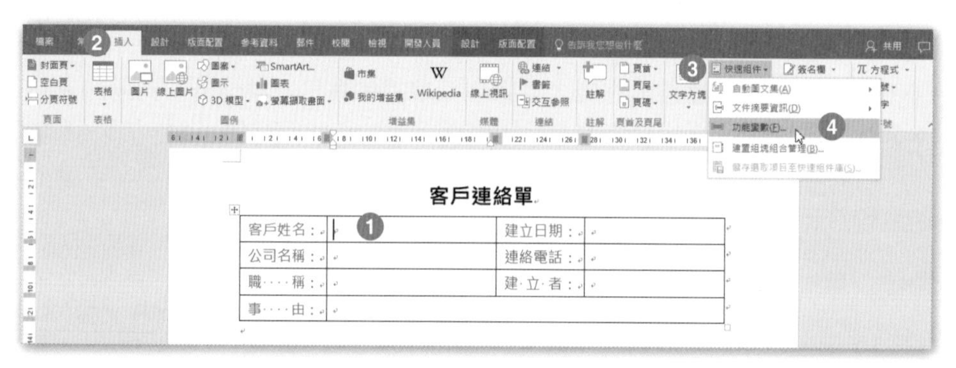

Step.3 在下圖**功能變數名稱**清單中，點選「Comments」，在**新的註解**方塊中輸入「輸入客戶姓名」，按下**確定**。

Step.4 完成的第一個**功能變數**「輸入客戶姓名」，如下圖所示。

客戶連絡單

客戶姓名：	[輸入客戶姓名]	建立日期：	
公司名稱：		連絡電話：	
職　　稱：		建 立 者：	
事　　由：			

Step.5 插入點置於「公司名稱：」欄位的右方儲存格，重複**步驟** 3 與**步驟** 4 的設定，直到成為如下圖的結果。

客戶連絡單

客戶姓名：	[輸入客戶姓名]	建立日期：	[輸入建立日期]
公司名稱：	[輸入公司名稱]	連絡電話：	[輸入手機號碼]
職　　稱：	[輸入職務名稱]	建 立 者：	[輸入建立者姓名]
事　　由：	[輸入事由之重點內容]		

TIPS & TRICKS

在下圖**格式**清單中的「大寫」、「小寫」、「第一個字母大寫」、「標題大寫」、「半形」、「全形」等項目，都只會影響在**新的註解**方塊中輸入的提示文字「輸入客戶名稱」而已，而且都是針對英文字或符號才有效，並不會影響以後實際輸入的文字。

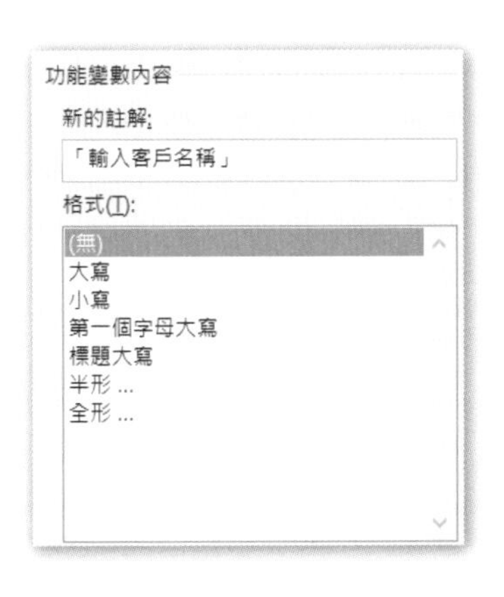

改變功能變數及屬性

完成的表單，若要改變提示文字及其格式，例如要將第一個儲存格中的提示文字「輸入客戶姓名」改成英文提示「Input customer name」，而且第一個字母要自動變成英文大寫，請參考下列操作步驟：

Step.1 在「輸入客戶姓名」提示文字上按右鍵，點選「編輯功能變數」。

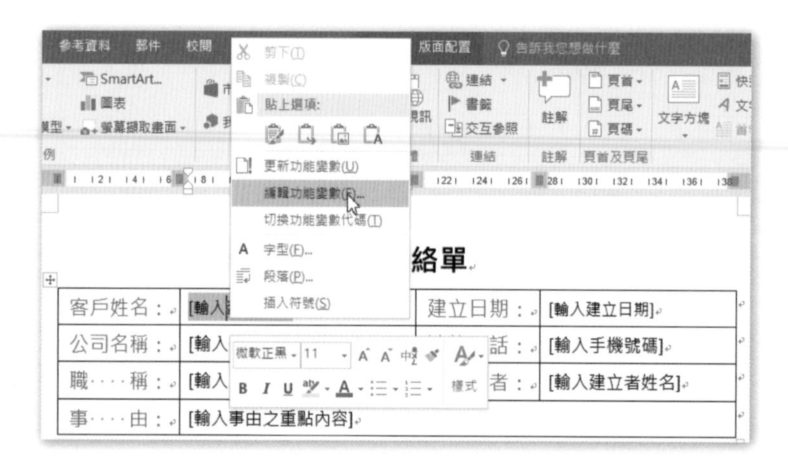

Step.2 在**新的註解**方塊中輸入文字「input customer name」，再點選**格式**清單中的「第一個字母大寫」，按下**確定**。

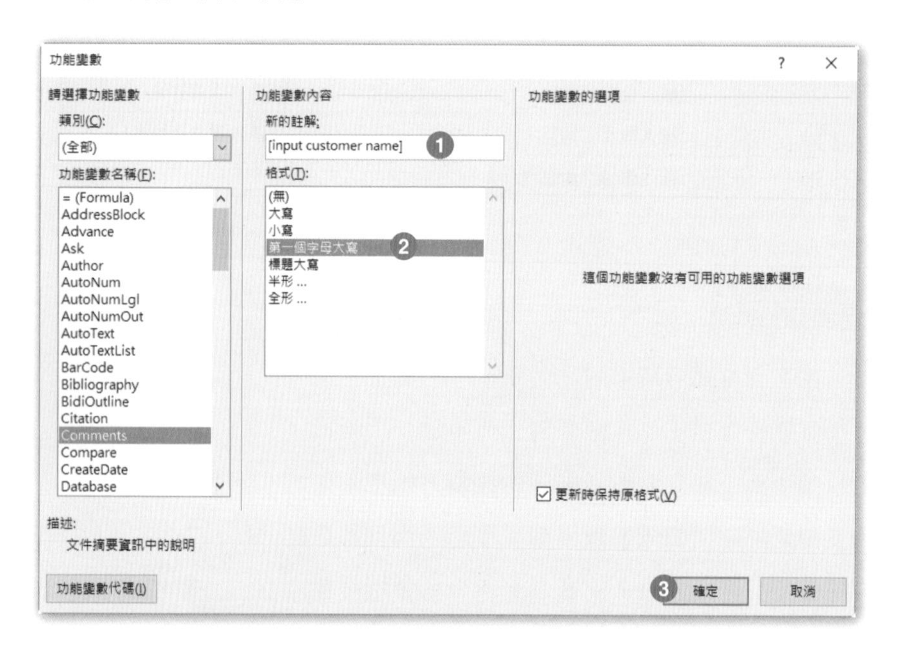

Step.3 此時的英文提示訊息的第一個英文字母自動變成大寫字母。

客戶連絡單

客戶姓名：	[Input customer name]	建立日期：	[輸入建立日期]
公司名稱：	[輸入公司名稱]	連絡電話：	[輸入手機號碼]
職　　稱：	[輸入職務名稱]	建 立 者：	[輸入建立者姓名]
事　　由：	[輸入事由之重點內容]		

若要在任何提示文字所在的位置輸人文字，只要先選取該提示文字，再直接輸入文字即可將提示文字蓋掉。

如果您要讓表單的「建立日期：欄位右方「輸入建立日期」功能變數，能自動帶出**電腦系統日期**，而不再需要用人工的方式來輸入，可以用下列方式將「輸入建立日期」背後的**功能變數**由「Comments」改成「SaveDate」，以符合我們的需求。

Step.1 在「輸入建立日期」提示文字上按右鍵，點選「編輯功能變數」。

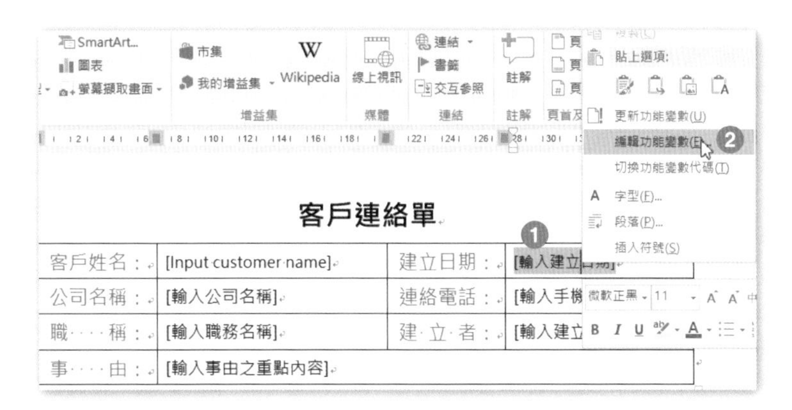

Step.2 在**功能變數名稱**清單中，點選「SaveDate」功能變數，在**日期格式**清單中點選「2017-10-16」的格式，在上方的方塊中會自動填入「yyyy-mm-dd」的日期格式，按下**確定**。

Step.3 改變功能變數之後，右上方儲存格中，直接顯示出了電腦系統日期。

客戶連絡單

客戶姓名：	[Input customer name]	建立日期：	2017-10-16
公司名稱：	[輸入公司名稱]	連絡電話：	[輸入手機號碼]
職　　稱：	[輸入職務名稱]	建 立 者：	[輸入建立者姓名]
事　　由：	[輸入事由之重點內容]		

3.3.2 執行合併列印作業

針對要大量寄發的信件、證書、信封、賀卡、標籤或者產品型錄，我們可以用最有效率的工具—「合併列印」輕鬆的完成這些工作。

本節主要介紹結合資料庫的合併列印作業。其中包括了外部資料的應用、合併規則的設定以及信封和標籤的製作和列印。

合併列印的資料來源，可以是 Word 表格、Access 資料表、Excel 清單以及 Outlook 連絡人資料，不論任何資料，都必須是資料庫型態的內容。您可以將合併的結果，做即時的列印，也可以存到檔案中，等到適當時機再列印出來；更可以合併資料到電子郵件中，直接寄給收件者。

管理收件者清單

如果沒有可用來合併的「收件者資料」相關檔案，請使用下列方式，新建一份收件者清單配合「合併列印」的作業。

Step.1 開啟一份新文件，點按**郵件**索引標籤 \ **啟動合併列印**群組 \ **選取收件者** \ **鍵入新清單**。

Step.2 在**新增通訊清單**對話方塊中，請逐欄輸入收件者資料，輸入資料時可以按下 Tab 鍵，向右捲動欄位，以便輸入更多的資料內容；如要向左捲動欄位，可以按下 Shift + Tab。

Step.3 完成之後，按下**新增項目**，又可以增加一筆新資料欄位，待資料全部輸入完畢之後，按下**確定**。

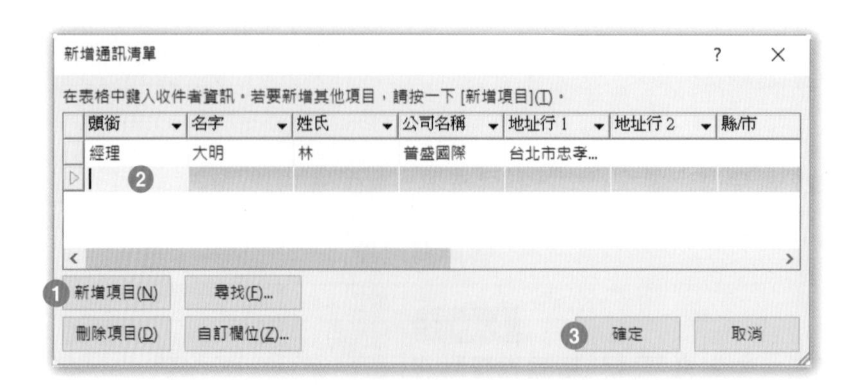

Step.4 在**儲存通訊清單**對話方塊中，輸入檔案名稱「郵寄名單 .mdb」，Word 會存成 Access 資料庫檔案 (*.mdb)，置於**文件**資料夾 \ **我的資料來源**之下，按下**儲存**即可。

TIPS & TRICKS

如果要在**通訊清單**中增加新的欄位「行動電話」，操作步驟如下：

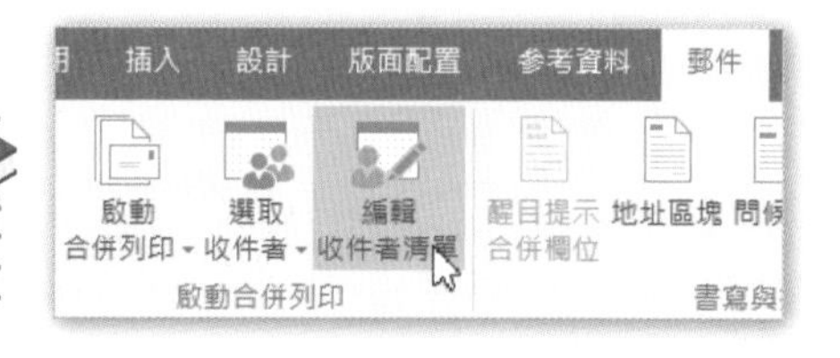

Step.1 點按**郵件**索引標籤 \ **啟動合併列印**群組 \ **編輯收件者清單**。

Step.2 在**新增通訊清單**對話方塊中，按下**自訂欄位**，在**自訂通訊清單**對話方塊中，您可以上下調整欄位的順序，或刪除不要的欄位；按下**新增**之後，在**新增欄位**對話方塊中，輸入自訂的欄位名稱「行動電話」，再按下**確定**。

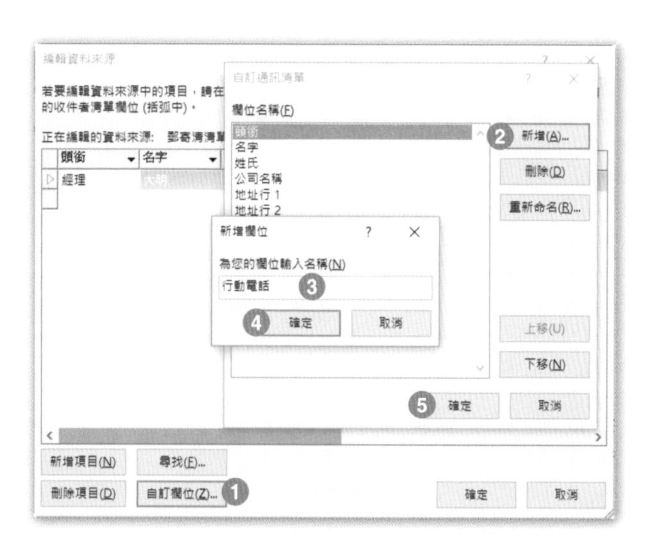

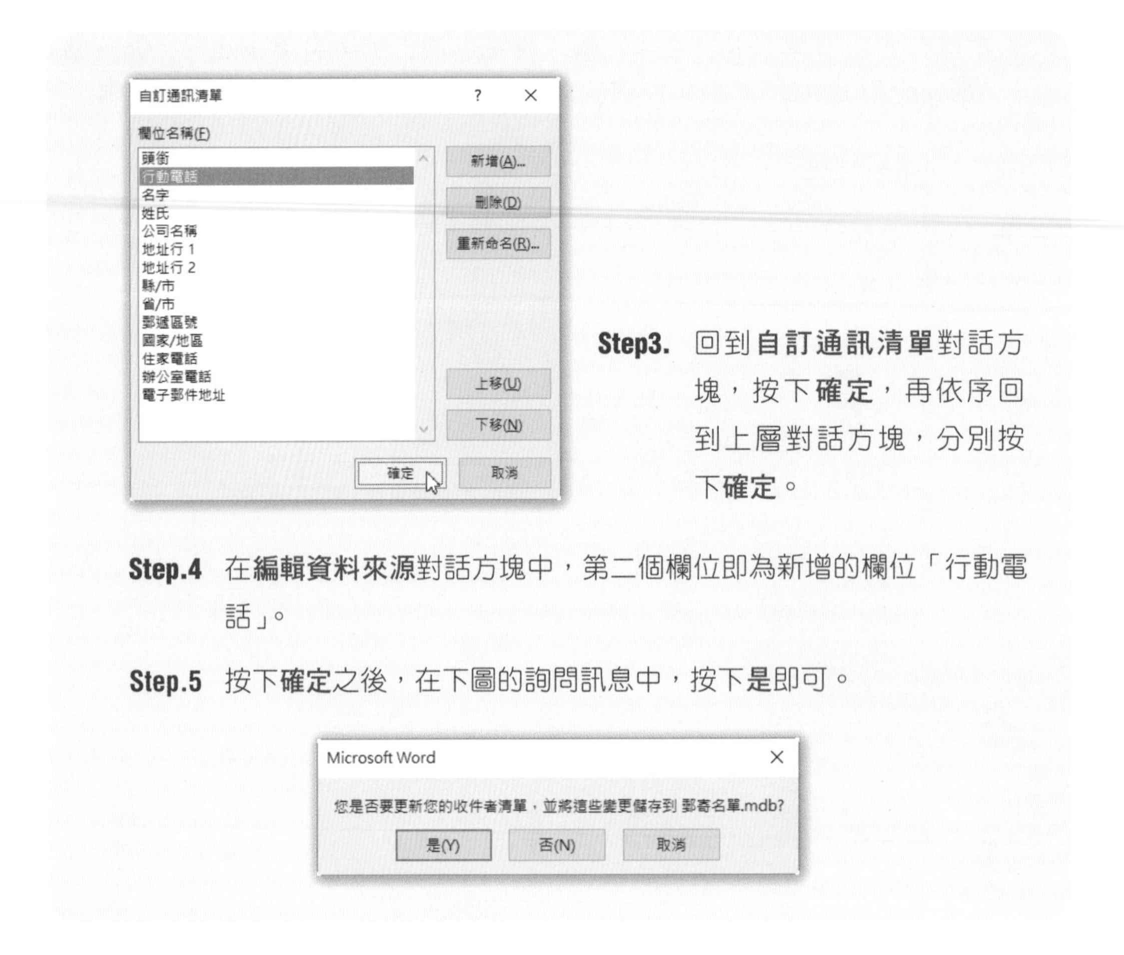

Step3. 回到**自訂通訊清單**對話方塊，按下**確定**，再依序回到上層對話方塊，分別按下**確定**。

Step.4 在**編輯資料來源**對話方塊中，第二個欄位即為新增的欄位「行動電話」。

Step.5 按下**確定**之後，在下圖的詢問訊息中，按下**是**即可。

編輯收件者清單

當您完成了前述收件者清單的建置之後，事後想要增加、修改或刪除收件者清單中的資料或進行資料的排序，可依下列步驟進行：

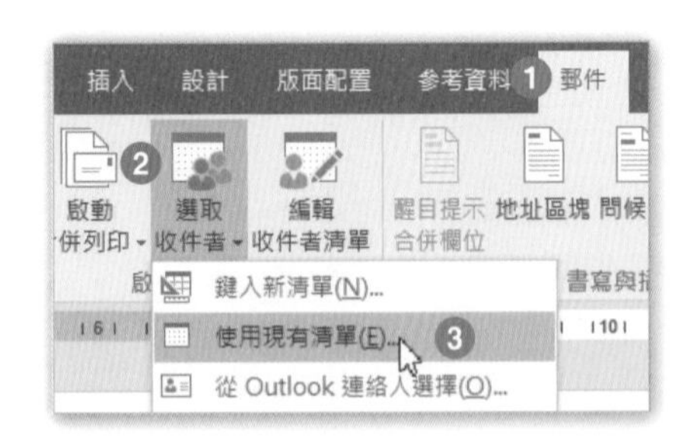

Step.1

開啟一份新文件，點按**郵件**索引標籤 \ **啟動合併列印**群組 \ **選取收件者** \ **使用現有清單**。

Step.2 點選**文件**資料夾 \ **我的資料來源**之下的「郵寄名單 .mdb」，按下**開啟**。

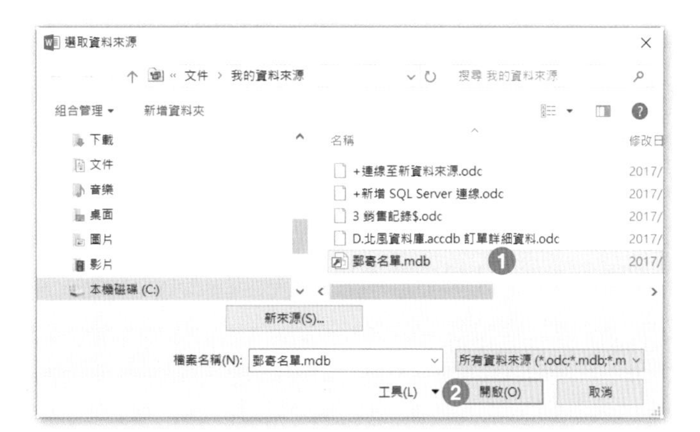

Step.3 點按**郵件**索引標籤 \ **啟動合併列印**群組 \ **編輯收件者清單**，在**合併列印收件者**對話方塊中的**資料來源**清單中，點按「郵寄名單 .mdb」，按下**編輯**。

Step.4 在**編輯資料來源**對話方塊中，您可以進行資料的排序、篩選、新增、尋找以及刪除項目，處理完畢之後，按下**確定**即可。

3.3.3 插入欄位到信封

想要將同一封信同時寄給多個客戶，就可以將收件者清單中的欄位插入到信封之中，Word 將會自動帶入不同姓名或稱謂的內容到信件中。

開啟文件資料夾 \Word 2016 Expert 第 3 章練習檔 \ 3.3.3 插入合併欄位 .docx。

Step.1 開啟檔案之後，插入點置於信封中央的文字方塊中，點按**郵件**索引標籤 \ **啟動合併列印**群組 \ **選取收件者** \ **使用現有清單**。

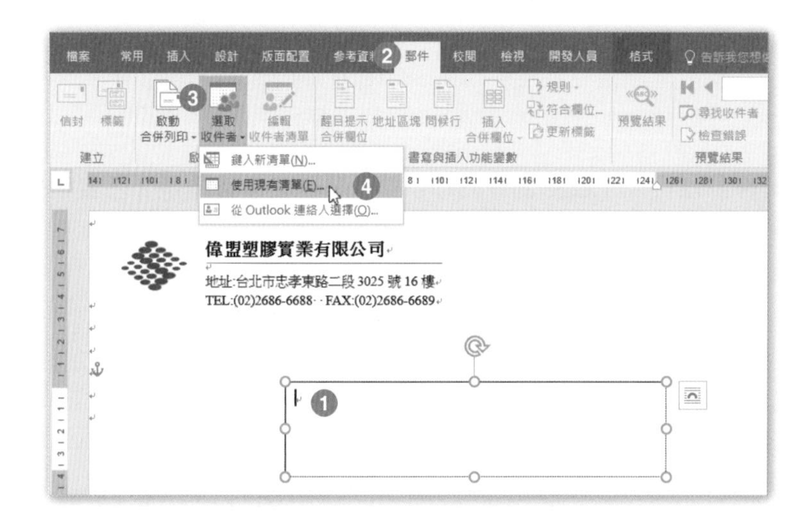

Step.2 點選**文件**資料夾中的「郵寄名單 .mdb」，按下**開啟**。

Step.3 點按**郵件**索引標籤 \ **書寫與插入功能變數**群組 \ **插入合併欄位**，在清單中點選**郵遞區號**，在文字方塊中可以看見「<< 郵遞區號 >>」的功能變數標記，再依序插入「<< 地址行 _1>>」、「<< 公司名稱 >>」、「<< 姓氏 >>」、「<< 名字 >>」以及「<< 頭銜 >>」。

«郵遞區號»«地址行_1»
«姓氏»«名字»·«頭銜»

Step.4 點按**郵件**索引標籤 \ **預覽結果**群組 \ **預覽結果**，即可看到真實的收件者資料。

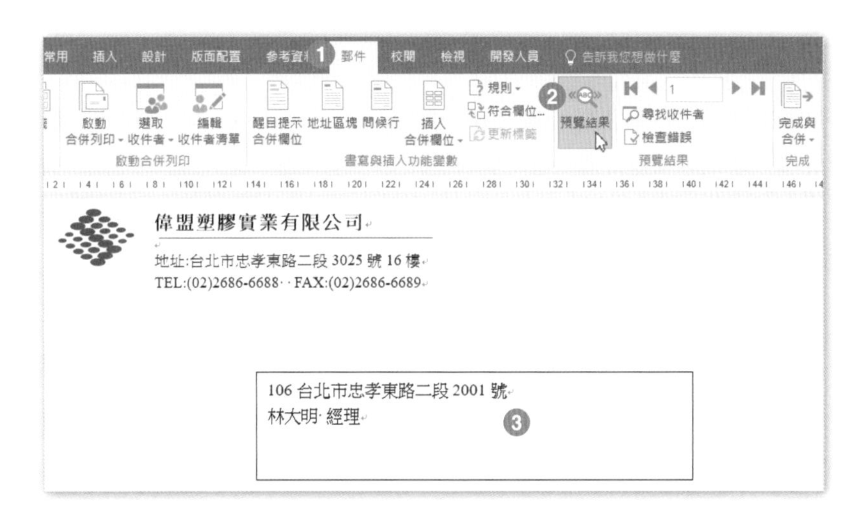

插入地址區塊

使用**地址區塊**可讓您插入欄位的過程變得精簡而有效率，例如：合併列印信封或製作郵寄標籤時，本來必須逐一插入多個欄位，如果使用**地址區塊**，就只要做一次插入的動作就可以了。

開啟**文件**資料夾 \Word 2016 Expert 第 3 章練習檔 \3.3.3 地址區塊 .docx>，要在信封內插入地址區塊的方法如下：

Step.1 插入點置於信封中央的文字方塊中。

Step.2 點按**郵件**索引標籤 \ **啟動合併列印**群組 \ **選取收件者** \ **使用現有清單**。

Step.3 點選**文件**資料夾中的「郵寄名單 .mdb」，按下**開啟**。

Step.4 點按**郵件**索引標籤 \ **書寫與插入欄位**群組 \ **地址區塊**，點按**符合欄位**調整**地址區塊**與**收件者清單**之間的欄位對應，由於英文姓和名的排列與中文相反，所以要將「名字」的對應改成「姓氏」，並將「姓氏」的對應改成「名字」，再按下**確定**。

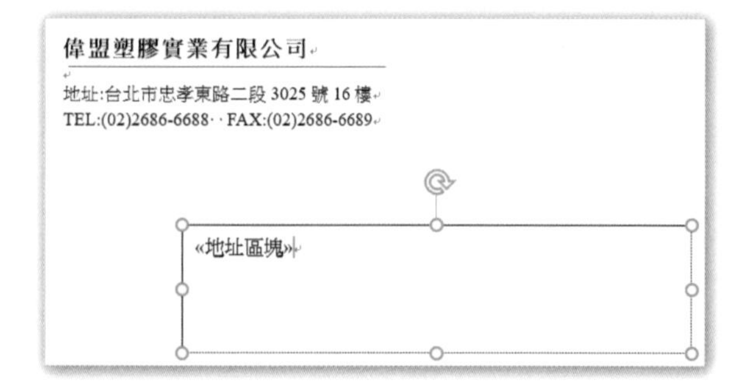

Step.5

全部設定完畢之後，在**插入地址區塊**對話方塊中，按下**確定**，即可看到信封的文字方塊中，出現了「<< 地址區塊 >>」的功能變數標記。

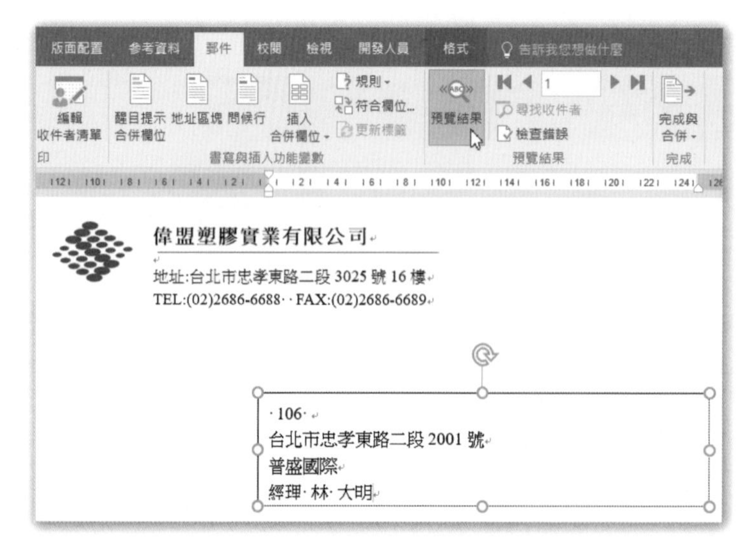

Step.6

點按**郵件**索引標籤之下的**預覽結果**，即可看到完整的收件者資訊了。

插入問候行

問候行的功能，主要是用來設定信件、傳真以及卡片的開頭用語，例如：「親愛的」或者「致」，這兩個字後面的標點符號，也可以選擇逗號「,」或者冒號「:」，設定完成之後，就可以看到「親愛的 經理 大明，」或者「致 經理 大明，」的稱呼了。

開啟**文件**資料夾 \Word 2016 Expert 第 3 章練習檔 \ 3.3.3 問候行 .docx。要在信件中插入問候行，請參考下列步驟：

Step.1 插入點置於信件開頭的位置。

Step.2 點按**郵件**索引標籤 \ **啟動合併列印**群組 \ **選取收件者** \ **使用現有清單**。

Step.3 點選**文件**資料夾中的「郵寄名單 .mdb」，按下**開啟**。

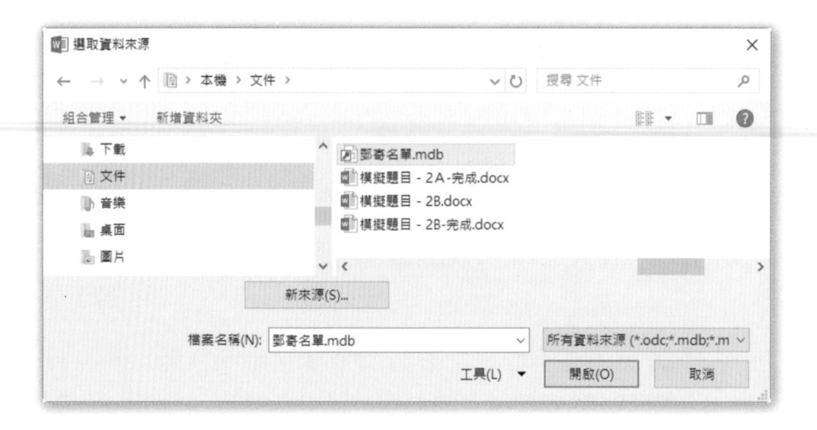

Step.4 點按**郵件**索引標籤 \ **書寫與插入欄位**群組 \ **問候行**，如有需要，請按下**符合欄位**按鈕，調整欄位先後順序，完成問候行格式的設定之後，按下**確定**。

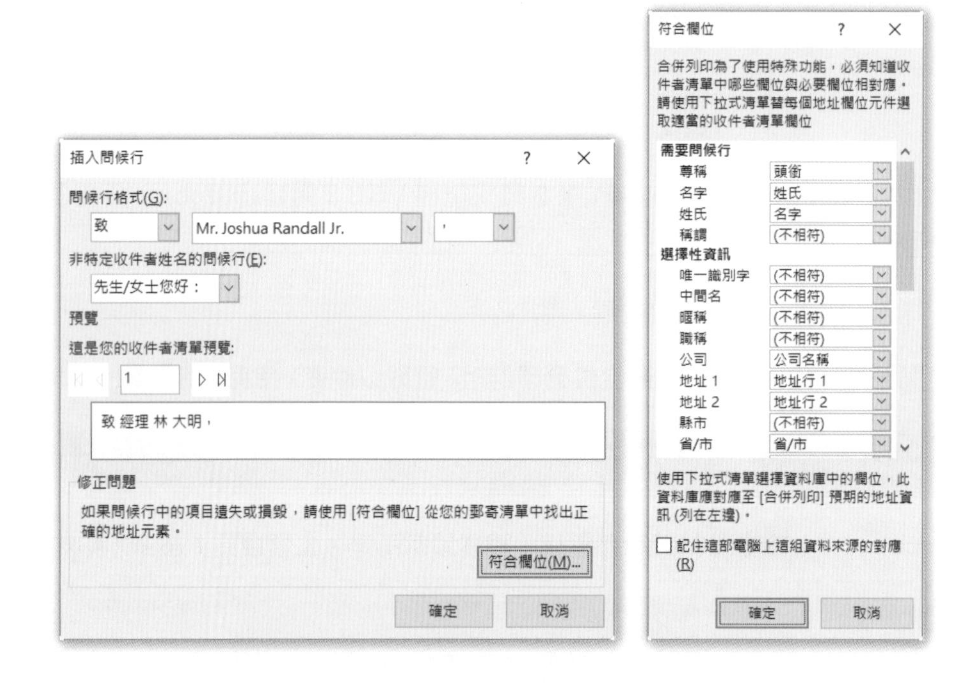

Step.5 在前左圖**插入問候行**對話方塊中，按下**確定**，即可看到信件的文字方塊中，出現了「<< 問候行 >>」的功能變數標記。

贈送禮品通知函

«問候行»

感謝您長久以來對本公司的熱情支持，為表示本公司之謝

Step.6 點按**郵件**索引標籤之下的**預覽結果**，即可看到如下圖的結果。

3.3.4 設定合併規則

在執行合併列印時，我們可以透過**規則**的設定，在信件中加入額外的訊息。以下圖的中的「贈送禮品通知函」為例，如果希望在合併信件時，能以收件者清單中的「性別」欄為依據，自動幫我們判斷應該在姓名後面加上「先生」或是「小姐」。此時，就可以使用「以條件評估引數（If...Then...Else）」的功能變數來完成這項工作，「If...Then...Else」是屬於條件分支的邏輯處理工具。

設定規則的目的，主要是讓我們藉由這些功能變數的幫助，來處理一些較複雜的工作，進而提高工作效率。

以性別帶出稱謂

以下就以套印「贈送禮品通知函」為例，說明規則的使用方法。開啟**文件**資料夾 \Word 2016 Expert 第 3 章練習檔 \ 3.3.3 設定合併規則 .docx，並依下列步驟進行設定規則：

Step.1 點按**郵件**索引標籤 \ **啟動合併列印**群組 \ **選取收件者** \ **用現有清單**。

Step.2 點選**文件**資料夾中的「客戶名單 .mdb」，按下**開啟**。

Step.3 插入點置於文字「Dear」之後，點按**郵件**索引標籤 \ **書寫與插入欄位**群組 \ **插入合併欄位**，在清單中點選「連絡人」，信函中出現了功能變數標記。

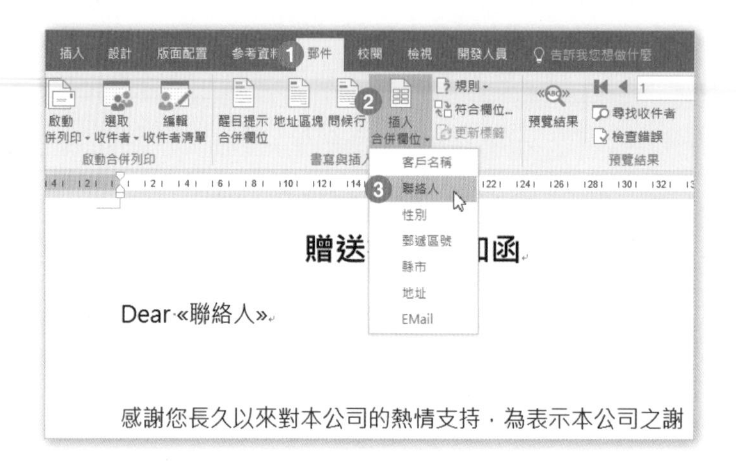

Step.4 點按**郵件**索引標籤 \ **書寫與插入欄位**群組 \ **規則**，點選清單中的「If...Then...Else (以條件評估引數)」。

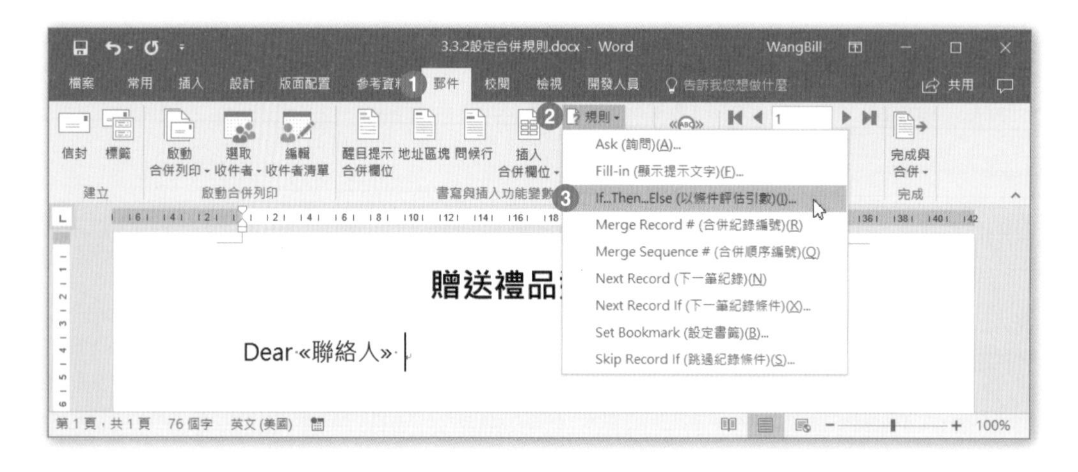

Step.5 在**功能變數名稱**方塊中選擇「性別」；**比較**方塊中選擇「等於」；在**比對值**方塊中輸入「女」；在**插入此一文字**方塊中輸入「小姐」；在**否則插入此一文字**方塊中輸入「先生」，再按下**確定**。

Step.6 點按**郵件**索引標籤之下的**預覽結果**，再點向右的箭號按鈕，就可以預覽不同的姓名和稱謂。

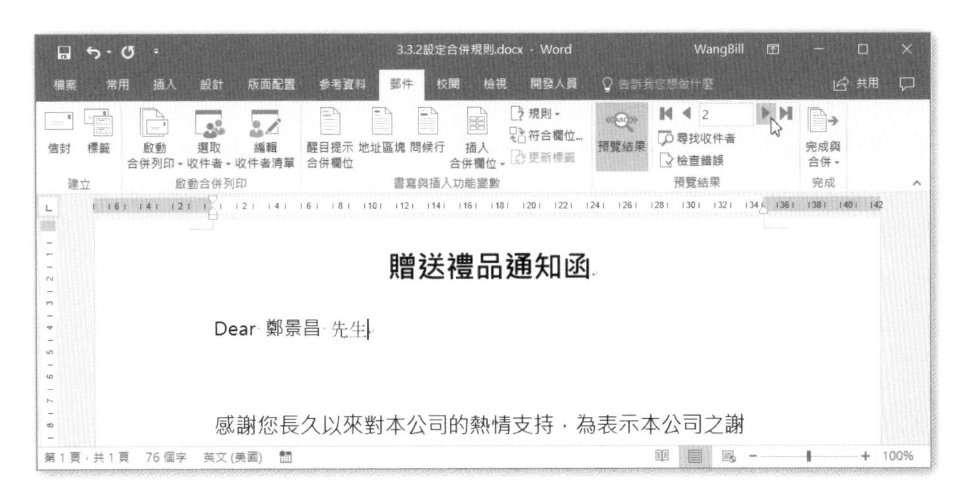

以居住縣市決定訊息內容

公司發放精美禮品給客戶方式有兩種：

➤ 台北市的客戶到公司現場領取，希望在信函中看到這樣的訊息內容：「請於 **2017** 年 **12** 月 **31** 日前，親臨本公司領取，本公司地址：台北市忠孝東路三段 **2688** 號」。

➤ 其他縣市的客戶，則用寄送的方式，希望在信函中看到這樣的訊息內容：「本公司將於 **2017** 年 **12** 月 **31** 日前，以快遞方式送至府上」。

如何依居住的縣市，自動在信函中，出現不同的訊息內容呢？

Step.1 點按**郵件**索引標籤 \ **書寫與插入欄位**群組 \ **規則**，點選清單中的「If...Then...Else (以條件評估引數)」

Step.2 刪除「特備精美禮品乙份，」之後的所有文字，並參考下圖中的設定內容，設定完畢之後，按下**確定**。

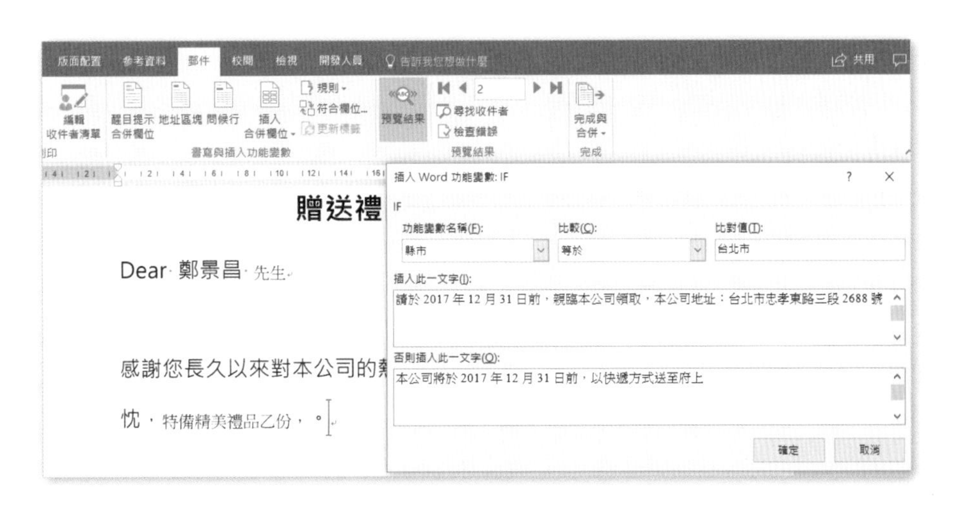

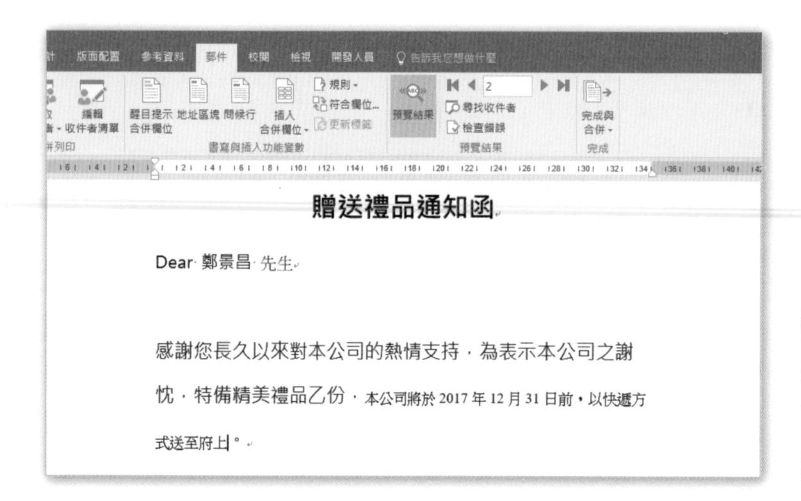

Step.3 插入訊息的字體較小，如下圖所示 (可將文字放大到 16pt)。

3.3.5 以電子郵件寄發

執行合併列印作業時，當您完成了插入收件者清單中的各個欄位或者地址區塊、祝賀行之後，所產生的信件檔除了儲存或列印之外，您還可以將廣告、文宣或通知性質的信函透過電腦中的電子郵件軟體 (例如 Outlook)，大量發送給客戶。

在您的客戶資料內，必須有一個存放電子郵件地址的欄位 (內容必須是這樣的格式：mail@hotmail.com)，在進行合併列印作業時，Word 會依每位客戶的電子郵件地址發出信函，客戶收到的信件內容都是相同的，只是信件抬頭有所不同。

開啟**文件**資料夾 \Word 2016 Expert 第 3 章練習檔 \ 3.3.5 以電子郵件寄發 .docx，並依下列步驟進行設定：

Step.1 點按**郵件**索引標籤 \ **啟動合併列印**群組 \ **選取收件者** \ **使用現有清單**。

Step.2 點選**文件**資料夾中的「客戶名單 .mdb」，按下**開啟**。

Step.3 插入點置於「敬啟者」文字之後，點按**郵件**索引標籤 \ **書寫與插入欄位**群組 \ **插入合併欄位**，在清單中點選「連絡人」。

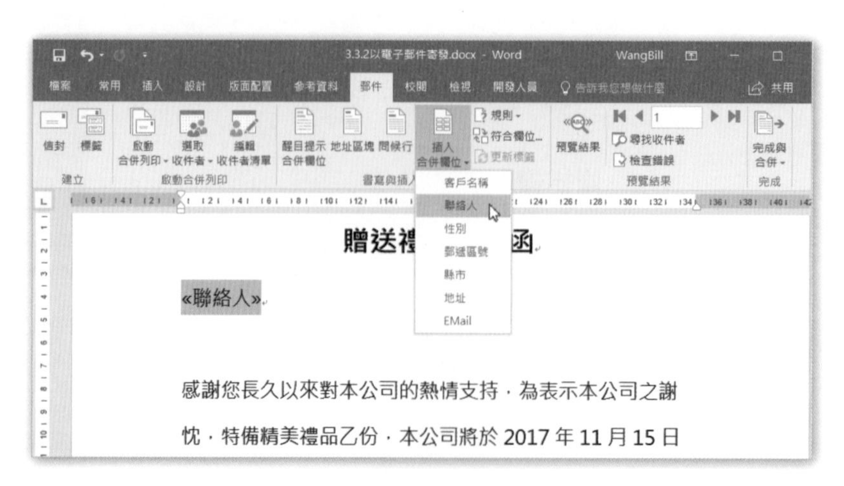

Step.4 點按**郵件**索引標籤 \ **完成**群組 \ **完成與合併** \ **傳送電子郵件訊息**。

Step.5 在**合併到電子郵件**對話方塊中，選擇「EMail」(此為收件者清單中的欄位名稱)為**收件者**；並在**主旨列**文字方塊中輸入「禮品贈送通知」，按下**確定**，接著在下右圖**選取設定檔**對話方塊中，按下確定。

Step.6 此時的信件已被合併到 Outlook **寄件夾**中等待寄出。開啟 Outlook 檢視寄件夾，即可看到待傳送的電子郵件，在網路暢通的情況之下，Outlook 將會自動寄出信件。

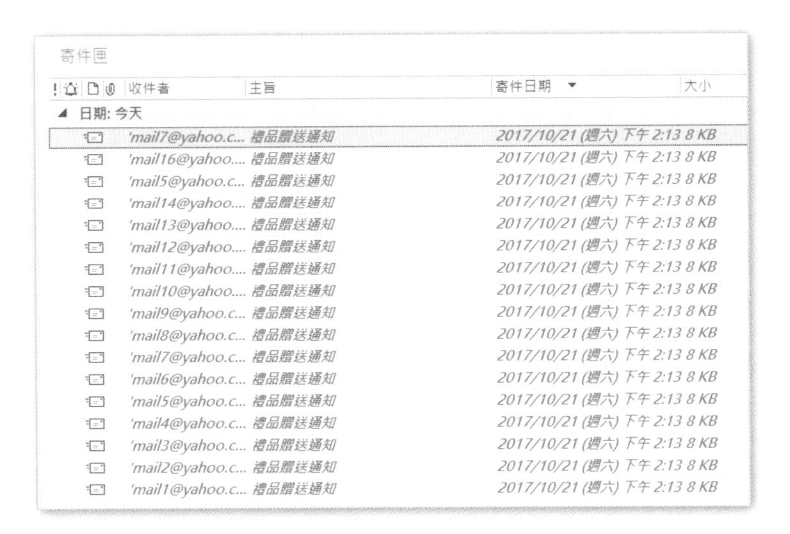

3.3.6 製作信封及標籤

如果您想要將買來的信封放進印表機，將寄件者和收件者的地址資料套印在信封上，或者想在一張 A4 的紙張中，列印單一或多個內容相同的標籤 (例如郵寄標籤)，就可以使用本節方法完成信封或標籤的設定和列印。

製作單一信封

Step.1 啟動 Word 之後，點按**郵件**索引標籤 \ **建立**群組 \ **信封**。

Step.2 在**信封及標籤**對話方塊中，輸入**收件者地址**的相關資訊；再將插入點置於**寄件者地址**文字方塊中，輸入**寄件者地址**的相關資訊，再按下**新增至文件**。

Step.3 Word 詢問「是否要將新的寄件者地址儲存為預設地址？」，按下**是**。

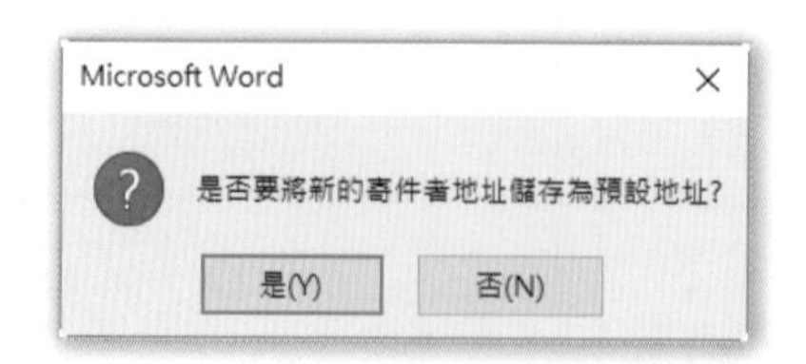

Step.4 製作完成的信封，如下圖所示。

林大明
羅斯福路 2 段 1068 號 22 樓
台北市, 106
分節符號 (下一頁)

王柏軒
愛國東路 2001 號 15 樓
台北市,100

在**信封選項**對話方塊中，您可以選擇信封大小、收件者及寄件者地址的字型以及文字排列方式。在**信封選項**對話方塊中，點按**列印選項**標籤，可以選擇信封在印表機中的方向。

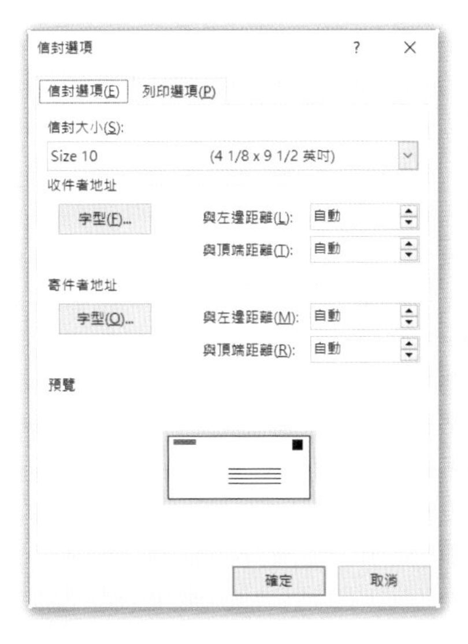

製作內容相同的郵寄標籤

Step.1 啟動 Word 之後，點按**郵件**索引標籤 \ **建立**群組 \ **標籤**。

Step.2

在**信封及標籤**對話方塊中，輸入地址相關資訊，再按下**選項**。

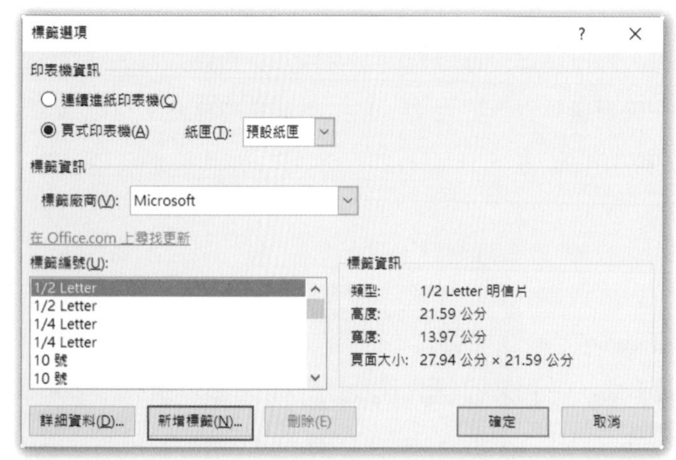

Step.3

在**標籤選項**對話方塊中，點按**新增標籤**。

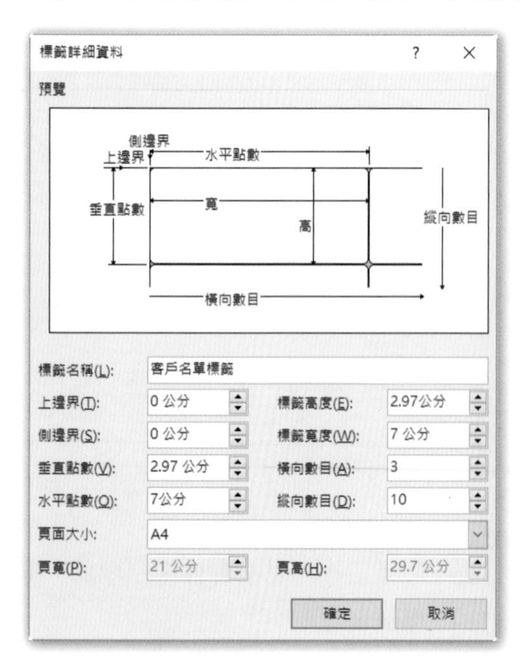

Step.4

在**標籤詳細資料**對話方塊中，依序完成如左圖的設定，設定完畢之後，按下**確定**。

Step.5

回到**標籤選項**對話方塊，按下**確定**。

Step.6

在**信封及標籤**對話方塊中，點按**新文件**。

Step.7 隨即看到完成的郵寄標籤，被置於「標籤 1.docx」檔案中。

經過設定合併列印的檔案，儲存之後再次開啟時，將會出現如下圖的對話方塊，詢問您是否要將 Excel 工作表中的資料放入文件中，如果按下**是**，代表開檔之後，您可以預覽合併的結果或繼續進行其他合併列印設定；按下**否**，代表開檔之後，當初設定好的合併資料，全部都要重新設定。因此，如果您想重新練習整個合併列印的設定過程，就請按下**否**。

實作練習

開啟**文件**資料夾 \ 模擬題目 \「模擬題目 -3A.docx」，完成下列工作：

- 將所有的「自由基」標記為索引項目。（解題步驟 1-3）
- 在「索引」標題文字下方，插入格式為「古典的」，並且頁碼「靠右對齊」的索引。（解題步驟 4-6）
- 將檔裡出現的第一個「DNA」，新增為索引項目標記。（解題步驟 7-10）
- 更新索引，使索引能夠納入所有的索引項目標記。（解題步驟 11-12）

完成的練習請**另存新檔**到**文件**資料夾 \ 模擬題目 -3A- 完成 .docx（解題步驟 13）

下圖是開啟「模擬題目 -3A.docx」檔案之後看到的三頁文件內容。

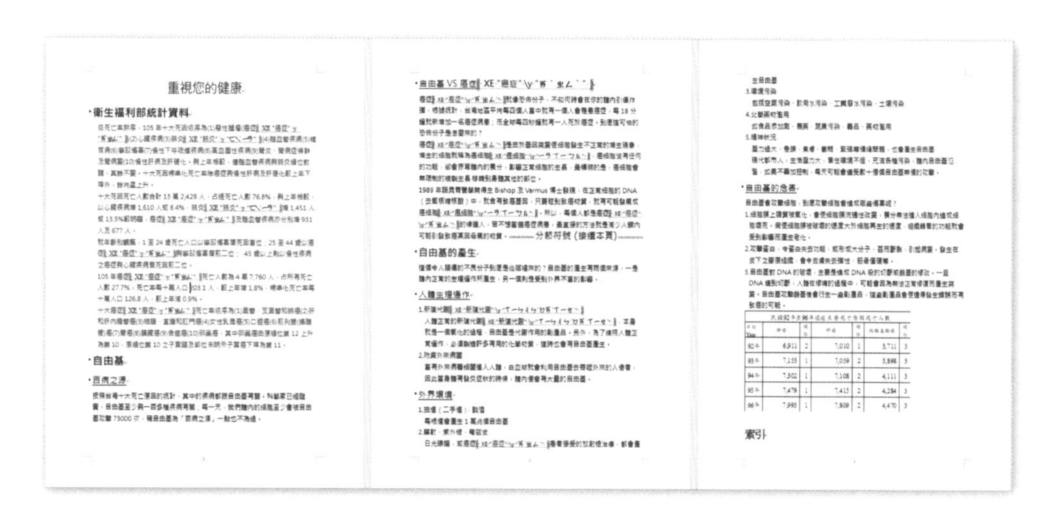

Step.1 選取文件任何位置中的「自由基」三個字。點按**參考資料**索引標籤 \ **索引**群組 \ **項目標記**。

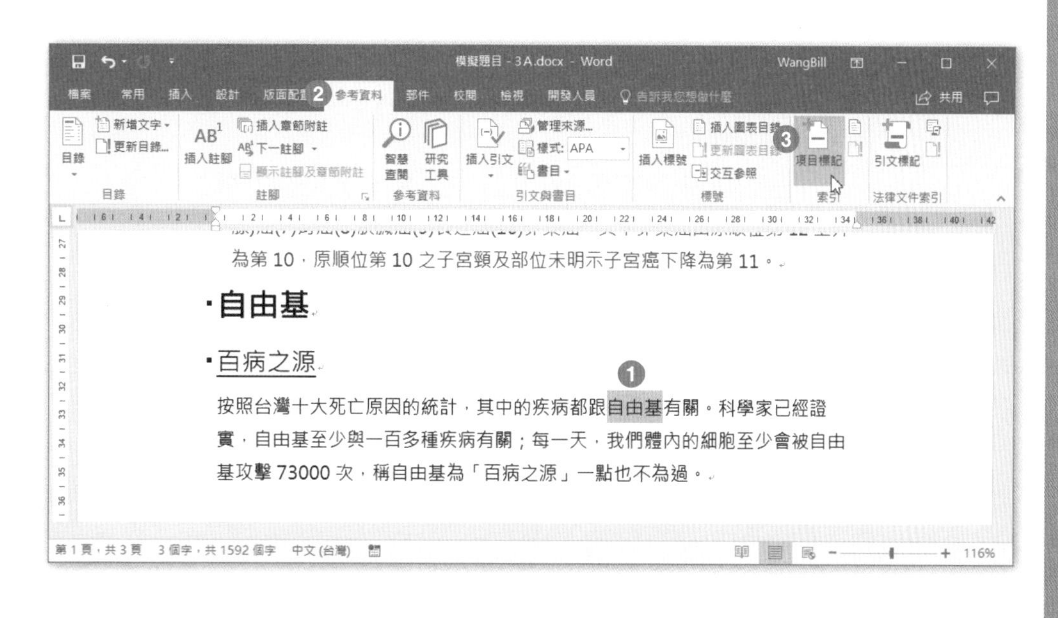

Step.2 在**索引項目標記**對話方塊中，「自由基」三個字被置於主要項目右邊的文字方塊中，按下**全部標記**，再按下**關閉**。

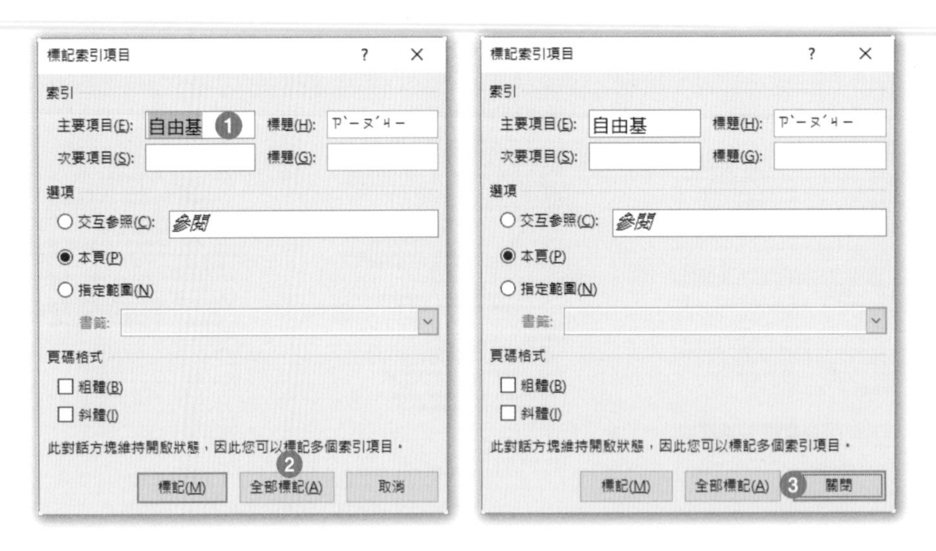

Step.3 完成索引項目標記之後的部份內容，如下圖所示。

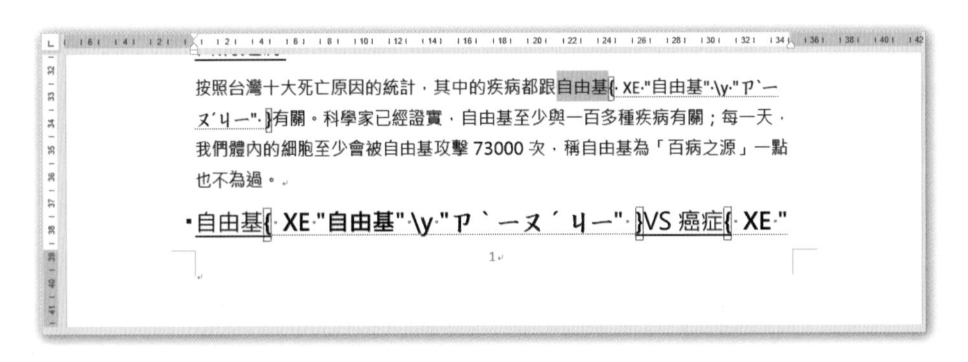

Step.4 插入點置於文件第 3 頁標題文字「索引」下方的段落標記處，點按**參考資料**索引標籤 \ **索引**群組 \ **插入索引**。

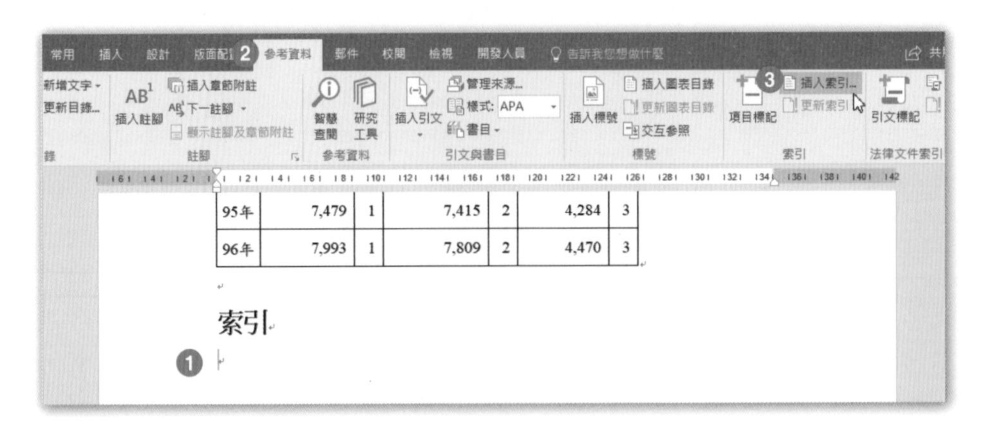

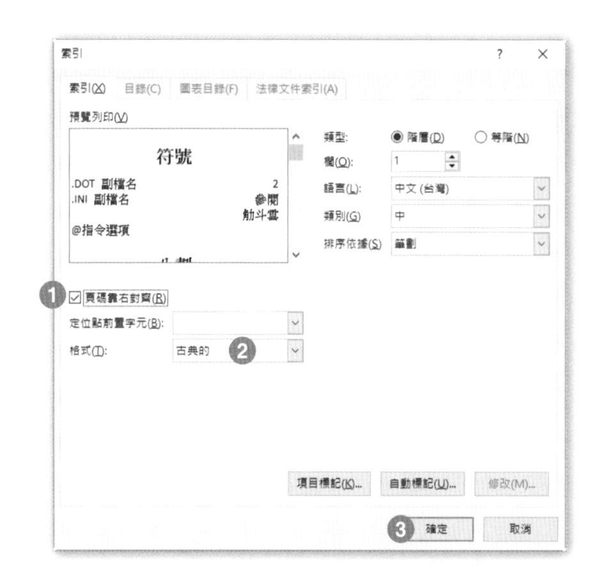

Step.5 在**索引**對話方塊中，勾選「頁碼靠右對齊」，以及「古典的」格式，按下**確定**。

Step.6 完成的索引，如下圖所示。

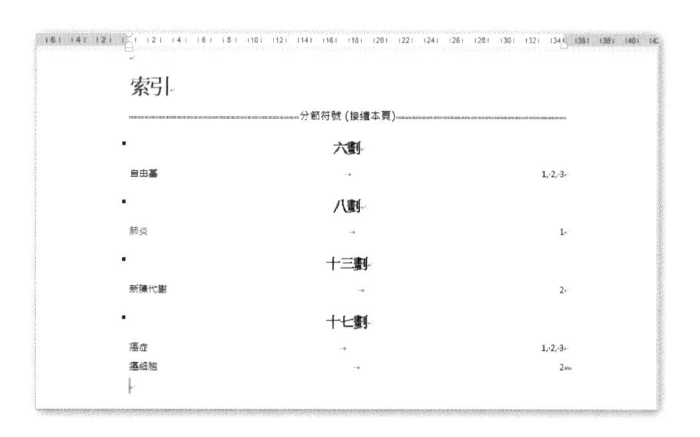

Step.7 點按**常用**索引標**編輯**群組**尋找**，在左邊**導覽**窗格的方塊中輸入「DNA」，Word 隨即會以黃色醒目提示來標示出文件中所有的「DNA」，同時會自動選取第一個「DNA」。

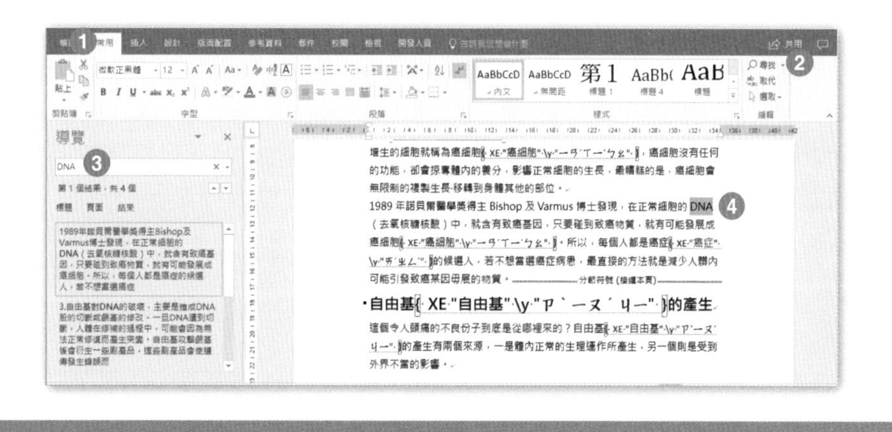

Step.8 點按**參考資料**索引標籤 \ **索引**群組 \ **項目標記**。

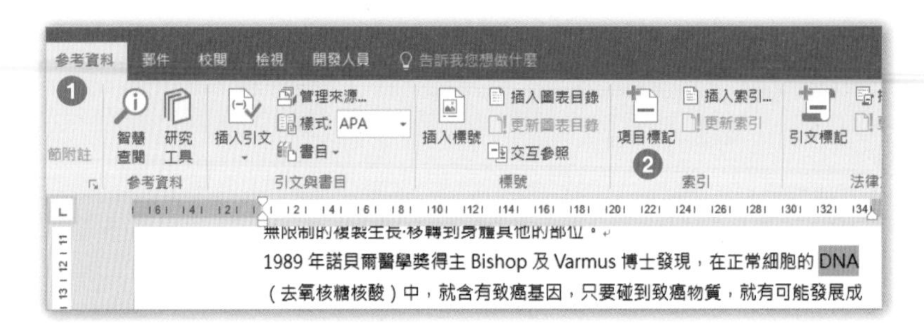

Step.9 在下左圖**索引項目標記**對話方塊中，「DNA」三個字母被置於主要項目右邊的文字方塊中，按下**標記**，再點按下右圖的**關閉**。

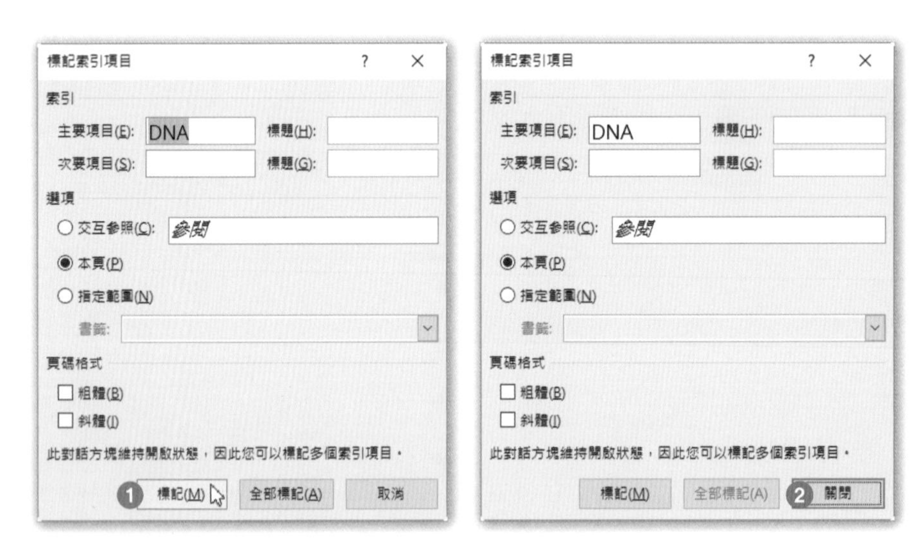

Step.10 標記索引項目「DNA」之後的結果如下圖所示。

無限制的複製生長·移轉到身體其他的部位。
1989 年諾貝爾醫學獎得主 Bishop 及 Varmus 博士發現，在正常細胞的 DNA{·XE·"DNA"·}（去氧核糖核酸）中，就含有致癌基因，只要碰到致癌物質，就有

Step.11 點按**參考資料**索引標籤 \ **索引**群組 \ **更新索引**。

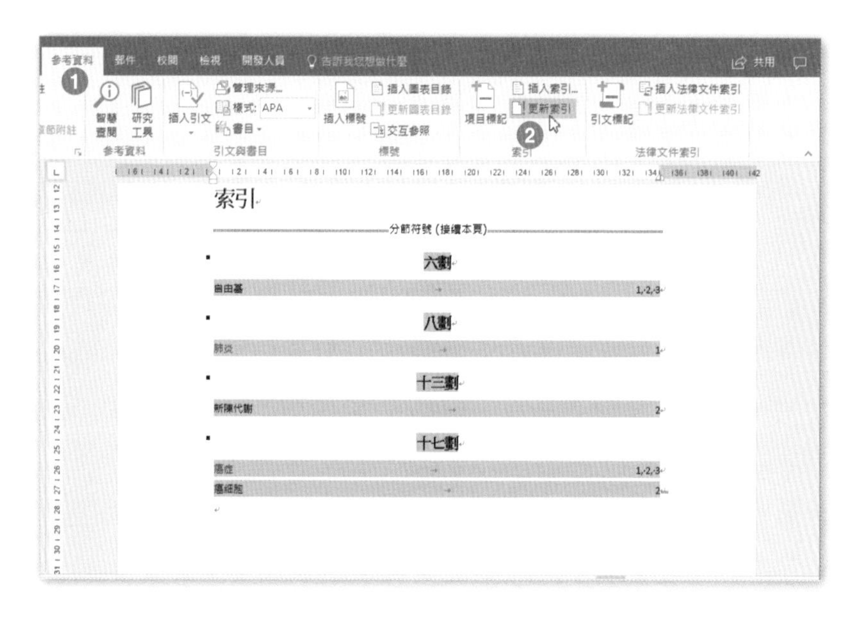

Step.12 更新之後的索引，如下圖所示。

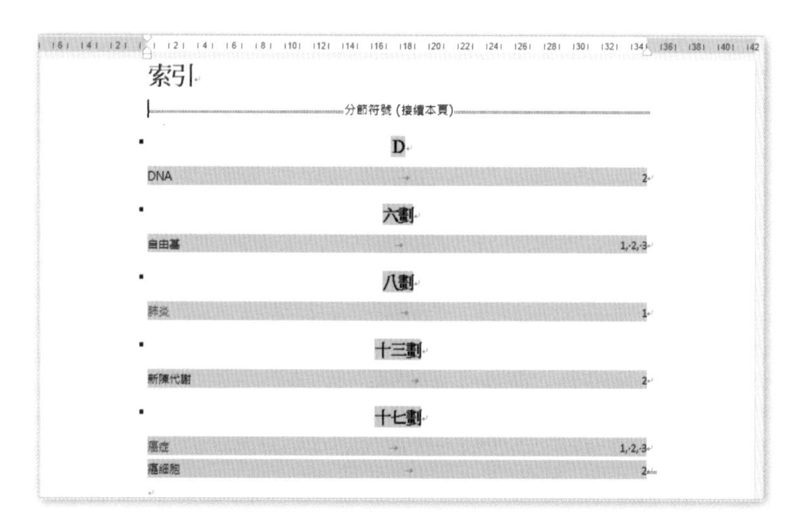

Step.13 點按**檔案** \ **另存新檔**，在文件資料夾圖示下方的方塊輸入「模擬題目 -3A-完成 .docx」，再按下**儲存**即可。

實作練習

開啟**文件**資料夾 \ 模擬題目 \「模擬題目 -3B.docx」，完成下列工作：

- 修改「目錄」，使其可以包含套用「標題 2」樣式的內容。並維持原本的格式設定（解題步驟 1-5）
- 在第 3 頁維他命照片的上方新增圖表標號，顯示為「圖表 1 綜合維他命」，其中，「圖表 1」必須是自動產生的，不得自行輸入。（解題步驟 6-11）
- 在第 1 頁標題文字「圖表目錄」的下方，新增圖表目錄並套用「特別的」格式（解題步驟 11-14)

完成的練習請**另存新檔**到**文件**資料夾 \ 模擬題目 -3B- 完成 .docx（解題步驟 15）

下圖是開啟「模擬題目 -3B.docx」檔案之後看到的五頁文件內容。

Step.1 在第 1 頁目錄上，按下滑鼠右鍵，點選「編輯功能變數」。

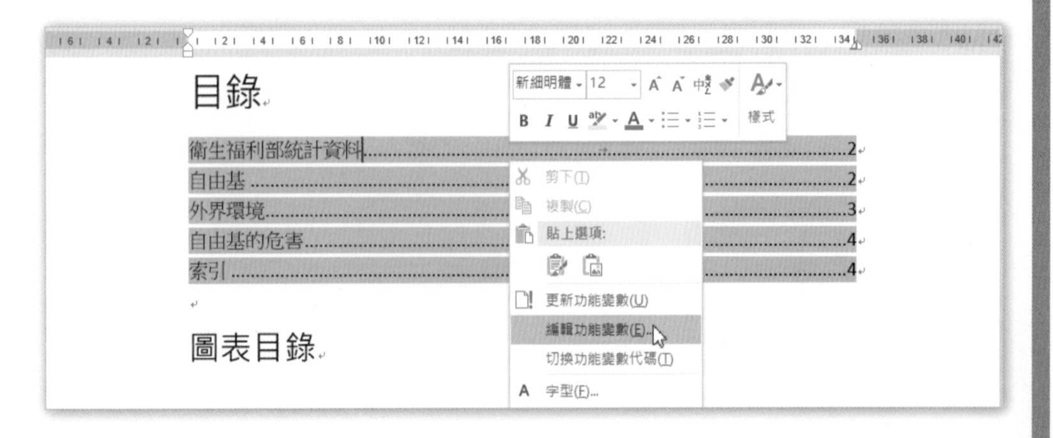

Step.2 在**功能變數**對話方塊中，點按**目錄**按鈕。

Step.3 在目錄對話方塊中，將**顯示階層**變更為「2」，按下**確定**。

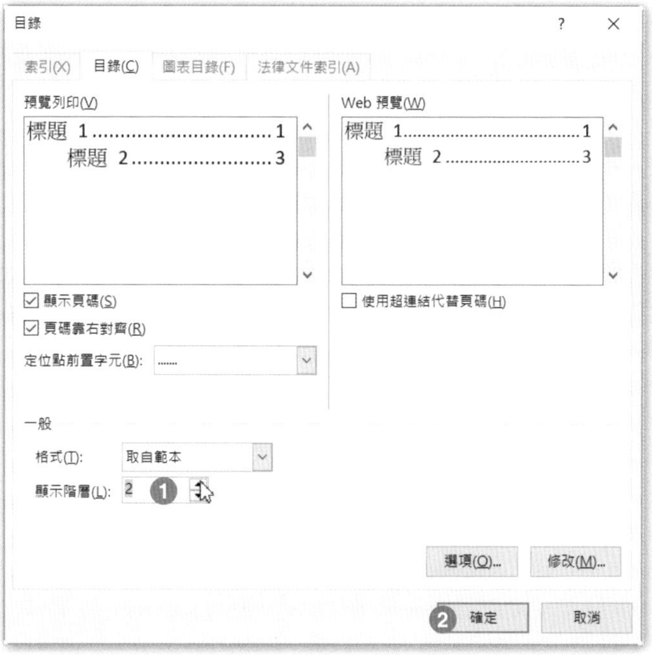

目錄

索引(X) 目錄(C) 圖表目錄(F) 法律文件索引(A)

預覽列印(V)

標題 1 1

標題 2 3

Web 預覽(W)

標題 1 1

標題 2 3

顯示頁碼(S)

頁碼靠右對齊(R)

定位點前置字元(B): ....

使用超連結代替頁碼(H)

一般

格式(T): 取自範本

顯示階層(L): 2 ①

選項(O)... 修改(M)...

② 確定 取消

Step.4 在**詢問**對話方塊中，按下**確定**。

目錄

Microsoft Word
要取代此目錄嗎?
確定 取消

圖表目錄

Step.5 更新之後的目錄，如下圖所示。

目錄

圖表目錄

Step.6 點選文件第 3 頁的維他命照片，點按**參考資料**索引標籤 \ **標號**群組 \ **插入標號**，並在**標號**對話方塊中，按下**新增標籤**按鈕。

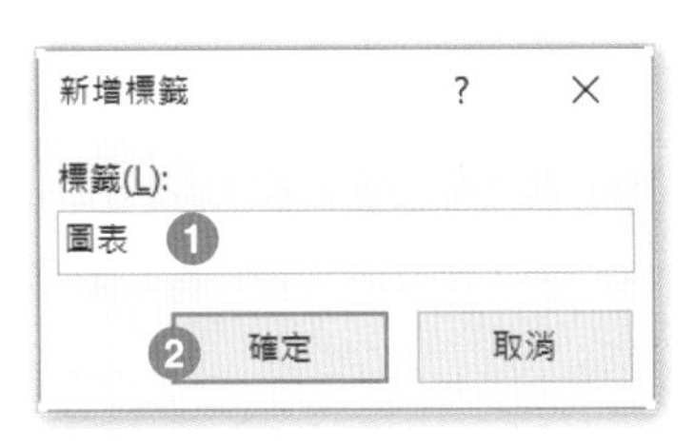

Step.7 在**新增標籤**對話方塊中輸入「圖表」，按下**確定**。

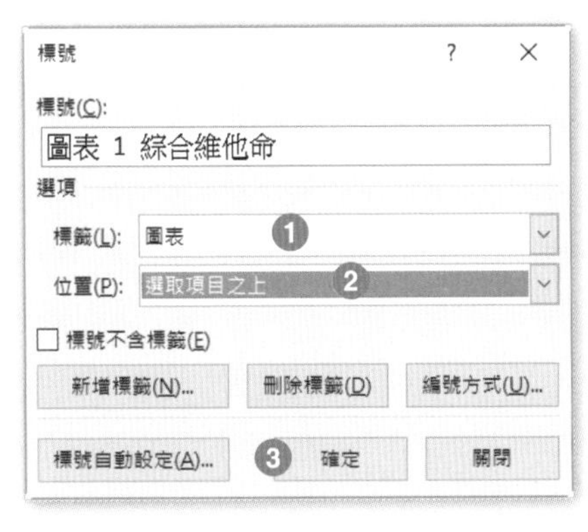

Step.8 回到**標號**對話方塊，在**標號**之下方塊中的文字「圖表 1」之後輸入「綜合維他命」，在**位置**方塊中選擇「選取項目之上」，再按下**確定**。

Step.9 完成的標號「圖表 1 綜合維他命」，出現在圖片上方。

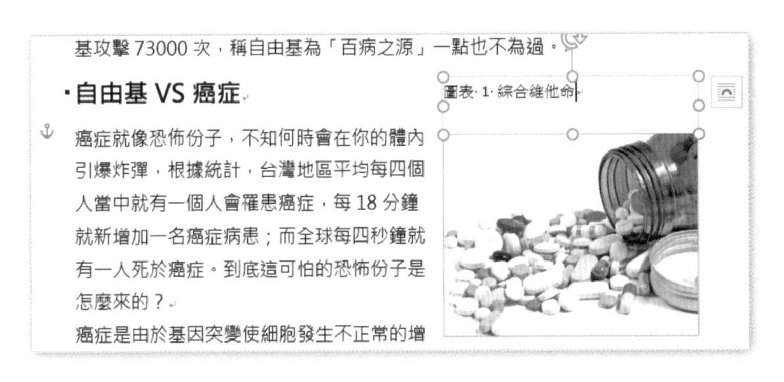

Step.10 插入點置於第 1 頁標題文字「圖表目錄」的下方段落標記處，點按**參考資料**索引標籤 \ **標號**群組 \ **插入圖表目錄**。

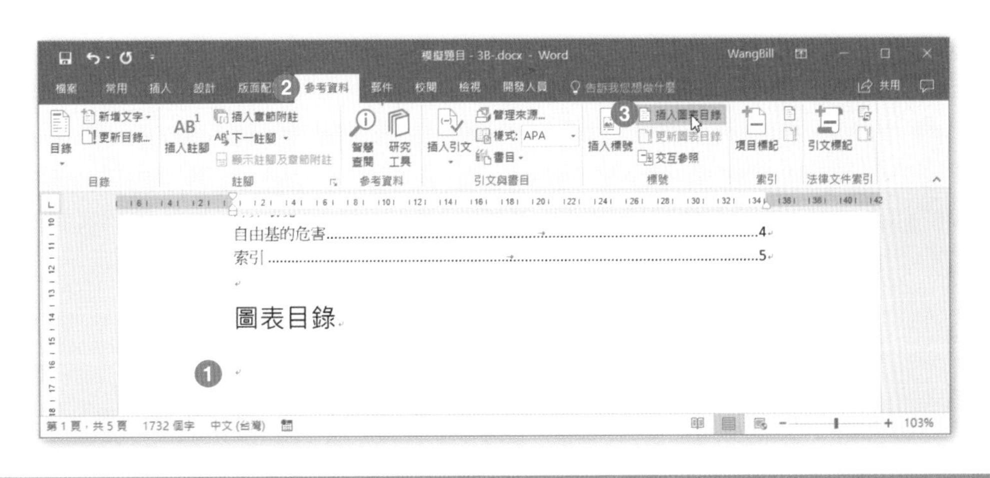

Step.11 在**圖表目錄**對話方塊中，在**格式**方塊中選擇「特別的」；在**標題標籤**方塊中，選擇「圖表」，按下**確定**。

Step.12 完成的「圖表目錄」如下圖所示。

圖表目錄

圖表 1 綜合維他命 ________________ 3

Step.13 點按**檔案 \ 另存新檔**，在**文件**資料夾圖示下方的方塊輸入「模擬題目 -3B-完成 .docx」，再按下**儲存**即可。

實作練習

開啟**文件**資料夾 \ 模擬題目 \「模擬題目 -3C.docx」，完成下列工作：

- 建立一位新收件者清單，並輸入名字為「Peter」、姓氏為「Lin」。儲存至「我的資料來源」資料夾內，檔案名稱設定為「新客戶」。(解題步驟 1-5)

下圖是開啟「模擬題目 -3C.docx」檔案之後看到的單頁文件內容。

[挑選日期]

Frank Chen
[鍵入寄件者公司名稱]
[鍵入寄件者公司地址]

[鍵入收件者名稱]
[鍵入收件者地址]

[鍵入問候語]

在 [插入] 索引標籤上的圖庫，包含專為調整文件的整體外觀而設計的項目。您可以使用這些圖庫來插入表格、頁首、頁尾、清單、封面或其他文件建置組塊。當您建立圖片或圖表時，也會與目前的文件外觀協調一致。

在 [常用] 索引標籤上的 [快速樣式] 庫中，為選取的文字選擇外觀，就能輕易地變更文件中選取文字的格式設定。您也可以使用 [常用] 索引標籤的其他控制項，來直接設定文字格式。多數控制項可以選擇使用目前佈景主題的外觀，或是使用您直接指定的格式。

若要變更文件的整體外觀，請在 [版面配置] 索引標籤上選擇新的 [佈景主題] 元素。若要變更快速樣式庫提供的外觀，請使用 [變更目前快速樣式集] 命令。佈景主題庫和快速樣式庫都提供重設命令，因此隨時可以將您的文件外觀還原成目前範本的原始狀態。

[鍵入結語]

Frank Chen
[鍵入寄件者職稱]
[鍵入寄件者公司名稱]

Step.1 點按**郵件**索引標籤 \ **啟動合併列印**群組 \ **選取收件者** \ **鍵入新清單**。

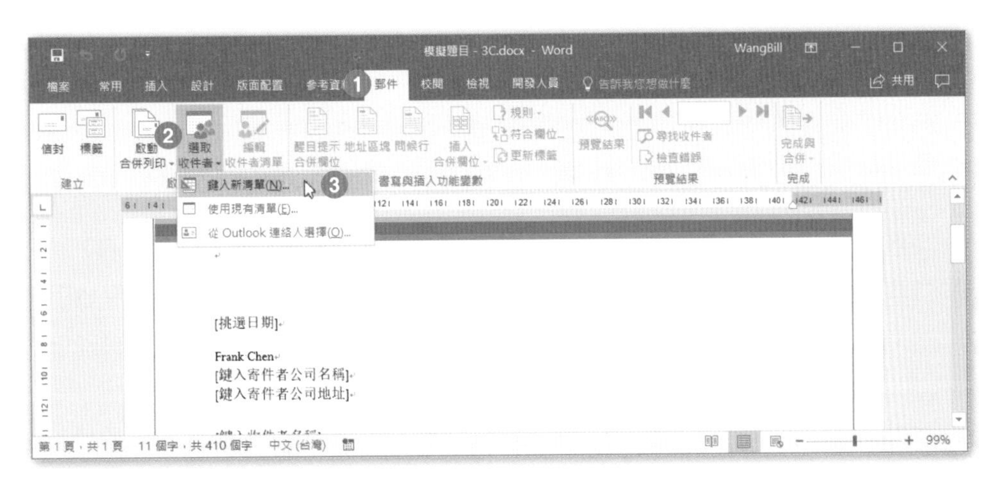

Step.2 在 **新增通訊清單**對話方塊的**名字**欄中輸入「Peter」，在**姓氏**欄中輸入「Lin」，再按下**確定**。

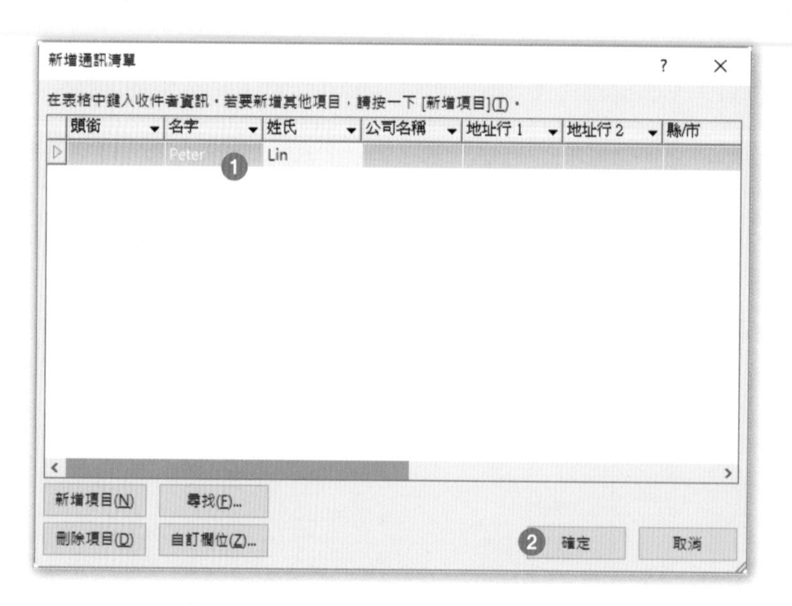

Step.3 在**儲存通訊清單**對話方塊中，輸入**檔案名稱**「新客戶」，Word 會存成 Access 資料庫檔案 (*.mdb)，置於**文件**資料夾 \ **我的資料來源**之下，按下**儲存**即可。

Chapter 04

建立自訂 Word 元件

學習重點

本章重點在於介紹如何建立 Word 2016 自訂元件，其中包括了建置組塊、巨集、控制項、佈景主題以及樣式集的建立和應用，其中包括下列三個主題：

- 4-1 建立與修改建置組塊、巨集和控制項
- 4-2 建立建立佈景主題與樣式集
- 4-3 準備國際化和更容易存取的文件

編輯文件時，常會有重覆的排版工作需要完成，或者需要建立特殊風格的文件，而這些特殊風格的元件往往又是 Word 2016 的預設範本中沒有提供的。

此時，就必須以自訂的方式來建立具有個人風格和特殊需求的元件，例如：文件的封面、樣式集、控制項以及文件範本，這些自訂元件將來都可以反覆使用，還可以利用巨集錄下繁複的操作步驟，再利用快速鍵就可以自動完成重複性高的排版過程，因此得以大幅提昇編輯文件的效率。

4-1 建立與管理建置組塊、巨集和控制項

「索引」主要用來摘錄長文件中的關鍵字，以方便我們快速查閱關鍵字在文件中所在的頁次；建立「索引」的方式有兩種，第一種是「單層次索引」，第二種是「多層次索引」，不論哪一種索引，事先必須完成關鍵字的「項目標記」，再利用「插入索引」的方式，完成索引的建置。

本單元的重點在於學習**索引的標記**以及**如何製作文件索引**，共分為下列四個主題：

- 建立與管理建置組塊
- 使用功能變數
- 建立與管理巨集
- 使用控制項

4.1.1 建立與管理建置組塊

您可以將常用的文字、圖片、表格、文件封面、浮水印以及頁首頁尾或是文件中的其他資料，設定成為「建置組塊」，以方便您在不同的文件中，反覆使用這些資料元素。

文字性質的**建置組塊**，其內容可以是專有名詞、提醒事項、一個句子、一段文字或整份文件。

建立建置組塊

開啟**文件**資料夾 \Word 2016 Expert 第 4 章練習檔 \4.1.1 建置組塊 .docx，設定文字**建置組塊**的步驟如下：

Step.1 選取第一頁黃色醒目提示文字「數位簽章可確保數位文件的有效性和真實性」文，點按**插入**索引標籤 \ **文字**群組 \ **快速組件** \ **儲存選取項目至快速組件庫**。

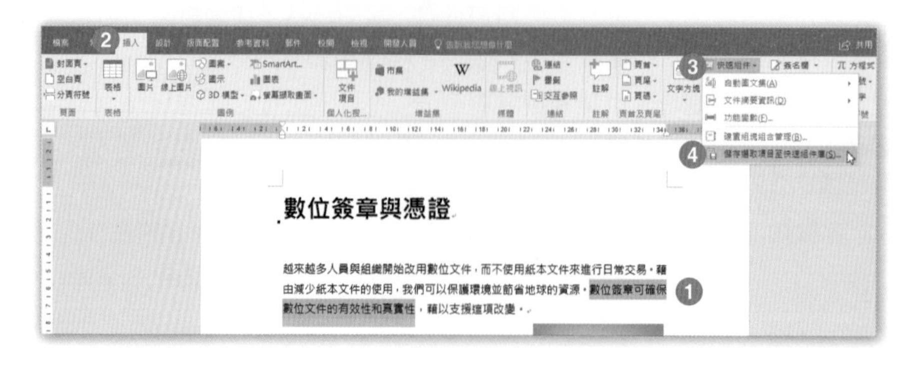

Step.2

在**建立新建置組塊**對話方塊的**描述**方塊中，輸入「數位簽章的用途說明」，再按下**確定**即可。

新建立的建置組塊被存入 Word 2016 的範本檔 Building.Blocks.dotx 之中。

如果要將表格、圖片、圖表、文件封面、浮水印以及頁首頁尾等內容設定成為**建置組塊**，其做法與文字型態的**建置組塊**完全相同，只是存放的**圖庫**有所差別而已。

以下是針對**建立新建置組塊**對話方塊中，各項設定的說明：

- 名稱：針對文字性質的建置組塊，Word 會自動擷取選取範圍的最前面 10 個字，來當作預設的名稱；您也可以自行輸入其他的名稱。
- 如果前面 10 個字中間包含標點符號，那麼 Word 只會擷取標點符號之前的字串，當作**名稱**的內容，而不會擷取到 10 個字的長度。
- 圖庫：**建置組塊**存放的位置，此處採用預設值「快速組件」。
- 類別：「一般」是預設選項，您也可以自訂類別。
- 描述：用來說明**建置組塊**的用途，也可以省略不打。
- 儲存於：**建置組塊**的儲存位置，Building.Blocks.dotx 是預設的範本檔。
- 選項：設定**建置組塊**在文件中的插入方式。

建置組塊插入到文件中的方式有三種：

- **只插入內容 (Word 預設值)**：文字和表格置於插入點的位置，圖片和文字方塊被置於文件中相對的位置。
- **插入內容到它自己的段落**：將建置組塊置於下一個段落的位置，其左右不會有任何資料。
- **插入內容到它自己的頁面**：將建置組塊置於新的一頁中。

管理建置組塊

建置組塊是可以編輯和刪除的，例如我們要刪除名為「數位簽章示意圖」的建置組塊，可依下列步驟來操作：

Step.1 點按**插入**索引標籤 \ **文字**群組 \ **快速組件**。

Step.2 在**快速組件圖庫**中的「數位簽章示意圖」項目上，按一下滑鼠右鍵，點選**組織與刪除**。

Step.3 在**建置組塊組合管理**對話方塊中，可以看到「數位簽章示意圖」建置組塊已是被選取的狀態，點按**刪除**按鈕，並在確認刪除的對話方塊中點按**是**，再點按**關閉**即可。

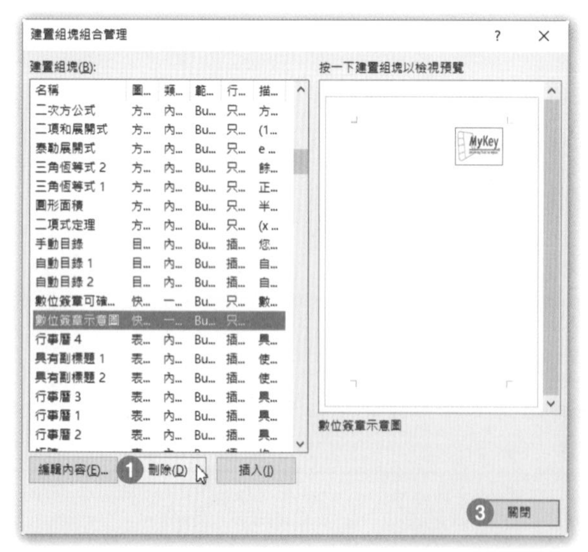

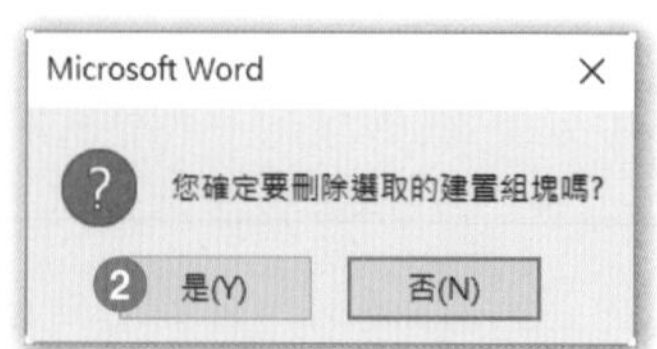

建置組塊的應用

Word 2016 提供了很多內建的**建置組塊**，可以直接套用在文件中。在**插入**索引標籤之下，您可以分別從**快速組件**、**文字方塊**、**表格庫**、**頁首**、**頁尾**、**頁碼**、**封面頁**、**浮水印**以及**自動圖文集**等圖庫中，點選需要的建置塊，即可直接插入到文件中。

請開啟**文件**資料夾 \Word 2016 Expert 第 4 章練習檔 \4.1.1 建置組塊的應用 .docx。

若要將頁碼圖庫中名為「拼貼 2」的建置組塊插入到文件頁尾，再將**快速組件**圖庫中名為「數位簽章可確保數位」的建置組塊插入到文件最後一頁「再次提醒：」的後面，請參考下列操作步驟：

Step.1 點按**插入**索引標籤 \ **頁首及頁尾**群組 \ **頁碼** \ **頁面底端**。

Step.2 捲動清單，並點選建置組塊「拼貼 2」。

Step.3 Word 會讓我們在**頁首頁尾**的環境之下檢視文件的頁碼，檢視完畢之後，點按**關閉頁首及頁尾**。

Step.4 插入點置於「再次提醒」之後，點按**插入**索引標籤 \ **文字**群組 \ **快速組件**，在**快速組件**圖庫中，點選名為「數位簽章可確保數位文」的建置組塊。

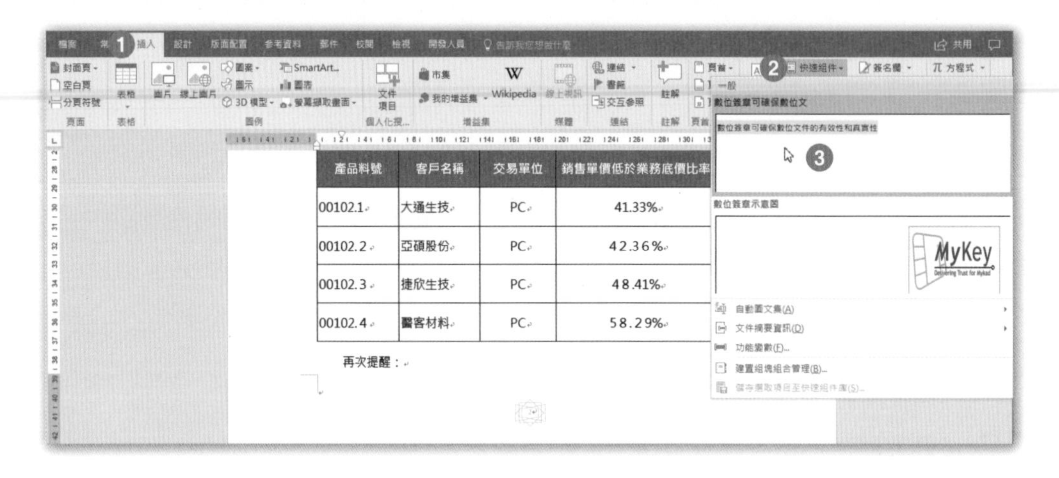

Step.5 完成之後的結果，如下圖所示。

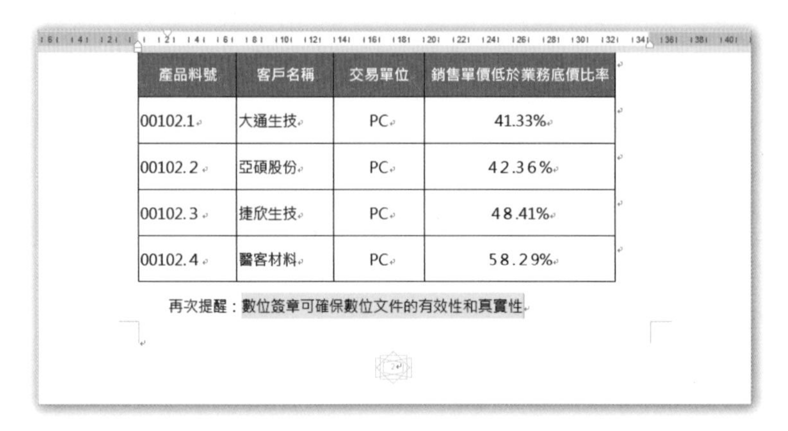

產品料號	客戶名稱	交易單位	銷售單價低於業務底價比率
00102.1	大通生技	PC	41.33%
00102.2	亞碩股份	PC	42.36%
00102.3	捷欣生技	PC	48.41%
00102.4	醫客材料	PC	58.29%

再次提醒：數位簽章可確保數位文件的有效性和真實性

4.1.2 建立與管理巨集

所謂「巨集」是使用 VBA(MicrosoftVisualBasicforApplication) 程式語言所撰寫的一段程序，它是一系列指令和按鍵的集合，目的是用來取代重複性高的人工作業 (例如，文字或段落的格式化、版面設定、表單的建置⋯等等)，以達到文件編輯自動化的目的。

為了讓本章介紹的各項操作能順利進行，請先務必確認「開發人員」索引標籤是否已安裝在 Word 2016 功能區之中。如果尚未安裝**開發人員**索引標籤，請點按**檔案**索引標籤 \ **選項** \ **自訂**功能區，在**自訂功能區**的命令清單中，勾選「開發人員」，再按下**確定**即可。

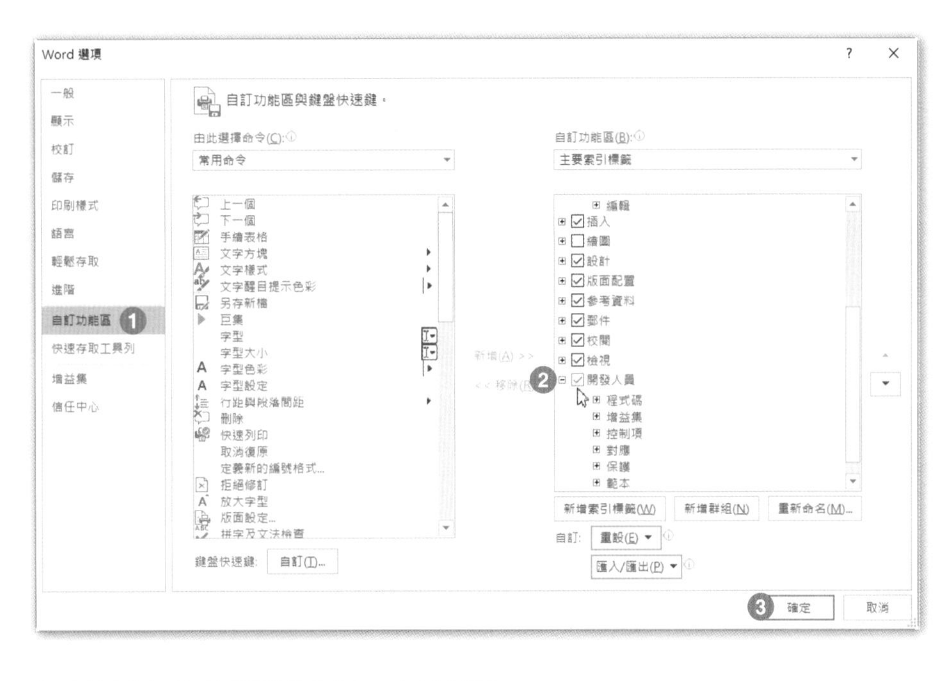

隨後即可在功能區中看到「開發人員」索引標籤。

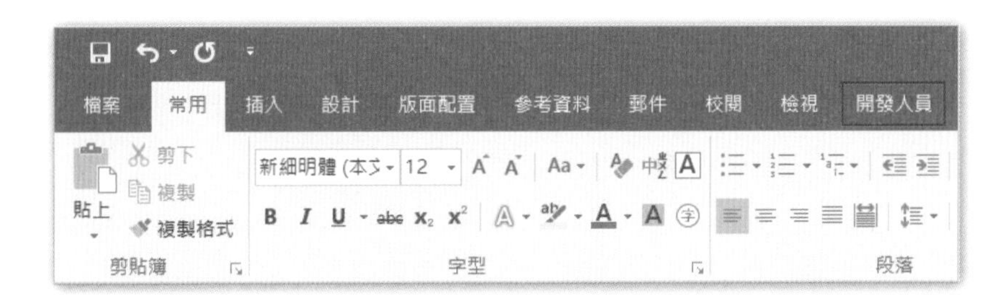

錄製和執行巨集

建立「巨集」最好的方法，就是從錄製巨集開始著手。在錄製巨集的過程中，Word 2016 會將您的操作步驟記錄下來並寫成 VBA 程式，以後就可以透過快速鍵或按鈕重複執行這個巨集，自動完成例行性的工作，要注意的是，內含巨集的檔案，必須儲存為「.docm」的檔案格式，您可以將巨集存到「Normal.dotm」的共用範本檔中，好讓其他文件也可以使用此一範本，或者只儲存到設定巨集的文件中，讓別的文件無法使用此巨集。

開啟**文件**資料夾 \Word 2016 Expert 第 4 章練習檔 \4.1.2 錄製巨集 .docm。

例如，要錄製一個名稱叫作「格式化段落」的巨集，能將段落格式化為：「第一行縮排 2 字元、1.5 倍行高、與前或後段距離均為 0.5 行」，並希望按下 Alt+Ctrl+9 時，就能自動執行這個巨集，但是限制此巨集只能用在「4.1.2 錄製巨集 .docm」文件中。

Step.1 插入點置於文件最上方的段落標記上，點按**開發人員**索引標籤 \ **錄製巨集**。

Step.2 在**錄製巨集**對話方塊中，輸入**巨集名稱**「格式化段落」，並在**將巨集儲存在**方塊中選擇「4.1.2 錄製巨集 .docm(文件)」，再按下**鍵盤**按鈕。

Step.3 在下左圖**自訂鍵盤**對話方塊中，按下「Alt+Ctrl+9」三個鍵，再按下**指定**按鈕，此時在下右圖**現用代表鍵**文字方塊中，可以看到「Alt+Ctrl+9」的字樣，按下**關閉**。

Step.4 點按**常用**索引標籤 \ **段落**群組 \ **段落設定**按鈕。

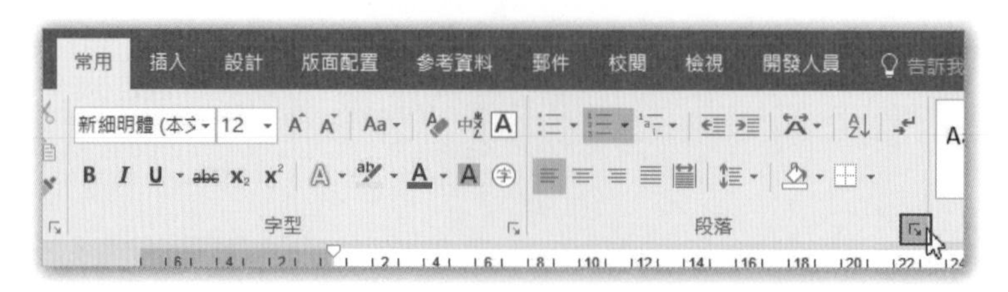

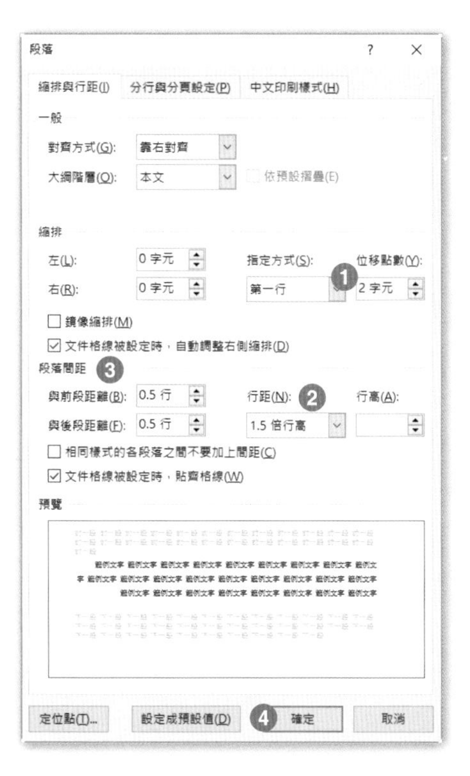

Step.5

在**段落**對話方塊中，依左圖完成「第一行縮排 2 字元、1.5 倍行高，與前、後段距離均為 0.5 行」的設定，再按下**確定**。

Step.6 點按**開發人員**索引標籤 \ **程式碼**群組 \ **停止錄製**。

Step.7 插入點置於第一段文字中，按下快速鍵 Alt+Ctrl+9，第一段的格式隨之變更。

數位簽章是巨集或文件中的一種電子加密驗證圖章，這個簽章可以確認巨集或文件來自簽章者，且未遭到更改。若要建立數位簽章，您必須要有簽章憑證，這會證明身分識別。當您傳送數位簽章的巨集或文件時，也會傳送您的憑證和公開金鑰。憑證是由憑證授權單位所發出，這和駕駛執照一樣，都可能遭撤銷。憑證的有效期通常是一年，到期時，簽章者就必須更新，或取得新的簽章憑證，來證明身分識別。

簽章欄就像是在印刷文件中，典型的簽章預留位置，但是用法不同。在 Office 檔案中插入簽章欄時，作者可以指定預定簽章者的資訊，以及對簽章者的指示。將檔案的電子複本傳送給預定簽章者時，他會看到簽章欄和要求簽章的通知。

➤ 設定巨集快速鍵時，自行組合的按鍵不可與 **Word** 內建的快速鍵相衝突。例如，我們設定「**Ctrl+2**」為巨集的快速鍵，當您按下指派時，在現用代表鍵清單方塊的下方，會出現「目前指定於 :**SpacePara2**」的提示訊息，此時，請您換一組按鍵，直到該處沒有任何訊息出現為止。

➤ 執行巨集時，您也可以點按**開發人員**索引標籤 **\ 程式碼**群組 **\ 巨集**。在**巨集**話方塊中，點選名為「格式化段落」的巨集，再按下**執行**即可。

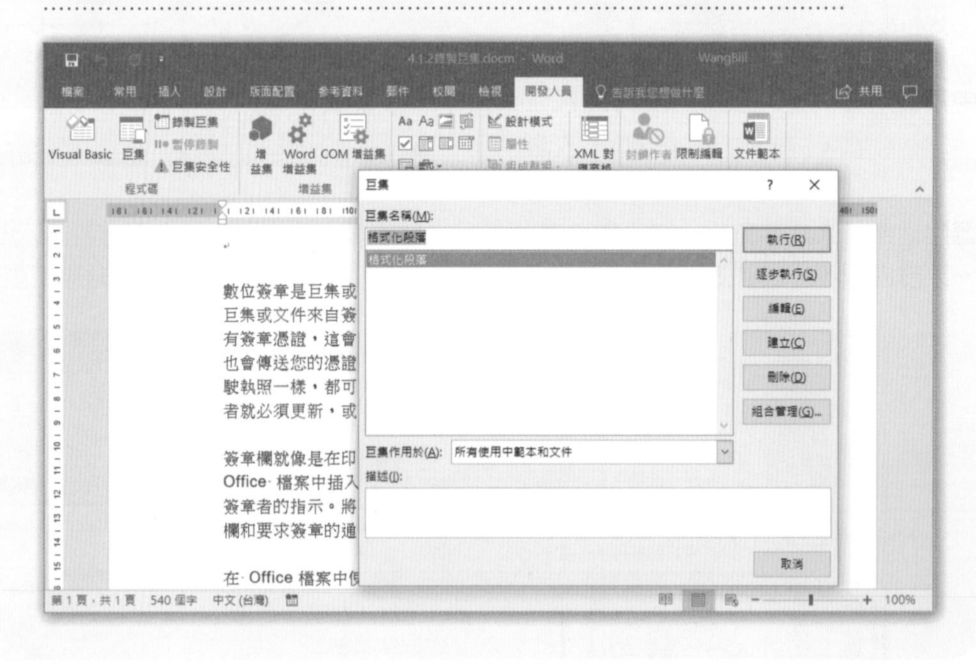

➤ 若要檢視巨集自動寫好的程式碼，可以點按**開發人員**索引標籤 \ **程式碼**群組 \ **巨集**，在**巨集**對話方塊中，按下**編輯**。

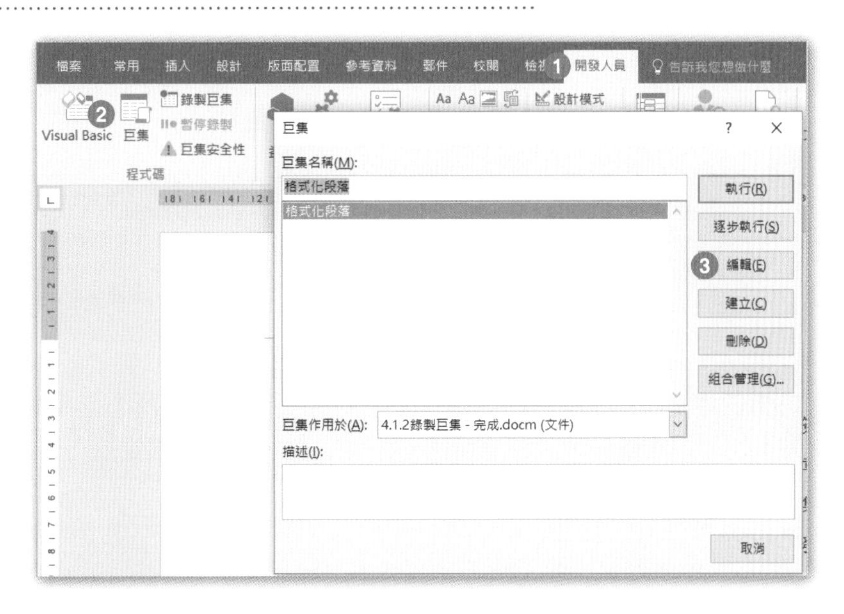

自動產生的 VBA 程式碼，如下圖所示，按下左邊的 Word 圖示，即可回到文件的操作畫面。

設定巨集安全性

在網路盛行的時代，我們時常會擔心透過 E-mail 傳送過來的文件內藏惡意程式，巨集就是一個很好的病毒藏身之處。因此，Word 提供了四種方式，用來控制巨集的安全性。設定巨集安全性的方法如下：

Step.1 點按**開發人員**索引標籤 \ **程式碼**群組 \ **巨集安全性**。

Step.2 在**信任中心**對話方塊中，可以看到 Word 預設選項為「停用所有巨集 (事先通知)」，可以視情況選擇最適合的安全性選項，再按下**確定**即可。

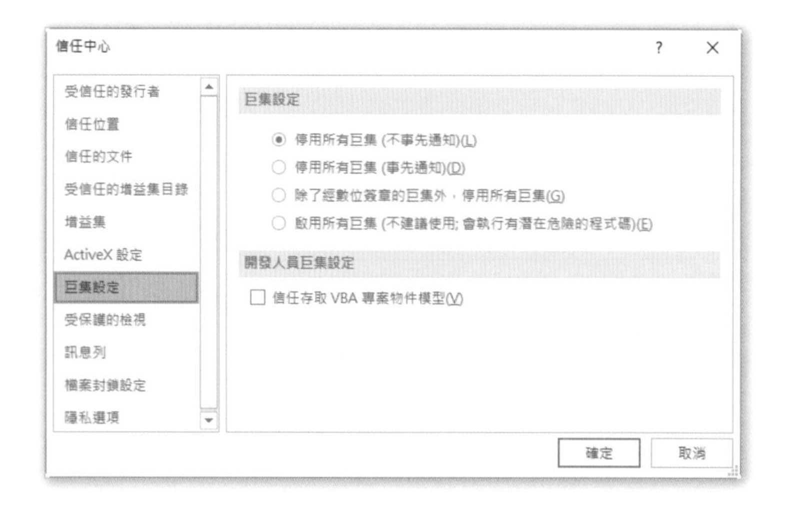

以下是**巨集設定**四個選項的說明：

- **停用所有巨集 (** 不事先通知 **)**：停用巨集及巨集相關的安全性警訊。
- **停用所有巨集 (** 事先通知 **)**：停用巨集，但巨集出現時仍會出現安全性警訊。
- **除了經數位簽章的巨集外，停用所有巨集**：停用巨集，但巨集出現時仍會出現安全性警訊；如果巨集是由您信任的發行者進行數位簽署，即會執行巨集；若您並未信任該發行者，系統會通知您啟用已簽署的巨集並信任該名發行者。
- **啟用所有巨集 (** 不建議使用；會執行有潛在危險的程式碼 **)**：執行所有巨集；但是您的電腦容易受到潛在惡意程式碼的攻擊。

透過快速存取工具列執行巨集

一般執行巨集的方式，是點按**開發人員**索引標籤 \ **程式碼**群組 \ **巨集**，在**巨集**對話話方塊中，按下**執行**按鈕。

Word 提供了更有效率執行巨集的方式，讓我們可以將錄製完成的巨集，以按鈕的形式放在**快速存取工具列**中，除了可以輕鬆地執行巨集，同時也能在其他文件中執行該巨集，這也是執行巨集最簡便的方式。

例如，要將前一節中的巨集「格式化段落」變成一個按鈕圖示，並置於快速存取工具列中，以方便我們使用。

開啟**文件**資料夾 \Word 2016 Expert 第 4 章練習檔 \4.1.2 用按鈕執行巨集 .docm。

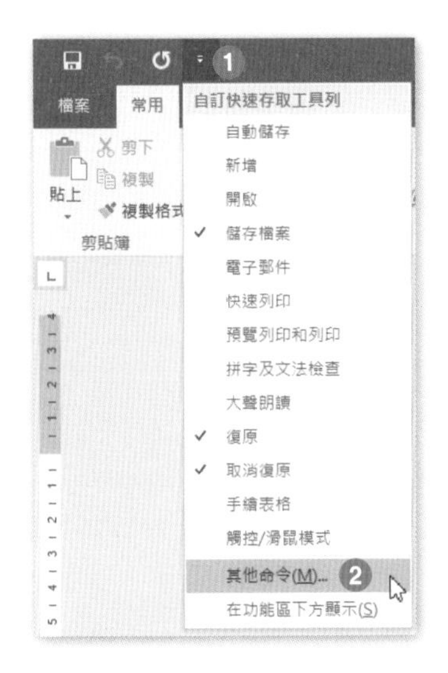

Step.1 點按**快速存取工具列 \ 自訂快速存取工具列 \ 其他命令**。

Step.2 進入 Word **選項**對話方塊，在**由此選擇命令**清單中，選取「巨集」；並在清單中點選「ProjectNewMacros 格式化段落」，按下**新增**。

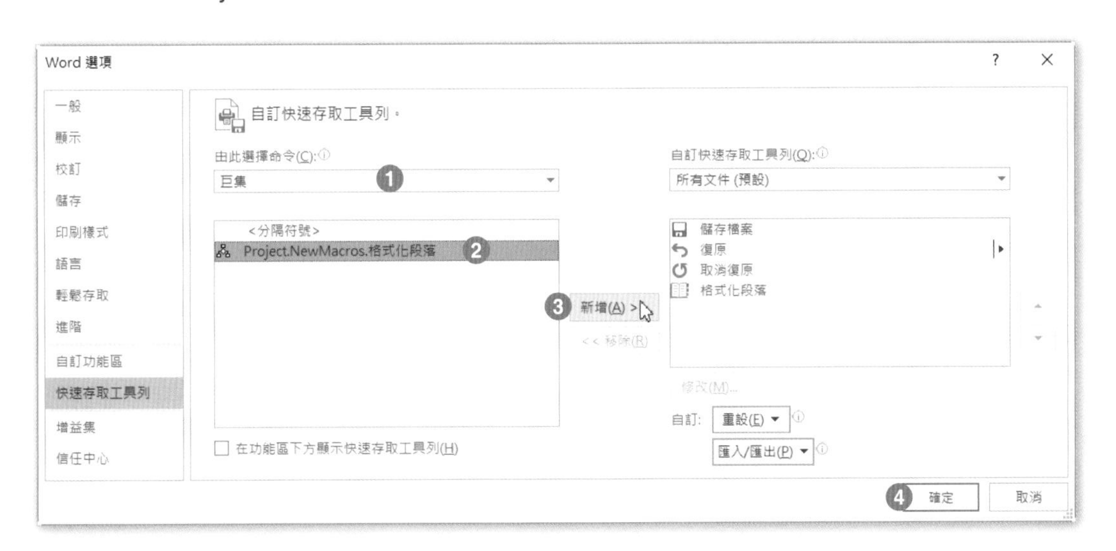

Step.3 在下圖中，按下**修改**，接著出現了**修改按鈕**對話方塊。

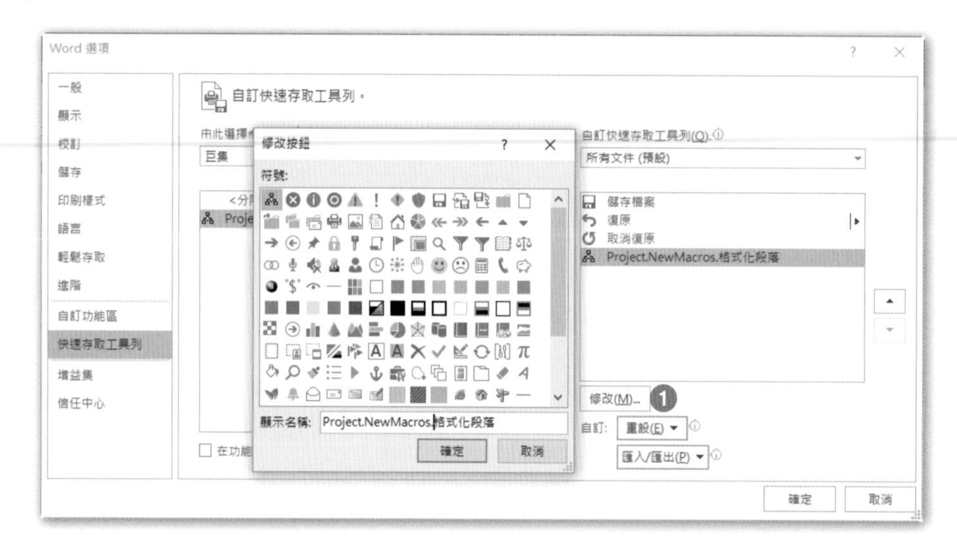

Step.4

在**修改按鈕**對方塊中，選取適當的按鈕圖示，並將**顯示名稱**改為「格式化段落」，按下**確定**。

Step.5 回到 Word **選項**對話方塊，按下**確定**。

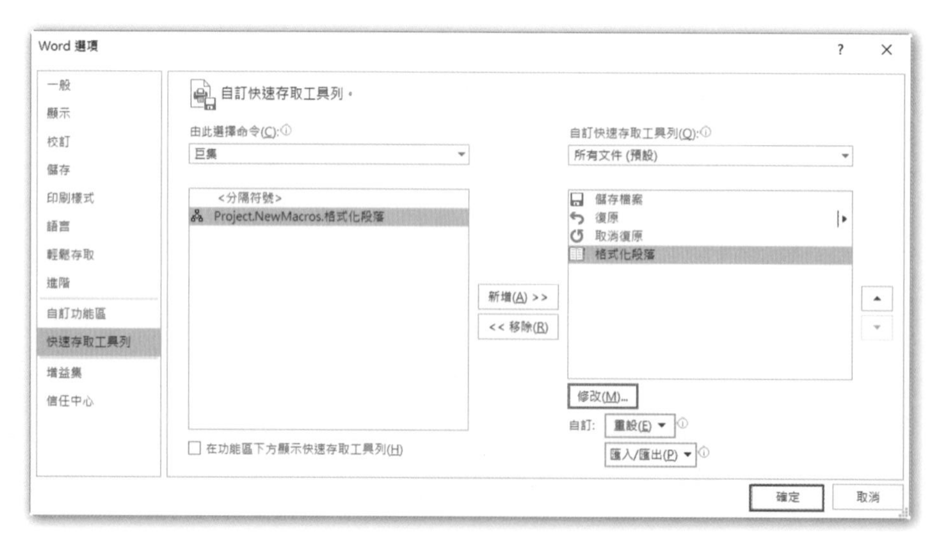

Step.6 回到文件中，在**快速存取工具列**中，可以看到名為「格式化段落」的按鈕。

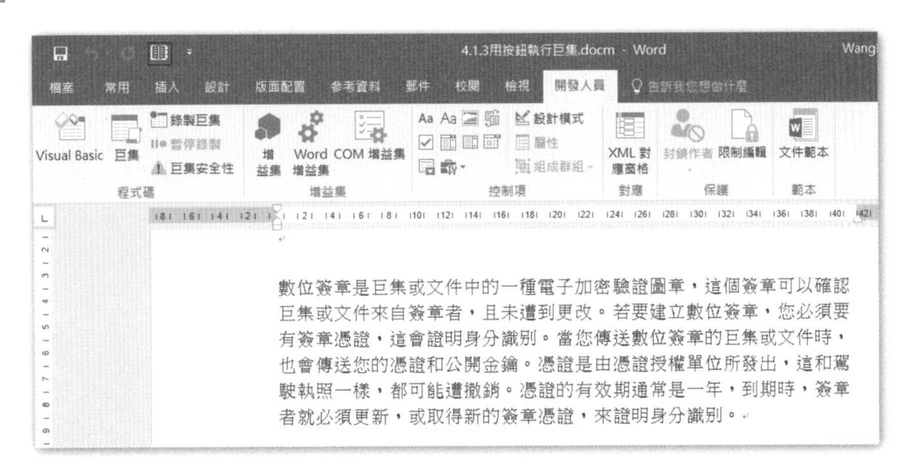

Step.7 插入點置於第一段文字中，點按快速存取工具列中的「格式化段落」按鈕，第一段文字即完成編排的工作。

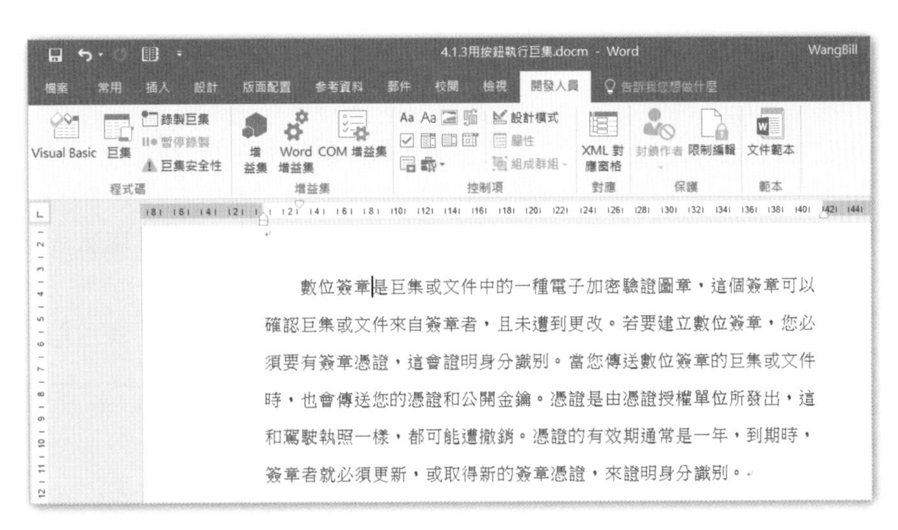

4.1.3 使用功能變數

在文件中使用**功能變數**可讓您精確地規範文件中應輸入或顯示的文字、數字、日期的內容或格式。功能變數其實是 Word 2016 快速組件中的的重要元件。

Word 提供了許多內建的功能變數，讓我們直套用在文件中，或者加入各種參數數來使用。例如，您可以將功能變數應用在插入頁碼、建立目錄、建立索引或者插入使用者姓名縮寫以及合併列印的欄位。

插入功能變數

開啟**文件**資料夾 \Word 2016 Expert 第 4 章練習檔 \4.1.3 使用功能變數 .docx，文件內容為單頁信件，如下圖所示：

日期：

親愛的

在 [插入] 索引標籤上的圖庫，包含專為調整文件的整體外觀而設計的項目。您可以使用這些圖庫來插入表格、頁首、頁尾、清單、封面或其他文件建置組塊。當您建立圖片或圖表時，也會與目前的文件外觀協調一致。

在 [常用] 索引標籤上的 [快速樣式] 庫中，為選取的文字選擇外觀，就能輕易地變更文件中選取文字的格式設定。您也可以使用 [常用] 索引標籤的其他控制項，來直接設定文字格式。多數控制項可以選擇使用目前佈景主題的外觀，或是使用您直接指定的格式。

若要變更文件的整體外觀，請在 [版面配置] 索引標籤上選擇新的 [佈景主題] 元素。若要變更快速樣式庫提供的外觀，請使用 [變更目前快速樣式集] 命令。佈景主題庫和快速樣式庫都提供重設命令，因此隨時可以將您的文件外觀還原成目前範本的原始狀態。

Eric Wang

現在要在信件中，利用**功能變數**完成下列三項工作：

- 在信件開頭「日期：」右邊插入名為「SaveDate」的功能變數，日期格式為「yyyy 年 M 月 d 日星期 W」。
- 在信件上方「親愛的」右邊插入名為「MergeField」的功能變數。
- 在信件最下方「Eric Wang」之下的段落標記處，插入名為「UserInitials」的功能變數，姓名縮寫為大寫「ew」。

Step.1 在信件開頭「日期：」右邊點按一下。

Step.2 點按**插入**索引標籤 \ **文字**群組 \ **快速組件** \ **功能變數**。

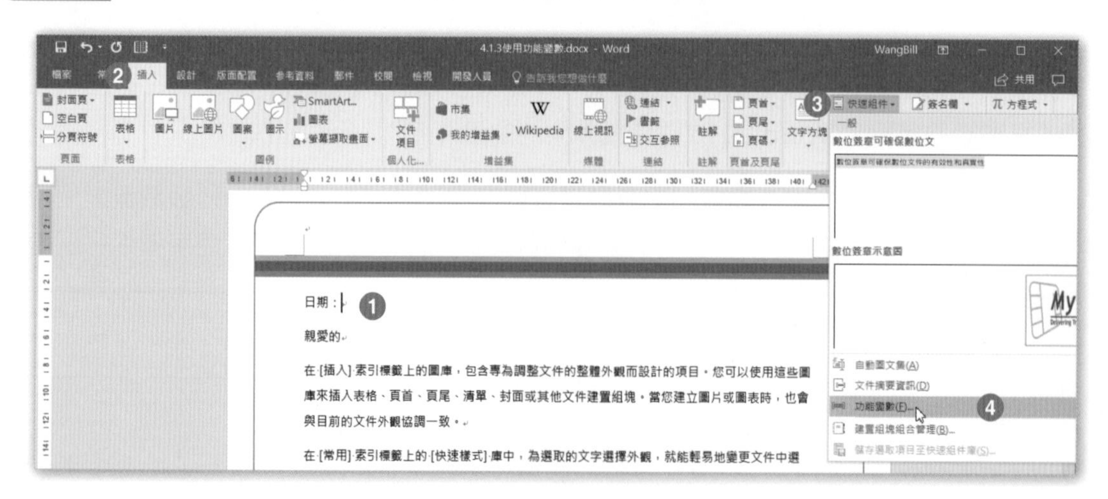

Step.3 在**功能變數名稱**清單中，點選「SaveDate」功能變數，在**日期格式**清單中點選「2017 年 11 月 1 日星期三」的格式，Word 會在上方帶出「yyyy 年 M 月 d 日星期 W」的格式設定，按下**確定**。

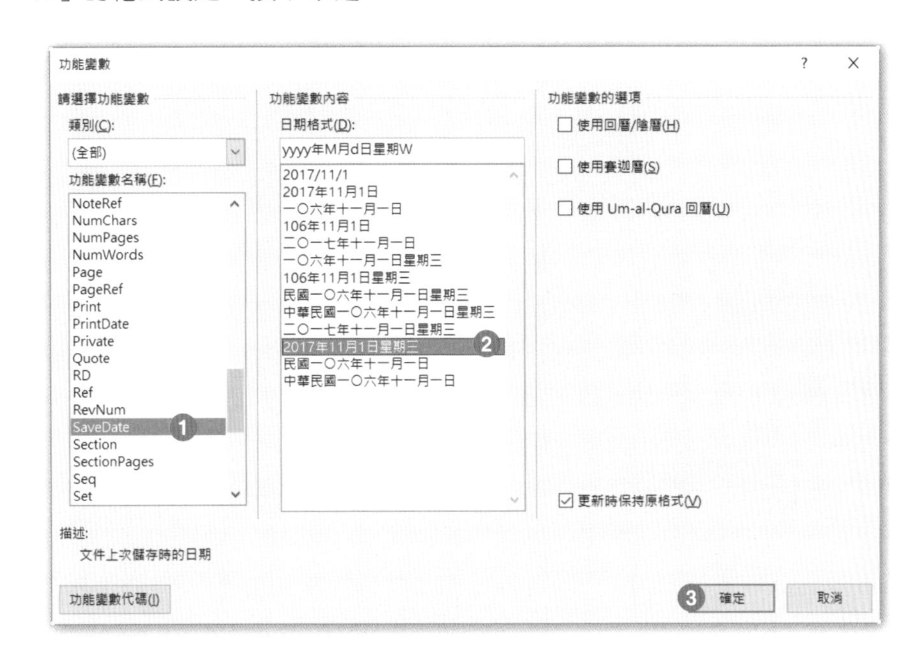

Step.4 在文件上方「日期：」欄位的右邊，可以看到插入的日期內容。

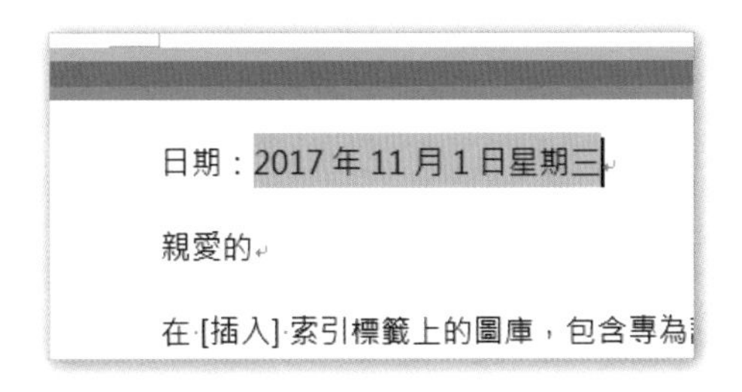

Step.5 「親愛的」右邊點按一下，點按**插入**索引標籤 \ **文字**群組 \ **快速組件** \ **功能變數**。

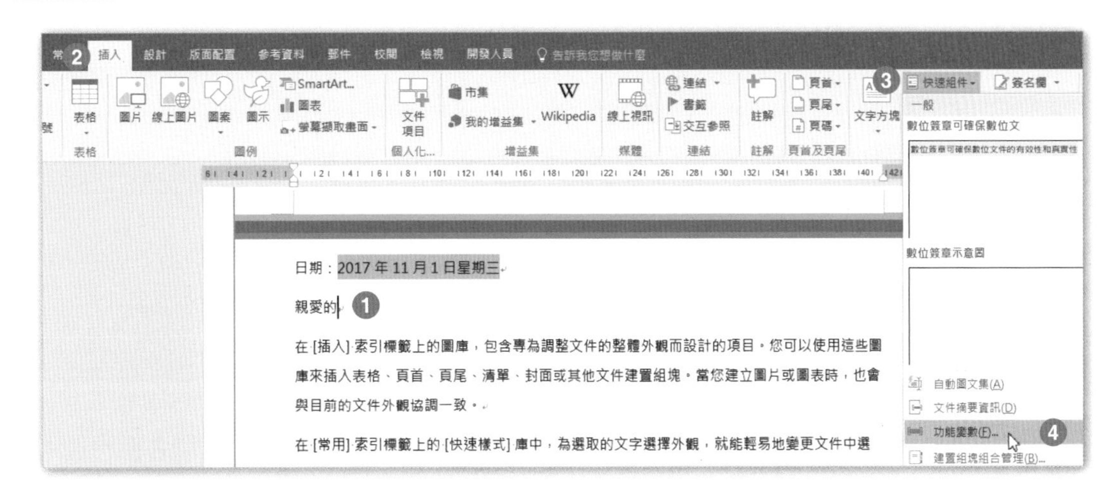

Step.6 在**功能變數名稱**清單中，點選「MergeField」功能變數，在**欄位名稱**方塊中輸入「客戶的姓名」，按下**確定**。

Step.7 在「親愛的」欄位右邊，出現了「客戶的姓名」功能變數。

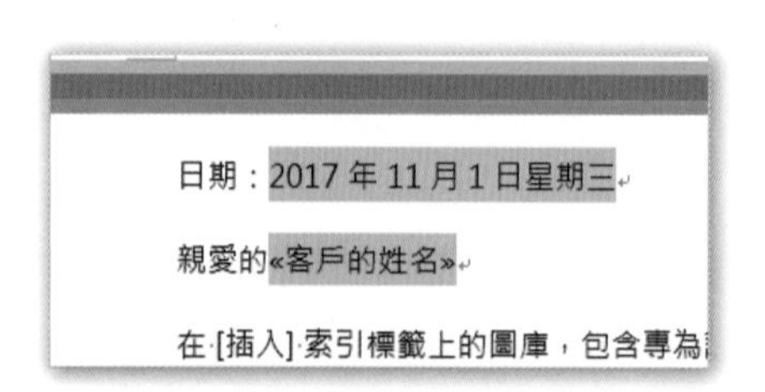

Step.8 插入點置於信件下方「Eric Wang」之下的段落標記處，點按**插入**索引標籤 \ **文字**群組 \ **快速組件** \ **功能變數**。

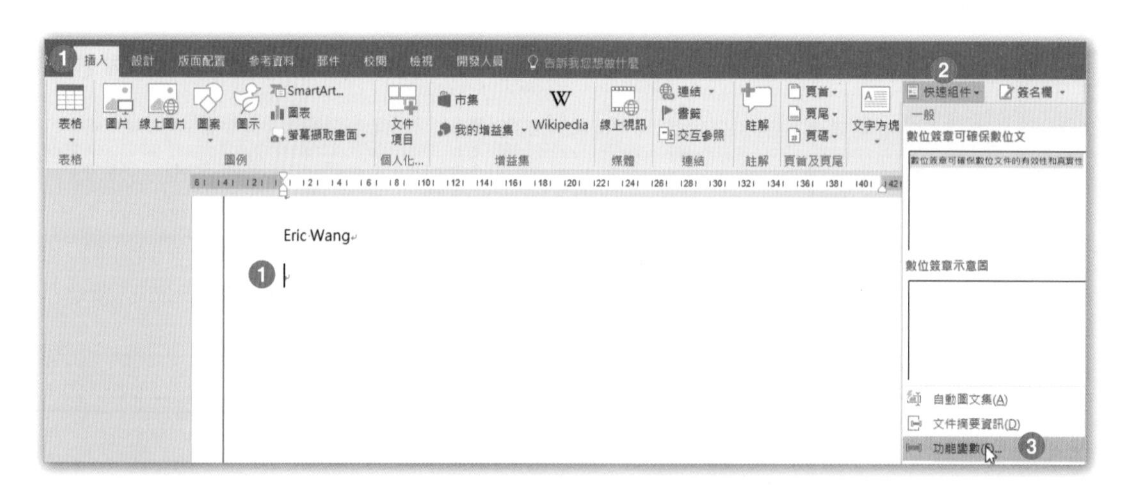

Step.9 在**功能變數名稱**清單中，點選「UserInitials」功能變數，在**新的縮寫名稱**方塊中輸入「ew」，再點選**格式**清單中的「大寫」，按下**確定**。

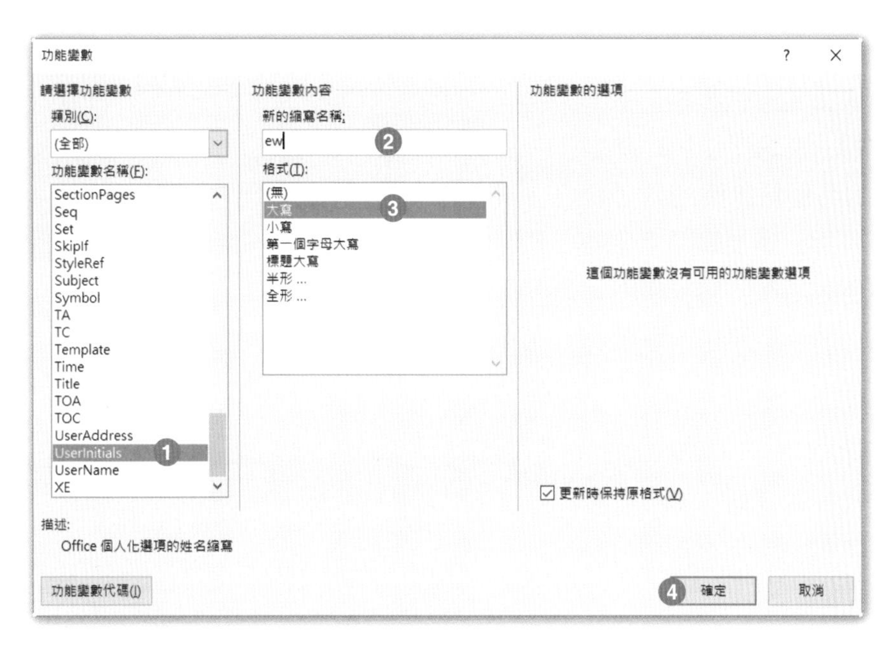

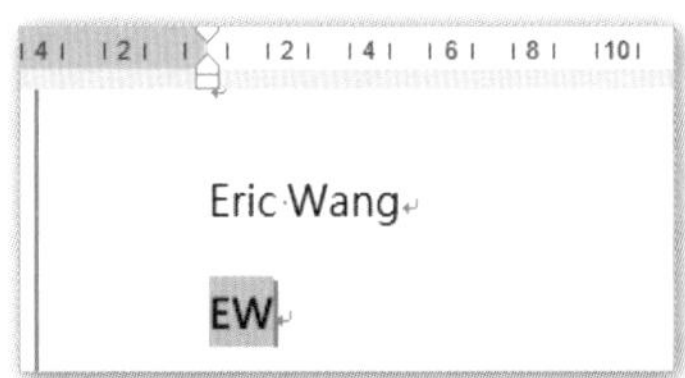

Step.10 在文件左下方，出現了「EW」功能變數。

顯示功能變數與功能變數代碼

如果沒有看到**功能變數**灰色的網底，可以依照下列步驟來顯示**功能變數**的灰色網底：

Step.1 點按**檔案**索引標籤 \ **選項**。

Step.2 在 Word **選項**對話方塊中，點選**進階**，捲動畫面至「顯示文件內容」的標題之下，在**功能變數網底**的選單中選取「自動顯示」，按下**確定**即可。

如果要顯示**功能變數**背後的「功能變數代碼」，可以在功能變數之上，按下滑鼠右鍵，點選「切換功能變數代碼」，即可看到完整的「功能變數代碼」內容。若要關閉「功能變數代碼」回到原來的功能變數，只要再點按一下「切換功能變數代碼」即可。

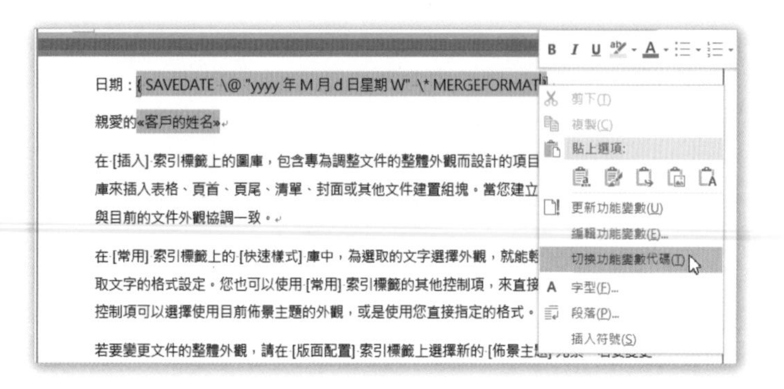

按下 Alt+F9 鍵，可以一次展現文件中所有的**功能變數代碼**，如右圖所示；再按一次 Alt+F9 鍵，即可還原成原來的功能變數。

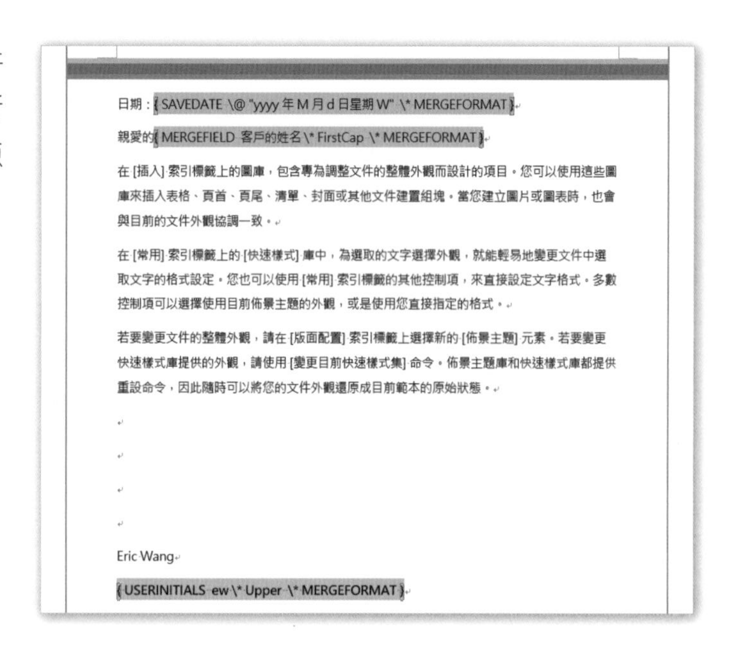

編輯功能變數

對於完成設定的功能變數，可以隨時調整局部的功能，例如要將前述「親愛的」欄位右邊的功能變數「客戶的姓名」設定成為自動將英文姓名中的第一個字母變成大寫，可以依照下列步驟進行調整：

Step.1 在功能變數「客戶的姓名」上，按下滑鼠右鍵，點選**編輯功能變數**。

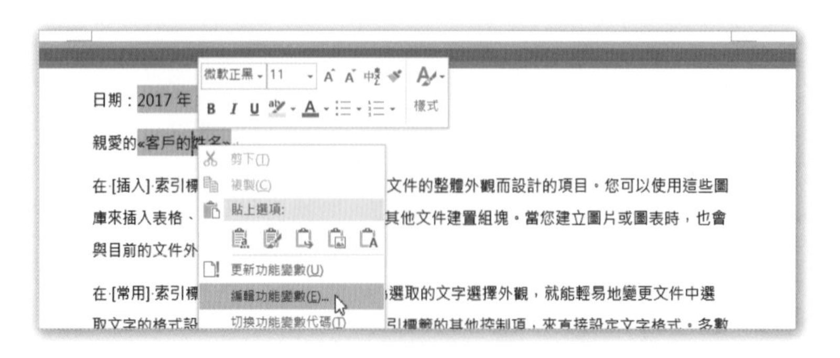

Step.2 在**功能變數**對話方塊的**格式**清單中，點選「第一個字母大寫」，按下**確定**即可。

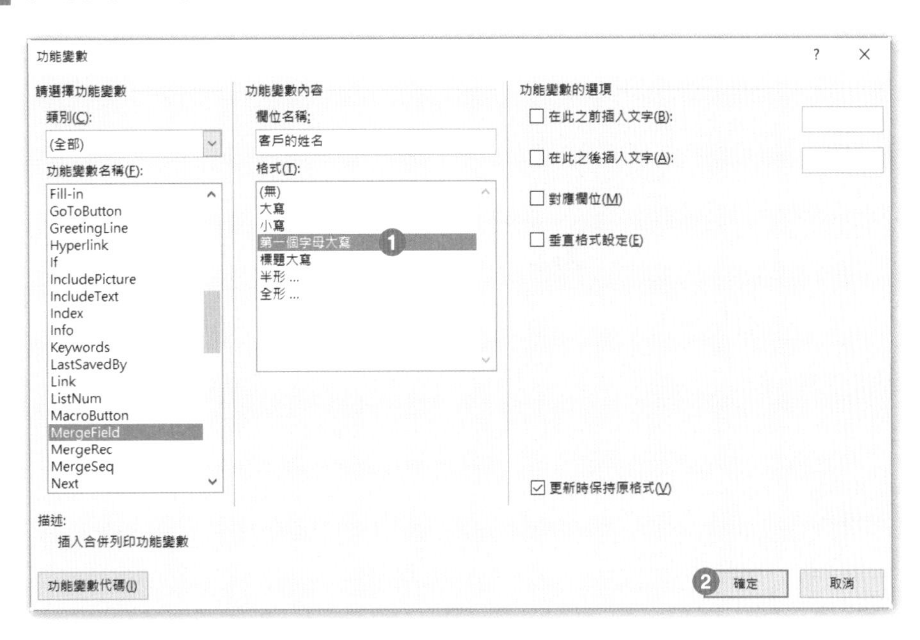

4.1.4 使用控制項

您可以使用 Word 2016 的「控制項」建立各種樣式的表單，用來蒐集特定的資料。表單的格式可以是發票、收據、人事資料表、訂單、意見調查表…等等。Word 2016 也提供了非常多樣化的表單範本，我們可以透過下列方式到網路下載各式的表單範本：

點按**檔案**索引標籤 \ **新增**，在**新增**的尋找方塊中輸入「表單」，按下搜尋按鈕之後，在列出的各式表單中，點選需要的表單，再點按**下載**即可。

在表單中可以使用的控制項包括了：

- **RTF 內容控制項**：可以將文字格式化為粗體、斜體以及其他各種格式，允許輸入多個段落的文字，還可以插入表格或圖片。

- **純文字內容控制項**：可以將文字格式化為粗體、斜體以及其他格式，只能輸入一段文字，可以強迫分行，但不能分段；適合輸入單純的人名、地址、公司名稱等文字資料。

- **圖片內容控制項**：可以內嵌 logo、圖片並格式化圖片。

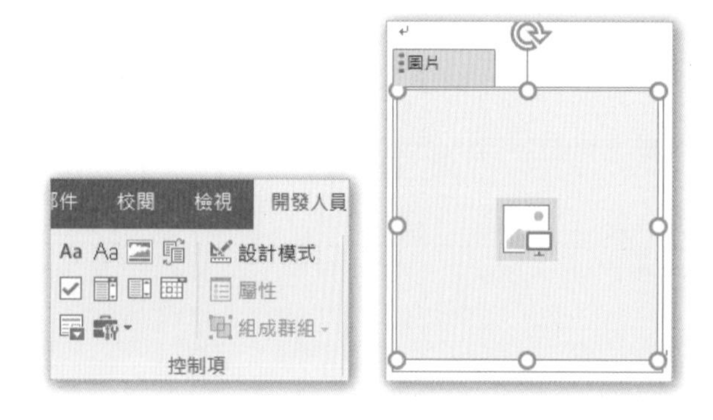

- **建置組塊內容控制項**：可以插入快速組件圖庫中的任何建置組塊。

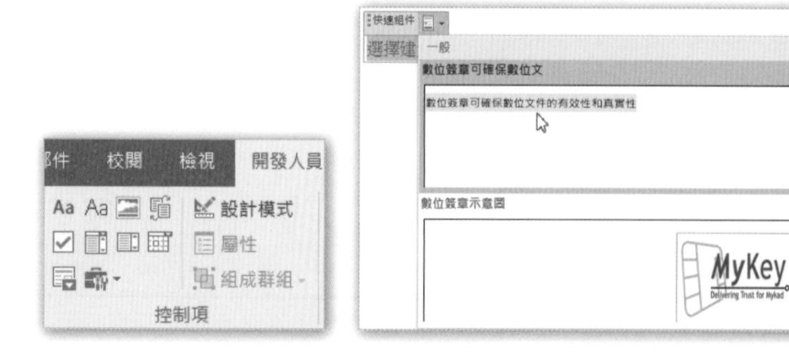

➤ **核取方塊內容控制項**:例如表單中的性別欄就很適合使用核取方塊來選擇「男」或「女」。

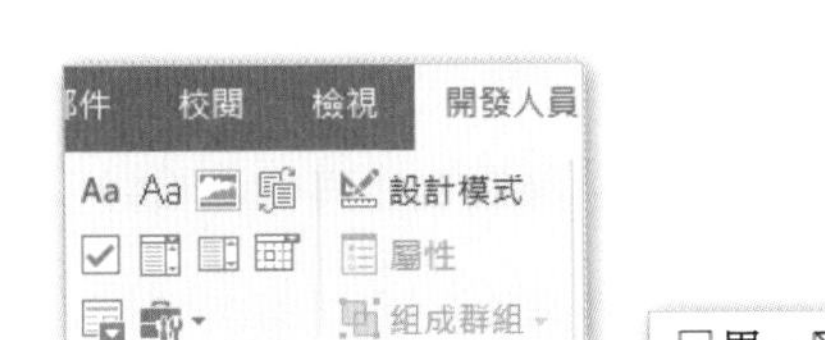

➤ **下拉式方塊內容控制項**:下拉式選單,可以用選取的方式輸入資料,同時也可以用人工的方式輸入資料。

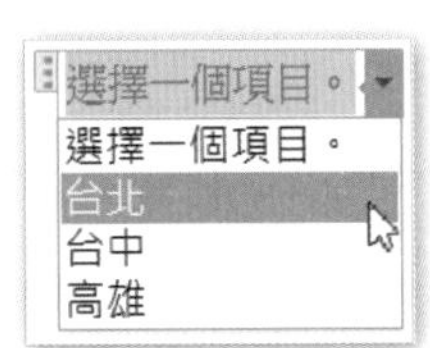

➤ **下拉式清單內容控制項**:下拉式選單,只能用選取的方式輸入資料,不能用人工的方式輸入資料。

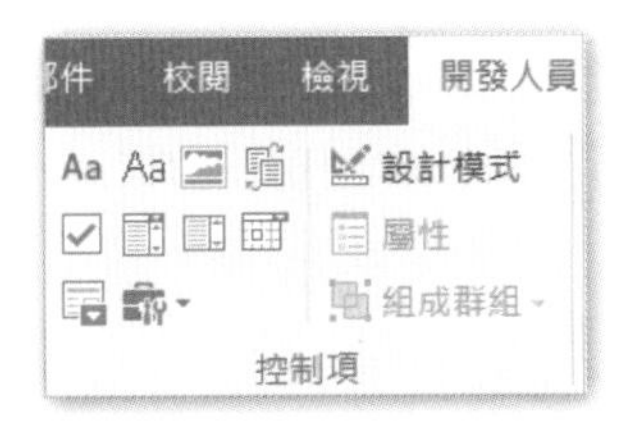

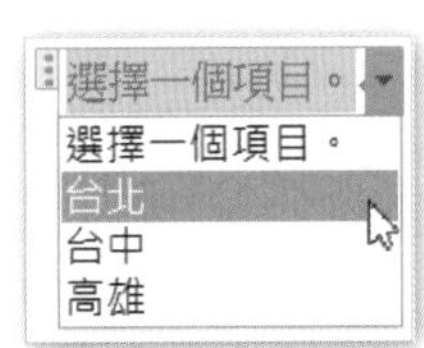

➤ **日期選擇器內容控制項**:透過萬年曆選取並輸入日期。

➤ **重複區段內容控制項**:插入的資料可以利用控制項右下方的「+」按鈕,一再重複插入相同的內容。

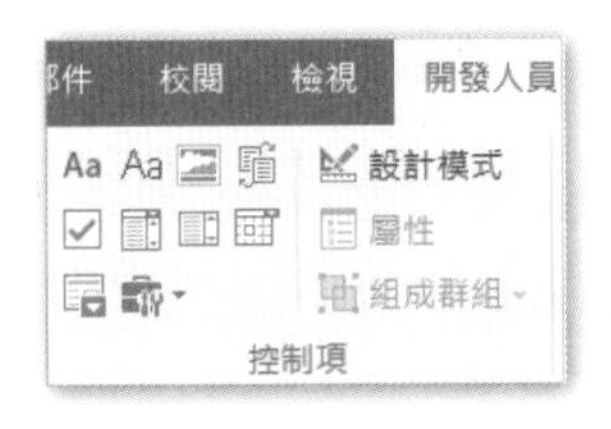

輸入要重複的任何內容,包括其他內容控制項。控制項,以便重複部分的表格。

要在表單使用以上的控制項，必須透過下列方式啟用**開發人員**索引標籤，才能看到這些控制項工具：

Step.1 在 Word 2016 中點按「自訂快速存取工具列」按鈕，點選清單中的**其他命令**。

Step.2 在 Word **選項**對話方塊中，點選「自訂功能區」，在右邊選單中勾選「開發人員」，按下**確定**。

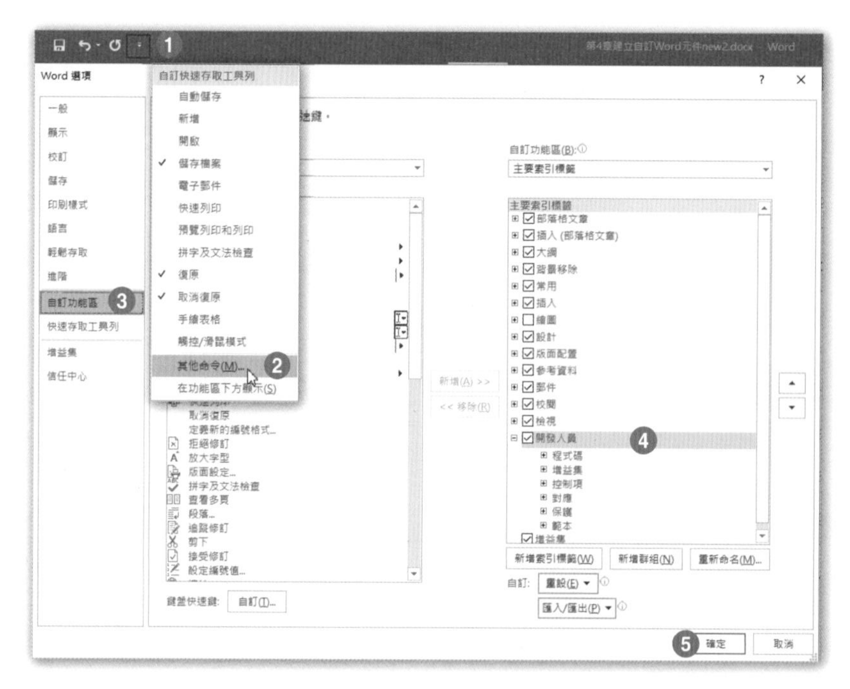

每一個內容控制項的**屬性**都可以變更。例如，**日期選擇器內容控制項**，就提供了用來顯示各種日期格式的選項，調整日期控制項屬性的方法如下：

Step.1 點按一下您要變更的**日期選擇器內容控制項**。

Step.2 在**開發人員**索引標籤 \ **控制項**群組 \ **屬性**，然後變更如右圖的屬性項目即可。

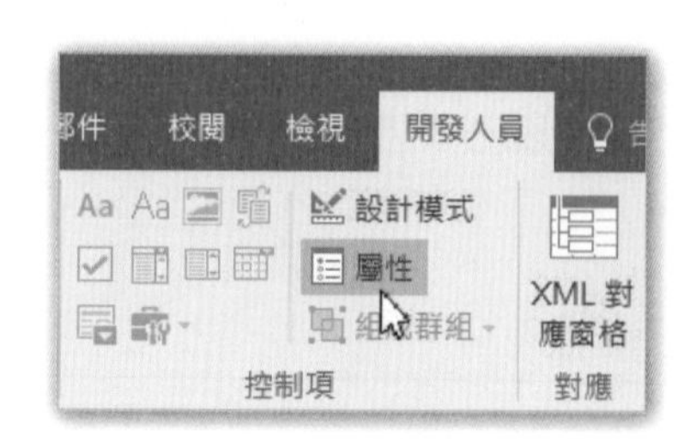

在文件中插入控制項

開啟**文件**資料夾 \Word 2016 Expert 第 4 章練習檔 \4.1.4 使用控制項 .docx，下圖是文件的部份內容。

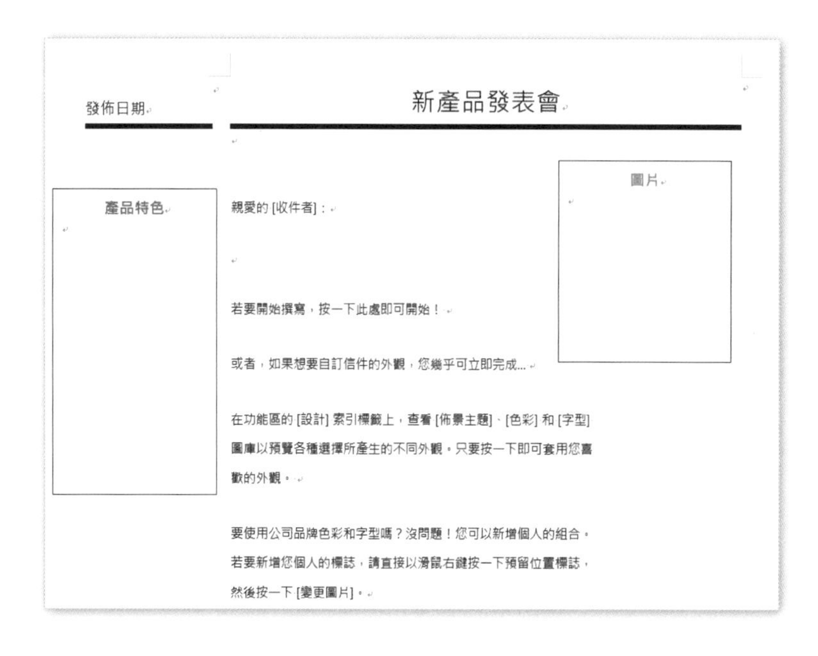
發佈日期
新產品發表會
產品特色
圖片
親愛的 [收件者]：
若要開始撰寫，按一下此處即可開始！
或者，如果想要自訂信件的外觀，您幾乎可立即完成...
在功能區的 [設計] 索引標籤上，查看 [佈景主題]、[色彩] 和 [字型] 圖庫以預覽各種選擇所產生的不同外觀。只要按一下即可套用您喜歡的外觀。
要使用公司品牌色彩和字型嗎？沒問題！您可以新增個人的組合。若要新增您個人的標誌，請直接以滑鼠右鍵按一下預留位置標誌，然後按一下 [變更圖片]。

這是一份新產品表會的信件，為了讓輸入的資料有所規範，要在其中使用控制項完成下列工作：

- 在信件左上方「發佈日期」的右側插入一個**日期選擇器內容控制項**，並輸入今天的日期。
- 在信件左方文字方塊中的標題文字「產品特色」下方插入一個**純文字內容控制項**，並在其中輸入「創新、高 CP 值」。
- 在信件右方文字方塊中的標題文字「圖片」下方插入一個**圖片內容控制項**，不需要另外再插入圖片。

Step.1 插入點置於信件左上方「發佈日期」文字的右側，點按**開發人員**索引標籤 \ **控制項**群組 \ **日期選擇器內容控制項**。

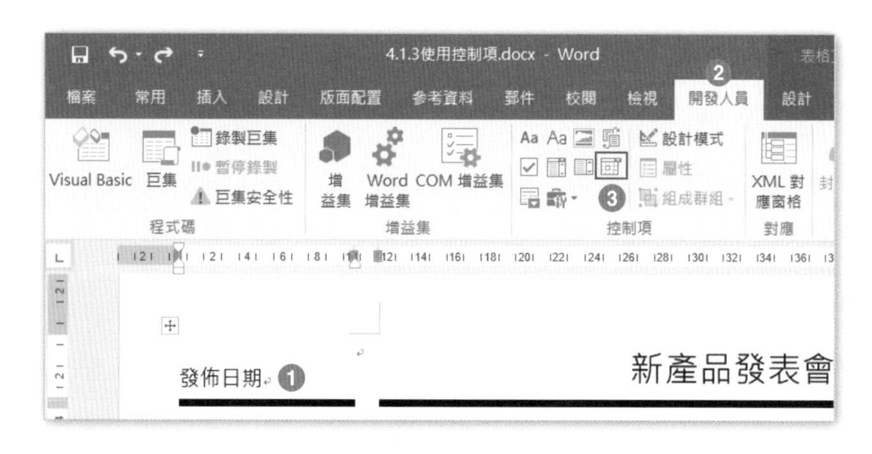

Step.2
按下控制項右下方的按鈕，點按日曆中的「今天」按鈕，自動輸入成為如左圖的日期。

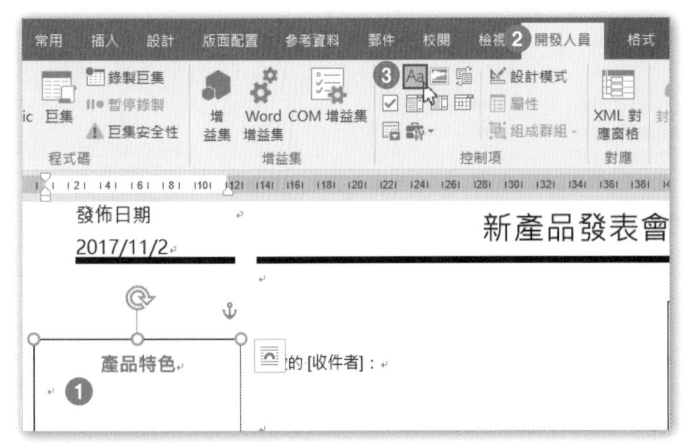

Step.3
插入點置於文字方塊標題文字「產品特色」的下方，點按**開發人員**索引標籤 \ **控制項**群組 \ **純文字內容控制項**。

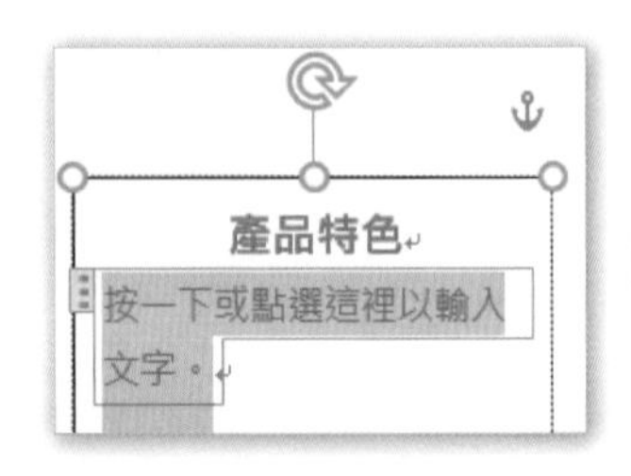

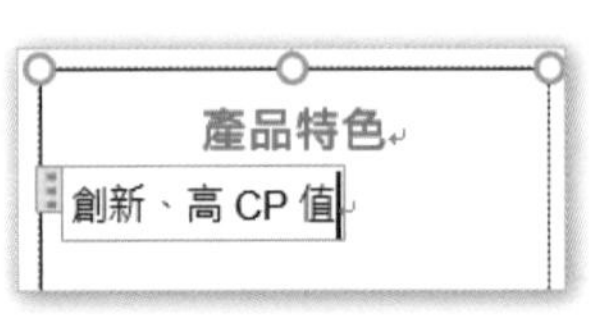

Step.4
插入**純文字內容控制項**之後，在其中輸入「創新、高 CP 值」。

Step.5　插入點置於下左圖右側文字方塊標題文字「圖片」的下方，點按**開發人員**索引標籤 \ **控制項**群組 \ **圖片內容控制項**，插入**圖片內容控制項**之後，成為如右下圖的結果。

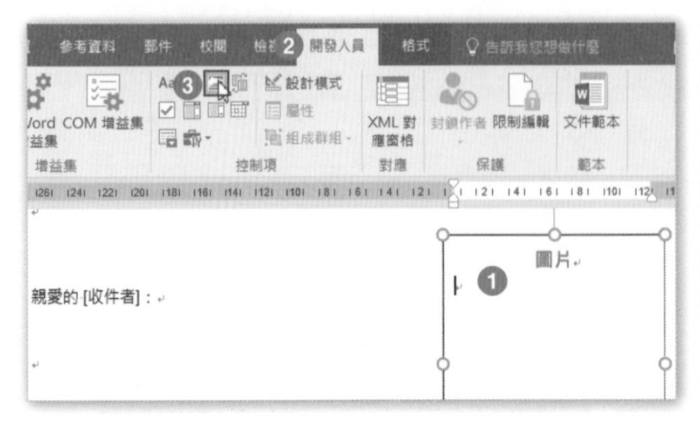

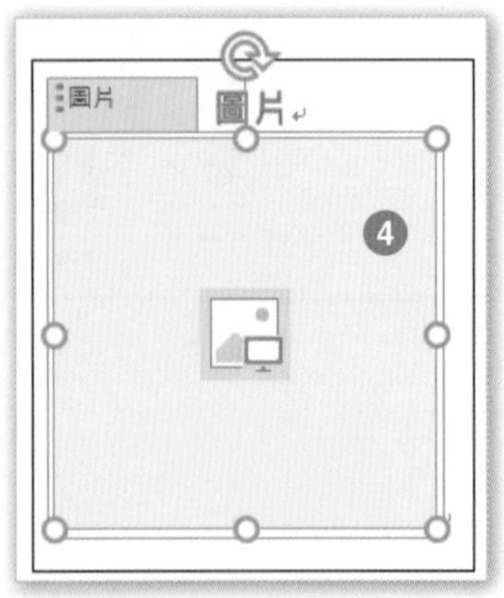

若要刪除控制項，請在控制項中按下滑鼠右鍵，點選「刪除內容控制項」即可。

改變控制項屬性

您可以改變控制項的屬性，來調整控制項的外觀或輸入方式。例如，我們可以將控制項加上標題文字或者標籤，以增加控制項的辨識度；也可以將**純文字內容控制項**設定成為可以換行輸入文字，或者將**圖片內容控制項**加上指定的邊框。

開啟**文件**資料夾 \Word 2016 Expert 第 4 章練習檔 \4.1.4 改變控制項屬性 .docx，下圖是文件的部份內容：

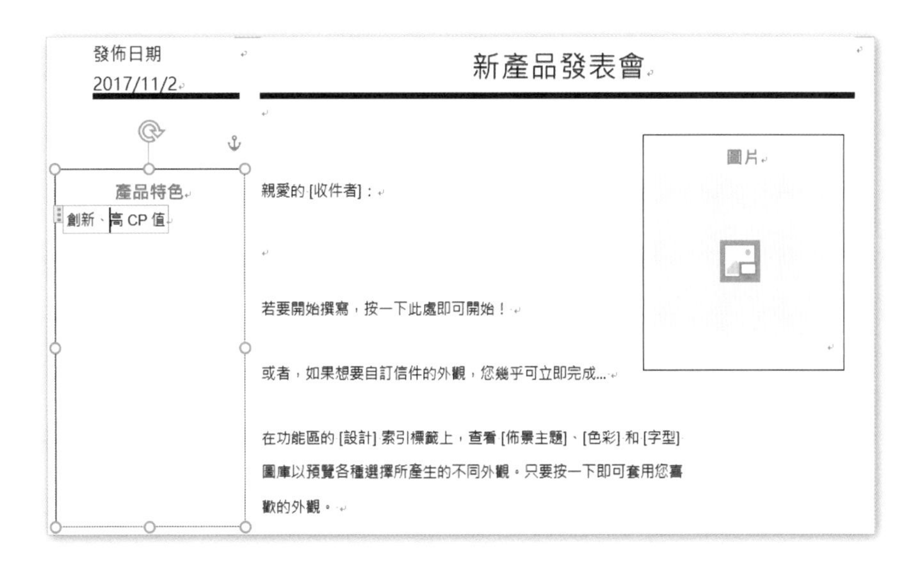

請完成以下的控制項屬性的改變：

- 將文字方塊標題文字「產品特色」的下方的**純文字內容控制項**加上標題文字「新產品特色」，套用粉紅色外框，同時設定成為可以換行輸入文字。
- 將**圖片內容控制項**套用「金屬圓角矩形」的邊框。

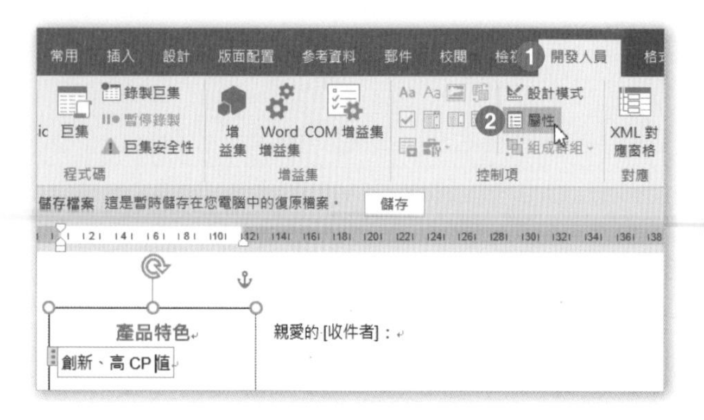

Step.1

點按一下內容為「創新、高 CP 值」的**純文字內容控制項**，點按**開發人員**索引標籤 \ **控制項**群組 \ **屬性**。

Step.2 在下圖**標題**方塊中輸入「新產品特色」；在**色彩**清單中選擇「粉紅」，再勾選「允許換行字元 (多個段落)」，按下**確定**之後，可以看到如右下圖的結果。

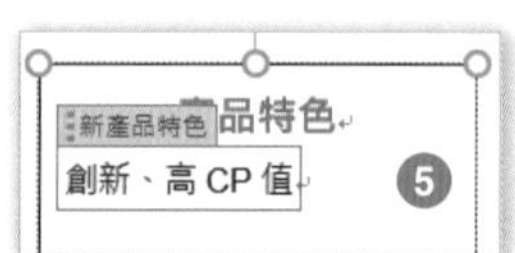

Step.3 點按一下文件右方的**圖片內容控制項**，點按**格式**索引標籤，在**圖片樣式**清單中，點選「金屬圓角矩形」的邊框樣式。

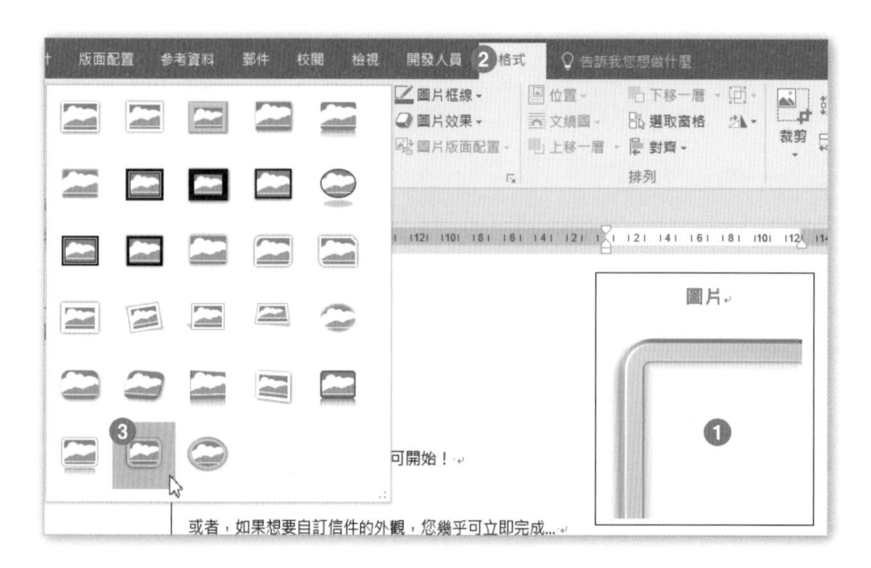

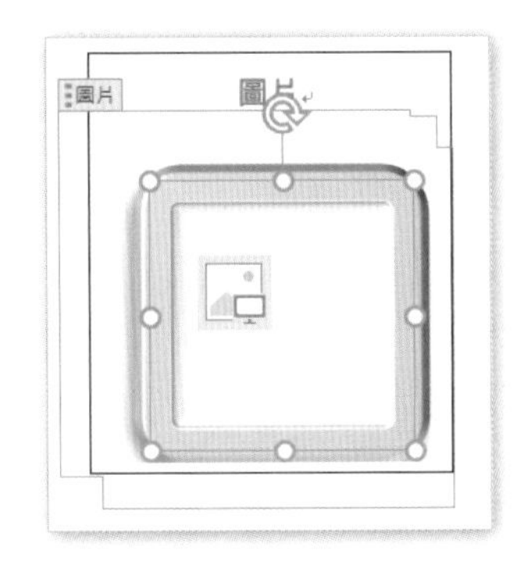

Step.4

將圖形縮小到適當大小，如左圖所示。

點選**圖片內容控制項**，再點按**插入**索引標籤 \ **圖例**群組 \ **圖片**，選擇需要圖片之後，即可看到如右圖的圖片內容。

4-2 建立佈景主題與樣式集

Word 2016 提供了範本、段落樣式、佈景主題和樣式集，讓我們得以快速美化或格式化文件，我們可以建立自己風格的範本、段落樣式、佈影主題字型和色彩，提昇文件的可讀性同時讓文件具有更專業的外觀。

本單元的重點在於學習**使用佈景主題**、**自訂佈景主題色彩**與**佈景主題字型**、**自訂佈景主題**以及**使用樣式集**，共分為下列兩個主題：

- 使用佈景主題
- 使用樣式集

4.2.1 使用佈景主題

任何新建立的文件，Word 都會套用名為「Office」的**佈景主題**，**佈景主題**的用途在於快速格式化文件的外觀，舉凡文件的色彩、字型、效果 (圖形的線條與填滿效果)、段落間距等等，都會受到佈景主題的影響。Word 提供了 42 種不同的佈景主題，各有其特色。您可以依文件內容的特性，套用適當的布景主題，快速美化文件，大幅提昇文件的可讀性。

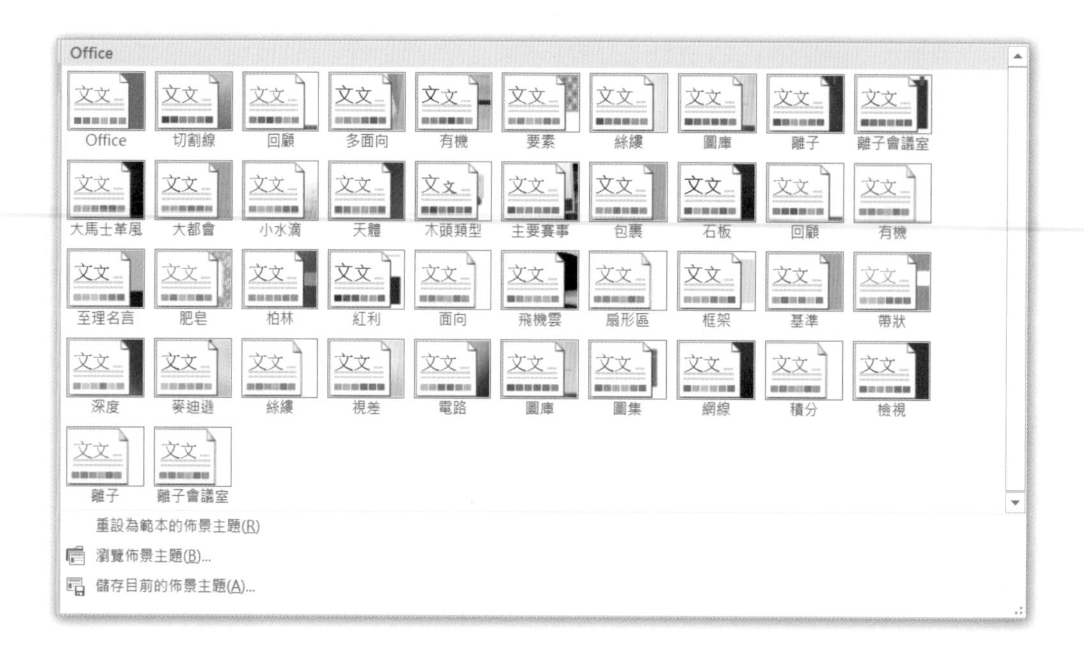

套用佈景主題

開啟**文件**資料夾 \ 第 4 章練習檔 \「4.2.1 佈景主題 .docx」，文件的部份內容如下圖所示：

3D 列印的歷史

術語與方法

3D 列印電腦輔助設計（CAD）模型

早期的增量製造裝置和材料在 20 世紀 80 年代發展起來。1981 年，名古屋市工業研究所的小玉秀男發明了兩種利用光硬化聚合物的增材製造三維塑料模型的方法，其紫外線照射面積由掩模圖形或掃描光纖發射機控制。之後在 1984 年，三維系統公司的查克·赫爾（Chuck Hull）發明了立體光刻，用紫外雷射固化高分子光聚合物，將原材料層疊起來。

Hull 稱這一程式可以「通過建立列印目標物體每部分之間的聯繫來列印三維物體」，但該程式已由小玉發明。Hull 的貢獻是設計了 STL（立體光刻）檔案格式，該格式被廣泛應用於 3D 列印軟體和電子切片與填充。

請點按**設計**索引標籤 \ **佈景主題**，我們可選取名為「紅利」的佈景主題，來改變整份文件中的字型、行距以及美工圖案的顏色，成為如下右圖的結果：

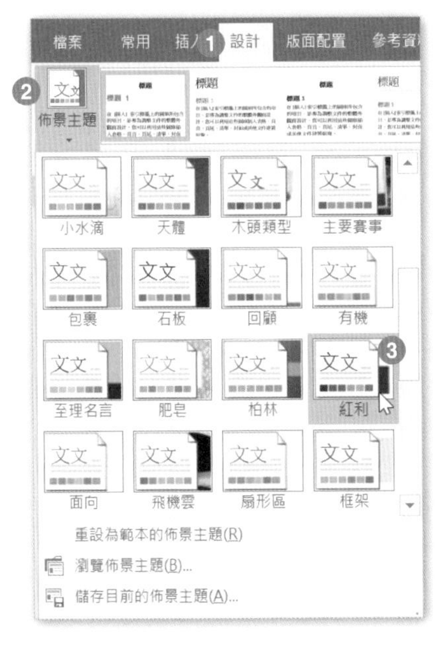

您也可以在套用特定的佈景主題之後，去改變它的字型、色彩或其他元素，隨後可以點按上左圖的「**儲存目前的佈景主題**」，將變更之後的佈景主題，儲存成為另外一個新的佈景主題，Word 會將新的佈景主題以「*.thmx」的副檔名，儲存到預設的位置。

自訂佈景主題色彩

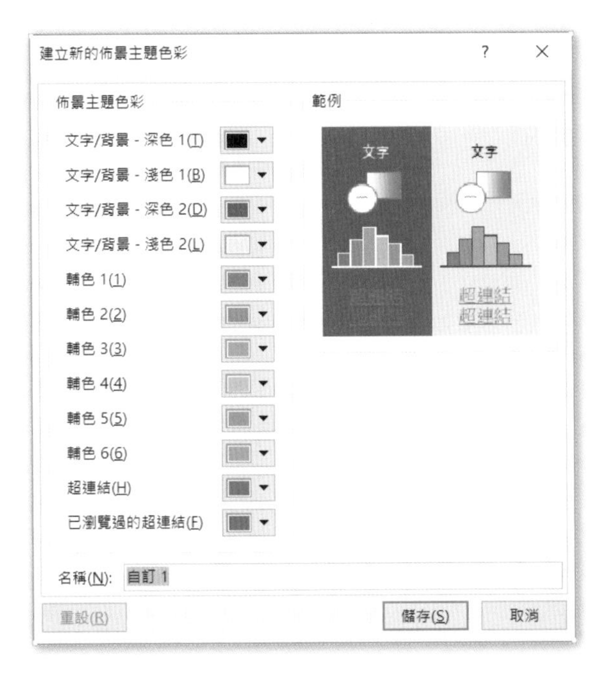

令人賞心悅目的配色，可使文件的可讀性大幅提昇，在一切講究視覺化的時代，佈景主題色彩的運用的成熟與否，將會影響格式化文件的效率。

佈景主題色彩可以控制頁面色彩、文字顏色、文字網底顏色、段落標題文字與網底顏色、超連結的顏色、圖表與圖形的顏色…等等。

開啟**文件**資料夾 \ 第 4 章練習檔 \「4.2.1 佈景主題色彩 .docx」，現在要根據目前的佈景主題色彩，建立一組名為「紫色超連結」的自訂佈景主題色彩，並將「已瀏覽過的超連結」顏色改為「紫色 , 輔色 4」。

Step.1 點按**設計**索引標籤 \ **色彩** \ **自訂色彩**。

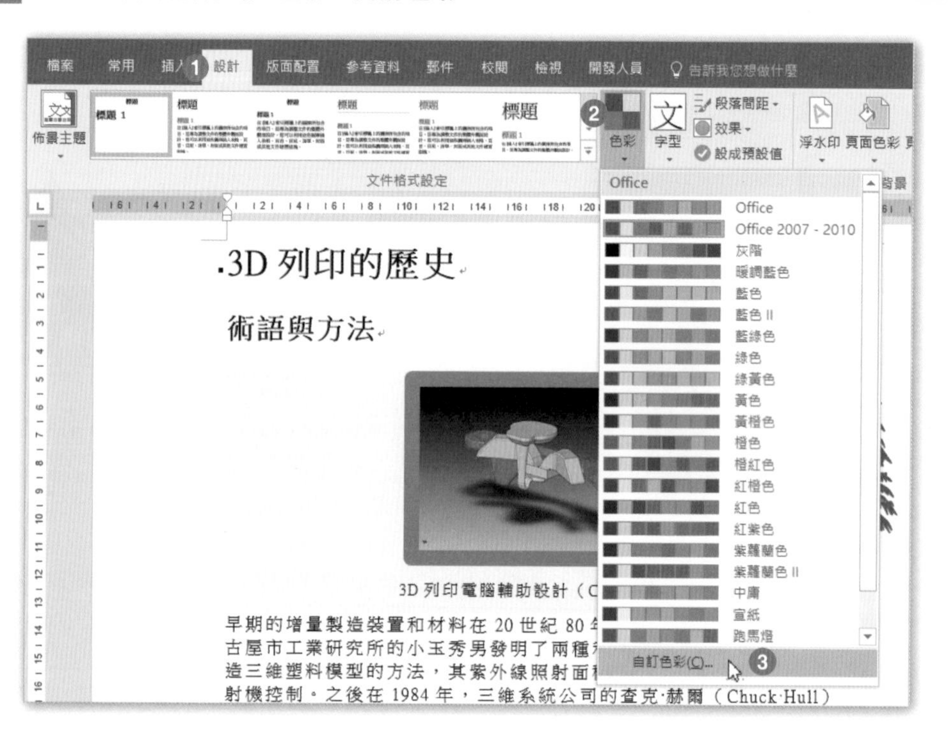

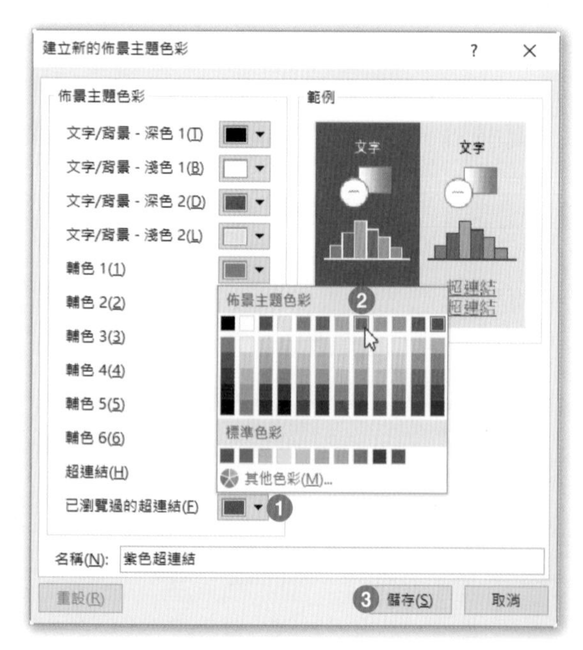

Step.2

在**建立新的佈景主題色彩**對話方塊中，點按「已瀏覽過的超連結」顏色清單的按鈕，點選「紫色超連結」的自訂佈景主題色彩；並輸入**名稱**為「紫色超連結」，按下**儲存**。

Step.3 回到文件中，點按**設計**索引標籤 \ **色彩**，即可看到名為「紫色超連結」的自訂色彩。

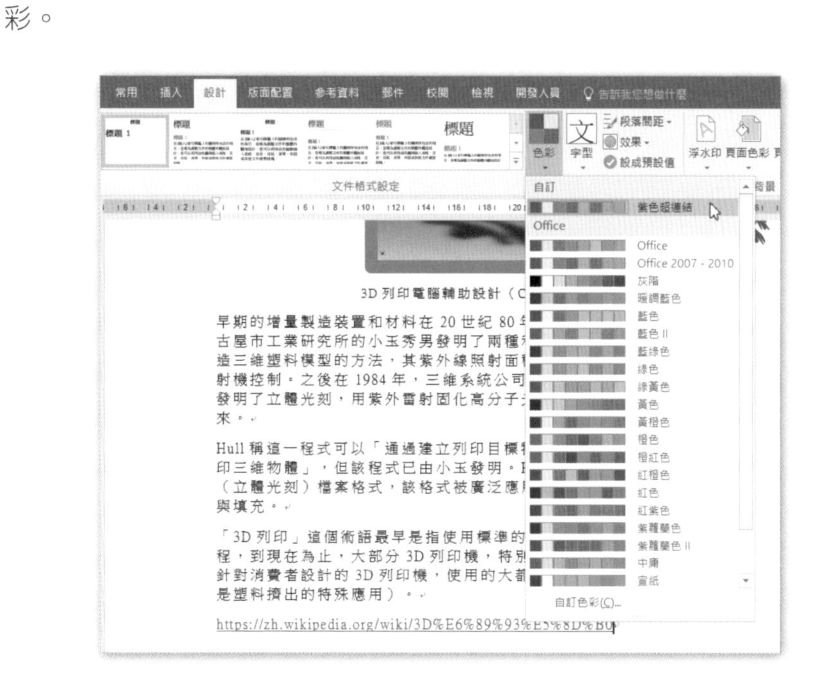

自訂佈景主題字型

設定佈景主題字型是快速格式化文件字型的好方法，不同的文件可能有不同的字型需求，您可以先建立幾種常用的佈景主題字型，以後就可以依文件類型直接套用設定好的佈景主題字型，來提昇格式化文字的效率。

開啟**文件**資料夾 \ 第 4 章練習檔 \「4.2.1 佈景主題字型 .docx」，現在要建立名為「東風」的佈景主題字型，其中的「標題字型 (中文)」與「本文字型 (中文)」均設定為「微軟正黑體」。

Step.1 點按**設計**索引標籤 \ **文件格式設定**群組 \ **字型** \ **自訂字型**。

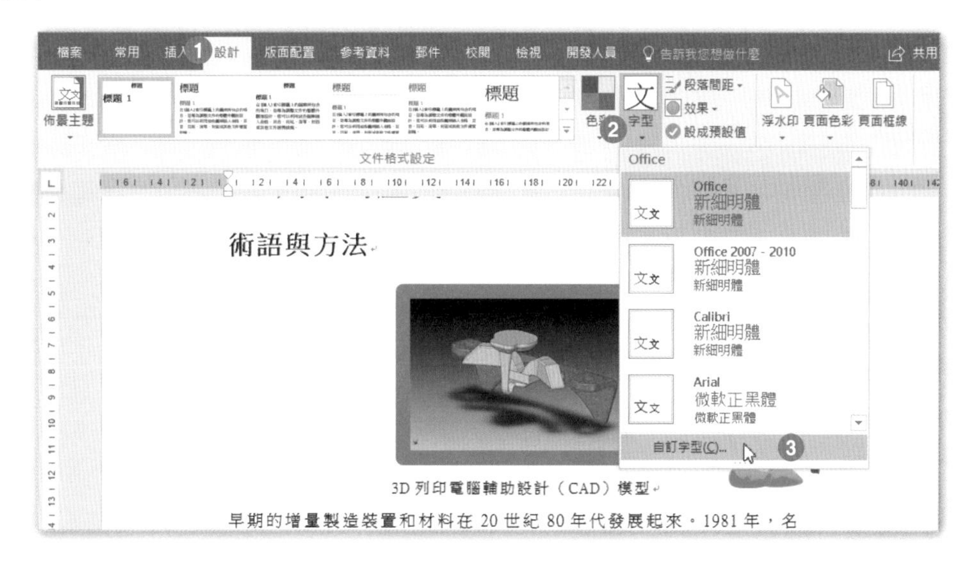

Step.2 在**建立新的佈景主題字型**對話方塊中，將「標題字型 (中文)」以及「本文字型 (中文)」，都設定成「微軟正黑體」；並輸入**名稱**為「東風」，按下**儲存**。

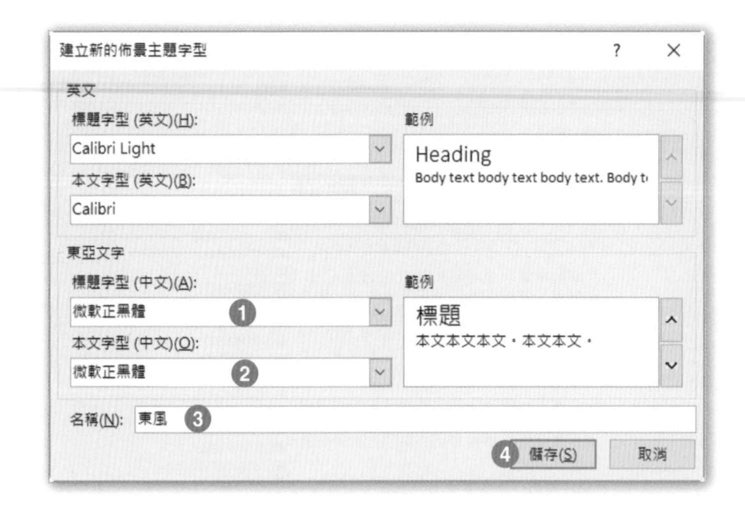

Step.3 文件中的字型隨即改變成「微軟正黑體」，點按**設計**索引標籤 \ **文件格式設定**群組 \ **字型**，即可看到名為「東風」的自訂字型。

自訂佈景主題

您可以使用前文件調整的佈景主題色彩、字型，建立一個新的佈景主題，以後同類型的文件就可以套用此佈景主題，而不必每次都要重新設定。

開啟**文件**資料夾 \ 第 4 章練習檔 \「4.2.1 自訂佈景主題 .docx」，現在要建立名為「創新思維」的佈景主題，並將其儲存到 Word 2016 預設的位置。

Step.1 點按**設計**索引標籤 \ **佈景主題** \ **儲存目前的佈景主題**。

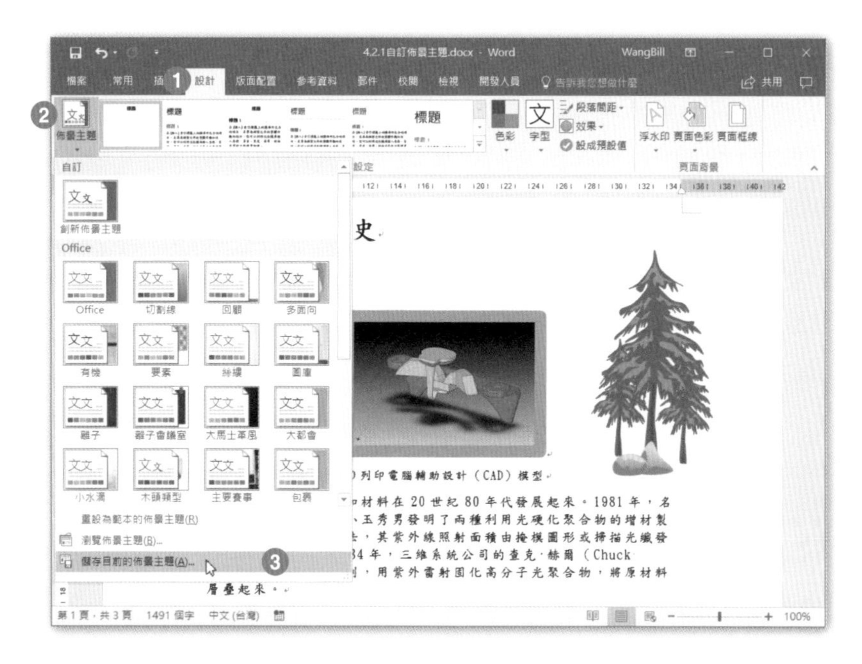

Step.2 在**儲存目前的佈景主題**對話方塊中，輸入檔案名稱「創新思維」，按下**儲存**。

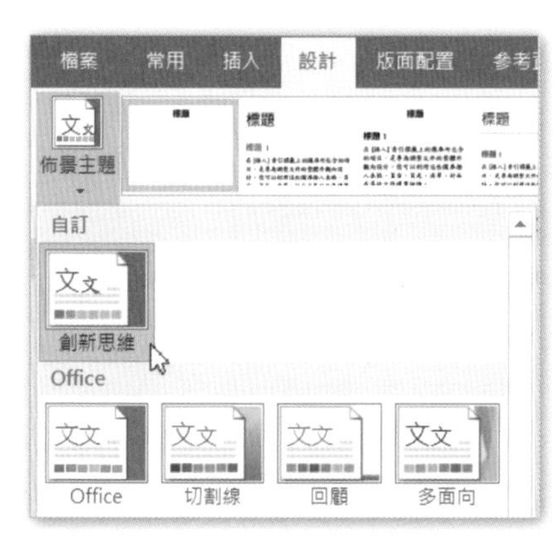

Step.3

以後其他文件要套用「創新思維」佈景主題時，點按**設計**索引標籤 \ **文件格式設定**群組 \ **佈景主題**，在清單上方點選該佈景主題即可。

4.2.2 使用樣式集

除了佈景主題之外，Word 2016 還提供了能夠加強**標題**文字效果以及**段落格式**的「樣式集」，只要選取 17 種樣式集中的一種，就可以讓您快速改變標題文字的顏色、行距、背景顏色，以及段落文字的行距與段落間距，如果您曾套用了標題文字的段落樣式 (標題 1、標題 2…)，不同層級的標題文字，將會套用不同的格式。

Step.1 開啟**文件**資料夾 \ 第 4 章練習檔 \4.2.2 套用樣式集 .docx，下左圖為原始文件，下右圖是用**樣式集**快速格式化文件的結果。

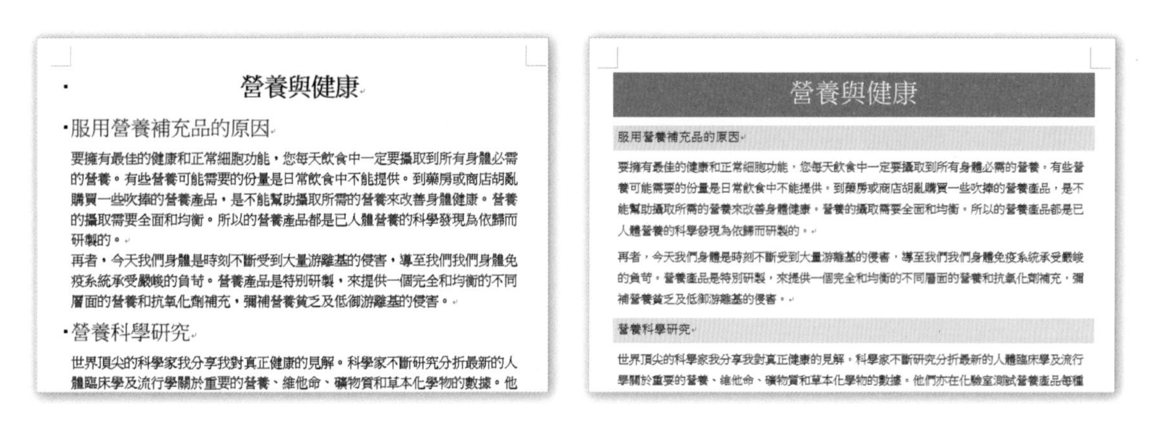

Step.2 點選**設計**索引標籤 \ **文件格式設定**群組，在選單中點選「陰影」，整份文件就會格式化成為如前右圖的結果。

- 如果在套用**樣式集**之前，先選用了特定的「佈景主題」，再套用**樣式集**中的文件樣式，此時文件將不受樣式集的影響，Word 2016 會採用佈景主題的字型和色彩。
- 如果您用人工的方式完成文件的格式化，或套用某一種樣式集之後，又做了局部調整，此時可以將現有的文件格式，透過**樣式集**清單中的「另存為新樣式集」指令，將目前文件版面存成新的樣式集選項。

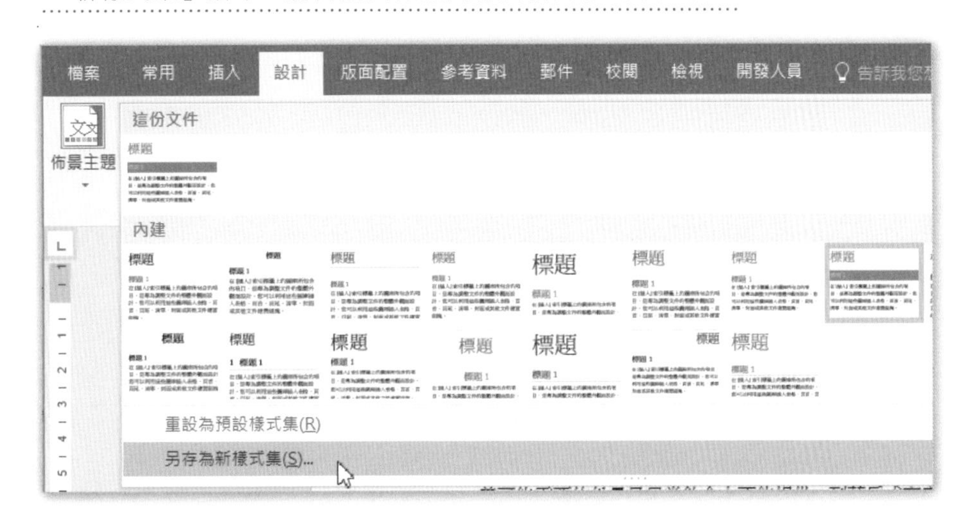

4-3 準備國際化和更容易存取的文件

您可以準備一份文件提供給使用其他國際語言的讀者或殘障者來使用，若您的文件使用了多國語言的內容，就必須安裝該語言使用的「校訂工具」，以確保我們的文件內容，能達到國際化的標準，本節介紹的主題包括：

- 在文件中設定語言選項
- 設定圖片與表格的替代文字
- 建立配合協助工具使用的文件
- 管理多個本文和標題字型選項
- 使用全域內容標準

4.3.1 在文件中設定語言選項

Word 2016 會使用您當初安裝 Office 2016 時的語言版本作為「拼字檢查」與「校訂工具」的預設語言，對於包含多國語言內容的文件而言，您必須安裝其他國際語言的校訂工具，

Word 2016 才能針對文件中不同語言，正確地進行拼字檢查以及完成校訂的工作。本節將介紹如何新增「西班牙」的編輯語言，以及如何從網站下載符合「西班牙」語言的校訂工具。

開啟**文件**資料夾 \ 第 4 章練習檔 \4.3.1 設定語言 .docx，下圖為原始文件的內容：

> [插入] 索引標籤上的建置組塊庫所包含的項目、是專為調整檔的整體外觀而設計。您可以使用這些建置組塊庫插入表格、頁首、頁尾、清單、封面、及其他檔建置組塊。當您建立圖片、圖形或圖表時、也會與目前的檔外觀調整一致。您可從 [常用] 索引標籤上的快速樣式庫中、為所選的文字選擇外觀、以輕易地變更檔中所選文字的格式設定。
>
> [Insertar] edificio bloque etiquetas de índice biblioteca contenidas en el proyecto, está especialmente diseñado para su uso en el ajuste de la apariencia general del documento. Puede utilizar estas galerías de bloque de edificio para insertar tablas, encabezado, pies de página, listas, portadas y otro bloque de edificio

現在要新增「西班牙」的編輯語言到 Word 2016，並到網站下載安裝西班牙語言的校訂工具，並完成文件中「西班牙」文的拼字和文法檢查。

Step.1 點按**檔案**索引標籤 \ **選項**，在 Word **選項**對話方塊中，點按「語言」；在「新增其他編輯語言」清單中，點選「西班牙文 (西班牙)」，按下**新增**。

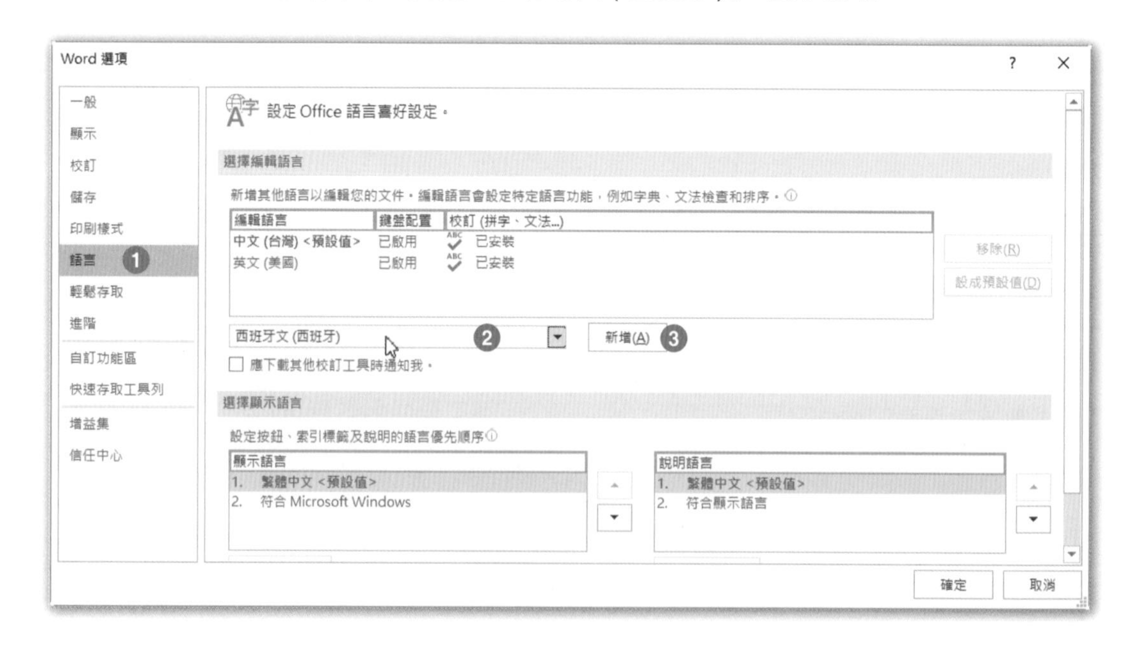

Step.2 在 Word **選項**對話方塊中，點按「西班牙文 (西班牙)」右邊的**未安裝**。

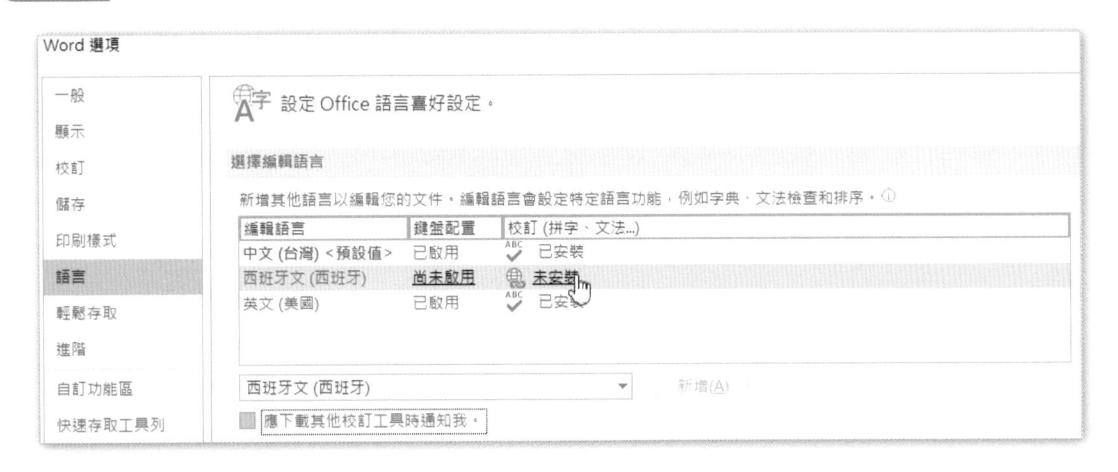

Step.3 Word 開啟了下載語言的網頁，點按「下載 64 位元」(請檢查自己的 Word 2016 版本)。

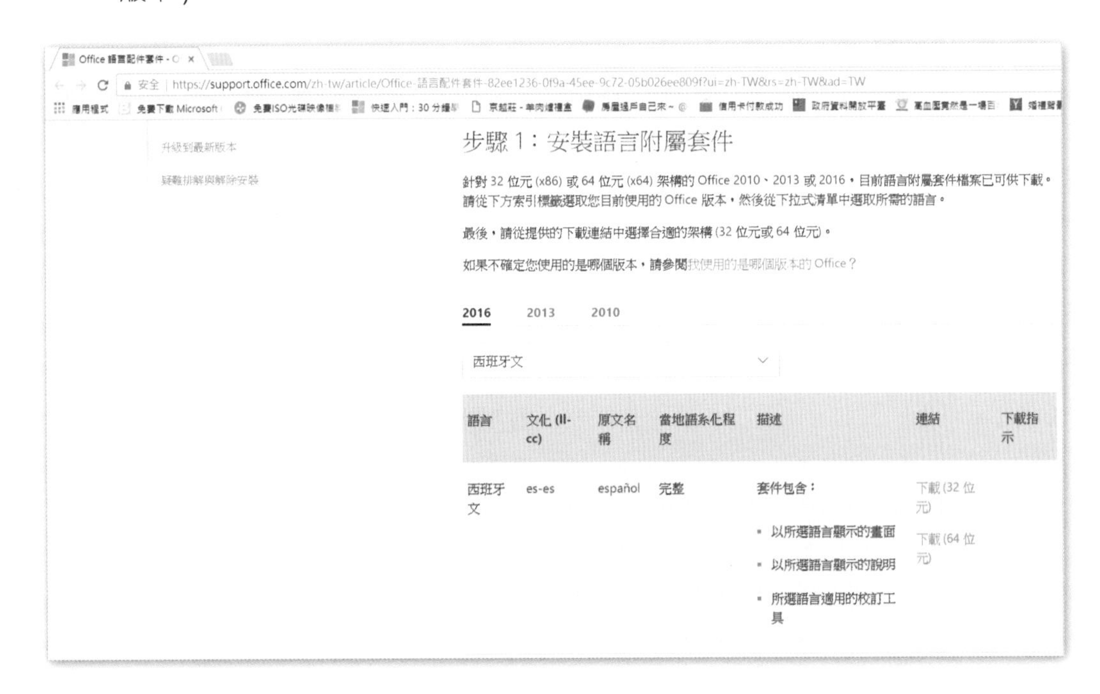

Step.4 請先關閉 Word 2016，再按下螢幕左下方程式名稱「Setuplanguagep…exe」右方的按鈕，點選「開啟」。

Step.5 隨即開啟進行下載及安裝的工作。

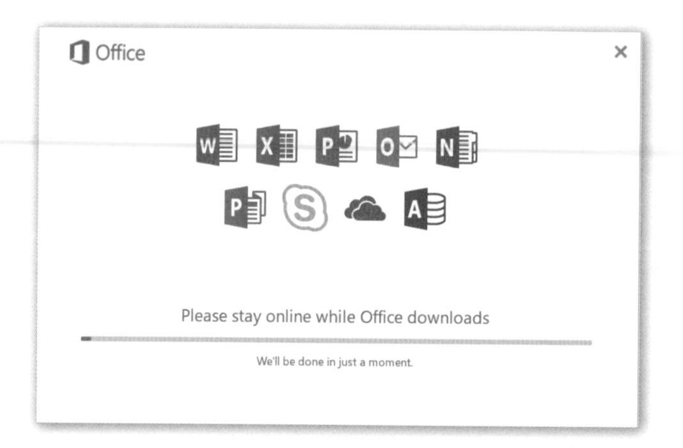

Step.6 待安裝作業完成之後，開啟 Word，點按**檔案**索引標籤 \ **選項**，在 Word **選項**對話方塊中，看見已安裝完成的西班牙語言，按下**確定**。

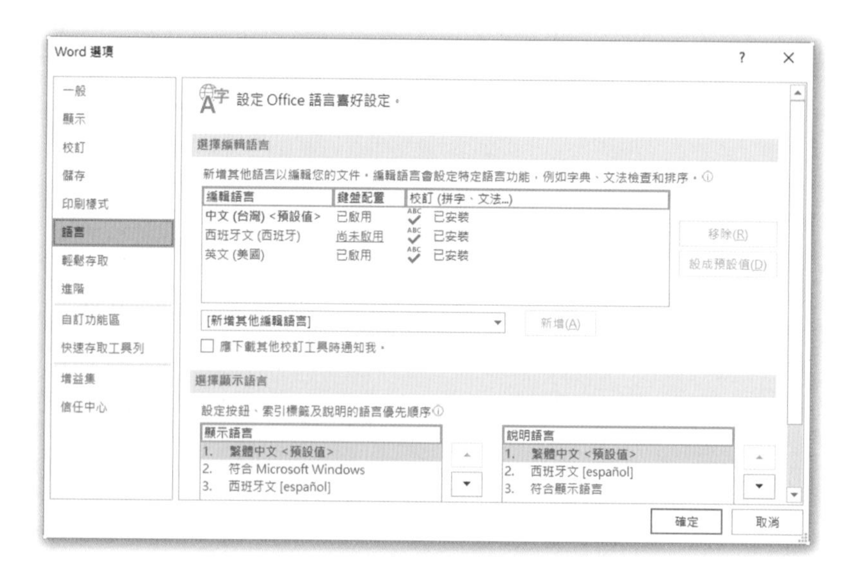

Step.7 選取文件中所有的西班牙文，點按**校閱**索引標籤 \ **語言群組** \ **語言** \ **設定校對語言**。

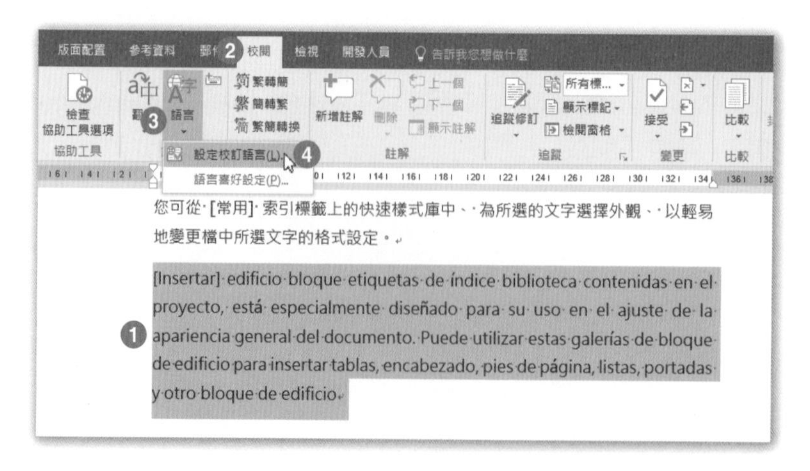

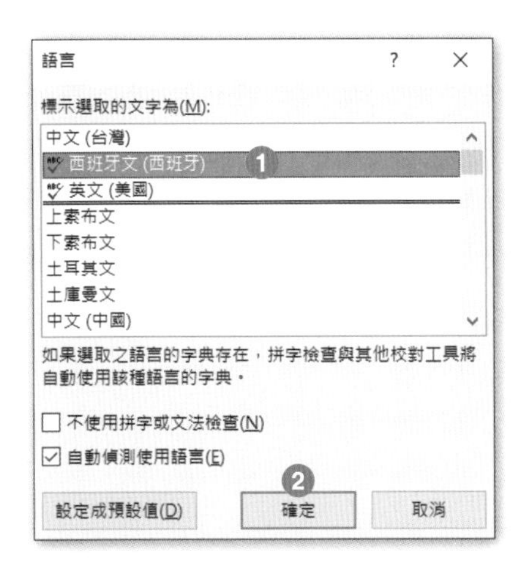

Step.8 在**語言**對話方塊中，點選「西班牙文 (西班牙)」，按下**確定**。

Step.9 點按**校閱**索引標籤 \ **校訂**群組 \ **拼字及文法檢查**，檢查完畢之後，按下對話方塊中的**是**按鈕，再按下下圖的**確定**即可。

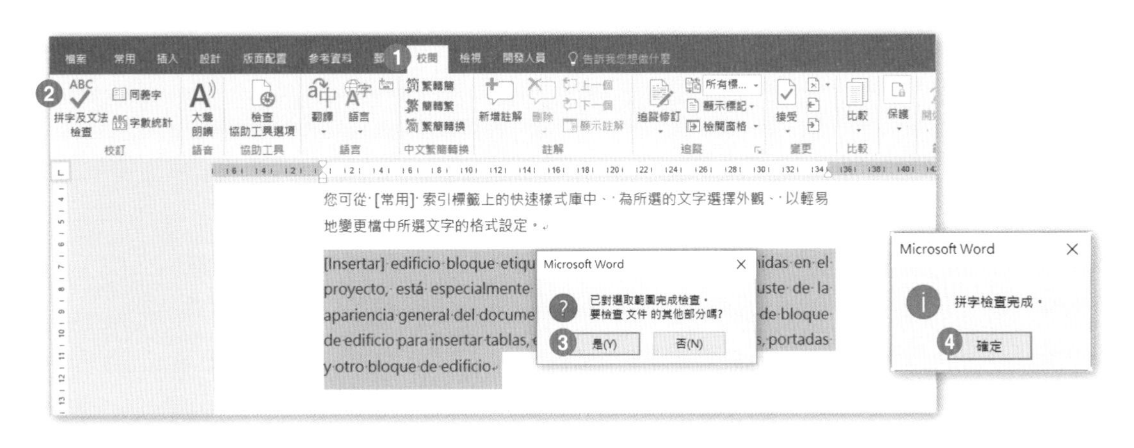

4.3.2 設定圖片與表格的替代文字

弱視者無法清楚看見螢幕上的圖片、表格或其他類型的物件內容，您可以為這些圖片及物件設定「替代文字」，並輸入對該物件的描述文字，好讓弱視者得以從「替代文字」中了解圖片或物件要傳達的訊息；您將在本節中學習如何為圖片和表格設定「替代文字」。

開啟**文件**資料夾 \ 第 4 章練習檔 \4.3.2 替代文字 .docx，文件內容如右圖所示：

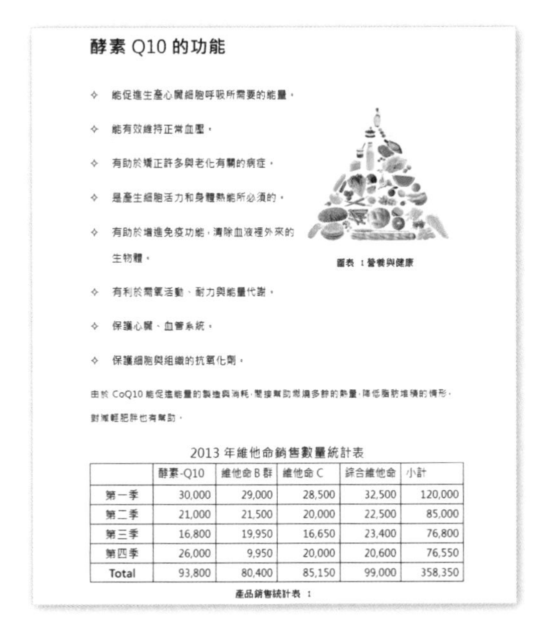

酵素 Q10 的功能

- 能促進生產心臟細胞呼吸所需要的能量。
- 能有效維持正常血壓。
- 有助於矯正許多與老化有關的病症。
- 是產生細胞活力和身體熱能所必須的。
- 有助於增進免疫功能，清除血液裡外來的生物體。
- 有利於需氧活動、耐力與能量代謝。
- 保護心臟、血管系統。
- 保護細胞與組織的抗氧化劑。

圖表 1 營養與健康

由於 CoQ10 能促進能量的製造與消耗，間接幫助燃燒多餘的熱量，降低脂肪堆積的情形，對減輕肥胖也有幫助。

2013 年維他命銷售數量統計表

	酵素-Q10	維他命 B 群	維他命 C	綜合維他命	小計
第一季	30,000	29,000	28,500	32,500	120,000
第二季	21,000	21,500	20,000	22,500	85,000
第三季	16,800	19,950	16,650	23,400	76,800
第四季	26,000	9,950	20,000	20,600	76,550
Total	93,800	80,400	85,150	99,000	358,350

產品銷售統計表 1

現在要將文件中的圖片和表格分別設定替代文字，要求如下：

- 圖片替代文字
  - 標題：「營養食物金字塔」。
  - 描述：「含有豐富維生素的蔬果，每日都應多加攝取」。
- 表格替代文字
  - 標題：「維他命銷售統計表」。
  - 描述：「國內維他命使用量驚人，應注意服用限制」。
- 將完成的檔案，另存成**文件**資料夾之下的「**4.3.2 替代文字 - 完成 .docx**」

Step.1 點選文件中的圖片，點按**圖片樣式**群組中的「設定圖形格式」按鈕。

Step.2 點按**設定圖片格式**工作窗格中的「版面配置與內容」圖示，再按下**替代文字**。

Step.3

在**標題**文字方塊中輸入「營養食物金字塔」，在**描述**文字方塊中輸入「含有豐富維生素的蔬果，每日都應多加攝取」。

Step.4 在表格中按下滑鼠右鍵，點選「表格內容」。

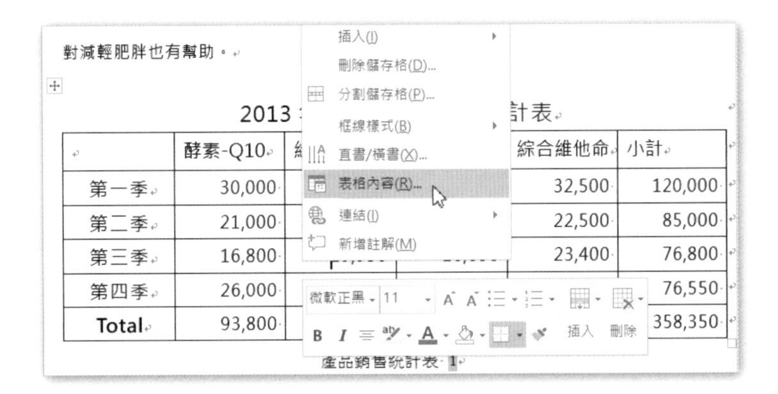

Step.5 在**表格內容**對話方塊的**標題**文字方塊中輸入「維他命銷售統計表」，在**描述**文字方塊中輸入「國內維他命使用量驚人，應注意服用限制」，再按下**確定**。

Step.6

點按**檔案**索引標籤**另存新檔**，在**另存新檔**對話方塊中，點按**這台電腦**。

Step.7 點按**文件**資料夾，輸入檔案名稱「4.3.2 替代文字 - 完成 .docx」，再按下**儲存**即可

4.3.3 建立配合協助工具使用的文件

讓文件在「更易於身心障礙者來使用」的前提之下，如何透過「協助工具」的檢查，來確定文件中的哪些元素會使得身心障礙者難以閱讀，藉此加以改進編輯文件的方式，以符合身心障礙者的閱讀需求。

開啟**文件**資料夾 \ 第 4 章練習檔 \4.3.3 使用協助工具 .docx，現在我們要找出文件中讓身心障礙者難以閱讀的元素，並修正檢查結果為「錯誤」的元素。

Step.1 點按**檔案**索引標籤，在標題「資訊」之下，點按**查看問題 \ 檢查協助工具選項**。

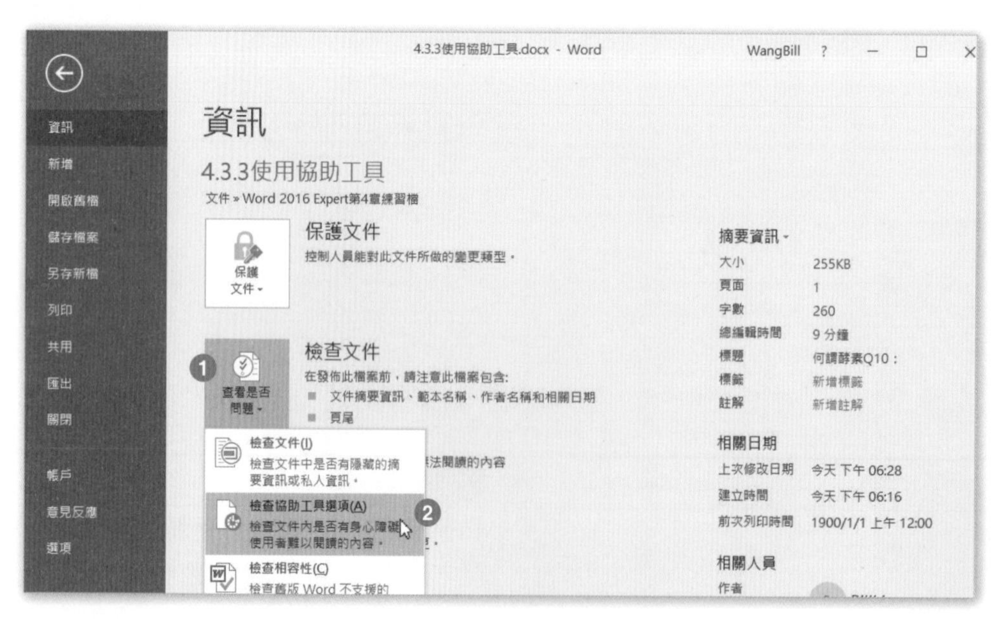

Step.2 文件右方出現了「協助工具檢查程式」工作窗格，其「檢查結果」包含了「錯誤」以及「警告」兩大項，點按「錯誤」之下的物件「圖片 2」。

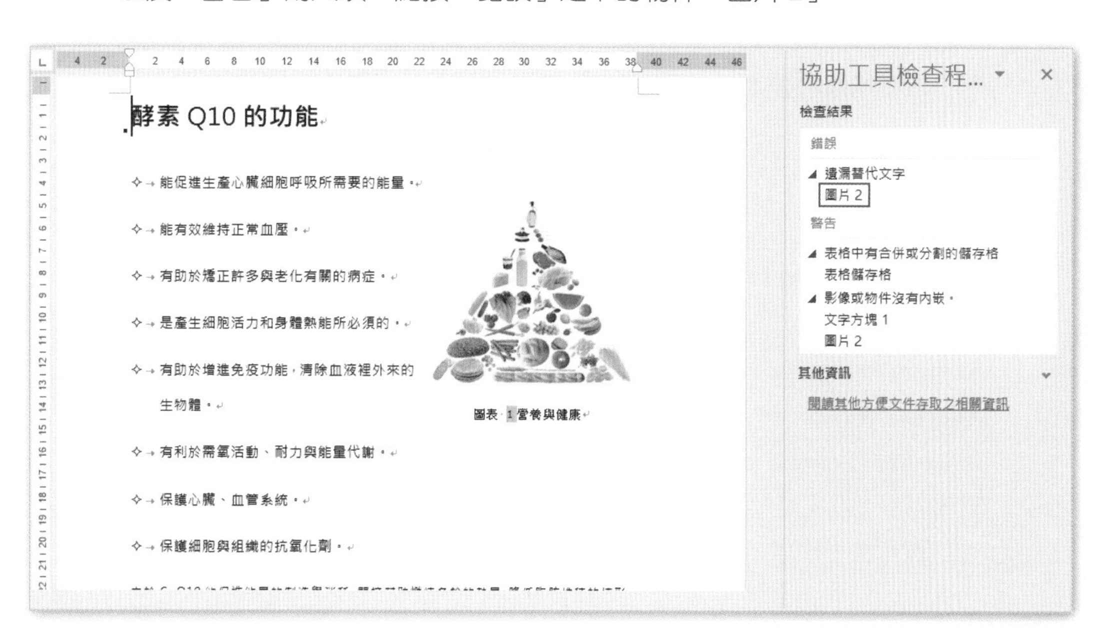

Step.3 Word 立即跳至物件「圖片 2」所在的位置，在物件「圖片 2」上按下滑鼠右鍵，點選「設定圖片格式」。

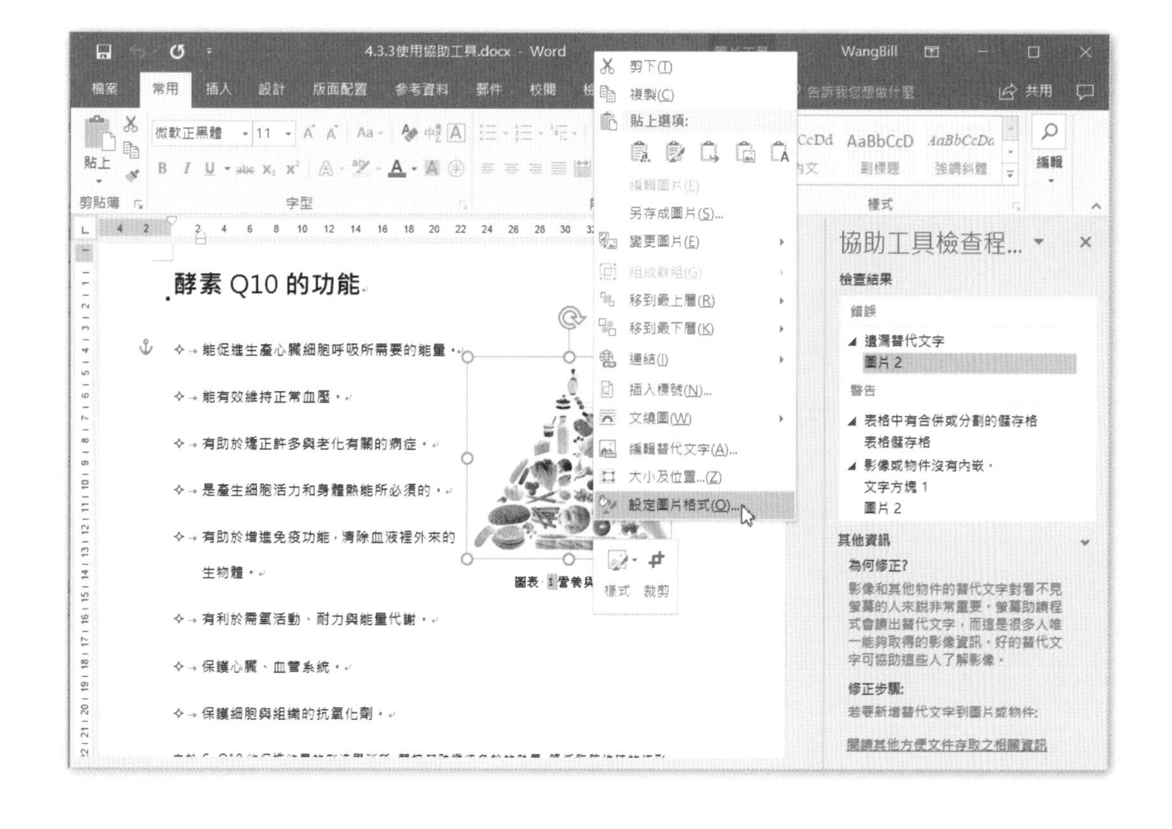

Step.4 點按**設定圖片格式**工作窗格中的「版面配置與內容」圖示，再按下「替代文字」；在**標題**文字方塊中輸入「營養食物金字塔」，在**描述**文字方塊中輸入「含有豐富維生素的蔬果，每日都應多加攝取」，此時可以看到在「協助工具檢查程式」工作窗格的**檢查結果**標題之下的錯誤提示，已被剔除。

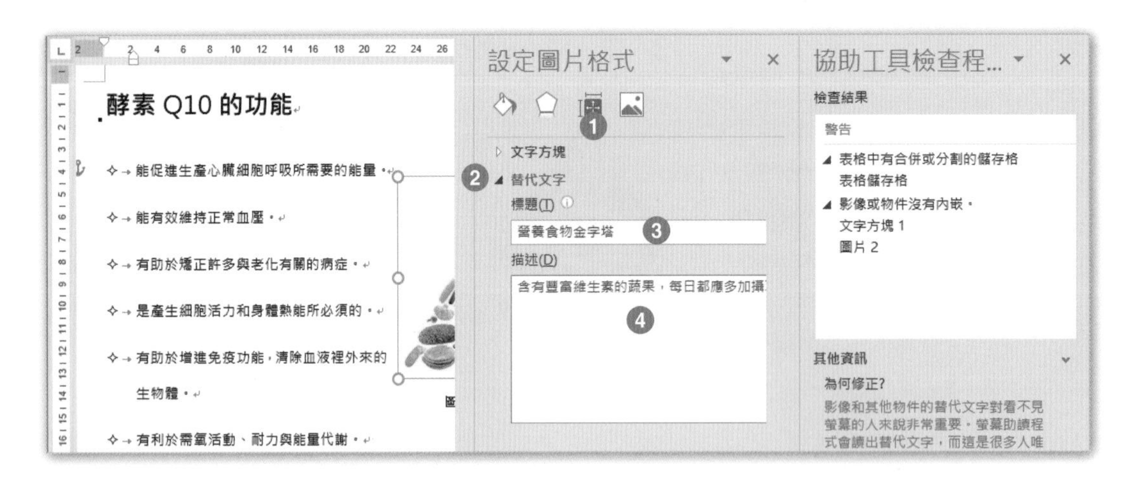

Step.5 再逐一處理上圖中的每一個警告提示，直到警告提示完全消除為止。

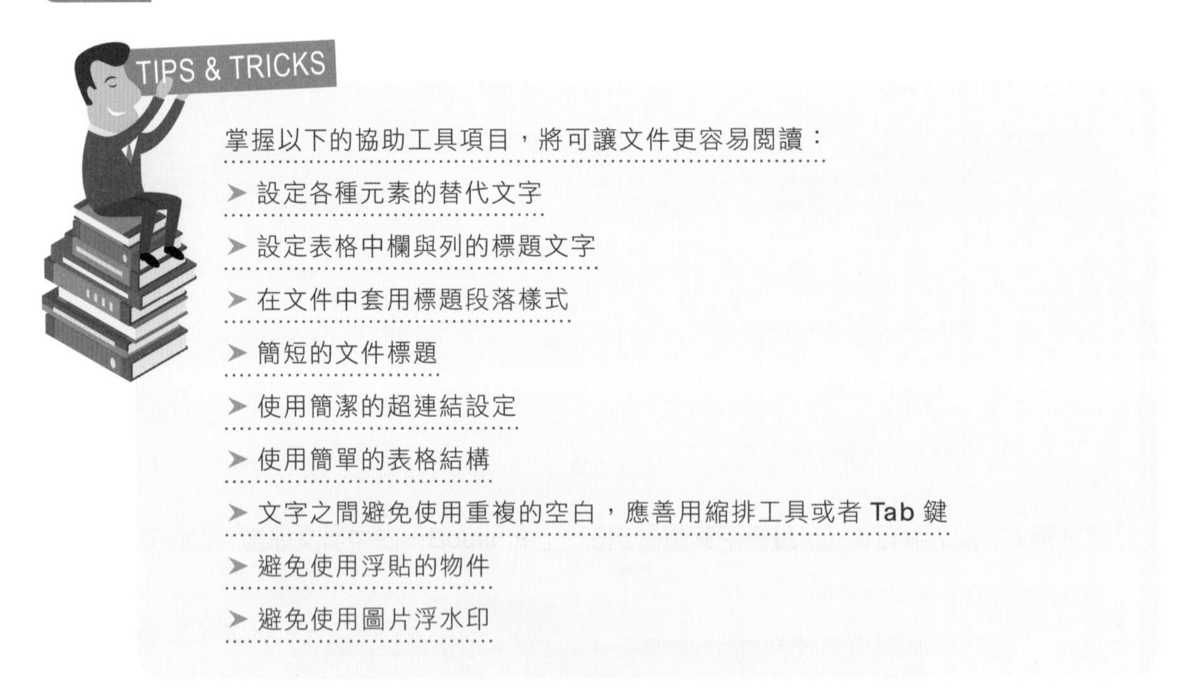

掌握以下的協助工具項目，將可讓文件更容易閱讀：

- 設定各種元素的替代文字
- 設定表格中欄與列的標題文字
- 在文件中套用標題段落樣式
- 簡短的文件標題
- 使用簡潔的超連結設定
- 使用簡單的表格結構
- 文字之間避免使用重複的空白，應善用縮排工具或者 Tab 鍵
- 避免使用浮貼的物件
- 避免使用圖片浮水印

4.3.4 管理多個內文和標題字型選項

Word 2016 提供了許多內建的段落樣式 (例如：內文、標題 1、標題 2、標題…等樣式)，讓我們套用在文件的各種標題或內文之上，只要修改這些段落樣式的格式，就能輕易地讓整份文件的格式改頭換面，而不需要一段一段的去調整段落文字。您還可以預先設定段落文字

的字型、大小、顏色和段落間距，當您在文件中輸入文字時，Word 2016 就會套用預設的字型、大小、顏色以及段落間距到輸入的段落文字上，而所有內建內文或標題的段落樣式的字型顏色，也將跟著改變。本節將介紹如何設定 Word 2016 文件中的預設段落文字規格。

開啟**文件**資料夾 \ 第 4 章練習檔 \4.3.4 預設段落文字規格 .docx，並請完成下列工作：

➤ 將中文「微軟正黑體」、英文「Arial」、「紅色」、「11pt」大小、「前後段距離各 0.5 行」、「單行間距」的段落格式設定成為 Word 預設值。

Step.1 點按**常用**索引標籤 \ **樣式**群組 \ **樣式**按鈕。

Step.2 在**樣式**工作窗格中，點按下方的「管理樣式」按鈕。

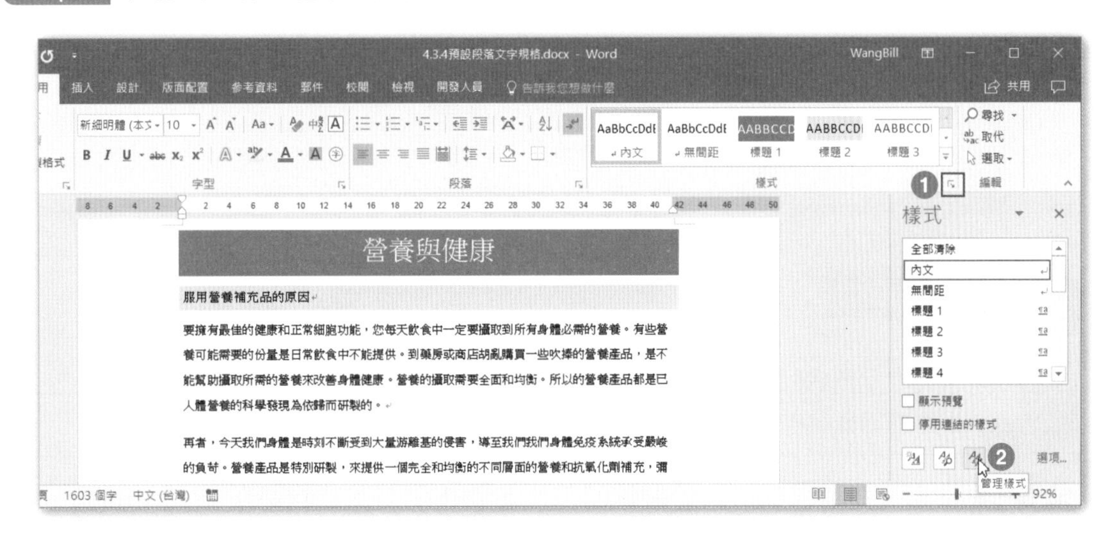

Step.3 點按「設成預設值」標籤，依下列格式完成設定，並按下**確定**：

- 中文字型：「微軟正黑體」，英文字型「Arial」
- 字型色彩：「藍色」
- 大小：「11pt」
- 對齊方式：「左右對齊」。
- 段落間距：前、後段距離各「0.5 行」，「單行間距」

Step.4 回到文件，原來文件的段落格式，全都改換成新的格式，**快速樣式**清單中的內建段落樣式的顏色，也變成了藍色。

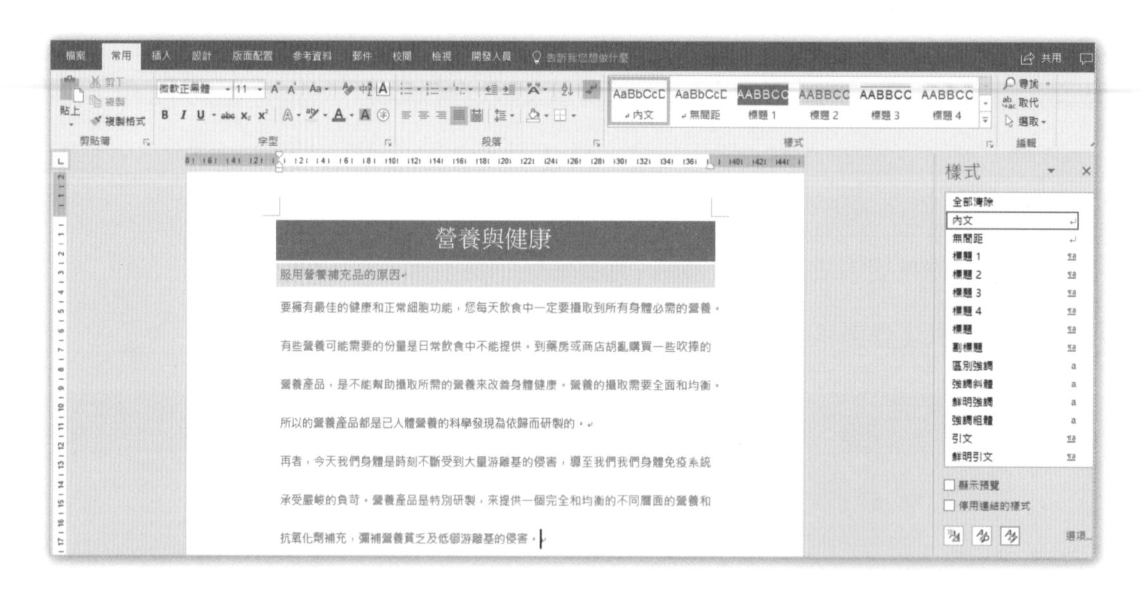

在實務上，比較傾向使用自訂的段落樣式來控管整份文件，而上述的做法多用在面對弱視者的快速調整，使其容易辨識段落文字，以方便文件的閱讀。

4.3.5 使用全域內容標準

您建立的文件，可能會受到全球的讀者來閱讀、修訂或分析。此時很重要的一點，就是儘量避免冗長且複雜的句子，這樣會讓文件顯得清晰易懂。因此，在特殊領域使用的術語、度量單位、書寫的樣式、句子的語法，都應該詳加考量，使其達到易於理解的標準。

開啟**文件**資料夾 \ 第 4 章練習檔 \4.3.5 全域內容 .docx，並請完成下列設定，當 Word 在拼字和文法檢查時，避免 Word 檢查出「不是標準的度量單位」。

Step.1 點按**檔案**索引標籤 \ **選項**，在 Word **選項**對話方塊中，點按**校訂**，再點按「在 Word 中修正拼字及文法錯誤時」標題文字之下的**設定**按鈕。

Step.2

在**文法規則設定**對話方塊中，取消勾選「不是標準度量單位」，再按下**確定**即可。

英文文件中的設定項目跟中文文件有很大的不同，可以設定的項目更多元化，這表示針對拼字和文法將檢查得更為精確，其設定畫面如右圖所示：

實作練習

開啟**文件**資料夾 \ 模擬題目 \「模擬題目 -4A.docm」，完成下列工作：

- 設定 [講師姓名] 欄位之下的「您的名字」**功能變數**欄位，使其「第一個字母大寫」。（解題步驟 1-2）
- 將檔案結尾的「姓名縮寫」功能變數欄位設定成「大寫」格式。（解題步驟 3-4）
- 包含文字「線上學習 必要過程」的段落文字新增至**快速組件庫**，並儲存至 Building Blocks，請接受所有的預設設定。（解題步驟 5-6）
- 在合併列印欄位「辦公時間」的下方新增 PrintDate 欄位，並使用 dddd, MMMM d, yyyy 為日期格式。（解題步驟 7-8）
- 將巨集設定為啟用所有巨集。（解題步驟 9-10）
- 錄製一個名為「格式」的巨集，當使用者按下「Alt+Ctrl+9」。按鍵時，可以將選取的文字放大字型一級，並格式化底線樣式為雙底線。然後，將此巨集儲存在目前的檔裡。（解題步驟 11-15）
- 在段落文字「圖片資訊」下方，新增一個「圖片內容控制項」，並設定套用「金屬框架」圖片樣式。（解題步驟 16-17）
- 修改文件封面頁中「文件副標題」內容控制項的屬性，使得在其中編輯多行文字時可以換行。（解題步驟 18-19）
- 在「課程時程」標題文字下方表格的「日期」欄位之下的儲存格內，插入一個「日期選擇器」內容控制項。（解題步驟 20-21）

完成的練習，請**另存新檔**到**文件**資料夾 \ 模擬題目 -4A- 完成 .docm（解題步驟 22）

下圖是開啟「模擬題目 -4A.docm」檔案之後看到的三頁文件內容。

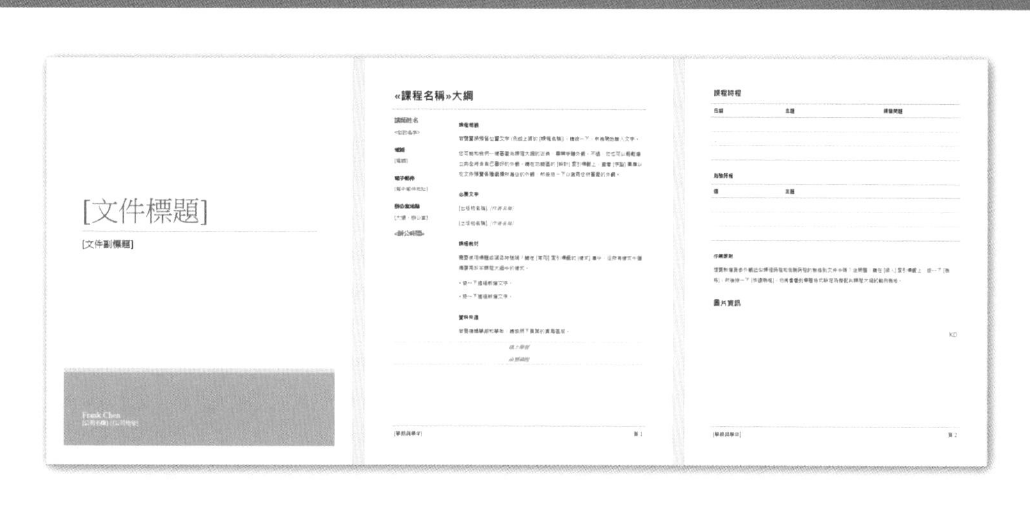

Step.1 在功能變數「您的名字」上，按下滑鼠右鍵，點選**編輯功能變數**。

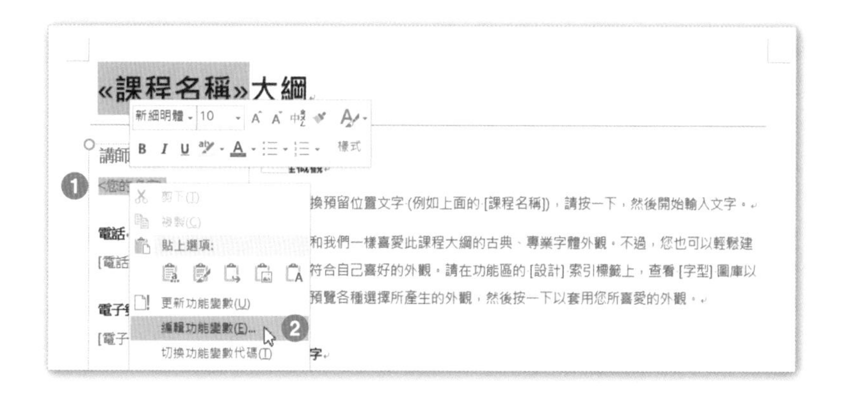

Step.2 在**功能變數**對話方塊的**格式**清單中，點選「第一個字母大寫」，按下**確定**即可。

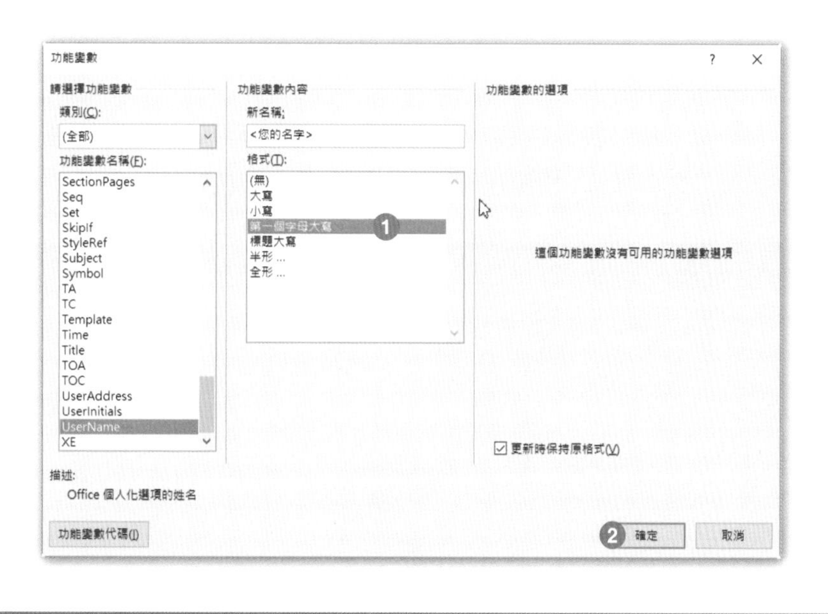

Step.3 在文件最後一頁右下方的功能變數「kd」上，按下滑鼠右鍵，點選**編輯功能變數**。

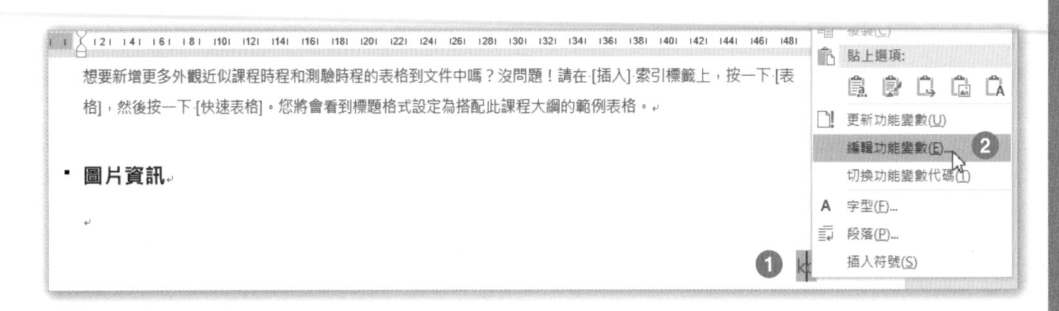

Step.4 在**功能變數**對話方塊的**格式**清單中，點選「大寫」，按下**確定**。

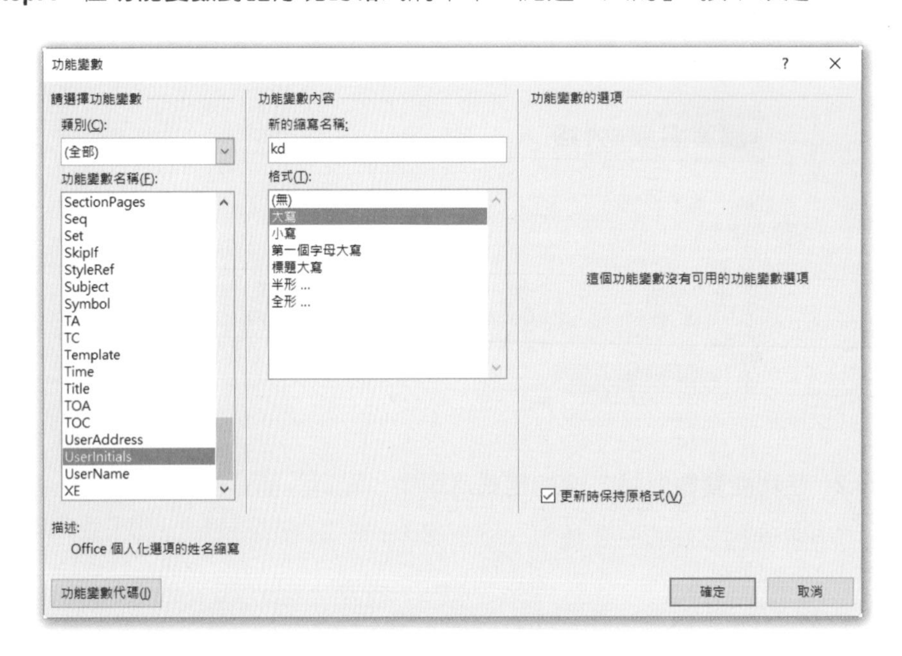

Step.5 移至文件第二頁，選取「線上學習 必要過程」兩段文字，點按**插入**索引標籤 \ **文字**群組 \ **快速組件** \ **儲存選取項目至快速組件庫**。

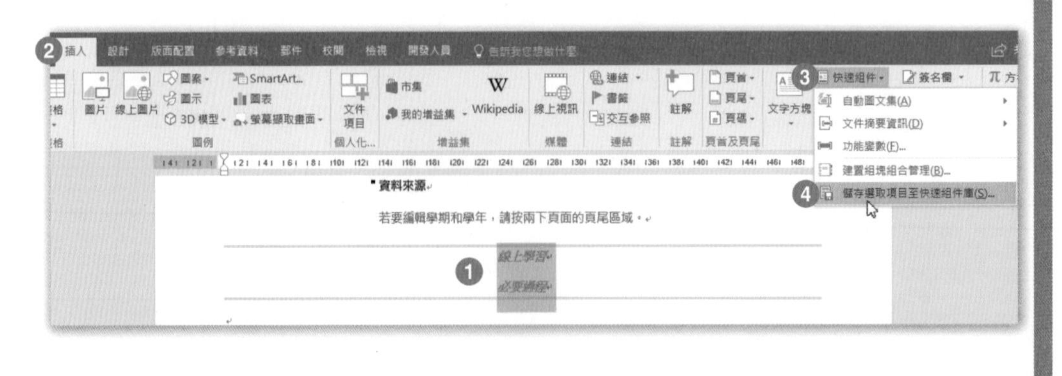

Step.6 在**建立新建置組塊**對話方塊中，按下**確定**。

Step.7 在文件第二頁，合併列印欄位「辦公時間」的下方點按一下，點按**插入**索引標籤 \ **文字**群組 \ **快速組件** \ **功能變數**。

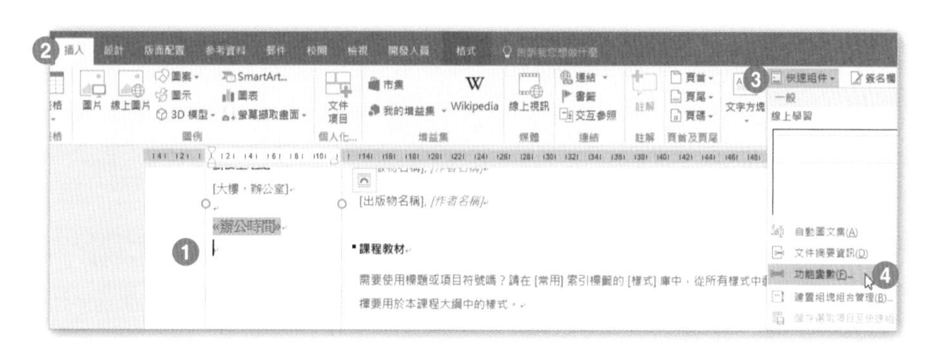

Step.8 在**功能變數名稱**清單中，點選「PrintDate」功能變數，在**日期格式**清單中點選「2017/11/4」的格式，按下**確定**。

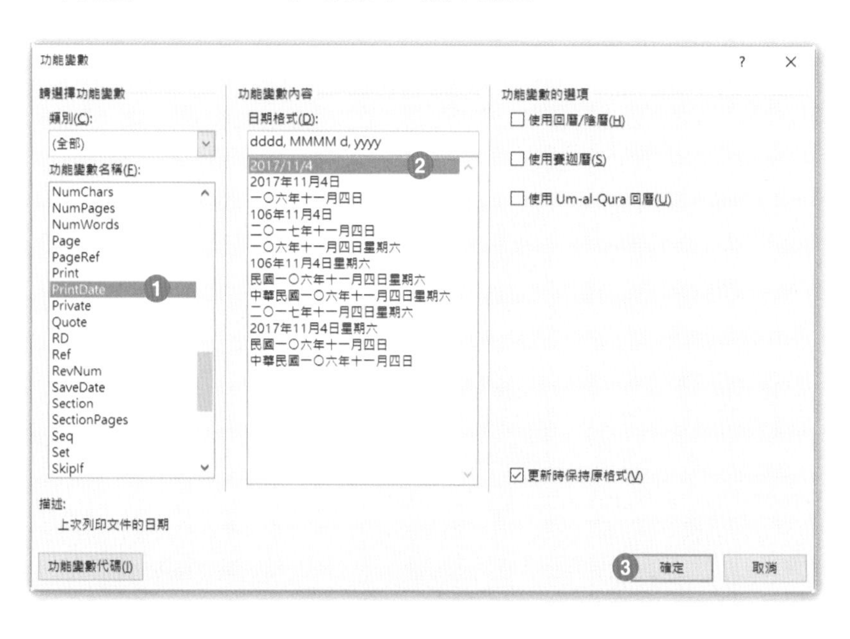

Step.9 點按**開發人員**索引標籤 \ **程式碼**群組 \ **巨集安全性**。

Step.10 在**信任中心**對話方塊中，點按「啟用所有巨集 (不建議……)」，按下**確定**。

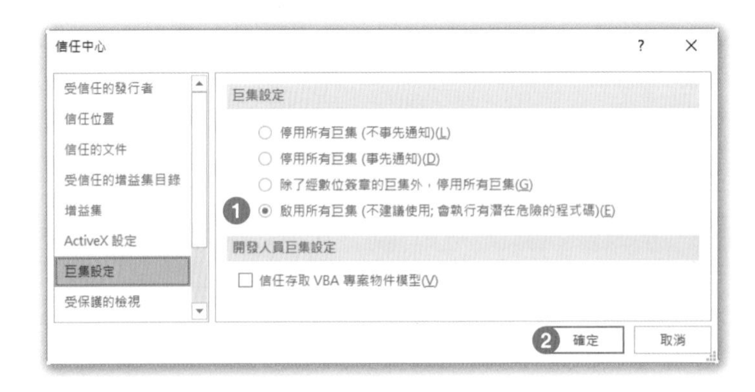

Step.11 插入點置於文件第二頁的空白段落標記上，點按**開發人員**索引標籤 \ **錄製巨集**。

Step.12 在**錄製巨集**對話方塊中，輸入**巨集名稱**「格式」，並在**將巨集儲存在**方塊中選擇「模擬題目 -4A.docm(文件)」，按下**鍵盤**按鈕。

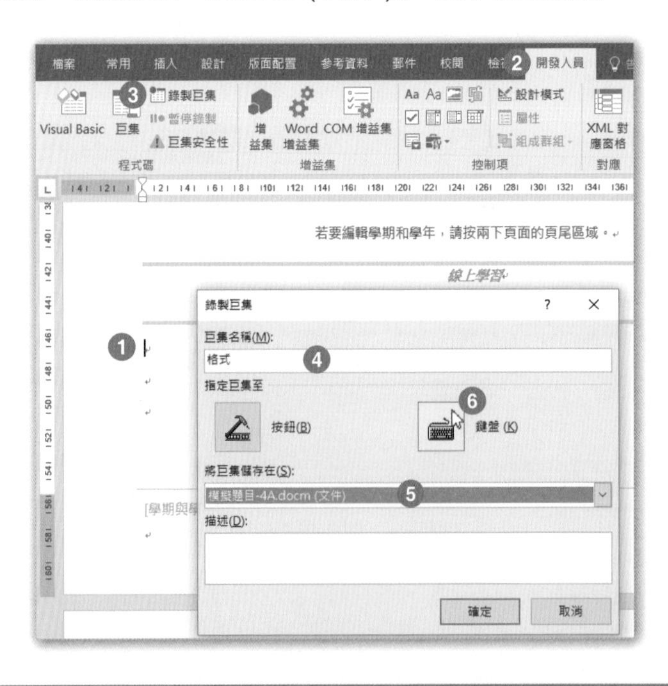

Step.13 在下左圖**自訂鍵盤**對話方塊中，在**將自訂儲存於**方塊中選取「模擬題目4A.docm」，在**按新設定的快速鍵**方塊中點按一下，按下「Alt+Ctrl+9」三個鍵，再按下**指定**按鈕，此時在在下右圖**現用代表鍵**文字方塊中，可以看到「Alt+Ctrl+9」的字樣，按下**關閉**。

Step.14 點按**常用**索引標籤**字型**群組**放大字型**按鈕，在於下右圖點按**底線**按鈕，點選「雙底線」的格式。

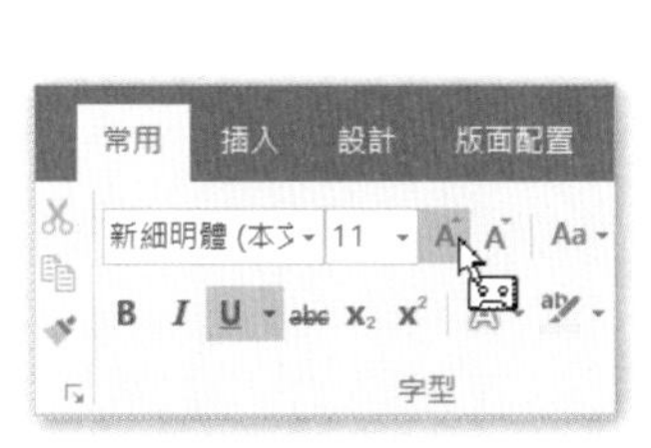

Step.15 點按**開發人員**索引標籤**程式碼**群組**停止錄製**。

Step.16 插入點置於最後一頁標題文字「圖片資訊」的下方，點按**開發人員**索引標籤 \ **控制項**群組 \ **圖片內容控制項**，插入**圖片內容控制項**之後，成為如下右圖的結果。

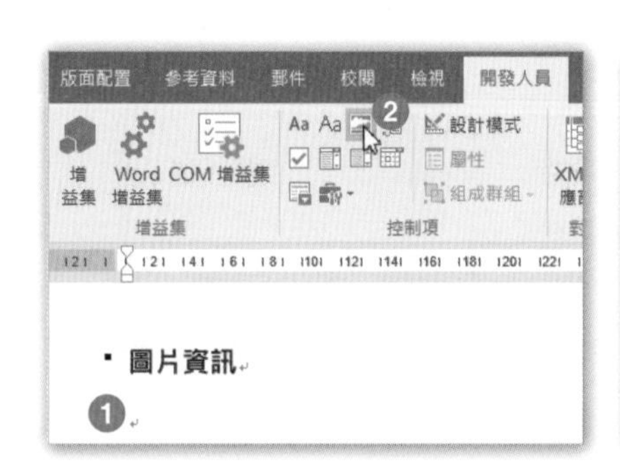

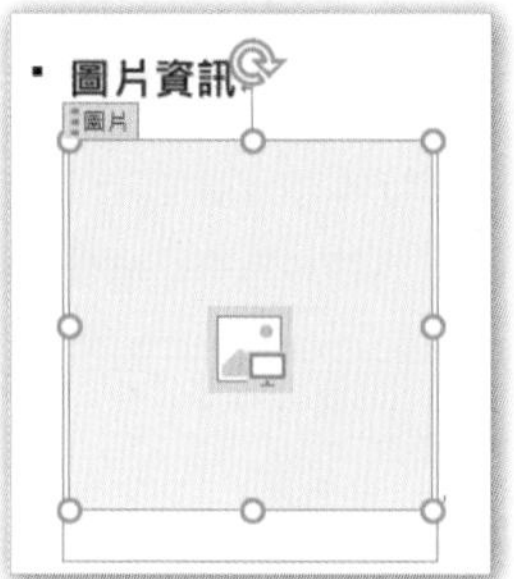

Step.17 點按**格式**索引標籤，在**圖片樣式**清單中，點選「金屬框架」圖片樣式。

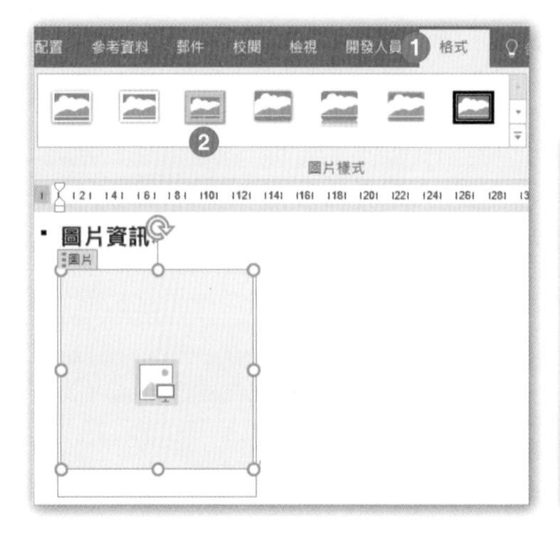

Step.18 點選文件封面頁中的「文件副標題」內容控制項，點按**開發人員**索引標籤 \ **控制項**群組 \ **屬性**。

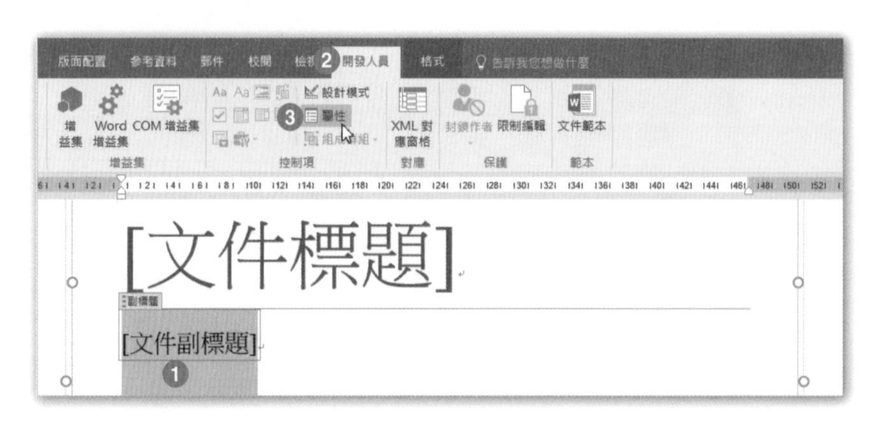

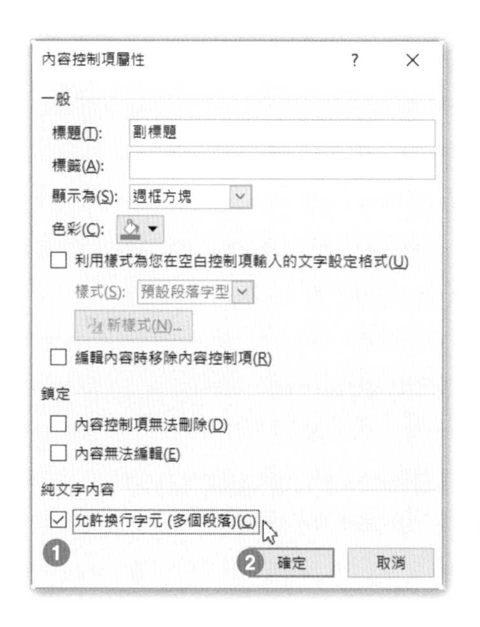

Step.19 勾選**純文字內容**之下的「允許換行字元 (多個段落)」，按下**確定**。

Step.20 在文件第三頁「課程時程」標題文字下方表格的「日期」欄位下方的儲存格中點按一下，點按**開發人員**索引標籤 \ **控制項**群組 \ **日期選擇器內容控制項**。

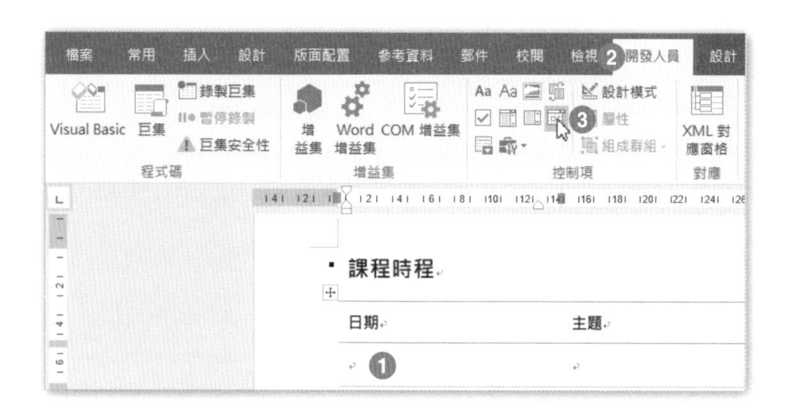

Step.21 插入的「日期選擇器內容控制項」，如下圖所示。

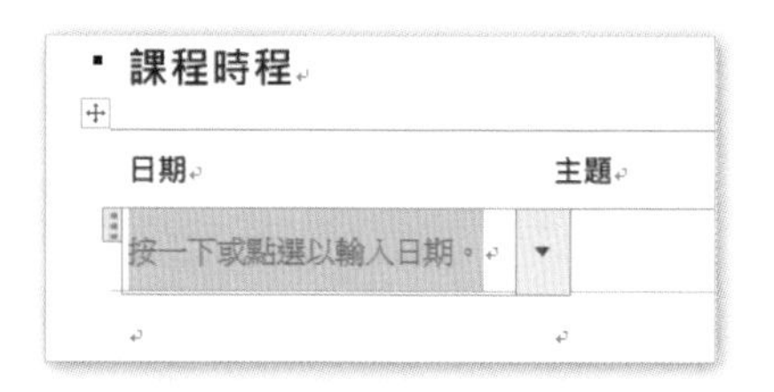

Step.22 點按**檔案**索引標籤 \ **另存新檔**，在**另存新檔**對話方塊中，點按**這台電腦**，點按**文件**資料夾，輸入檔案名稱「模擬題目 -4A- 完成 .docm」，按下**儲存**。

實作練習

開啟**文件**資料夾 \ 模擬題目 \「模擬題目 -4B.docx」，完成下列工作：

- 設定頁面色彩的紅綠藍顏色分別為：「214」,「255」,「219」建立名為「創新思維」的自訂佈景主題，並將此佈景主題儲存在「Document Themes」資料夾內。（解題步驟 1-4）
- 根據目前的佈景主題色彩，建立一組名為「輔色與連結」的自訂佈景主題色彩，設定其**輔色** 1 的顏色為「深藍」; 設定其**超連結**的顏色為「藍色 , 超連結 , 較深 50%」，最後將**已瀏覽過的超連結**的顏色設定為「紫色 , 輔色 4」。（解題步驟 5-7）
- 建立一組名為「和風」的佈景主題字型，設定其**標題字型**為 Cambria（解題步驟 8-9）

完成的練習，請**另存新檔**到**文件**資料夾 \ 模擬題目 -4B- 完成 .docm（解題步驟 10）

下圖是開啟「模擬題目 -4B.docm」檔案之後看到的兩頁文件內容。

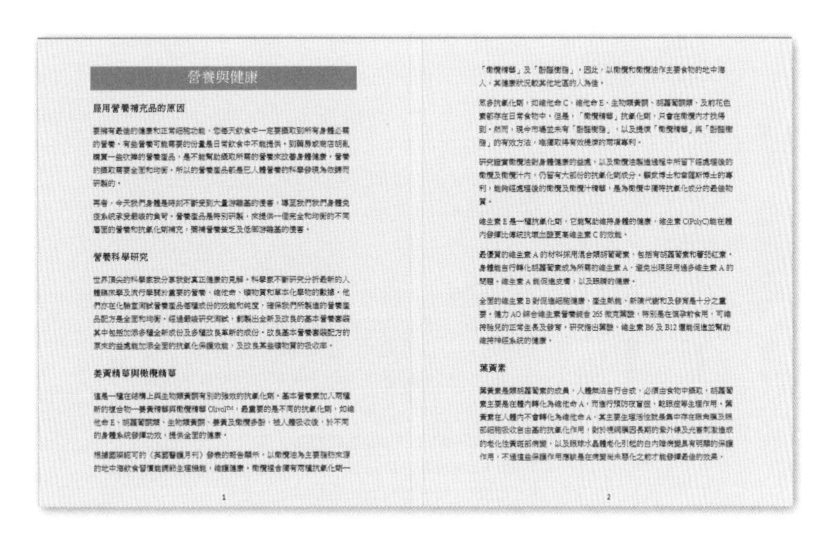

營養與健康

服用營養補充品的原因

營養科學研究

葉黃素

Step.1 點按**設計**索引標籤 \ **頁面背景**群組 \ **頁面色彩** \ **其他色彩**。

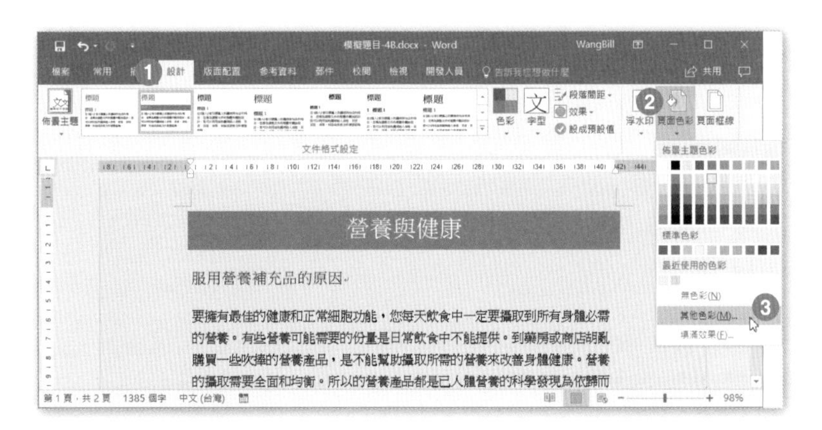

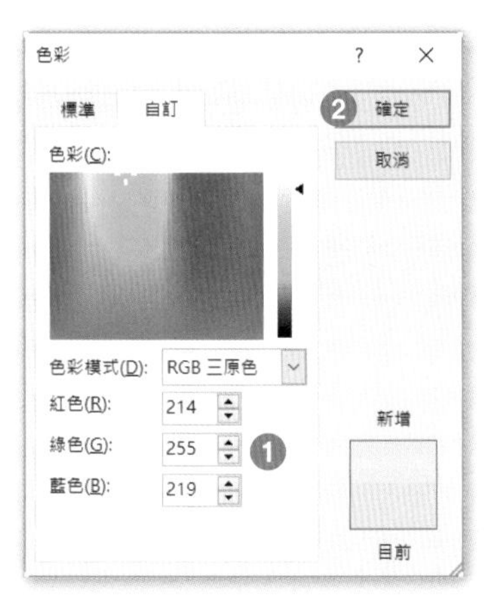

Step.2 在**色彩**對話方塊中，紅色、綠色、藍色分別設定成為：「214」、「255」、「219」，按下**確定**。

Step.3 點按**設計**索引標籤**頁面背景**群組**佈景主題****儲存目前的佈景主題**。

Step.4 在**儲存目前的佈景主題**對話方塊中的預設路徑「Document Themes」之下，輸入檔案名稱「創新思維」，按下**儲存**。

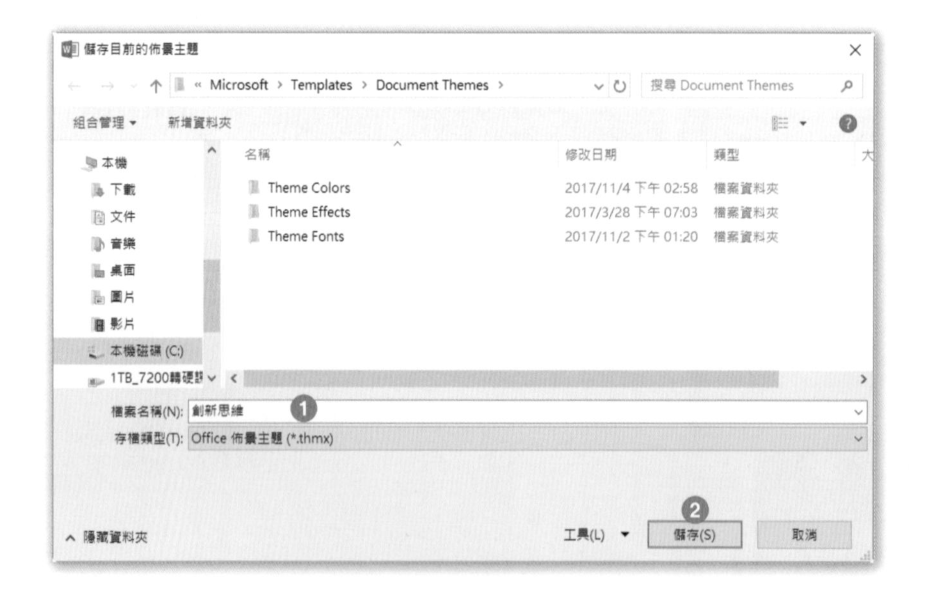

Step.5 點按**設計**索引標籤 \ **文件格式設定**群組 \ **色彩** \ **自訂色彩**。

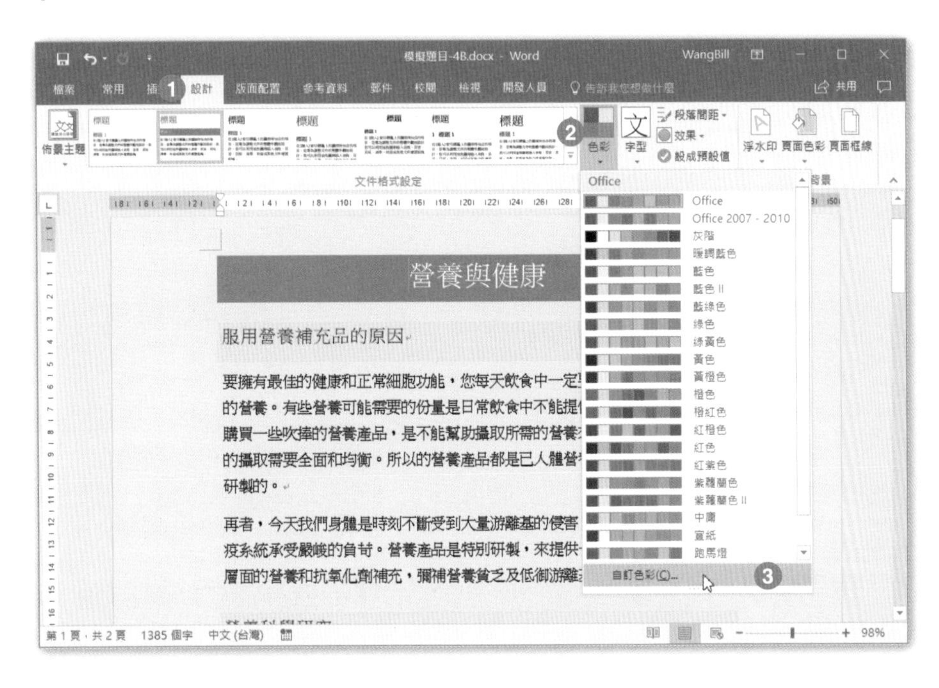

Step.6 在下左圖**建立新的佈景主題色彩**對話方塊中，點按**輔色 1** 右邊的按鈕，再點選「深藍」的顏色。

Step.7 再依相同方式將下右圖**超連結**的顏色設定成為「藍色，超連結，較深 50%」；並將**已瀏覽過的超連結**的顏色設定成為「紫色，輔色 4」；並輸入**名稱**為「輔色與連結」，按下**儲存**。

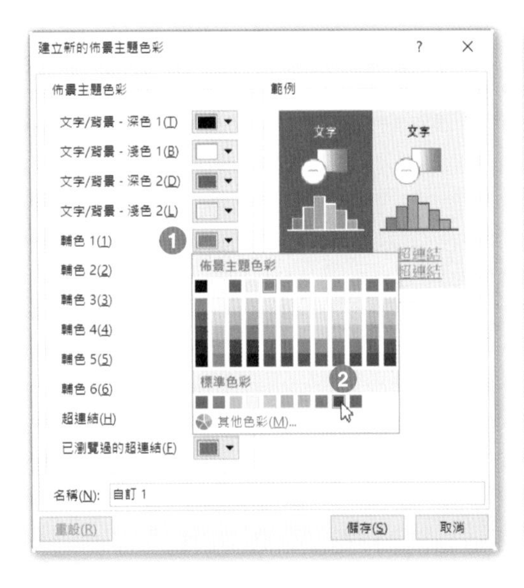

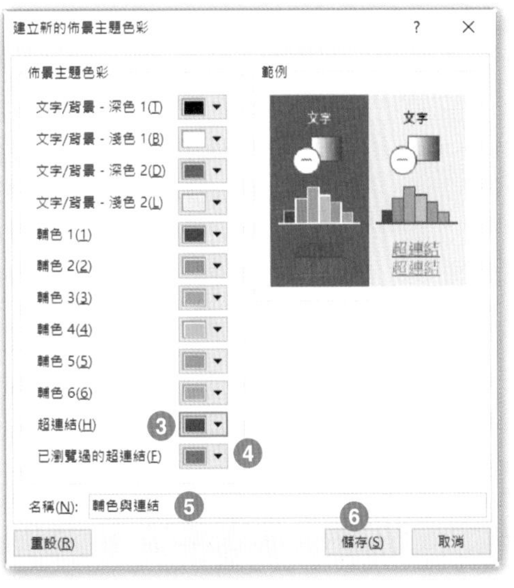

Step.8 點按**設計**索引標籤 \ **文件格式設定**群組 \ **字型** \ **自訂字型**。

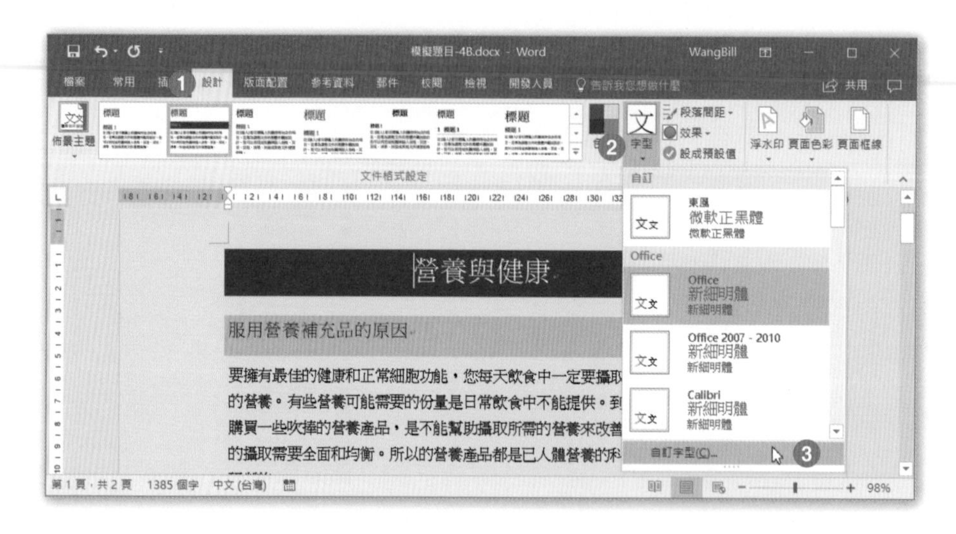

Step.9 在**建立新的佈景主題字型**對話方塊中，將**英文**之下的「標題字型(中文)」設定成「Cambria」；並輸入**名稱**為「和風」，按下**儲存**。

Step.10 點按**檔案**索引標籤 \ **另存新檔**，在**另存新檔**對話方塊中，點按**這台電腦**，點按**文件**資料夾，輸入檔案名稱「模擬題目 -4B- 完成 .docx」，按下**儲存**。

實作練習

開啟**文件**資料夾 \ 模擬題目 \「模擬題目 -4C.docx」，完成下列工作：

- 針對標題文字之下第 1 段裡的文字「Boutique」設定校對語言為「法文 (法國)」。(解題步驟 1-4)
- 對於出現在第 1 頁中的圖片，請新增替代文字標題為「工具機精品」。(解題步驟 5-6)
- 將表格標號為「表格 1 經濟部統計數據」的表格，新增替代文字標題「機具生產毛額」。(解題步驟 7-8)
- 完成的練習，請**另存新檔**到**文件**資料夾 \ 模擬題目 -4C- 完成 .docm

下圖是開啟「模擬題目 -4C.docX」檔案之後看到的四頁文件內容。

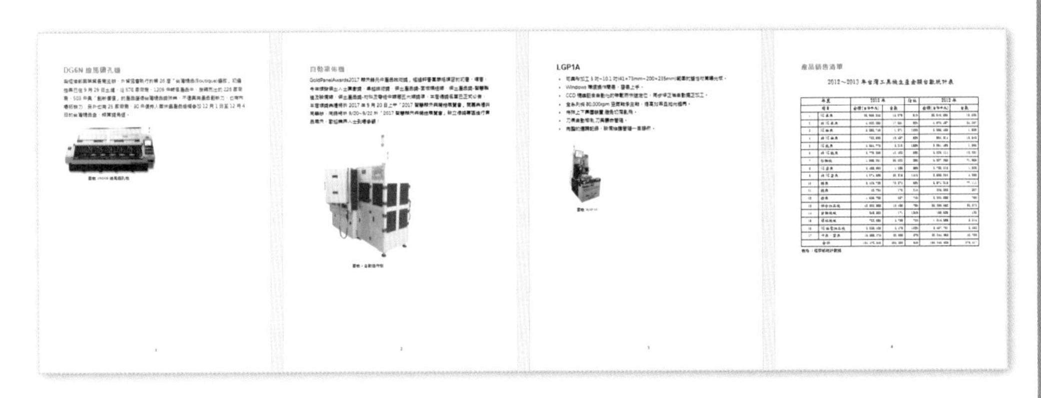

Step.1 點按**檔案**索引標籤 \ **選項**，在 Word **選項**對話方塊中，點按「語言」；在「新增其他編輯語言」清單中，點選「法文 (法國)」。

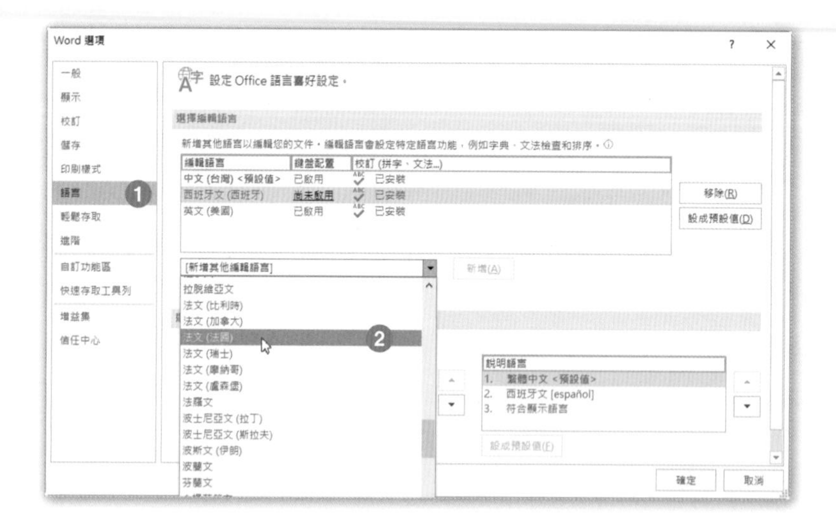

Step.2 可以在語言清單中看到「法文 (法國)」的項目，按下**確定**。

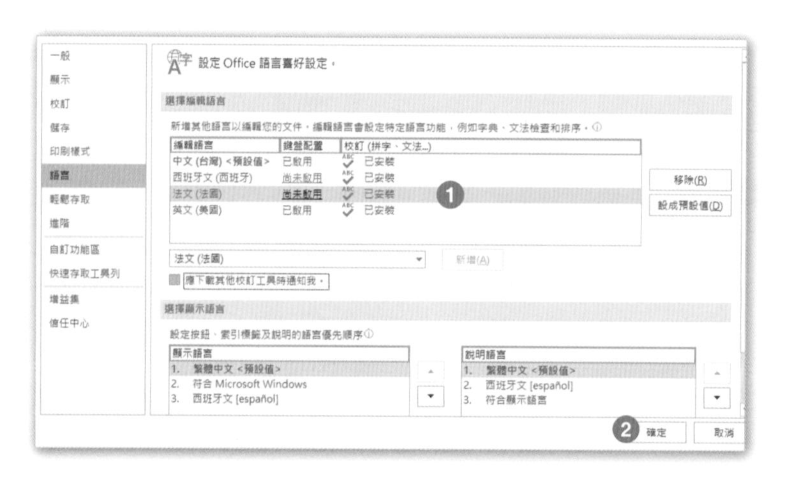

Step.3 選取文件中的「Boutique」，點按**校閱**索引標籤 \ **語言**群組 \ **語言** \ **設定校對語言**。

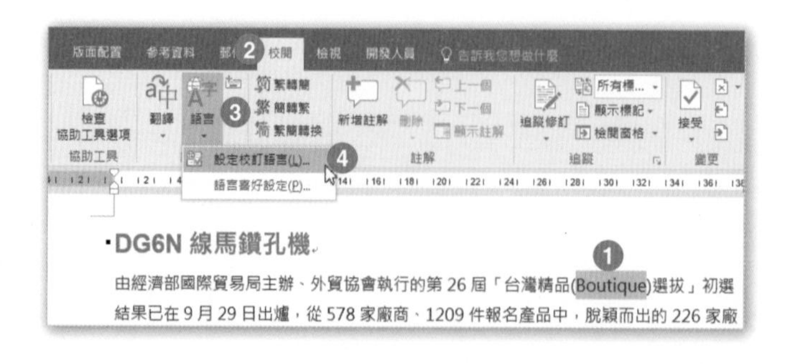

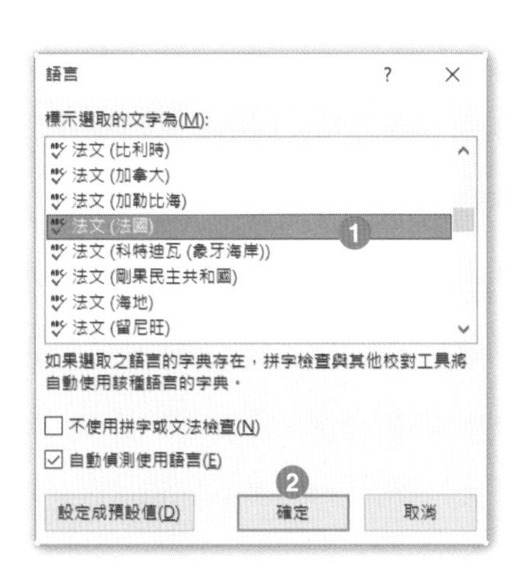

Step.4 在**語言**對話方塊中，點選「法文 (法國)」，按下**確定**。

Step.5 點選文件第 1 頁中的圖片，點按**圖片樣式**群組中的「設定圖形格式」按鈕。

Step.6 點按**設定圖片格式**工作窗格中的「版面配置與內容」圖示，再按下「替代文字」，在**標題**文字方塊中輸入「工具機精品」。

Step.7 在文件最後一頁表格標號為「表格 1 經濟部統計數據」的表格中，按下滑鼠右鍵，點選「表格內容」。

Step.8 在**表格內容**對話方塊的**標題**文字方塊中輸入「機具生產毛額」，按下**確定**。

Step.9 點按**檔案**索引標籤 \ **另存新檔**，在**另存新檔**對話方塊中，點按**這台電腦**，點按**文件**資料夾，輸入檔案名稱「模擬題目 -4C- 完成 .docx」，再按下**儲存**即可。

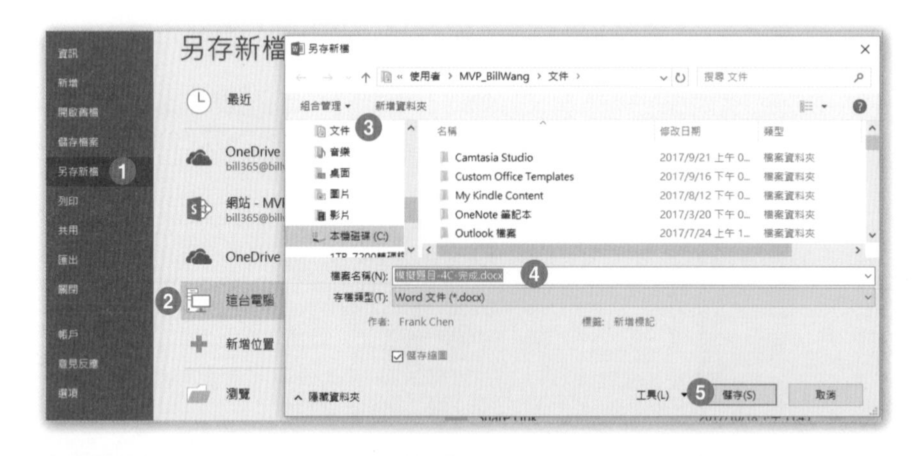

Chapter 05 模擬試題

5-1 第一組

專案 1：居家照護

專案說明：

您在新象公司的居家照護部門工作，您正在準備一份新進員工訓練簡介。

開啟**文件**資料夾 \ 第 5 章練習檔 \A1- 居家照護 .docx，文件內容如下圖所示：

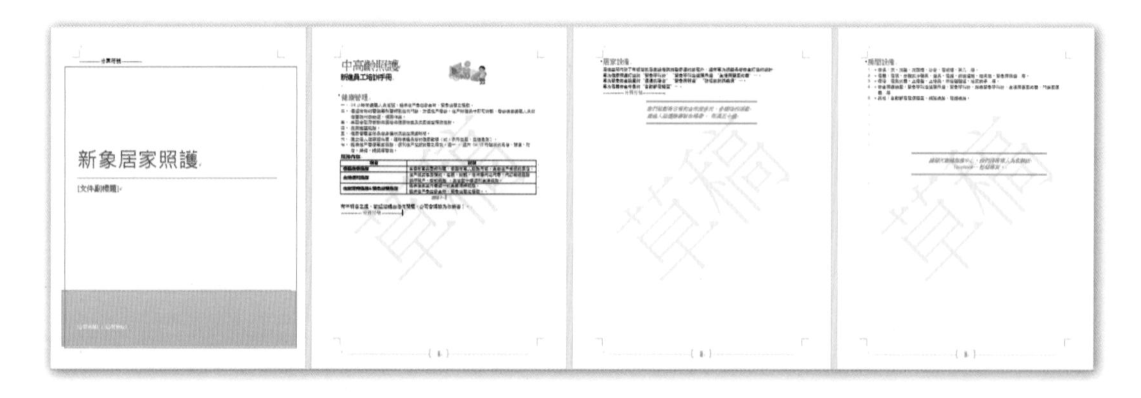

工作 1

對於出現在「中高齡照護」右側的圖片，請添增替代文字標題為「居家照護」。

解題步驟：

Step.1 點選文件第二頁標題文字「中高齡照護」右側的圖片，點按**格式 \ 圖片樣式**群組右下角的「設定圖形格式」按鈕。

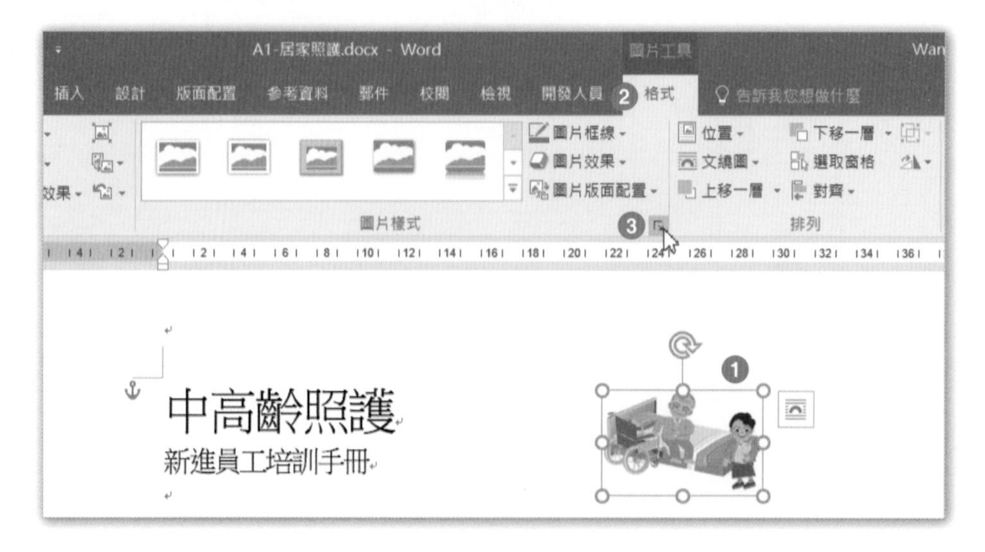

Step.2 點按**設定圖片格式**工作窗格中的「版面配置與內容」圖示，按下「替代文字」。

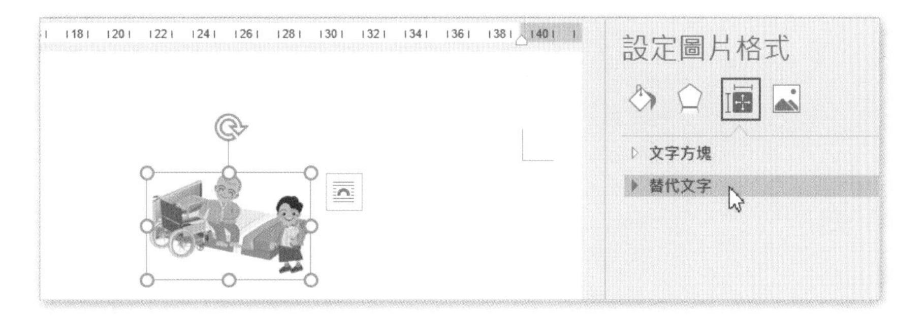

Step.3 在**標題**文字方塊中輸入「居家照護」即可。

工作 2

修改文件封面中「文件副標題」內容控制項的屬性，在編輯多行文字時可以換行。

解題步驟：

Step.1 點按一下文件封面的「文件副標題」內容控制項，點按**開發人員**索引標籤 \ **控制項**群組 \ **屬性**。

Step.2 在下圖中勾選「允許換行字元 (多個段落)」，按下**確定**即可。

工作 3

將文件裡的每一個「短破折號」都替換為「長破折號」。

解題步驟：

Step.1 在文件第二頁點按一下，再點按**常用**索引標籤 \ **編輯**群組 \ **取代**。

Step.2 在**尋找及取代**對話方塊中，按下**更多**按鈕。

Step.3

插入點置於**尋找目標**方塊中，點按**指定方式**，再點選清單中的「短破折號」，Word 會在**尋找目標**方塊中顯示「^=」。

Step.4

插入點置於**取代為**方塊中，點按**指定方式**，再點選清單中的「長破折號」，Word 會在取代為方塊中顯示「^+」。

Step.5 在**尋找及取代**對話方塊中，按下**全部取代**按鈕。

Step.6 在下圖之訊息中，按下**確定**。

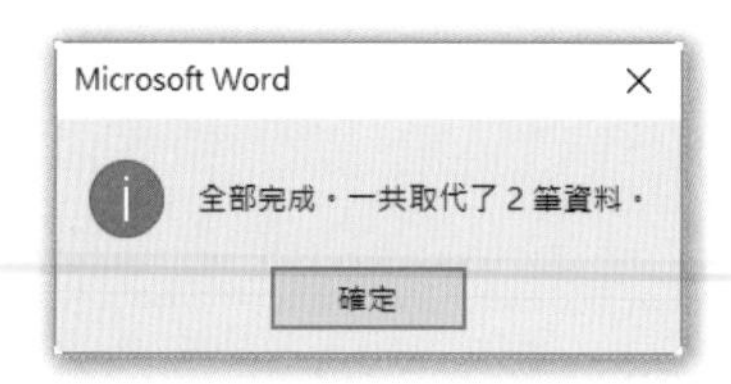

Step.7 回到**尋找及取代**對話方塊，按下**關閉**。

工作 4

在標題文字「房間設備」下方，對第 5 個項目新增註解，註解內容為「這是必須具備的通訊設備嗎？」。

解題步驟：

Step.1 選取標題文字「房間設備」下方第 5 個項目，在**校閱**索引標籤 \ **註解**群組中，點按**新增註解**按鈕。

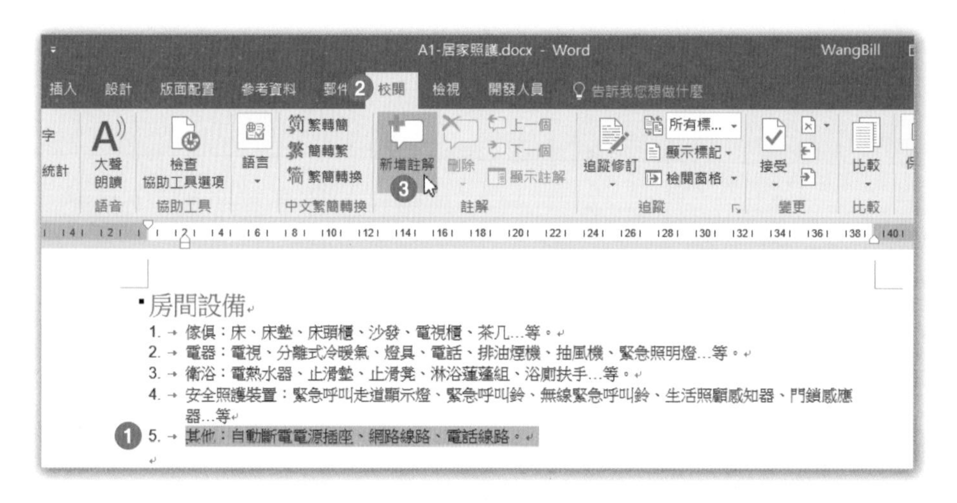

Step.2 在註解方塊中，輸入文字「這是必須具備的通訊設備嗎？」即可。

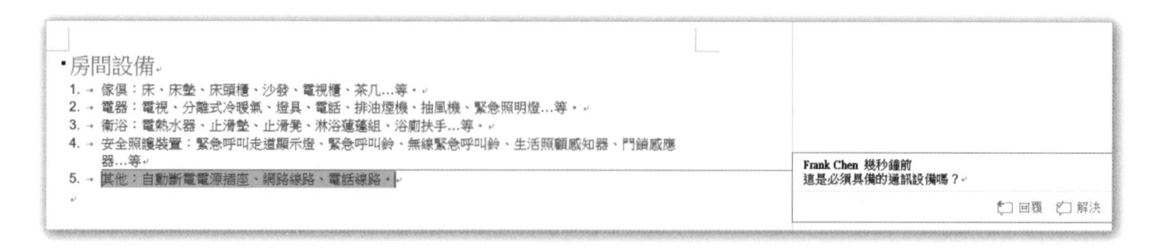

工作 5

將文件裡出現的第一個「健康管理」，新增為索引項目標記。

解題步驟：

Step.1 點按**常用**索引標 \ **編輯**群組 \ **尋找**，在左邊**導覽**窗格的方塊中輸入「健康管理」，Word 隨即會以黃色醒目提示來標示出文件中所有的「健康管理」，同時會自動選取第一個「健康管理」字串。

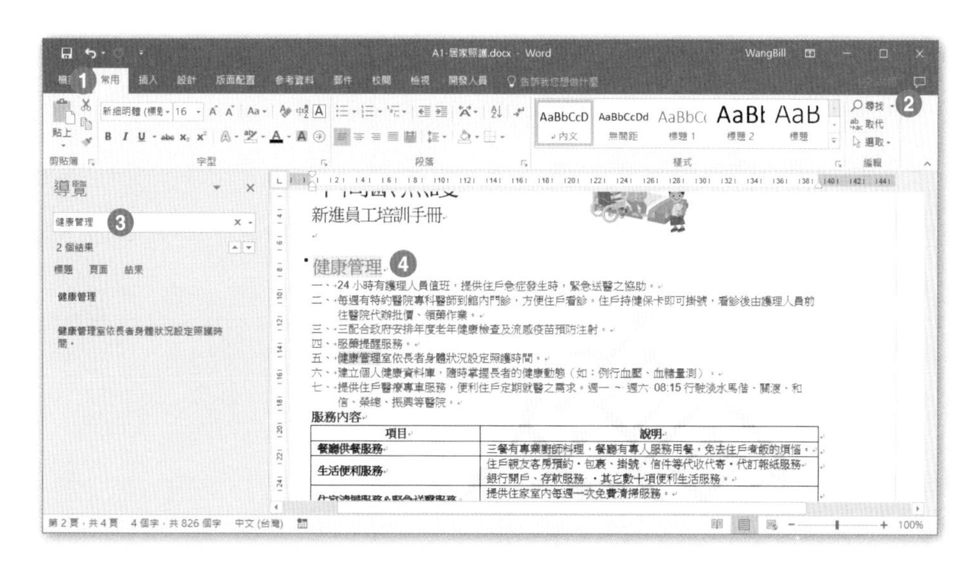

Step.2 點按**參考資料**索引標籤 \ **索引**群組 \ **項目標記**。

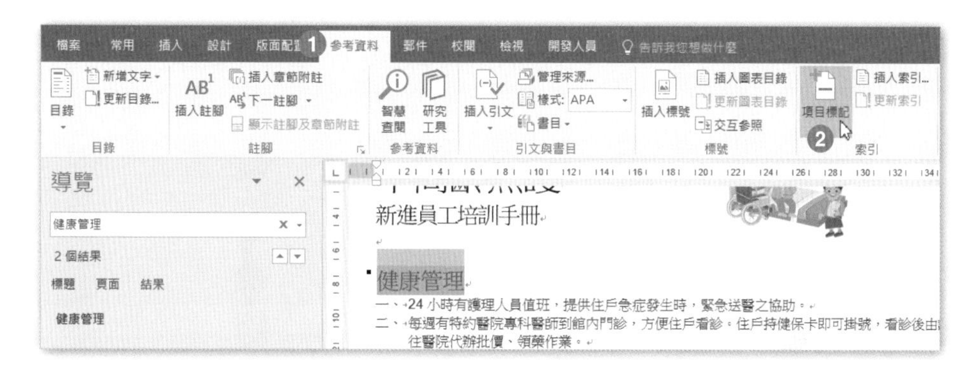

標記索引項目
索引
主要項目(E): 健康管理 標題(H): ㄐㄧㄢˋㄎㄤㄍㄨㄢˇㄌㄧˇ
次要項目(S): 標題(G):
選項
○ 交互參照(C): 參閱
◉ 本頁(P)
○ 指定範圍(N)
書籤:
頁碼格式
☐ 粗體(B)
☐ 斜體(I)
此對話方塊維持開啟狀態，因此您可以標記多個索引項目。
標記(M) 全部標記(A) 取消

Step.3 在左圖**標記索引項目**對話方塊中，「健康管理」三個字母被置於主要項目右邊的文字方塊中，按下**標記**。

Step.4 再點按下圖的**關閉**。

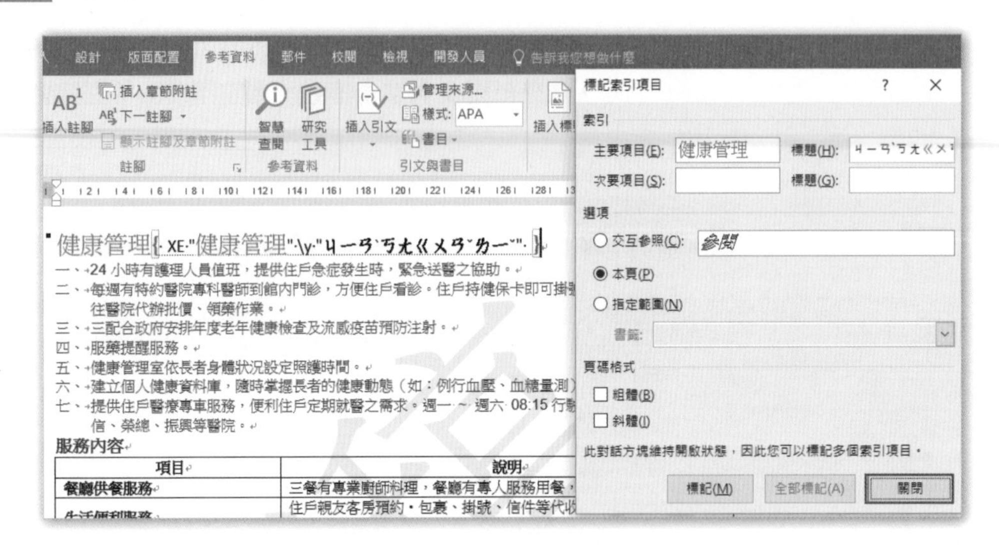

專案 2：股東訊息

專案說明：

您是新象公司的客服部的行政專員，您正在準備可以發佈至通用網站的每月電子報。

開啟**文件**資料夾 \ 第 5 章練習檔 \A2- 股東訊息 .docx，6 頁，文件內容如下圖所示：

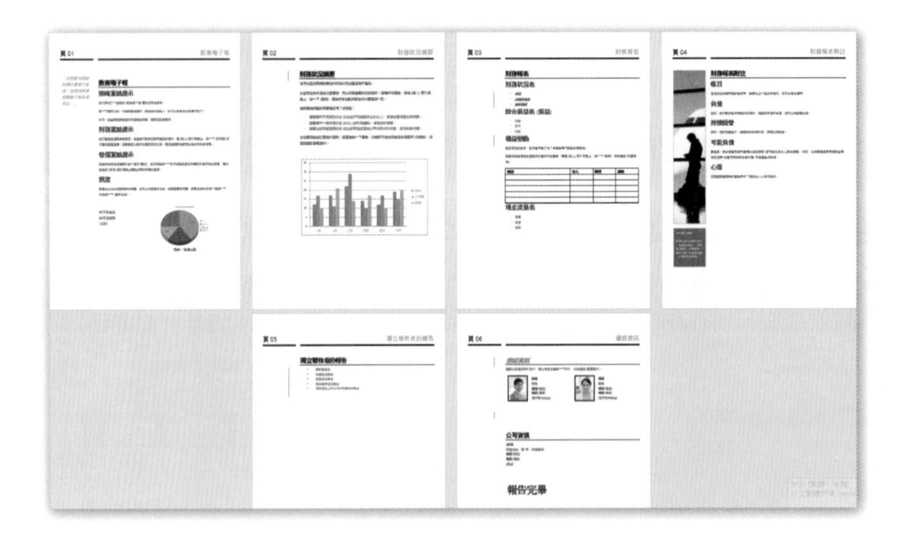

工作 1

建立一個名為「引文 2」的新樣式，並設定其格式根據「內文」且加上「斜體」字型樣式並置中對齊。

解題步驟：

Step.1 插入點置於左邊文字方塊中的空白段落標記上。

Step.2 點按**常用**索引標籤 \ **樣式**群組 \ **樣式**按鈕，在**樣式**窗格中，點按**新增樣式**按鈕。

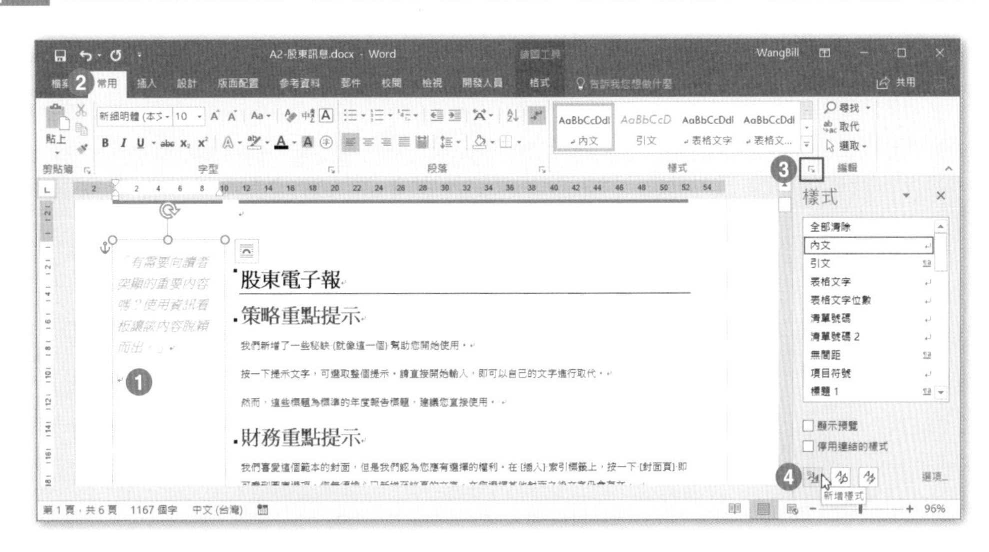

Step.3 在**名稱**方塊中輸入「引文 2」；在**樣式根據**方塊中選取「內文」；分別再點按「斜體」以及「置中」按鈕，再按下**確定**即可。

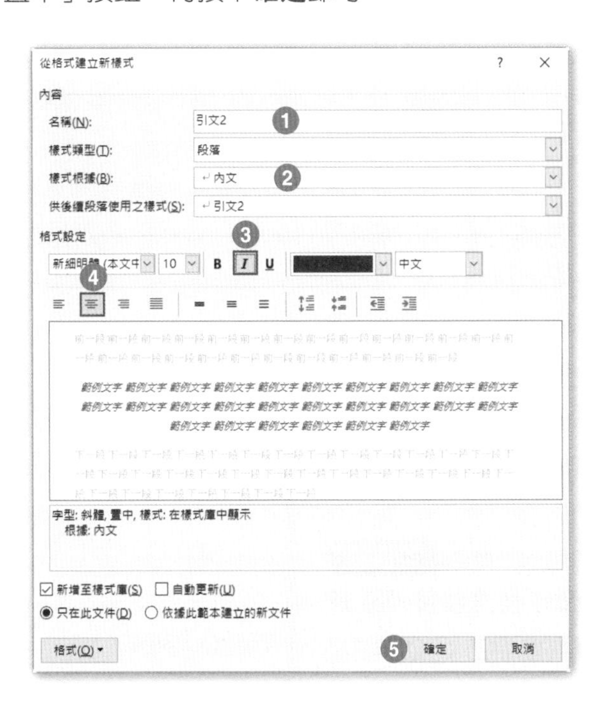

工作 2

在第 2 頁的圖表下方添增圖表標號，顯示為「圖表 2 各月績效統計」，其中「圖表 2」是自動產生的而不是自行輸入的文字。

解題步驟：

Step.1 選取第 2 頁的圖片，點按**參考資料**索引標籤 \ **標號**群組 \ **插入標號**。

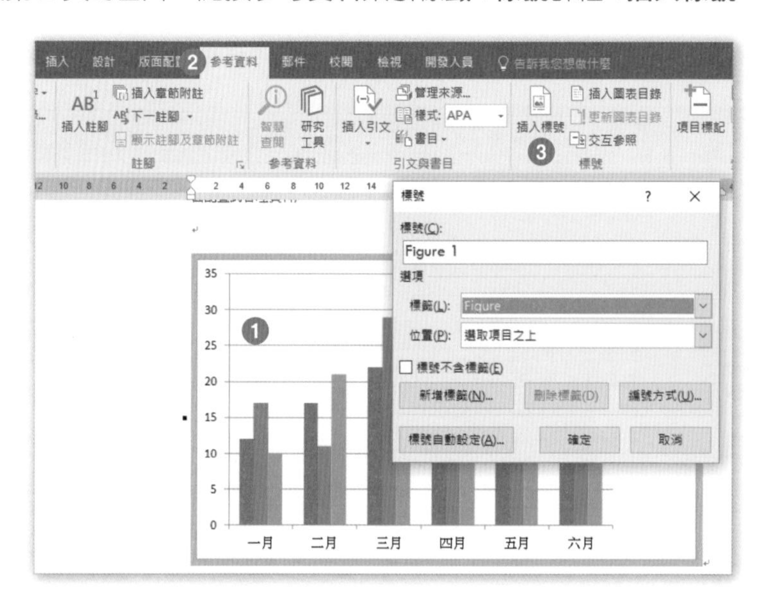

Step.2

在**標籤**對話方塊的**標籤**文字方塊中，點選「圖表」，在**標號**方塊中輸入「各月績效統計」，按下**確定**。

工作 3

尋找所有套用「標題 3」段落樣式的內容，替換成套用「標題 2」段落樣式。

解題步驟：

Step.1 點按**常用**索引標籤 \ **編輯**群組 \ **取代**，點按**更多**按鈕，再點按**格式** \ **樣式**。

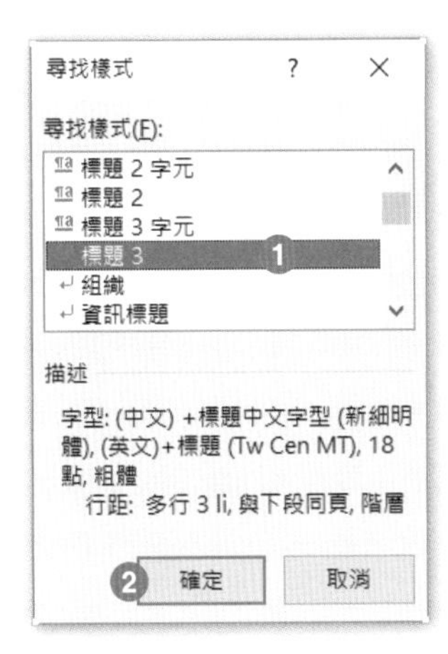

Step.2

點選**尋找樣式**清單中的「標題 3」，按下**確定**。

Step.3

插入點置於**取代為**方塊中，點按**格式**按鈕，點選清單中的「樣式」。

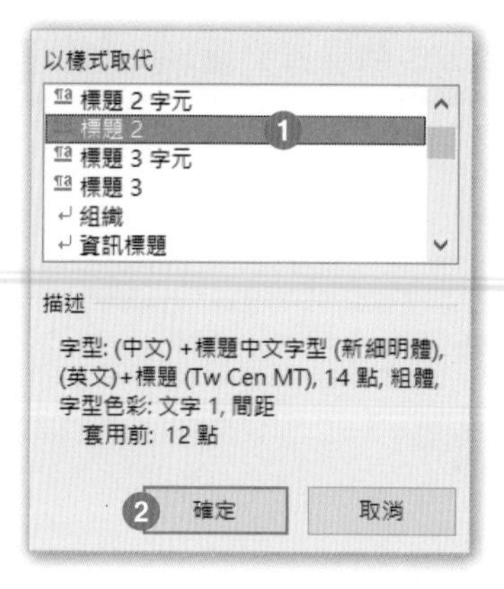

Step.4 點選**以樣式取代**清單中的「標題 2」，按下**確定**。

Step.5 在**尋找及取代**對話方塊中按下**全部取代**。

Step.6 在下圖的訊息中，按下**確定**。

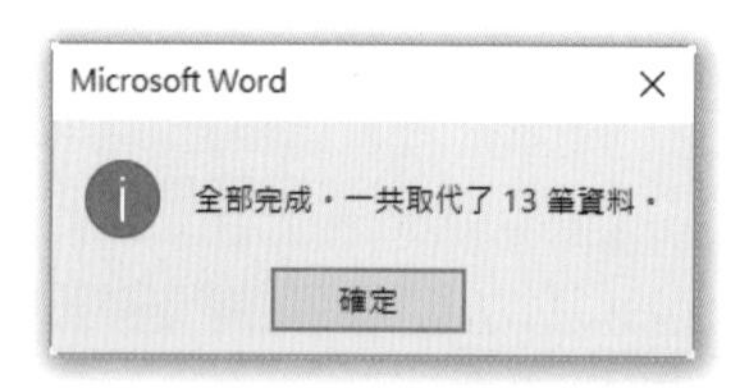

Step.7 回到**尋找及取代**對話方塊，按下**關閉**。

工作 4

接受所有插入與刪除的變更，但不要接受格式的變更。

解題步驟：

Step.1 點按**校閱**索引標籤 \ **追蹤**群組 \ **顯示標記**，取消勾選「設定格式」。

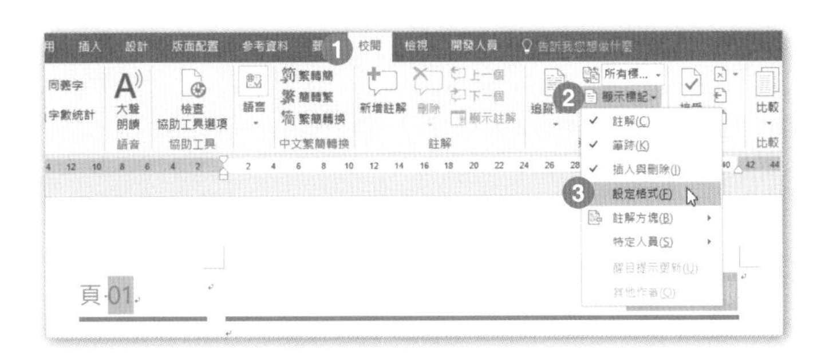

Step.2 點按**校閱**索引標籤 \ **變更**群組 \ **接受** \ **接受所有顯示的變更**。

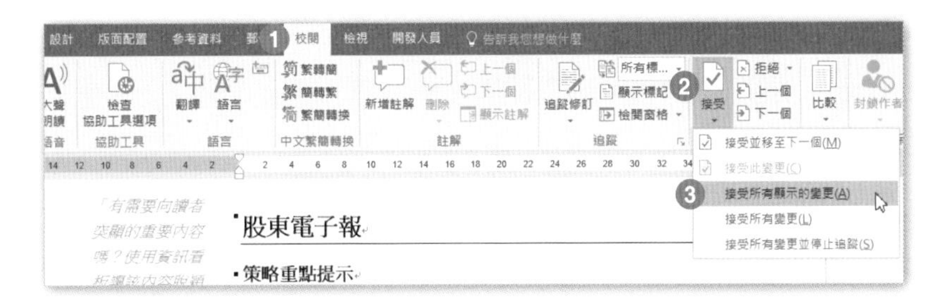

工作 5

在標題文字「報告完畢」上方的空白列，連結來自「文件」資料夾裡名為「補充資訊 .docx」文件檔案。

解題步驟：

Step.1 插入點置於文件最後一頁標題文字「報告完畢」上方的空白列上，點按**插入**索引標籤 \ **文字**群組 \ **物件** \ **文字檔**。

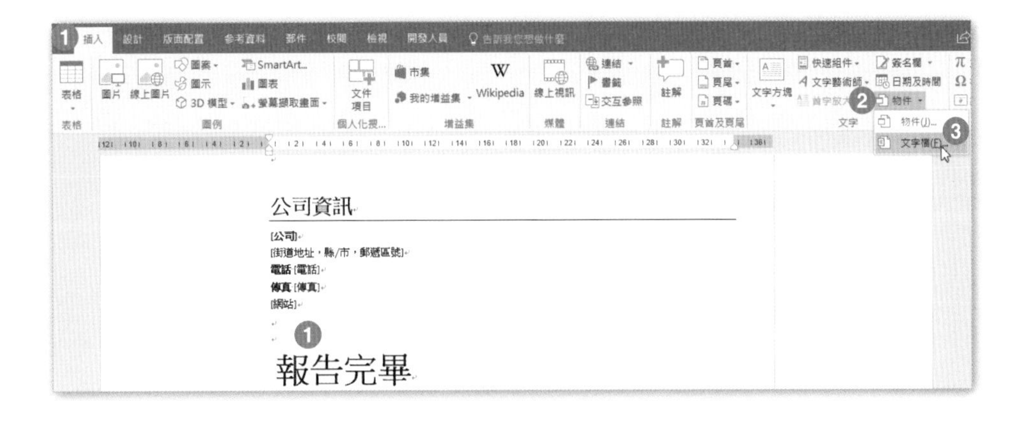

Step.2 在**插入檔案**對話方塊中，點選文件資料夾 \Word 2016 Expert 第 5 章練習檔 \ 補充資訊 .docx，按下**插入 \ 插入成連結**。

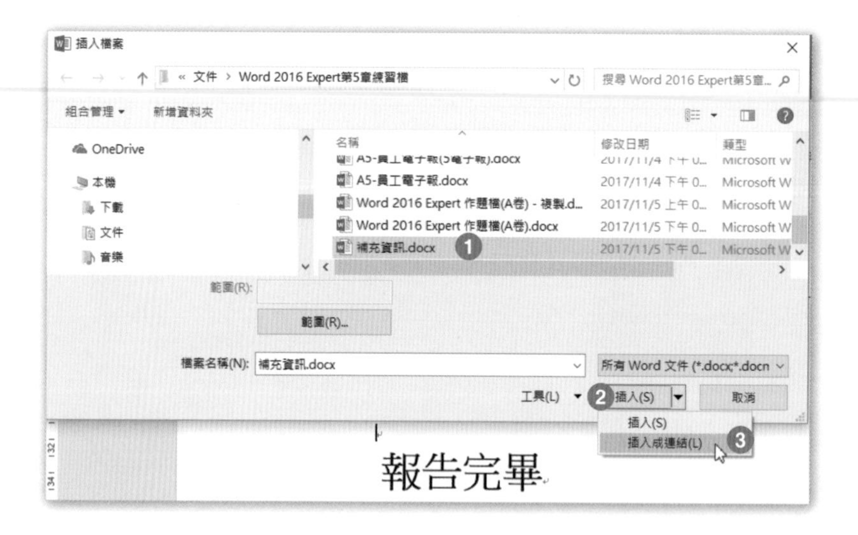

工作 6

複製「Normal.dotm」裡的「內文」樣式至「A2- 股東訊息 .docx」文件裡，並覆蓋其原本的「內文」樣式。

解題步驟：

Step.1 點按**常用**索引標籤 \ **樣式**群組 \ **樣式**按鈕，點按**樣式**工作窗格下方的「管理樣式」按鈕。

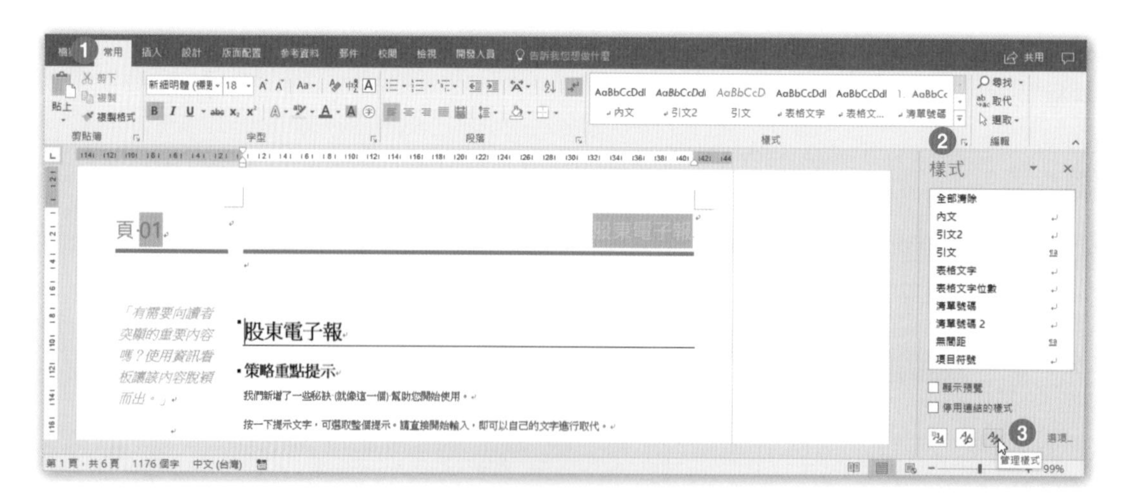

Step.2 在**管理樣式**對話方塊中，點按**匯入 / 匯出**按鈕。

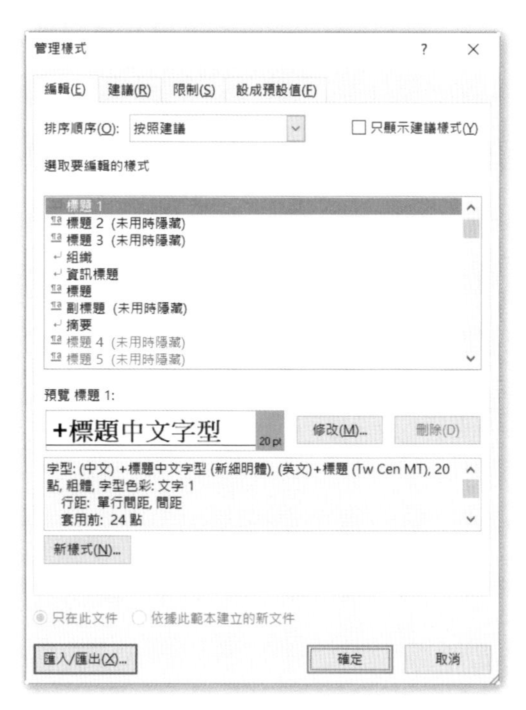

Step.3 點選**組合管理**對話方塊右方「Normal.dotm」裡的「內文」樣式，按下中央的**複製**按鈕。

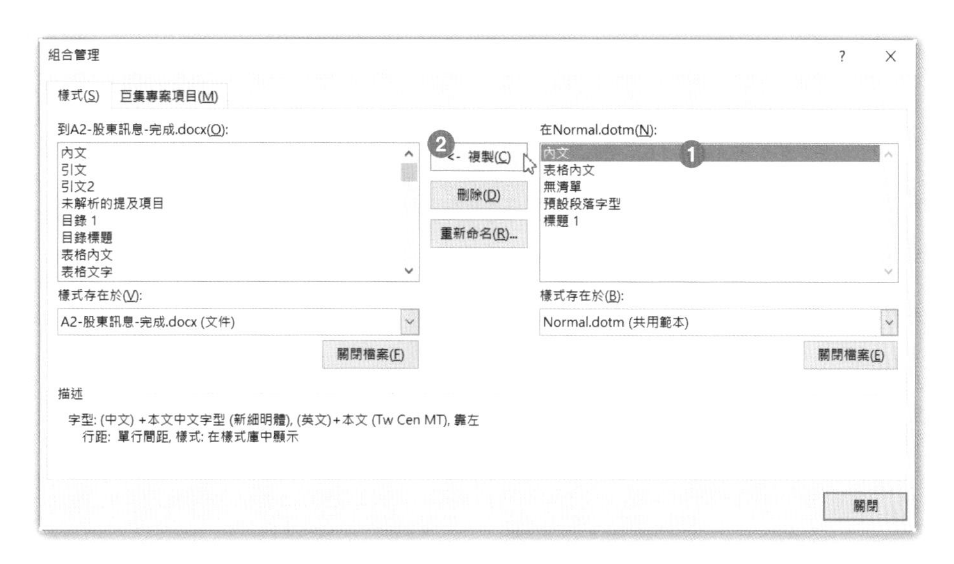

Step.4 在詢問的對話方塊中，按下**是**。

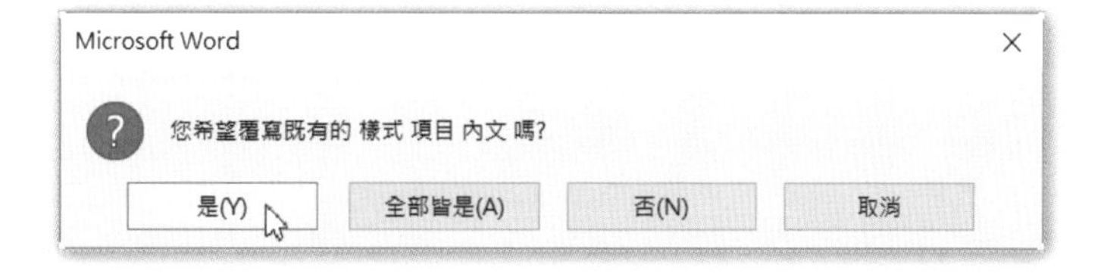

Step.5 在**組合管理**對話方塊中，按下**關閉**即可。

專案 3：學習證書

專案說明：

您已經建立了一份學習證書，並準備列印最近完成的花藝學習證書。

開啟**文件**資料夾 \ 第 5 章練習檔 \A3- 學習證書 .docx，文件內容如下圖所示：

工作 1

將註解標記為完成。

解題步驟：

Step.1 點按註解中的**解決**按鈕。

Step.2 註解方塊中的文字，全部變成淡色，即表示已完成工作。

Step.3 接著點按第二個註解中的「解決」按鈕即可。

工作 2

修改「鮮明強調」樣式，將字型大小調整為 18 點。

解題步驟：

Step.1 在**常用**索引標籤 \ **樣式**群組中「顯明強調」樣式上，按下右鍵，點選**修改**。

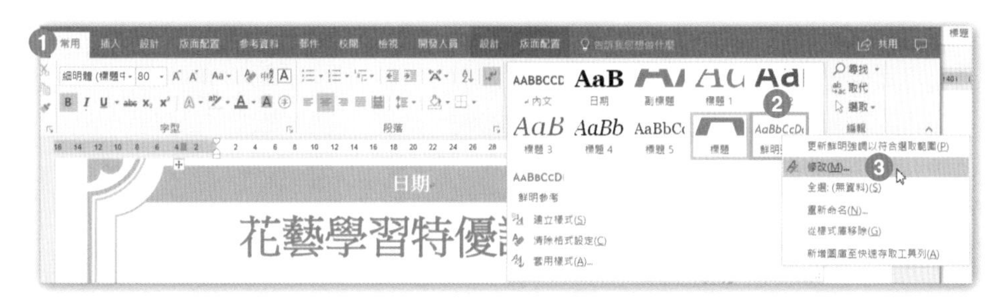

Step.2 在**修改樣式**對話方塊中，套用字型大小為 18 點，按下**確定**即可。

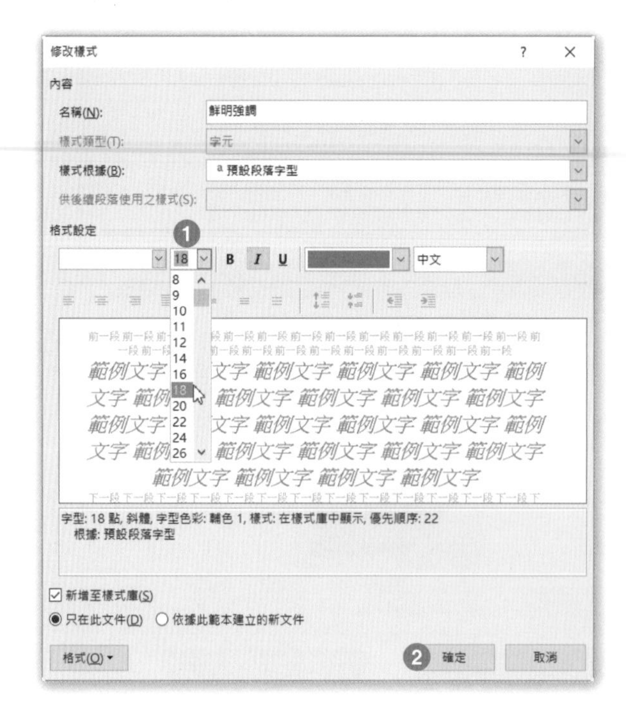

工作 3

根據目前的佈景主題色彩，建立一組名為「紫色連結」的自訂佈景主題色彩，並將「已瀏覽過的超連結」顏色改為「紫色，輔色 4」。

解題步驟：

Step.1 點按**設計**索引標籤 \ **文件格式設定**群組 \ **色彩** \ **自訂色彩**。

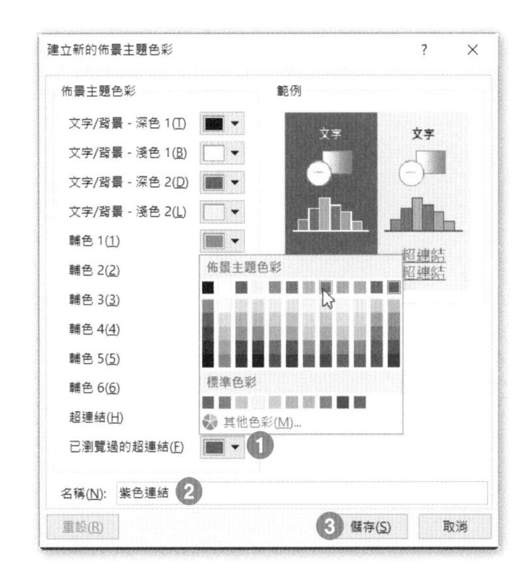

Step.2 將**已瀏覽過的超連結**的顏色，透過色彩選單設定成為「紫色，輔色 4」；並輸入**名稱**為「紫色連結」，按下**儲存**。

工作 4

建立一位新收件者清單，並輸入名字為「Tim」、姓氏為「Wei」。儲存至「我的資料來源」資料夾內，檔案名稱設定為「測試清單」。

解題步驟：

Step.1 點按**郵件**索引標籤 \ **啟動合併列印**群組 \ **選取收件者** \ **鍵入新清單**。

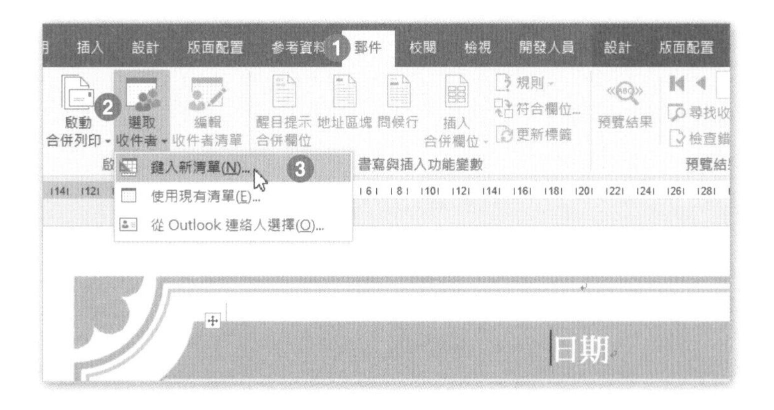

Step.2 在**新增通訊清單**對話方塊的**名字**欄中輸入「Tim」，在**姓氏**欄中輸入「Wei」，按下**確定**。

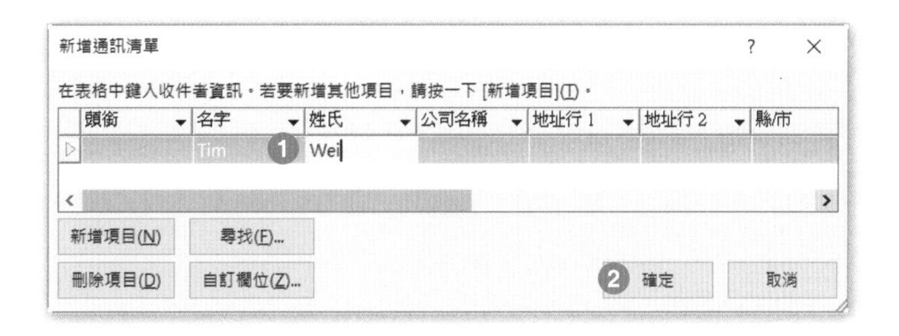

Step.3 在**儲存通訊清單**對話方塊中，輸入**檔案名稱**「測試清單」，Word 會存成 Access 資料庫檔案 (*.mdb)，置於**文件**資料夾 \ **我的資料來源**之下，按下**儲存**即可。

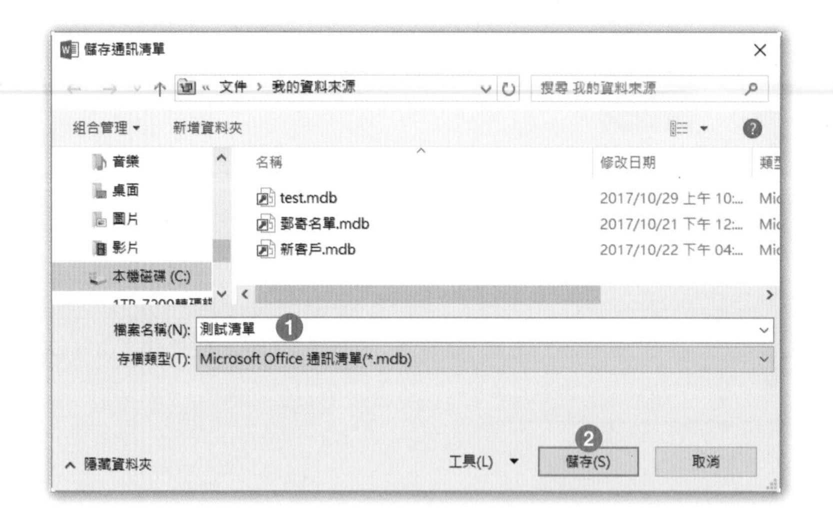

工作 5

在文件裡啟用經過數位簽章的巨集。

解題步驟：

Step.1 點按**檔案**索引標籤 \ **選項** \ **信任中心**。

Step.2 在 Word **選項**對話方塊中，點按**信任中心設定**按鈕。

Step.3

在**巨集設定**項目之下，點選「除了經數位簽章的巨集外，停用所有巨集」，再按下**確定**。

Step.4

回到 Word **選項**對話方塊中，再按下**確定**即可。

專案 4：宣導手冊

專案說明：

您正在準備 NetTech Service 之「3D 列印」文宣，這是初稿。

開啟**文件**資料夾 \ 第 5 章練習檔 \A4- 宣導手冊 .docx，文件三頁內容如下圖所示：

工作 1

僅設定這份文件的預設字型為 14 點大小、粗體字型樣式、Book Antiqua 字型。

解題步驟：

Step.1 點按**檔案**索引標籤 \ **字型**群組 \ **字型**按鈕。

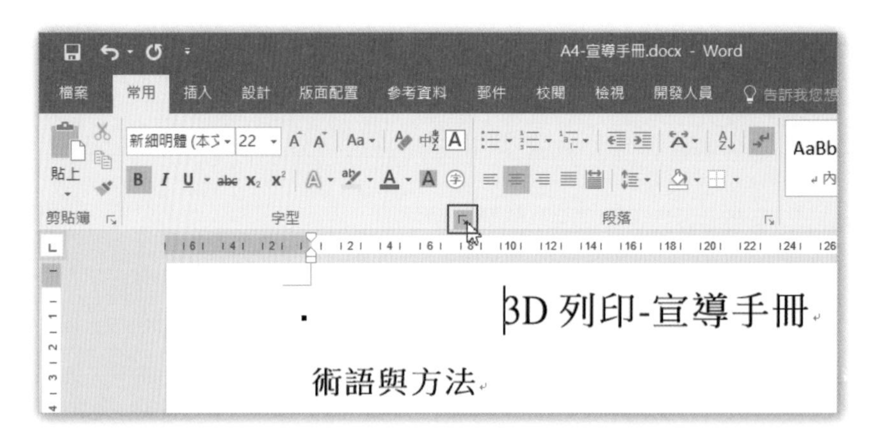

Step.2 將**字型**設定成為「Book Antiqua」、粗體，在**大小**選單中點選「14」。

Step.3 按下**設定成預設值**按鈕，並在對話方塊中點選「只有這份文件嗎？」，按下**確定**即可。

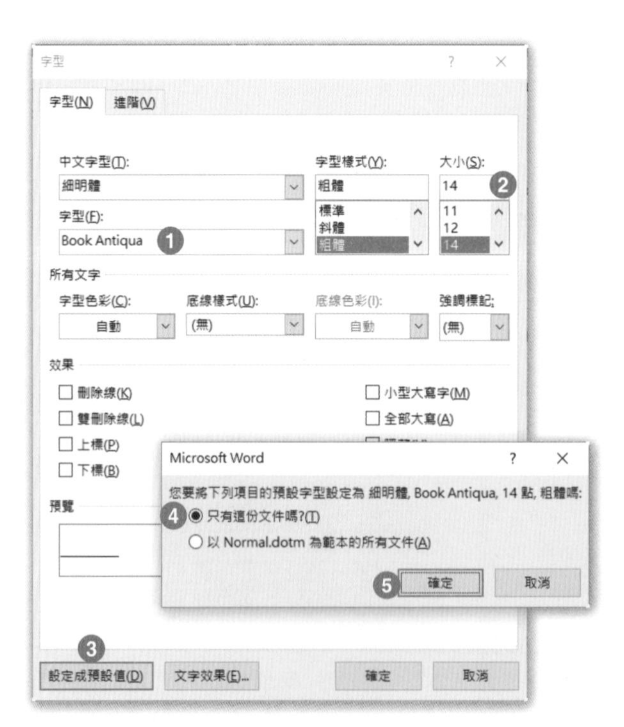

工作 2

修改「標題 1」樣式，將字型色彩變更為「金色 , 輔色 6, 較深 50%」並將文字置中對齊。

解題步驟：

Step.1 在**常用**索引標籤 \ **樣式**群組中的「標題 1」樣式名稱上，按下滑鼠右鍵，點選「修改」。

Step.2 在**修改樣式**對話方塊中，按下**置中**按鈕，在**字型色彩**清單中點選「金色 , 輔色 6, 較深 50%」的顏色，按下**確定**即可。

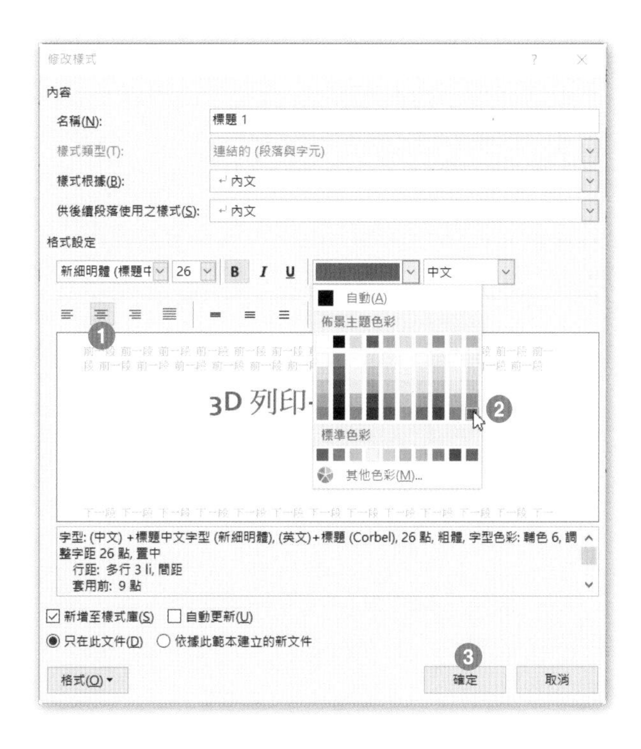

工作 3

設定頁面色彩的紅綠藍顏色分別為：「214」，「255」，「219」。建立名為「原創主題」的自訂佈景主題，並將此佈景主題儲存在「文件」資料夾內。

解題步驟：

Step.1 點按**設計**索引標籤 \ **頁面背景**群組 \ **頁面色彩** \ **其他色彩**。

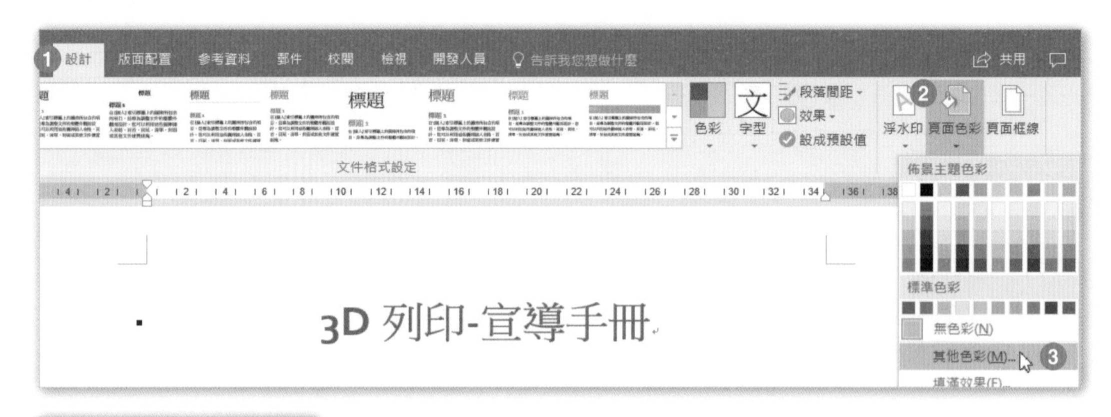

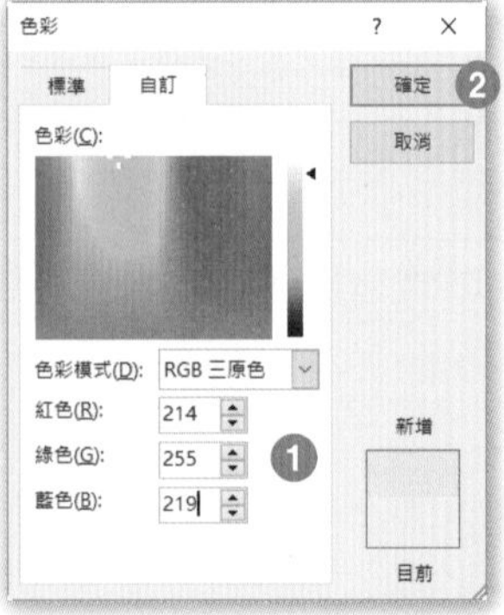

Step.2

在**色彩**對話方塊中，點按「自訂」標籤，紅色、綠色、藍色分別設定成為：「214」、「255」、「219」，按下**確定**。

Step.3 點按**設計**索引標籤 \ **文件格式設定**群組 \ **佈景主題** \ **儲存目前的佈景主題**。

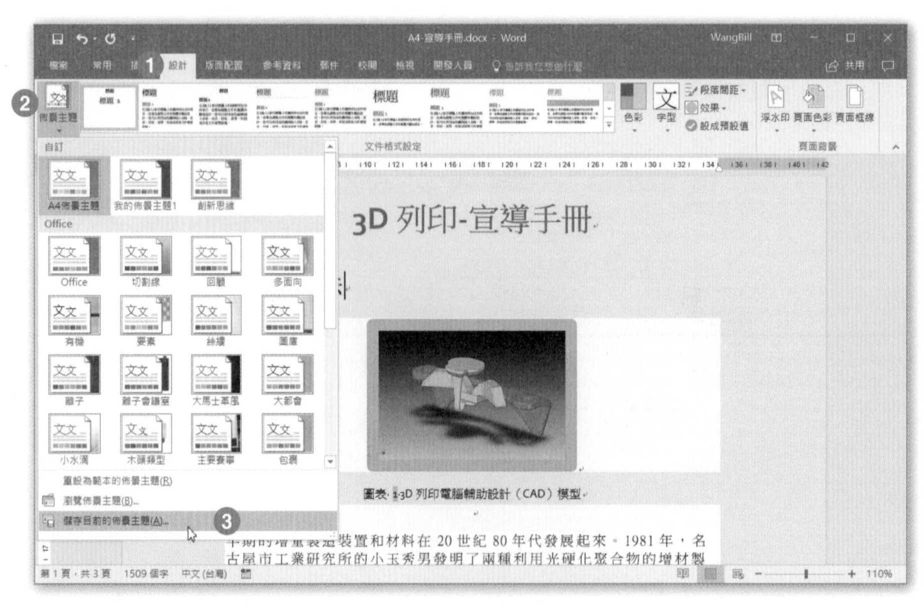

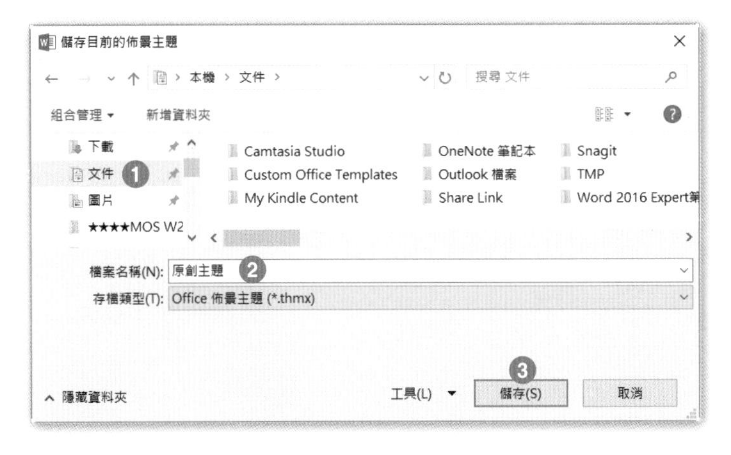

Step.4 在**儲存目前的佈景主題**對話方塊中，點選「文件」，輸入**檔案名稱**「原創主題」，按下**儲存**即可。

工作 4

在最後一頁標題文字「圖表目錄」的下方，採用「古典的」格式新增圖表目錄。

解題步驟：

Step.1 插入點置於最後一頁標題文字「圖表目錄」的下方段落標記處，點按**參考資料**索引標籤 \ **標號**群組 \ **插入圖表目錄**。

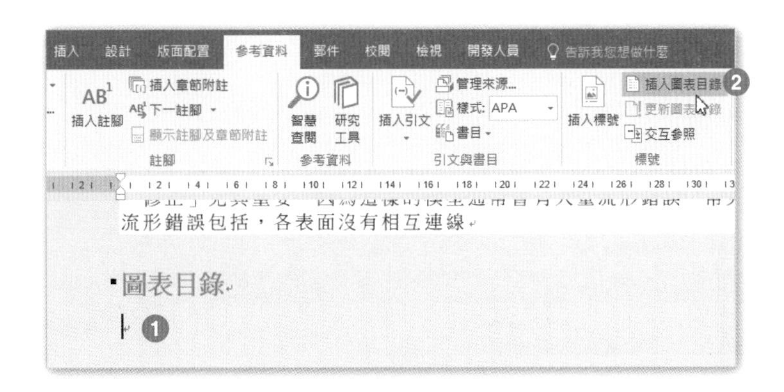

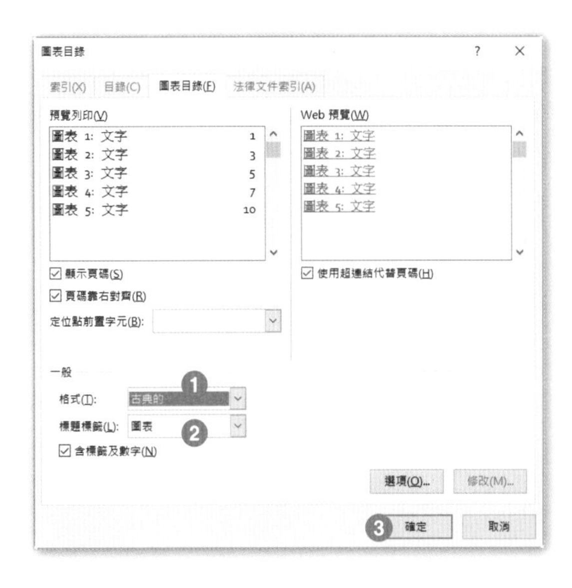

Step.2 在**圖表目錄**對話方塊中，在**格式**方塊中選擇「古典的」；在**標題標籤**方塊中選擇「圖表」，按下**確定**。

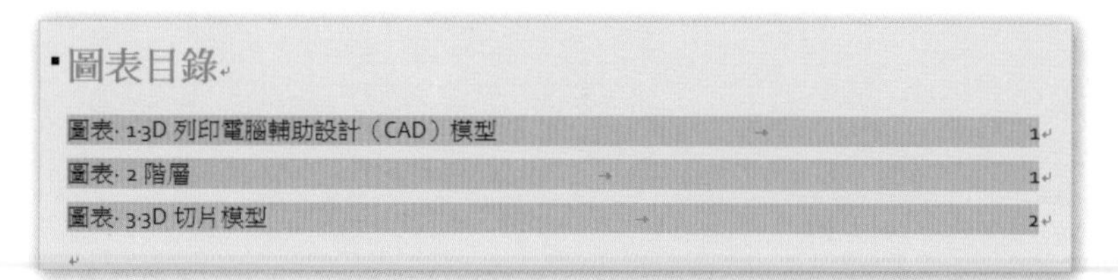

Step.3 完成的「圖表目錄」如左圖所示。

工作 5

限制格式化選取的樣式，不需要開始強制保護。

解題步驟：

Step.1 點按**校閱**索引標籤 \ **保護**群組 \ **限制編輯**。

Step.2 在「限制編輯」工作窗格中的**格式設定限制**項目之下，勾選「格式設定限制為選取的樣式」即可。

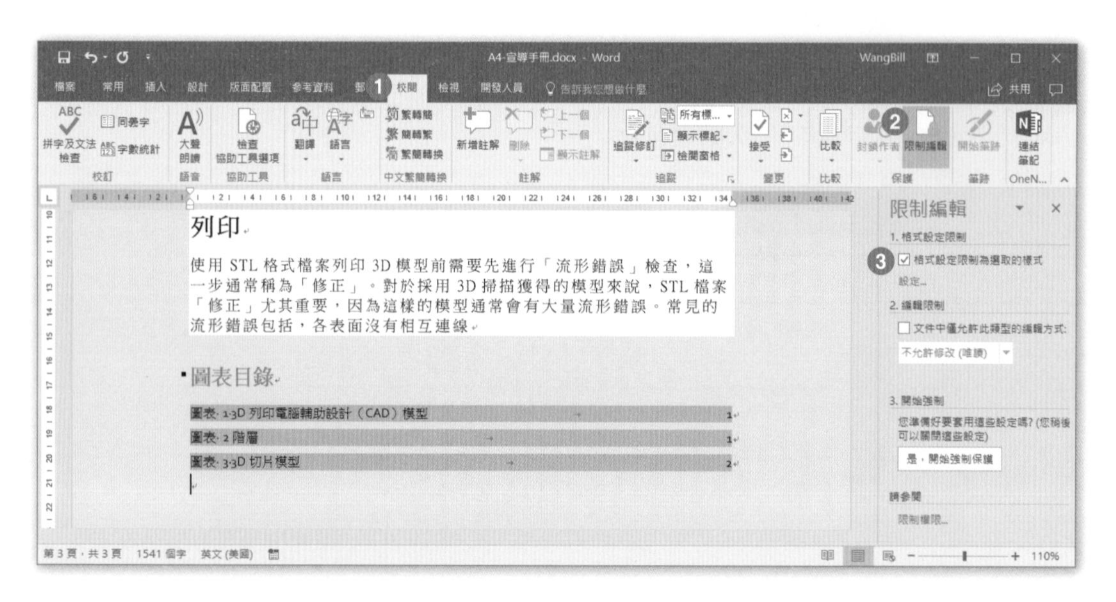

專案 5：員工電子報

專案說明：

您剛完成本月份員工電子報，此電子報將會發送至本公司所有的員工。

開啟**文件**資料夾 \ 第 5 章練習檔 \A5- 員工電子報 .docm，文件兩頁內容如下圖所示：

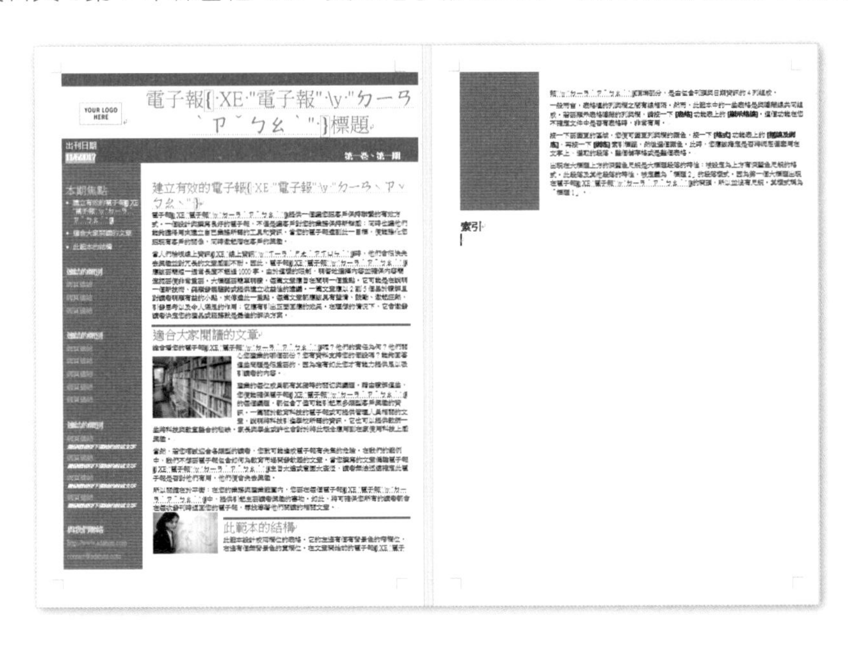

工作 1

在第 1 頁標題文字「出刊日期」的下方，修改 Date 欄位，設定顯示格式為 dddd, MMMM d, yyyy。

解題步驟：

Step.1 在第 1 頁標題文字「出刊日期」下方的功能變數上，按下滑鼠右鍵，點選「編輯功能變數」。

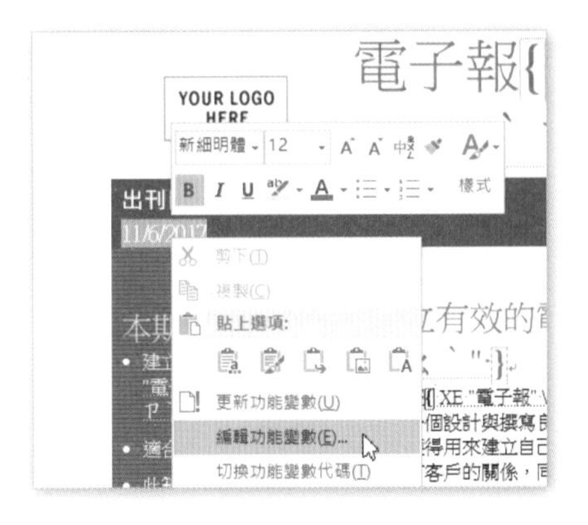

Step.2 在**功能變數**對話方塊的**日期格式**方塊中，輸入「dddd, MMMM d, yyyy」的日期格式，按下**確定**即可。

工作 2

設定文件使其具備自動的「斷字」功能。

解題步驟：

點按**版面配置**索引標籤 \ **版面設定**群組 \ **斷字** \ **自動**即可。

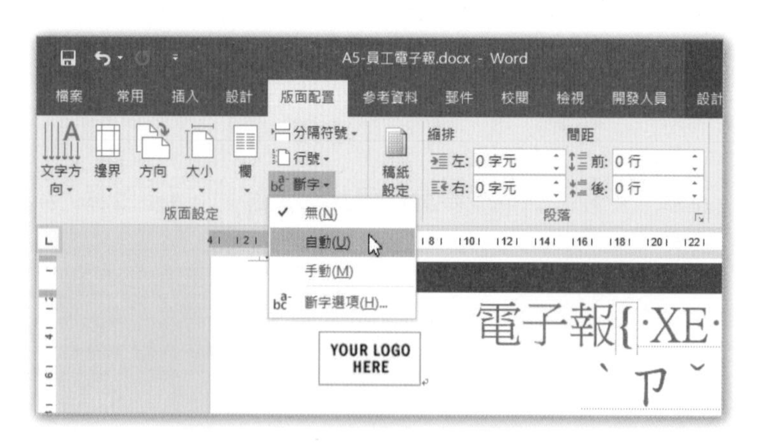

工作 3

在「索引」標題文字下方，插入格式為「摩登的」，並且顯示為單欄的索引。

解題步驟：

Step.1 插入點置於文件尾端「索引」標題文字下方，點按**參考資料**索引標籤 \ **索引**群組 \ **插入索引**。

Step.2 在**索引**對話方塊中，點選「1」欄以及「摩登的」格式，按下**確定**。

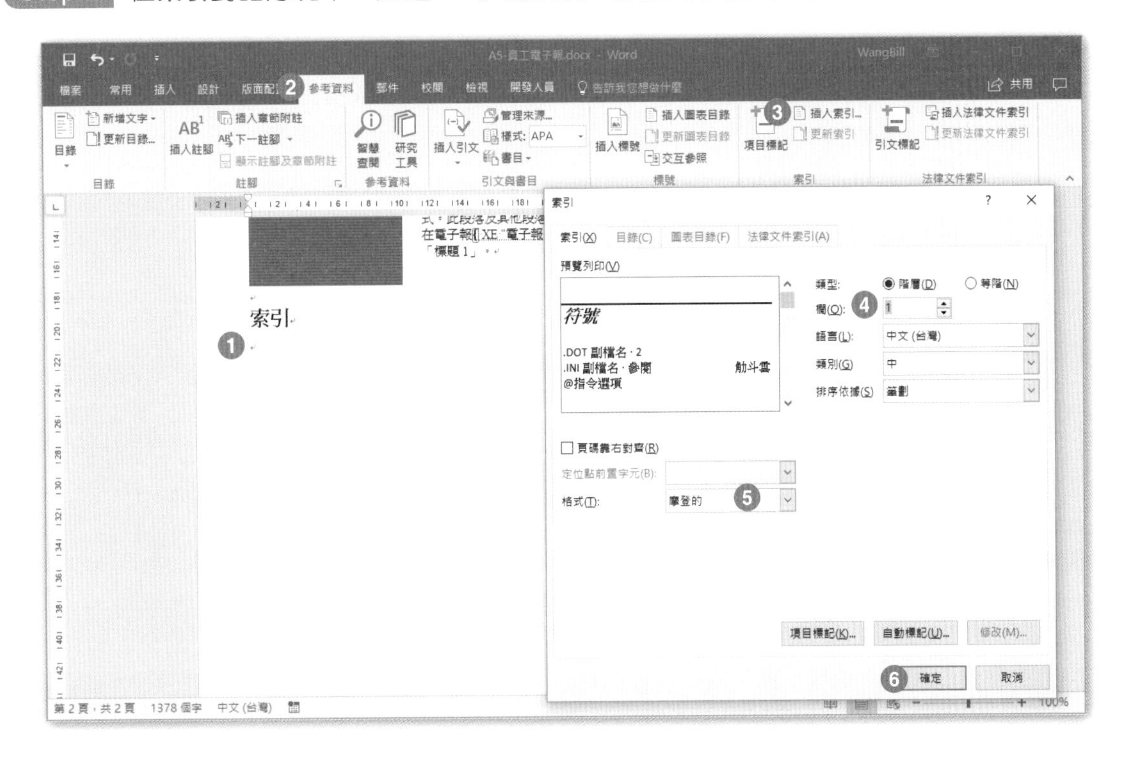

完成的多層次索引，如下圖所示。

索引

分節符號 (接續本頁)

十三劃

電子報，1, 2

十五劃

線上資訊，1

分節符號 (接續本頁)

工作 4

錄製一個名為「無色彩」的巨集，使其可以將被選取的文字套用無色彩的「醒目提示」，將此巨集儲存在目前的文件裡，並設定巨集的快速鍵為「Alt+Ctrl+9」。

解題步驟：

Step.1 插入點置於文件索引最下方的段落標記上，點按**開發人員**索引標籤 \ **錄製巨集**。

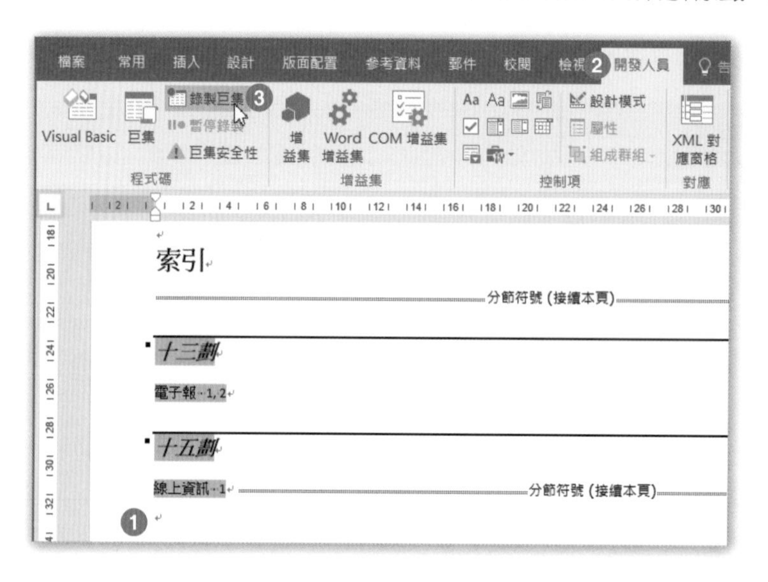

Step.2 在**錄製巨集**對話方塊中，輸入**巨集名稱**「無色彩」，並在**將巨集儲存在**方塊中選擇「A5- 員工電子報 .docm(文件)」，再按下**鍵盤**按鈕。

Step.3

在左圖**自訂鍵盤**對話方塊中，按下「Ctrl+Alt+9」三個鍵，並在將自訂儲存於方塊中選取「A5-員工電子報.docm(文件)」，按下**指定**按鈕。

Step.4

在左圖**現用代表鍵**文字方塊中，可以看到「Alt+Ctrl+9」的字樣，按下**關閉**。

Step.5 點按**常用**索引標籤 \ **字型**群組 \ **文字醒目提示色彩**，點選「無色彩」。

Step.6 點按**開發人員**索引標籤 \ **程式碼**群組 \ **停止錄製**即可。

工作 5

設定文件限制編輯，只能在套用樣式後才能進行格式變更，但不要進行強制保護。

解題步驟：

Step.1 點按**校閱**索引標籤 \ **保護**群組 \ **限制編輯**，再點按**限制編輯**窗格中的「設定」。

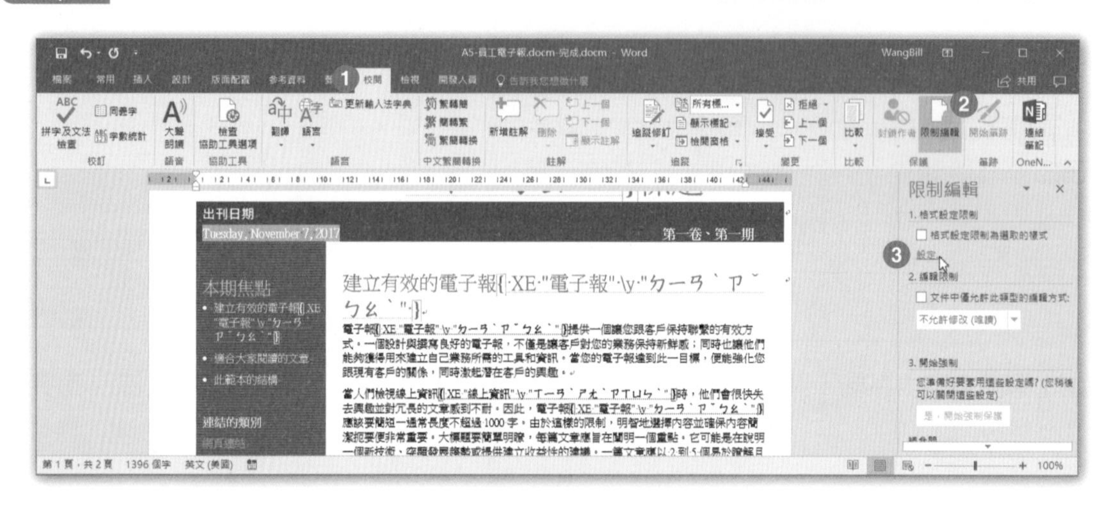

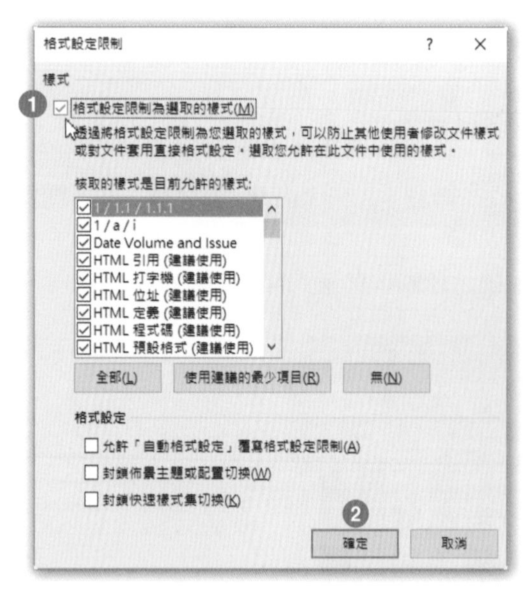

Step.2 在**格式設定限制**對話方塊中，勾選「格式設定限制為選取的樣式」，按下**確定**。

Step.3 在下圖詢問訊息中，按下「否」，以免更動了文件中的段落樣式。

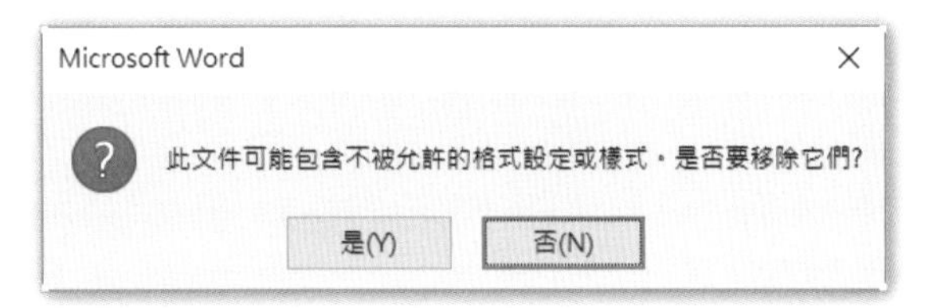

5-2 第二組

專案 1：股東訊息

專案說明：

您是新象公司的客服部的行政專員，您正在準備可以發佈至通用網站的每月電子報。

開啟**文件**資料夾 \ 第 4 章練習檔 \B1- 股東訊息 .docx，6 頁文件內容如下圖所示：

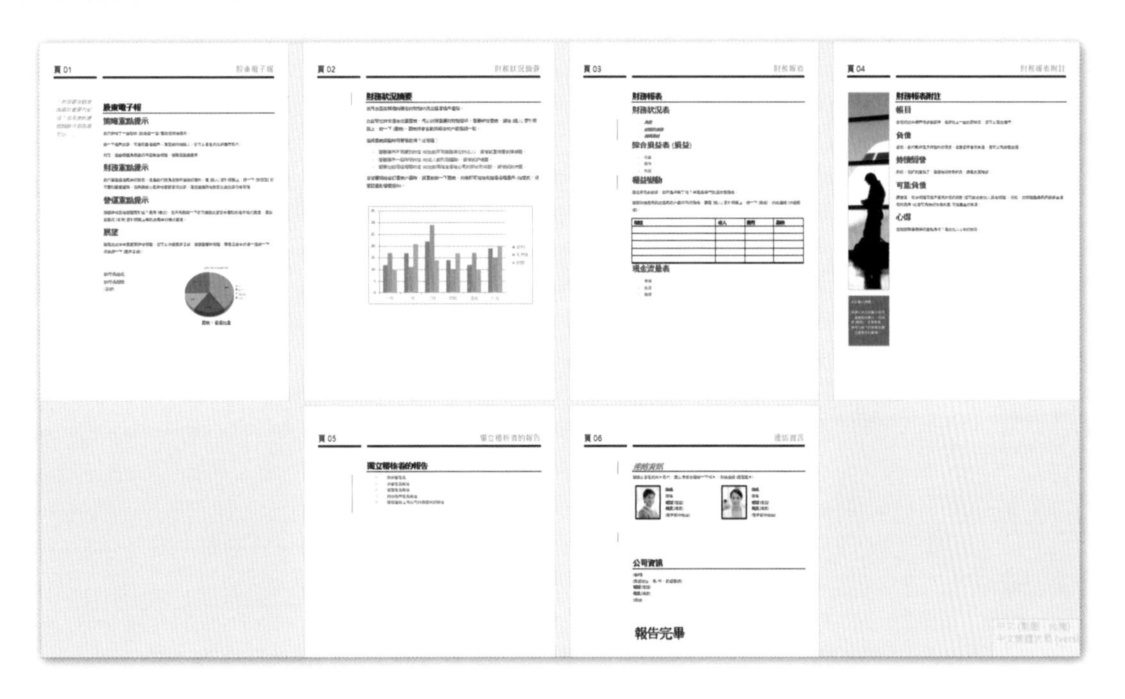

工作 1

建立一個名為「引文 2」的新樣式，並設定其格式根據「內文」且加上「斜體」字型樣式並置中對齊。

解題步驟：

Step.1 插入點置於左邊文字方塊中的空白段落標記上。

Step.2 點按**常用**索引標籤 \ **樣式**群組 \ **樣式**按鈕，在**樣式**窗格中，點按**新增樣式**按鈕。

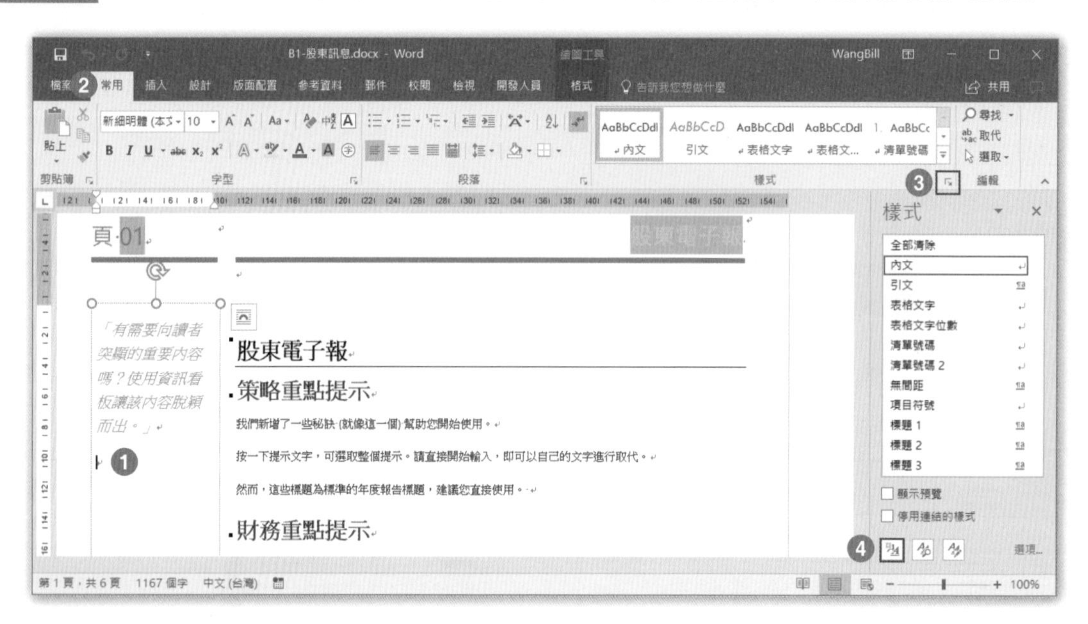

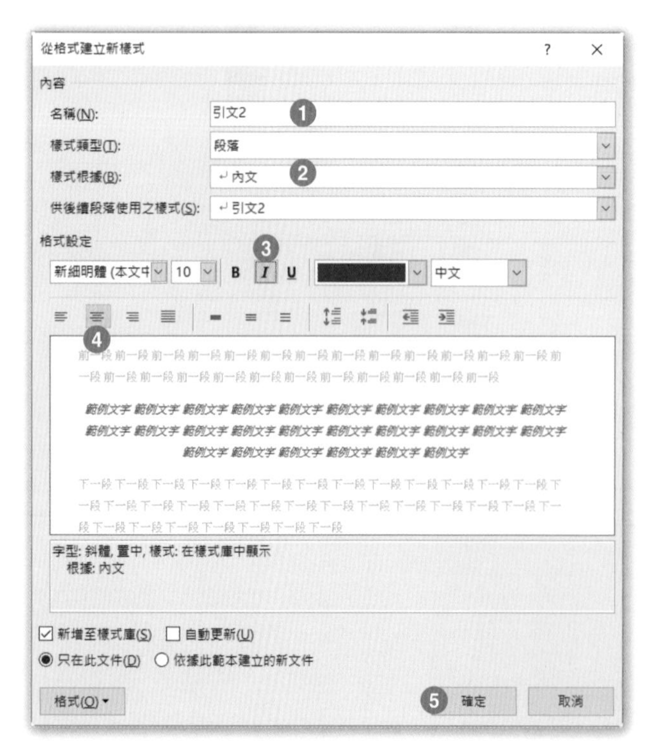

Step.3 在**名稱**方塊中輸入「引文 2」；在**樣式根據**方塊中選取「內文」；分別再點按「斜體」以及「置中」按鈕，再按下**確定**即可。

工作 2

在第 2 頁的圖表下方添增圖表標號，顯示為「圖表 2 各月績效統計」，其中「圖表 2」是自動產生的而不是自行輸入的文字。

解題步驟：

Step.1 選取第 2 頁的圖片，點按**參考資料**索引標籤 \ **標號**群組 \ **插入標號**。

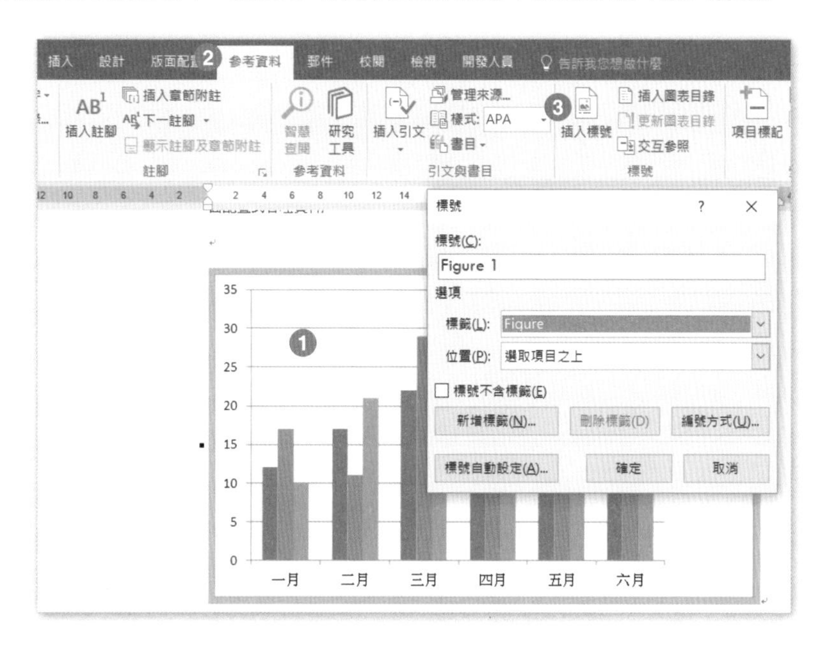

Step.2 在**標籤**對話方塊中點選「圖表」，在**標號**方塊中輸入「各月績效統計」，按下**確定**。

工作 3

尋找所有套用「標題 3」段落樣式的內容，替換成套用「標題 2」段落樣式。

解題步驟：

Step.1 點按**常用**索引標籤 \ **編輯**群組 \ **取代**。

Step.2 在**尋找及取代**對話方塊中，將插入點置於**尋找目標**方塊，點按**更多**按鈕再點按**格式 \ 樣式**。

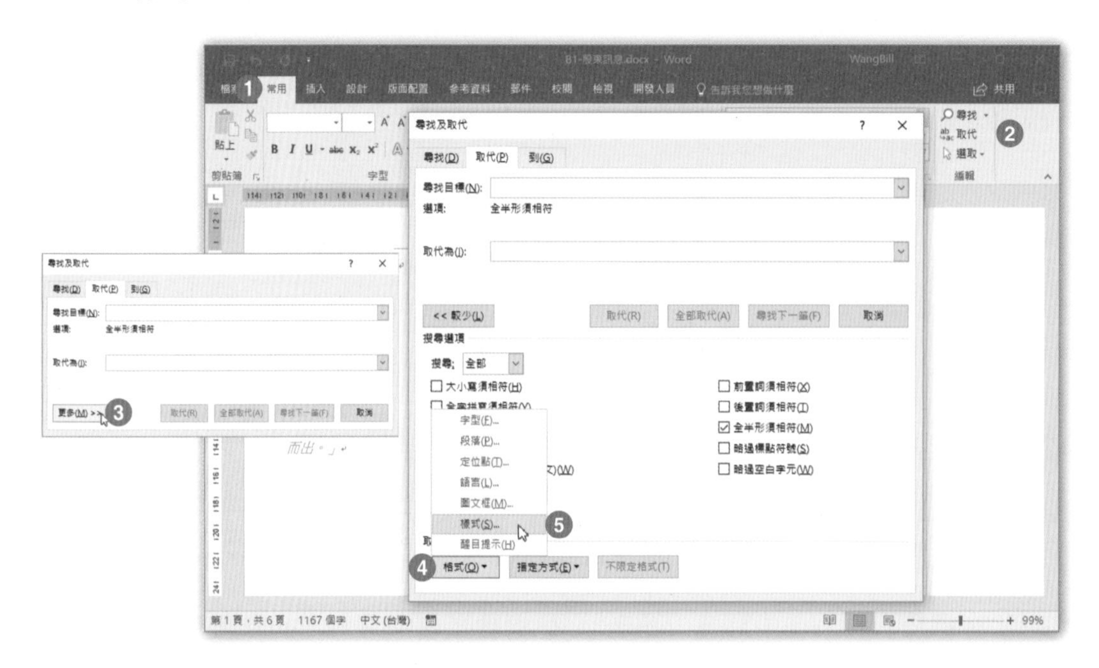

Step.3 點選**尋找樣式**清單中的「標題 3」，按下**確定**。

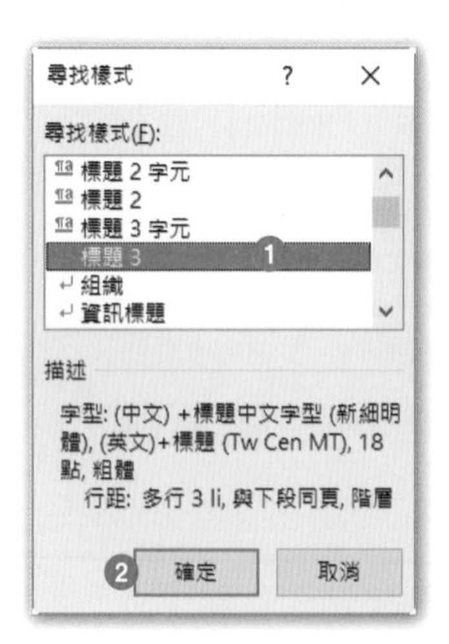

Step.4

插入點置於**取代為**方塊中，點按**格式**按鈕，點選清單中的「樣式」。

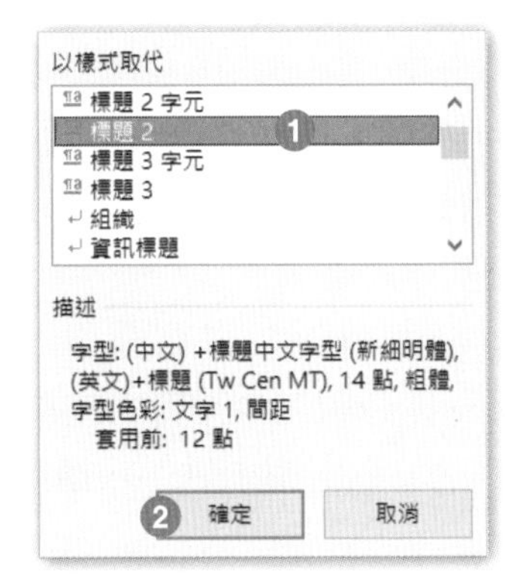

Step.5

點選**以樣式取代**清單中的「標題 2」，按下**確定**。

Step.6

在**尋找及取代**對話方塊中按下**全部取代**。

Step.7 在下圖的訊息中，按下**確定**。

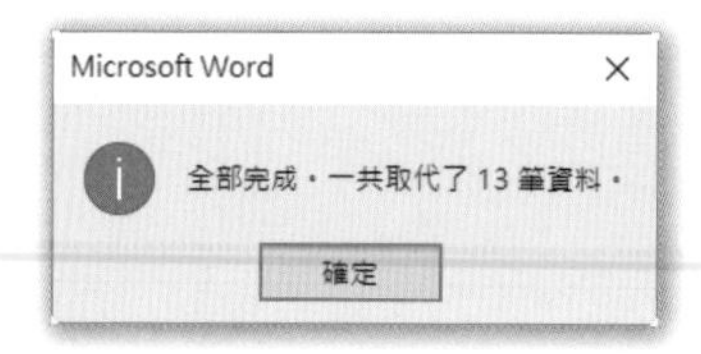

Step.8 回到**尋找及取代**對話方塊，按下**關閉**。

工作 4

接受所有插入與刪除的變更，但不要接受格式的變更。

解題步驟：

Step.1 點按**校閱**索引標籤 \ **追蹤**群組 \ **顯示標記**，取消勾選「設定格式」。

Step.2 點按**校閱**索引標籤 \ **變更**群組 \ **接受** \ **接受所有顯示的變更**。

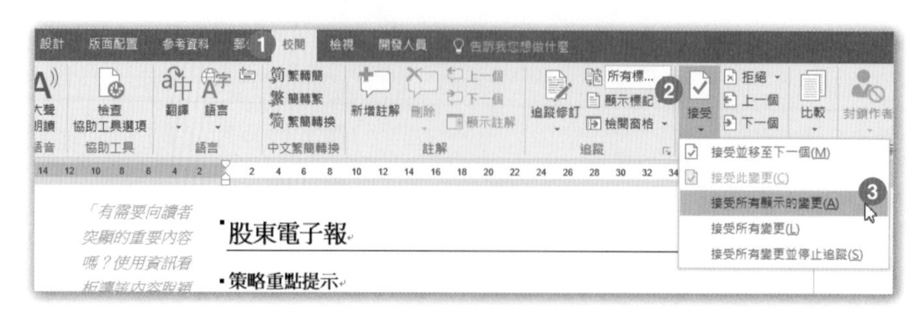

工作 5

在標題文字「報告完畢」上方的空白列，連結來自「文件」資料夾裡名為「補充資訊 .docx」文件檔案。

解題步驟：

Step.1 插入點置於文件最後一頁標題文字「報告完畢」上方的空白列上，點按**插入**索引標籤 \ **文字**群組 \ **物件** \ **文字檔**。

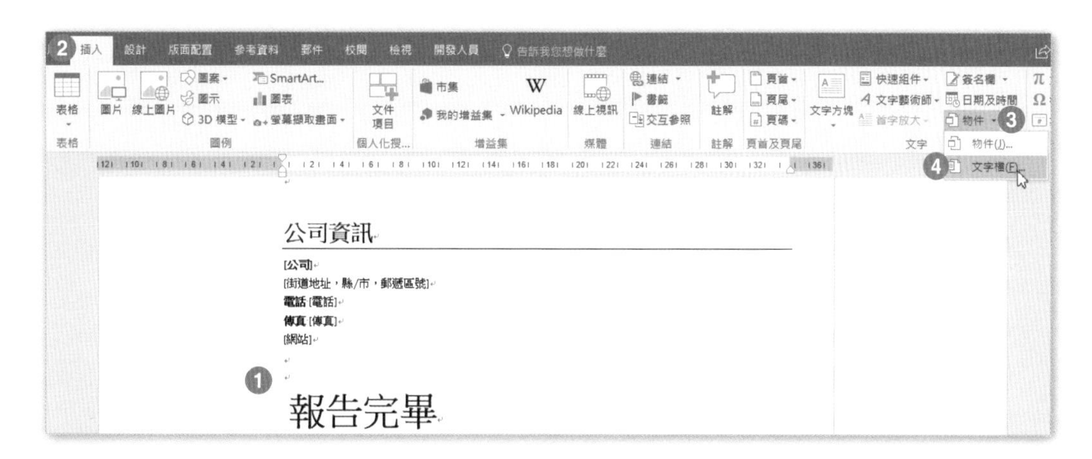

Step.2 在**插入檔案**對話方塊中，點選**文件**資料夾 \Word 2016 Expert 第 5 章練習檔 \ 補充資訊 .docx，按下**插入** \ **插入成連結**。

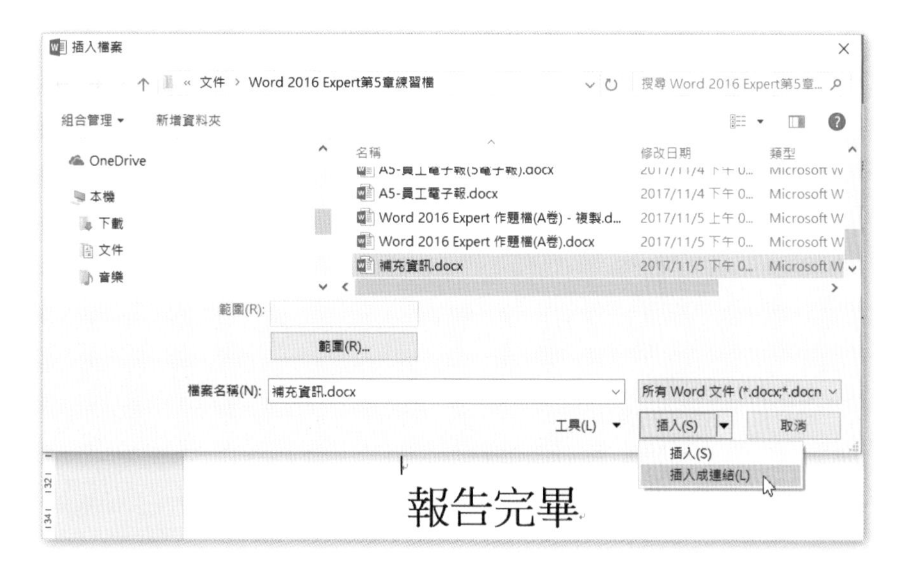

工作 6

複製「Normal.dotm」裡的」內文」樣式至「B1- 股東訊息 .docx」文件裡，並覆蓋其原本的」內文」樣式。

解題步驟：

Step.1 點按**常用**索引標籤 \ **樣式**群組 \ **樣式**按鈕，點按**樣式**工作窗格下方的「管理樣式」按鈕。

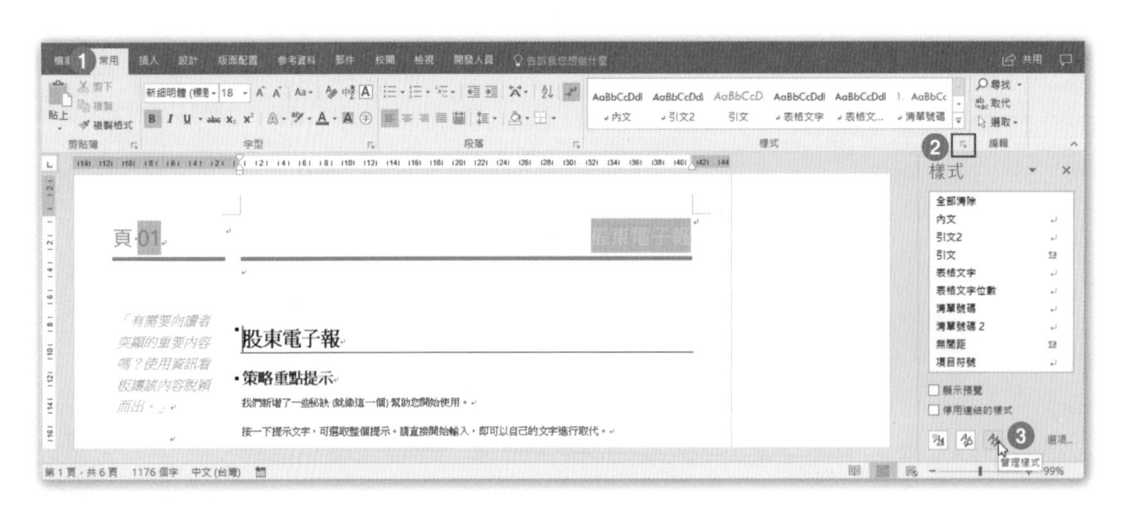

Step.2 在**管理樣式**對話方塊中，點按**匯入 / 匯出**按鈕。

Step.3 點選**組合管理**對話方塊右方「Normal.dotm」裡的「內文」樣式，按下中央的**複製**按鈕。

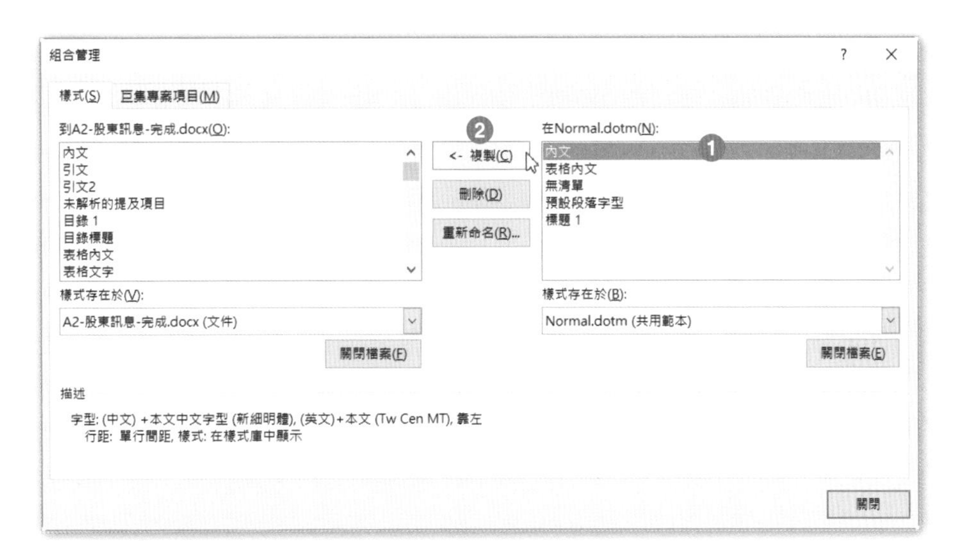

Step.4 在詢問的對話方塊中，按下**是**。

Microsoft Word
您希望覆寫既有的 樣式 項目 內文 嗎?
是(Y) 全部皆是(A) 否(N) 取消

Step.5 在**組合管理**對話方塊中，按下**關閉**即可。

專案 2：策展通知

專案說明：

您正在準備一份策展通知，可以向博物館的所有會員發佈新的策展訊息。而信件的最後會有博物館署名。

開啟**文件**資料夾 \ 第 5 章練習檔 \B2- 策展通知 .docx，文件內容如下圖所示：

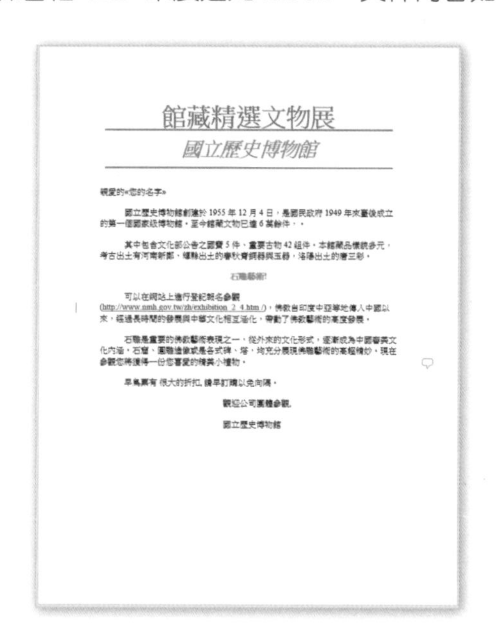

工作 1

設定「您的名字」「功能變數」欄位，使其「第一個字母大寫」。

解題步驟：

Step.1 在功能變數「您的名字」之上，按下滑鼠右鍵，點選**編輯功能變數**。

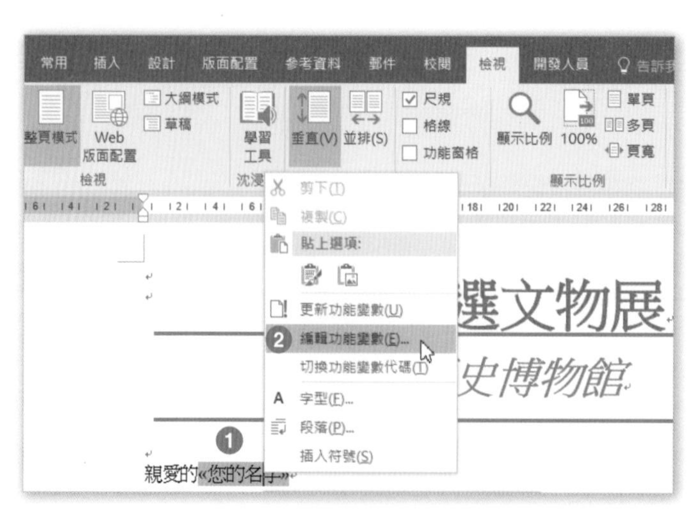

Step.2 在**功能變數**對話方塊的**格式**清單中，點選「第一個字母大寫」，按下**確定**即可。

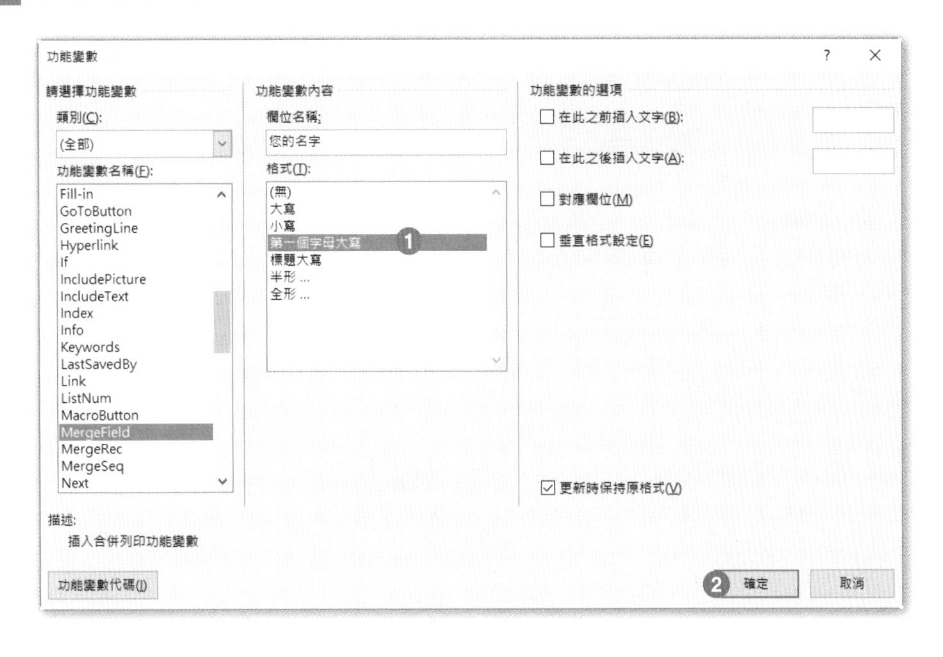

工作 2

僅設定這份文件的預設字型為 10 點大小、Arial 字型。

解題步驟：

Step.1 點按**檔案**索引標籤 \ **字型**群組 \ **字型**按鈕。

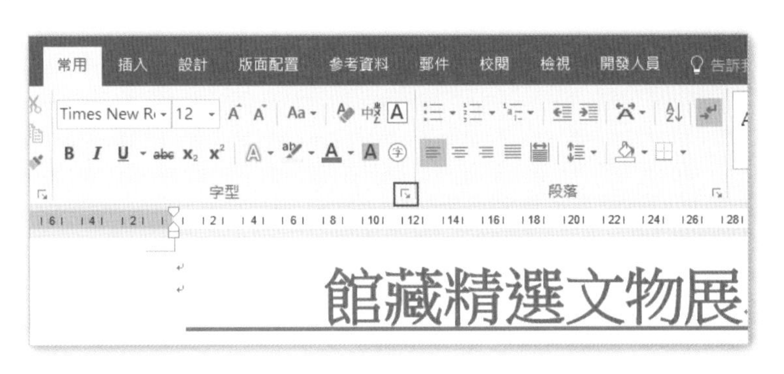

Step.2

在**字型**對話方塊的**字型**方塊中選取「Arial」；在**大小**選單中，點選「10」，按下**設定成預設值**按鈕。

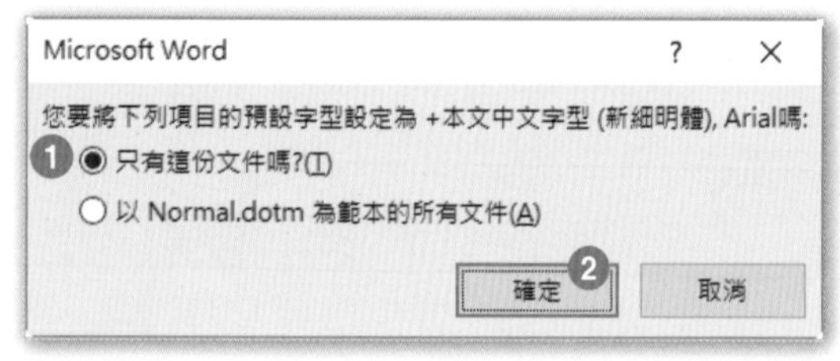

Step.3

在左圖對話方塊中，點選「只有這份文件嗎？」，再按下**確定**即可。

工作 3

將第 1 頁上的註解標記為完成。

解題步驟：

Step.1 在內容為「意想不到的小禮物」註解方塊中，點按「**解決**」標籤。

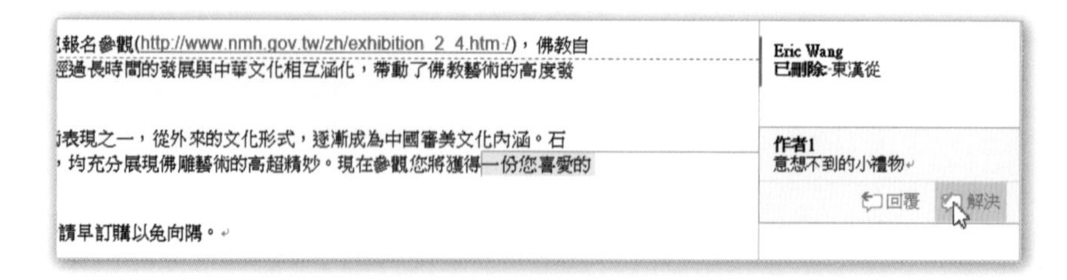

Step.2 註解方塊中的使用者名稱和註解文字，淡化成灰色。

工作 4

根據目前的佈景主題色彩，建立一組名為「深色連結」的自訂佈景主題色彩，並將「超連結」顏色改為「藍色，超連結，較深 50%」。

解題步驟：

Step.1 點按**設計**索引標籤 \ **文件格式設定**群組 \ **色彩** \ **自訂色彩**。

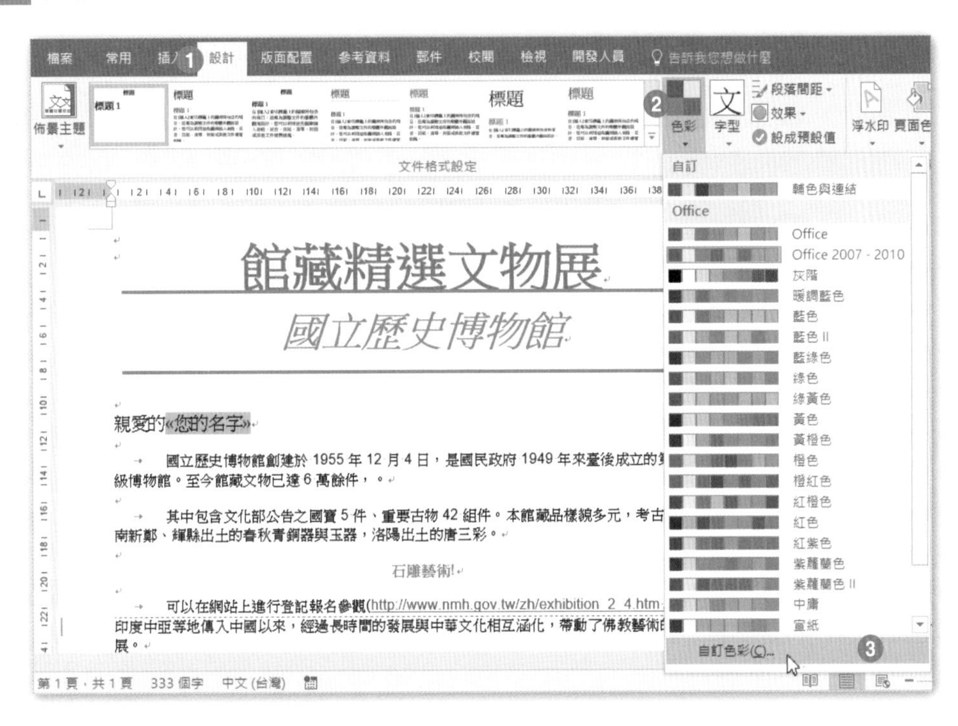

Step.2 在**建立新的佈景主題色彩**對話方塊中，點按**超連結**右邊的按鈕，再點選「藍色，超連結，較深 50%」的顏色，在**名稱**方塊中輸入「深色連結」，按下**儲存**即可。

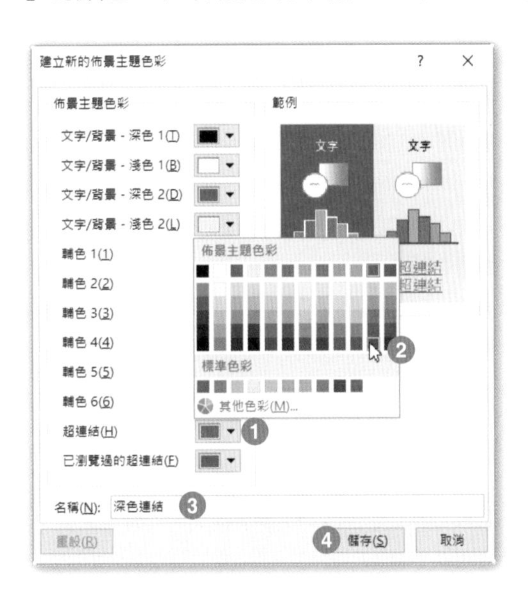

工作 5

修改「鮮明參考」樣式，使其根據樣式「強調斜體」樣式並套用字型大小為 18 點、字型色彩為「紫色，輔色 4」。

解題步驟：

Step.1 點按**常用**索引標籤 \ **樣式**群組 \ **樣式**按鈕，在**樣式**窗格中，點按「鮮明參考」樣式名稱右邊的按鈕，點選**修改**。

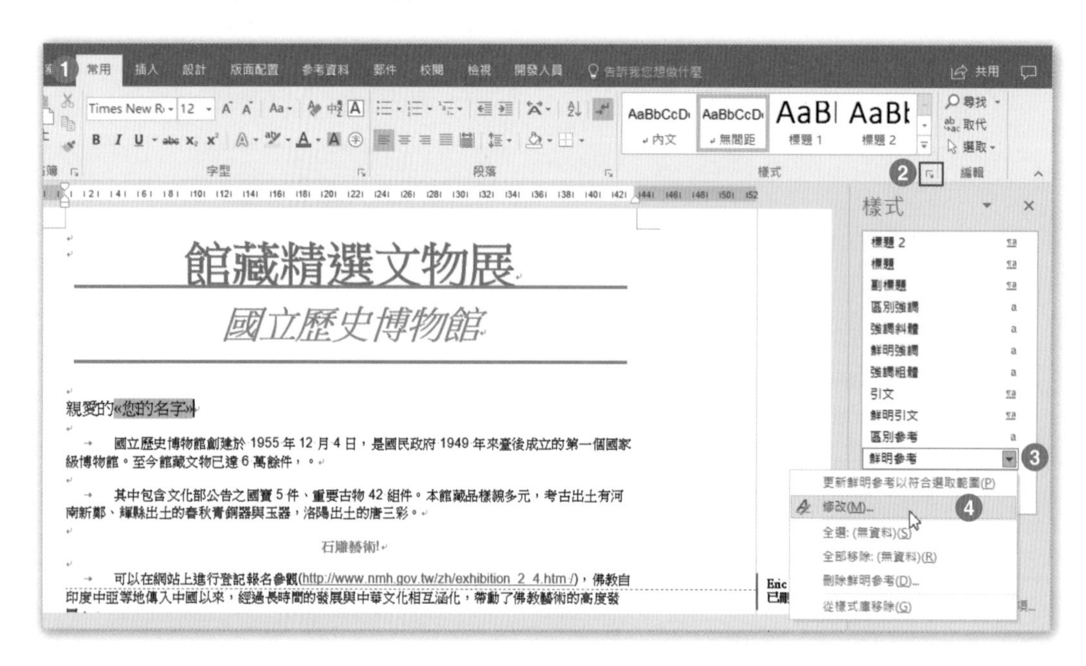

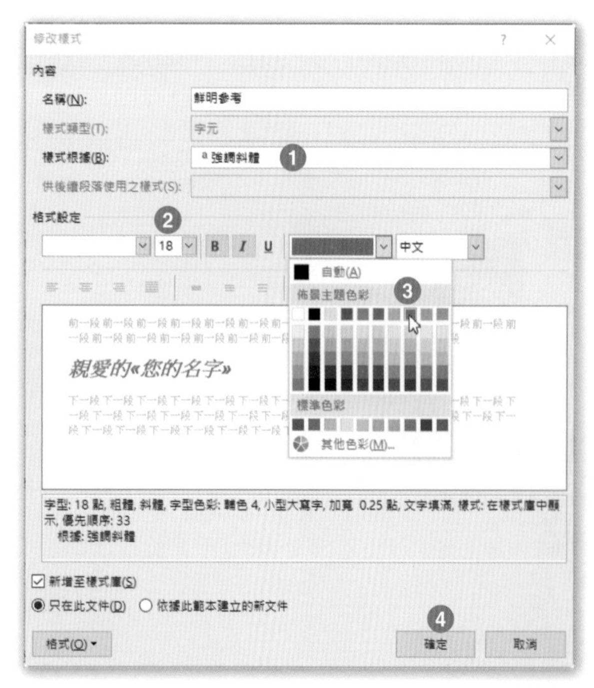

Step.2 在**修改樣式**對話方塊中，點選**樣式根據**方塊中的「強調斜體」，並套用字型大小為「18」點，將字型色彩變更為「紫色，輔色 4」，按下**確定**即可。

專案 3：玩具

專案說明：

您正在準備一份給客戶的說明文件，這份文件會放置在文具盒及包裝內，也會發布於網路上提供給客戶參考。

開啟**文件**資料夾 \ 第 5 章練習檔 \B3- 玩具 .docx，兩頁文件內容如下圖所示：

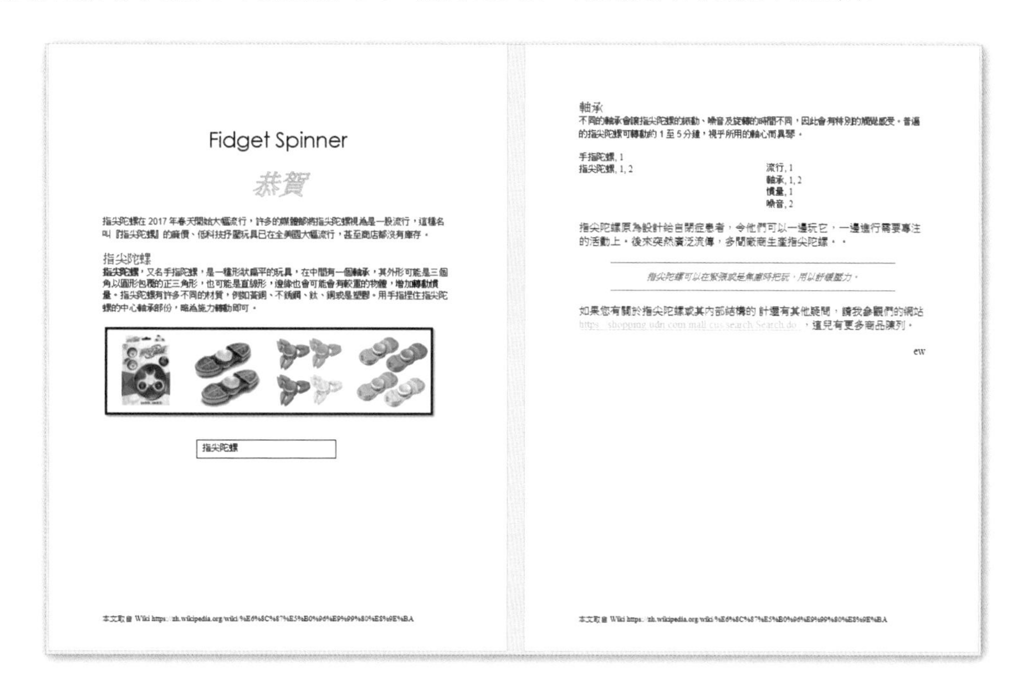

Fidget Spinner

恭賀

指尖陀螺在 2017 年春天開始大幅流行，許多的媒體都將指尖陀螺視為是一股流行，這種名叫『指尖陀螺』的廉價、低科技抒壓玩具已在全美國大幅流行，甚至商店都沒有庫存。

指尖陀螺

指尖陀螺，又名手指陀螺，是一種形狀扁平的玩具，在中間有一個軸承，其外形可能是三個角以圓形包覆的正三角形，也可能是直線形，邊緣也會可能會有較重的物體，增加轉動慣量。指尖陀螺有許多不同的材質，例如黃銅、不銹鋼、鈦、銅或是塑膠。用手指捏住指尖陀螺的中心軸承部份，略為施力轉動即可。

指尖陀螺

軸承

不同的軸承會讓指尖陀螺的振動、噪音及旋轉的時間不同，因此會有特別的觸覺感受。普遍的指尖陀螺可轉動約 1 至 5 分鐘，視乎所用的軸心而異擧。

手指陀螺, 1
指尖陀螺, 1, 2

流行, 1
軸承, 1, 2
慣量, 1
噪音, 2

指尖陀螺原為設計給自閉症患者，令他們可以一邊玩它，一邊進行需要專注的活動上。後來突然廣泛流傳，多間廠商生產指尖陀螺。。

指尖陀螺可以在緊張或是焦慮時把玩，用以舒緩壓力。

如果您有關於指尖陀螺或其內部結構的 計還有其他疑問，請我參觀們的網站 https://shopping.udn.com/mall/cus/search/Search.do ，這兒有更多商品陳列。

ew

工作 1

針對整份文件，設定分頁格式為「段落中不分頁」。

解題步驟：

Step.1 在文件任何段落中點按一下，再按下 Ctrl+A，選取整份文件。

Step.2 點按**常用**索引標籤 \ **段落**群組 \ **段落設定**按鈕。

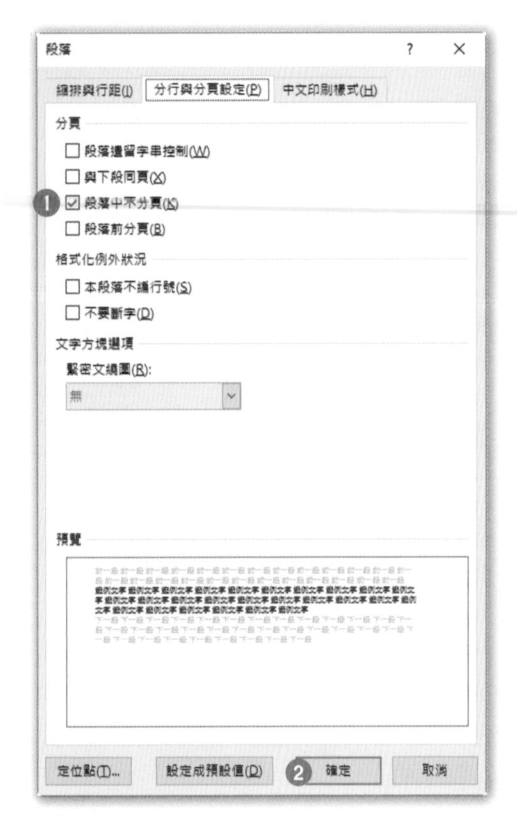

Step.3 在**段落**對話方塊中，點按「分行與分頁設定」標籤，勾選「段落中不分頁」，並取消其他的分頁設定，按下**確定**即可。

工作 2

在最後一個段落的結束文字「這兒有更多商品陳列。」後面新增一個「圖片內容控制項」並設定套用「金屬框架」圖片樣式。

解題步驟：

Step.1 插入點置於最後一個段落的結束文字「這兒有更多商品陳列。」下方的段落標記上，點按**開發人員**索引標籤 \ **控制項**群組 \ **圖片內容控制項**。

Step.2 點按**格式**索引標籤，在**圖片樣式**清單中，點選「金屬框架」的邊框樣式，成為下右圖的結果。

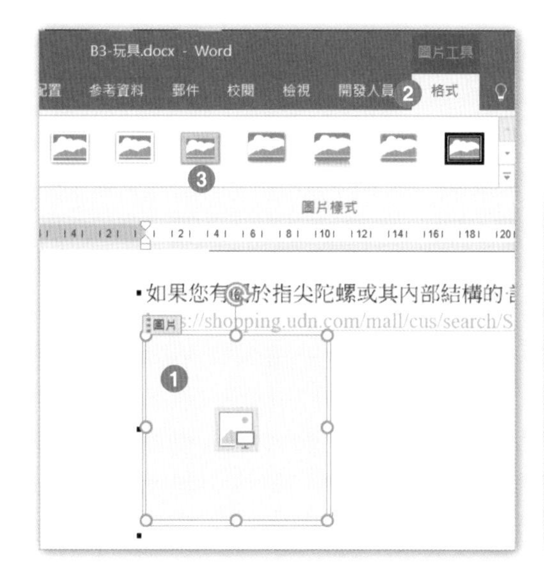
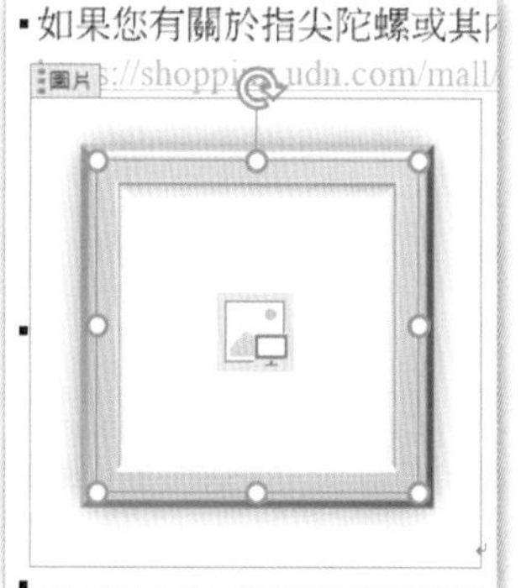

工作 3

封鎖使用者對佈景主題的切換，但不要進行強制保護。

解題步驟：

Step.1 點按**校閱**索引標籤 \ **保護**群組 \ **限制編輯**，再點按**限制編輯**窗格中的「設定」。

Step.2 在**格式設定限制**對話方塊中，勾選「封鎖佈景主題或配置切換」，按下**確定**即可。

工作 4

變更「標題 1」樣式，使其後續的段落使用「本文第一層縮排」樣式。

解題步驟：

Step.1 點按**常用**索引標籤 \ **樣式**群組 \ **樣式**按鈕，在**樣式**窗格中，點按「標題 1」樣式名稱右邊的按鈕，點選**修改**。

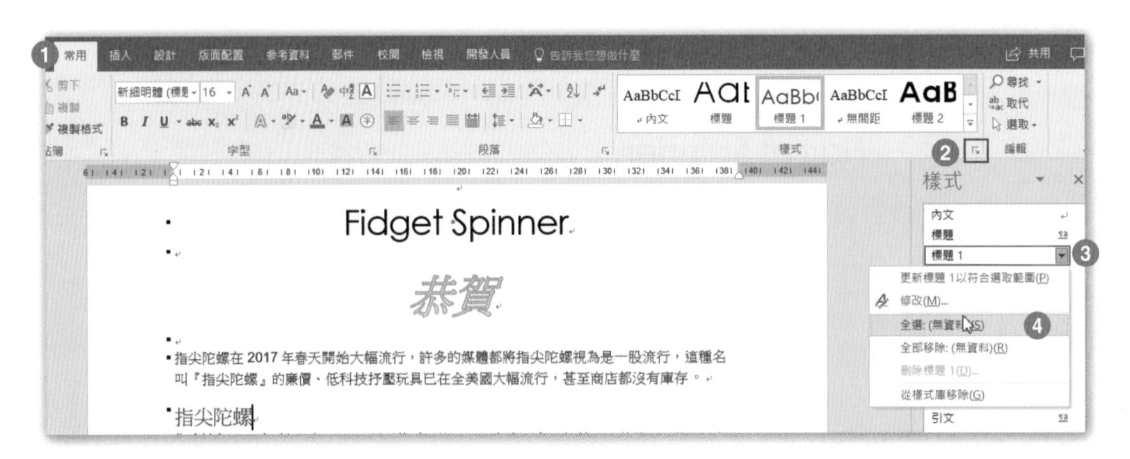

Step.2 在**修改樣式**對話方塊中的「供後續段落使用之樣式」清單中，點選「本文第一層縮排」，按下**確定**即可。

工作 5

將文件結尾的「使用者縮寫」功能變數欄位設定成「大寫」格式。

解題步驟：

Step.1 在文件最後一頁右下方的功能變數「ew」上，按下滑鼠右鍵，點選**編輯功能變數**。

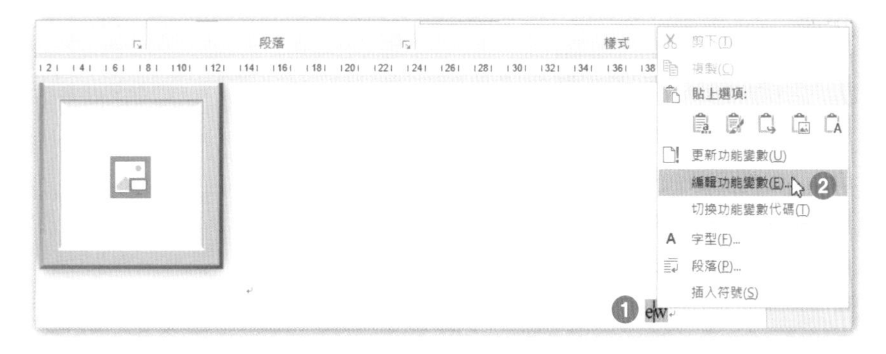

Step.2 在**功能變數**對話方塊的**格式**清單中，點選「大寫」，按下**確定**即可。

專案 4：工具機

專案說明：

你正開始彙整特別優惠的工具機銷售目錄。目前可運用的精品素材並不多，但您正在規劃讓公司採購單位參考的產品規格。

開啟**文件**資料夾 \ 第 5 章練習檔 \B4- 工具機 .docx，七頁文件內容如下圖所示：

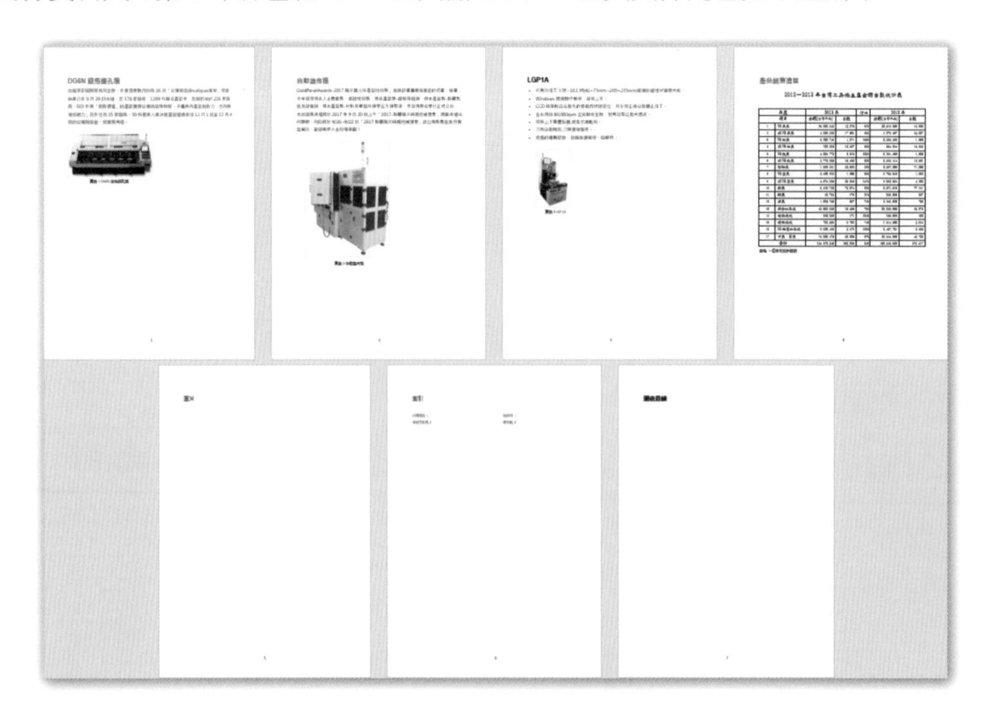

工作 1

針對圖表標號為「圖表 1」的圖片，新增替代文字標題「線馬鑽孔機」。

解題步驟：

Step.1 點選圖表標號為「圖表 1」的圖片，點按**圖片樣式**群組中的「設定圖形格式」按鈕。

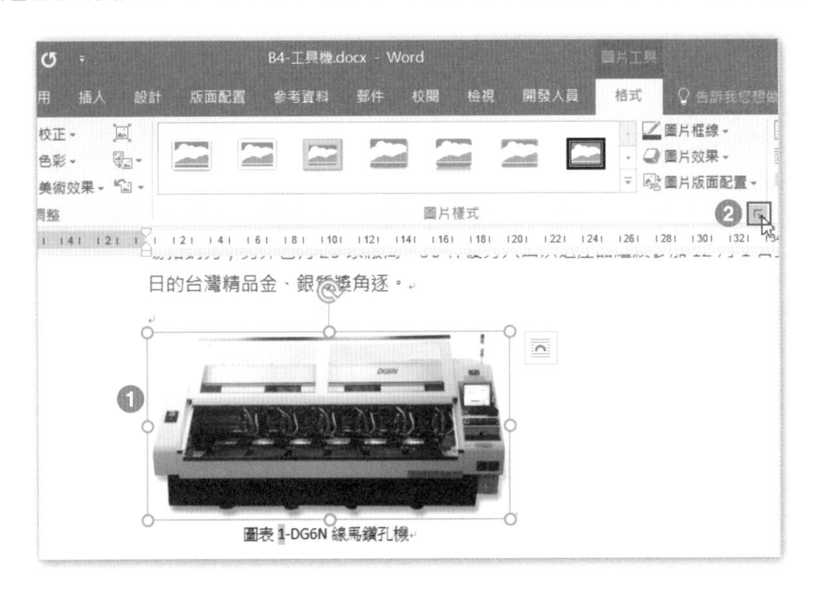

Step.2 點按**設定圖片格式**工作窗格中的「版面配置與內容」圖示，再按下「替代文字」，在**標題**文字方塊中輸入「線馬鑽孔機」即可。

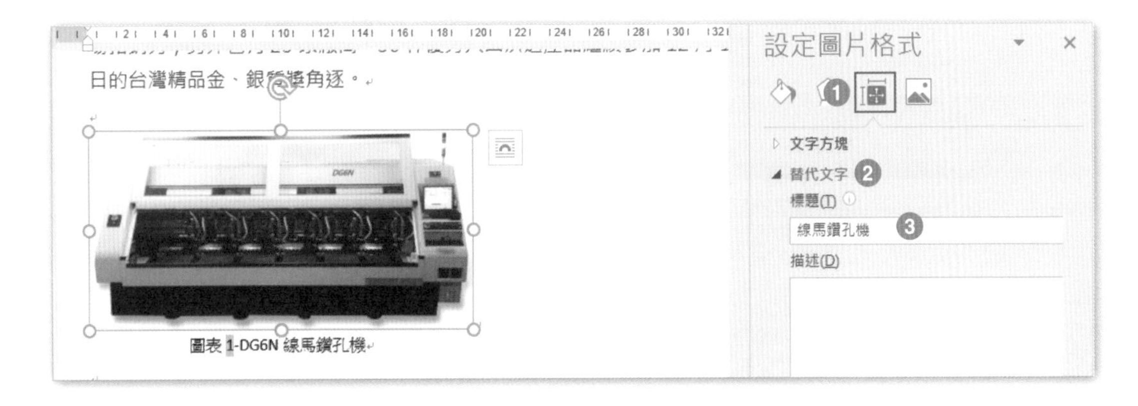

工作 2

在標題文字「圖片」的下方，新增一個預設的圖表目錄。

解題步驟：

Step.1 插入點置於第 5 頁標題文字「圖片」之下，點按**參考資料**索引標籤 \ **標號**群組 \ **插入圖表目錄**。

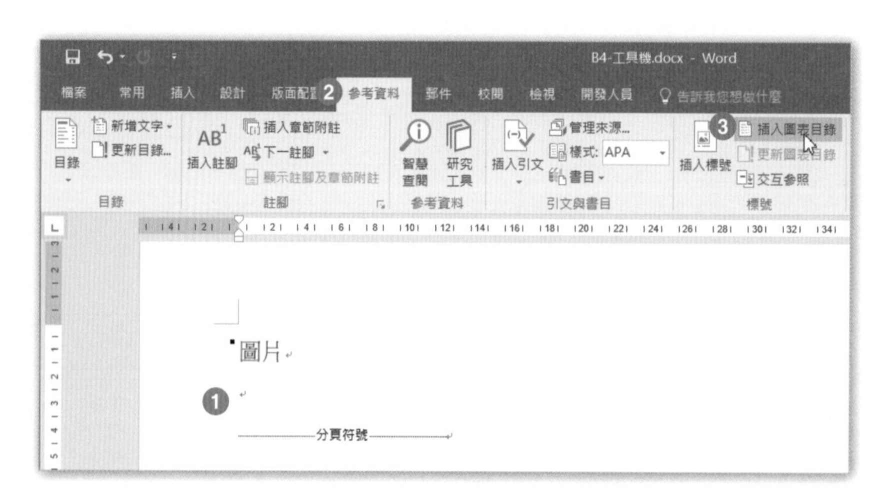

Step.2 在**圖表目錄**對話方塊中，全部採用預設值，按下**確定**即可。

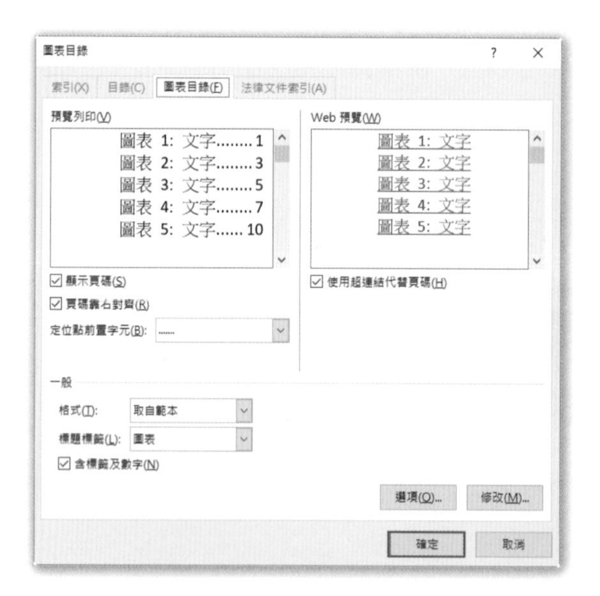

Step.3 完成的圖表目錄如下圖所示。

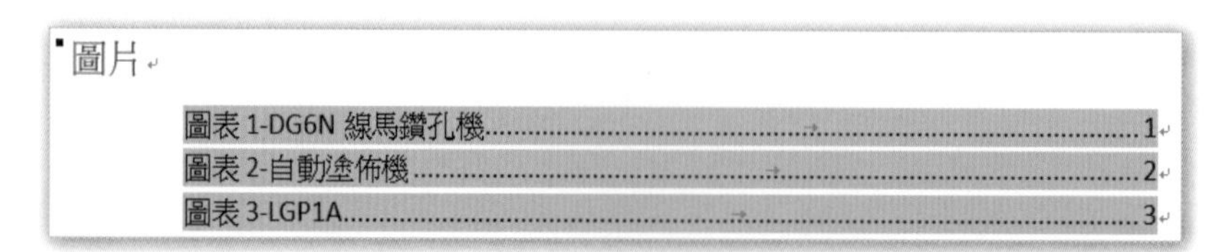

工作 3

更新索引，使索引能夠納入所有的索引項目標記。

解題步驟：

Step.1 標題文字「索引」之下的任何一個索引關鍵字中點按一下；點按**參考資料**索引標籤 \ **索引**群組 \ **更新索引**。

Step.2 完成更新的索引，如下圖所示。

工作 4

對第 2 頁的標題文字「自動塗佈機」新增註解，輸入註解文字「還在等待折扣！」。

解題步驟：

Step.1 選取第 2 頁的標題文字「自動塗佈機」，點按**校閱**索引標籤 \ **註解**群組 \ **新增註解**（也可以按下滑鼠右鍵，點選「新增註解」）。

Step.2 在文件右方的註解方塊中，輸入「還在等待折扣！」，接著在文件任何位置點按一下即可。

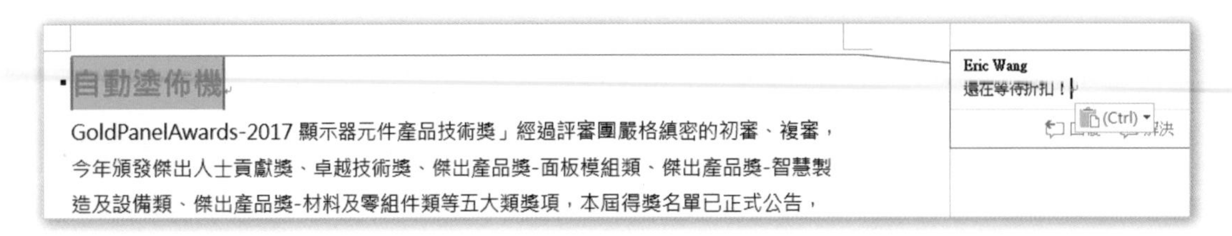

工作 5

將文件裡所有的連字號更換為短破折號。(不分行連字號)

解題步驟：

Step.1 插入點置於文件任何段落中，點按**常用**索引標籤 \ **編輯群組** \ **取代**。

Step.2 在**尋找及取代**對話方塊中，按下**更多**按鈕。

Step.3 按下**指定方式**按鈕，點選「不分行連字號」。

Step.4 插入點置於**取代為**方塊中，按下**指定方式**按鈕，點選「短破折號」。

Step.5 在**尋找及取代**對話方塊中，按下**全部取代**。

Step.6 在訊息方塊中，按下**確定**。

Step.7 在**尋找及取代**對話方塊中，按下**關閉**即可。

專案 5：冠軍賽

專案說明：

您任職於 TopService 的公共關係辦公室。您正在準備一份傳單，宣傳由 MOS 競賽單位所贊助的比賽。

開啟**文件**資料夾 \ 第 5 章練習檔 \B5- 冠軍賽 .docm，文件內容如下圖所示：

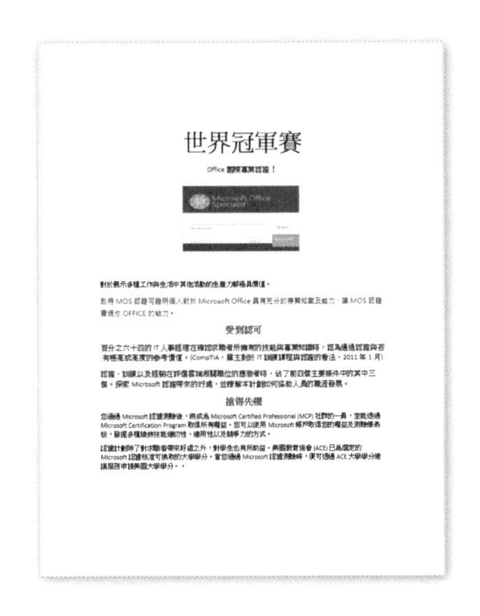

工作 1

將巨集設定為啟用所有巨集。

解題步驟：

Step.1 點按**檔案**索引標籤 \ **選項** \ **信任中心**。

Step.2 在 Word **選項**對話方塊中，點按**信任中心設定**按鈕。

Step.3 在**巨集設定**項目之下，點選「啟用所有巨集」，再按下**確定**。

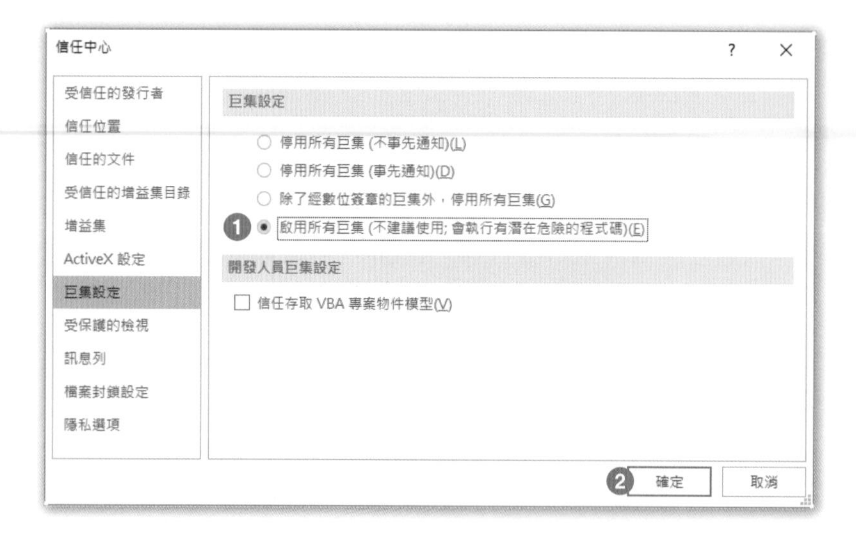

Step.4 回到 Word **選項**對話方塊，點按下**確定**即可。

工作 2

限制格式化選取的樣式，不需要開始強制保護。

解題步驟：

Step.1 點按**校閱**索引標籤 \ **保護**群組 \ **限制編輯**，再點按**限制編輯**窗格中的「設定」。

Step.2 在**格式設定限制**項目之下，勾選「格式設定限制為選取的樣式」。

工作 3

將文件裡首次出現的文字內容「Office」，新增為索引項目標記。

解題步驟：

Step.1 點按**常用**索引標籤 \ **編輯**群組 \ **尋找**，在左邊**導覽窗格**的方塊中輸入「Office」，Word 隨即會以黃色醒目提示來標示出文件中所有的「Office」，同時會自動選取第一個「Office」。

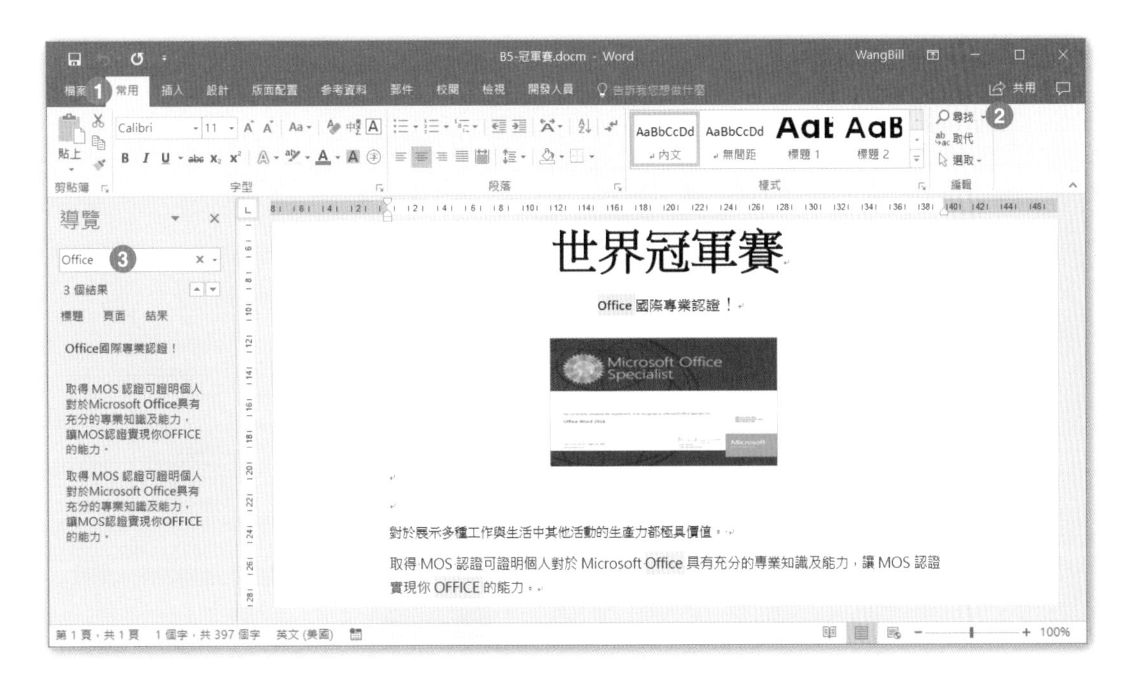

Step.2 點按**參考資料**索引標籤 \ **索引**群組 \ **項目標記**。

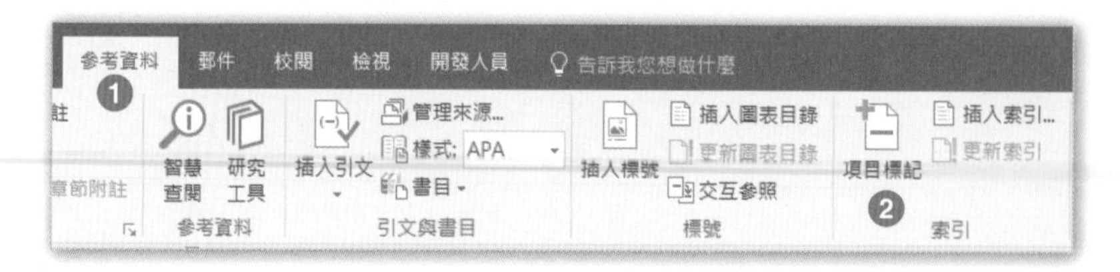

Step.3 在**標記索引項目**對話方塊中，「Office」被置於**主要項目**的文字方塊中，按下**標記**。

Step.4 在**標記索引項目**對話方塊中，按下**關閉**。

工作 4

設定頁面色彩的 RGB 三原色：顏色分別為「211」，「211」，「211」。根據目前的文件，建立名為「冠軍賽」的自訂佈景主題，並將此佈景主題儲存在 DocumentThemes 資料夾內。

解題步驟：

Step.1 點按**設計**索引標籤 \ **頁面背景**群組 \ **頁面色彩** \ **其他色彩**。

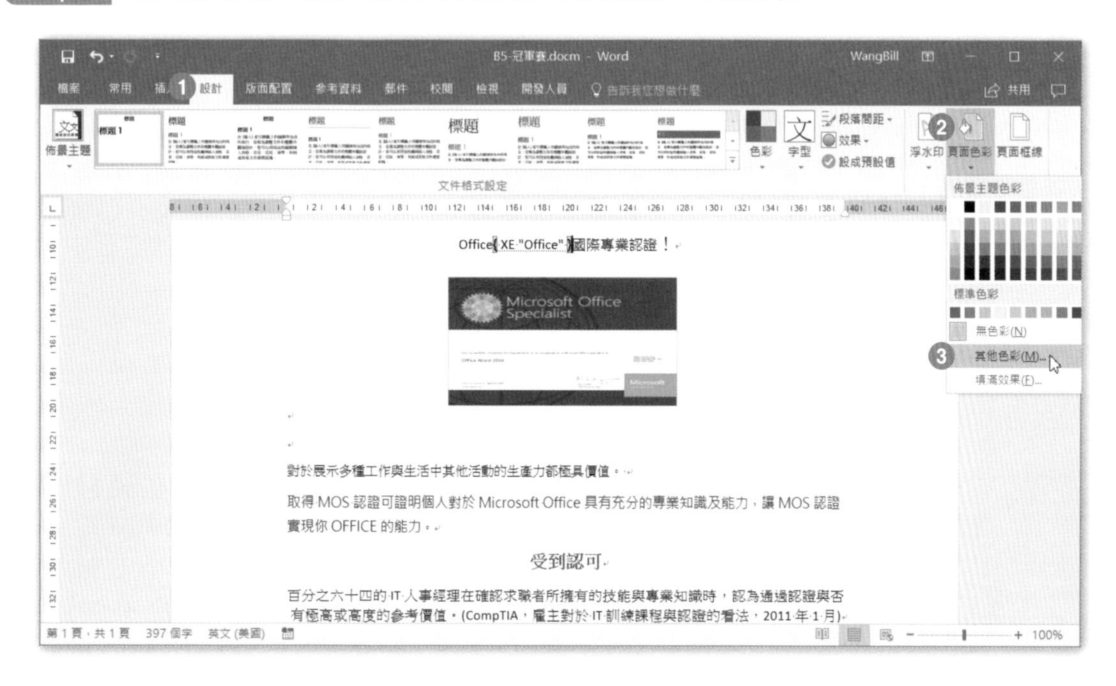

Step.2 在**色彩**對話方塊中，按下「自訂」標籤，紅色、綠色、藍色分別設定成為：「211」，「211」，「211」，按下**確定**。

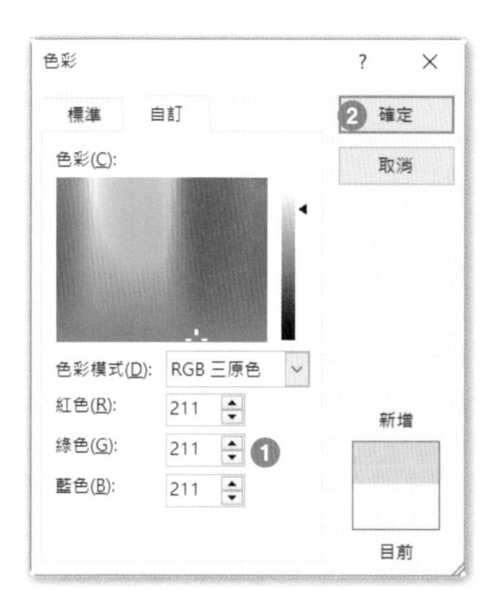

Step.3 點按**設計**索引標籤 \ **文件格式設定**群組 \ **佈景主題** \ **儲存目前的佈景主題**。

Step.4 在**儲存目前的佈景主題**對話方塊中，將此佈景主題儲存在預設位置「DocumentThemes」資料夾內，輸入**檔案名稱**「冠軍賽」，按下**儲存**即可。

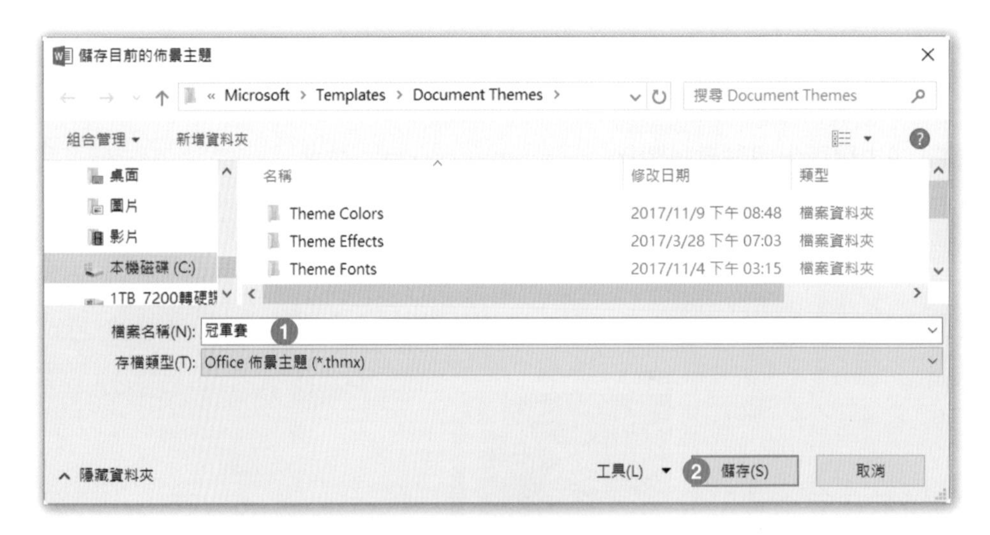

工作 5

錄製一個名為「強調」的巨集，當使用者按下「Alt+Ctrl+9」按鍵時，可以將選取的文字放大字型一級，並格式化底線樣式為雙底線。然後，將此巨集儲存在目前的文件裡。

解題步驟：

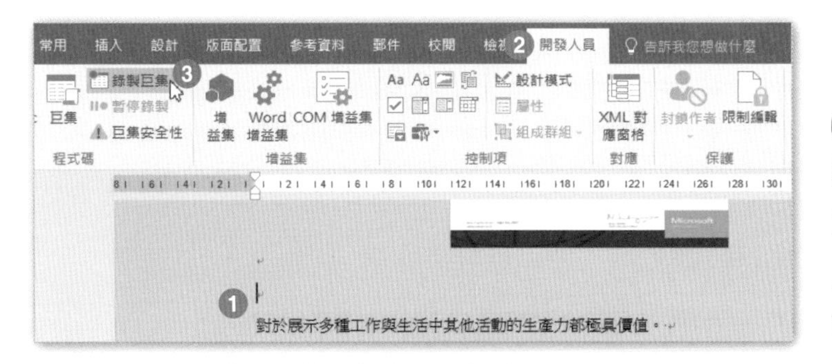

Step.1 插入點置於「對於展示多種工……」的上方段落標記上，點按**開發人員**索引標籤**程式碼**群組**錄製巨集**。

Step.2 在**錄製巨集**對話方塊中，輸入**巨集名稱**「強調」，並在**將巨集儲存在**方塊中選擇「B5- 冠軍賽 .docm (文件)」，再按下**鍵盤**按鈕。

Step.3 在下左圖**自訂鍵盤**對話方塊中，按下「Alt+Ctrl+9」三個鍵，並在**將自訂儲存於**方塊中選取「B5- 冠軍賽 .docm (文件)」，按下**指定**按鈕。

Step.4 在下右圖**現用代表鍵**文字方塊中，可以看到「Alt+Ctrl+9」的字樣，按下**關閉**。

Step.5 點按**常用**索引標籤 \ **字型**群組 \ **底線**，點按「放大字型」按鈕，再點選「雙底線」的底線格式。

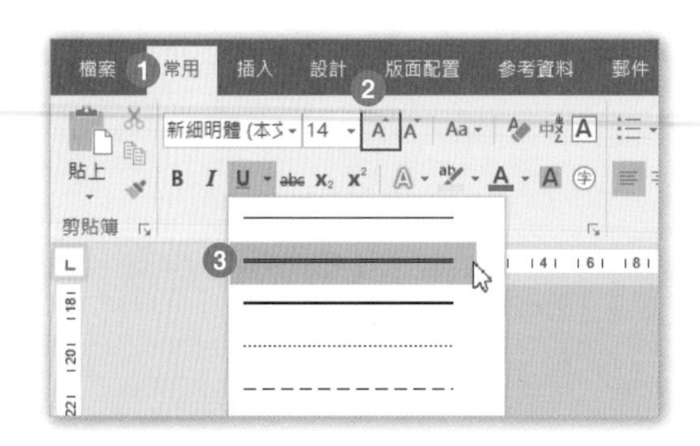

Step.6 點按**開發人員**索引標籤 \ **程式碼**群組 \ **停止錄製**即可。

5-3 第三組

專案 1：藝術文宣

專案說明：

您正在建立一份藝術文宣的市場行銷手冊。您準備要將宣傳手冊交付印製。

開啟**文件**資料夾 \ 第 5 章練習檔 \C1- 藝術文宣 .docx，兩頁文件內容如下圖所示：

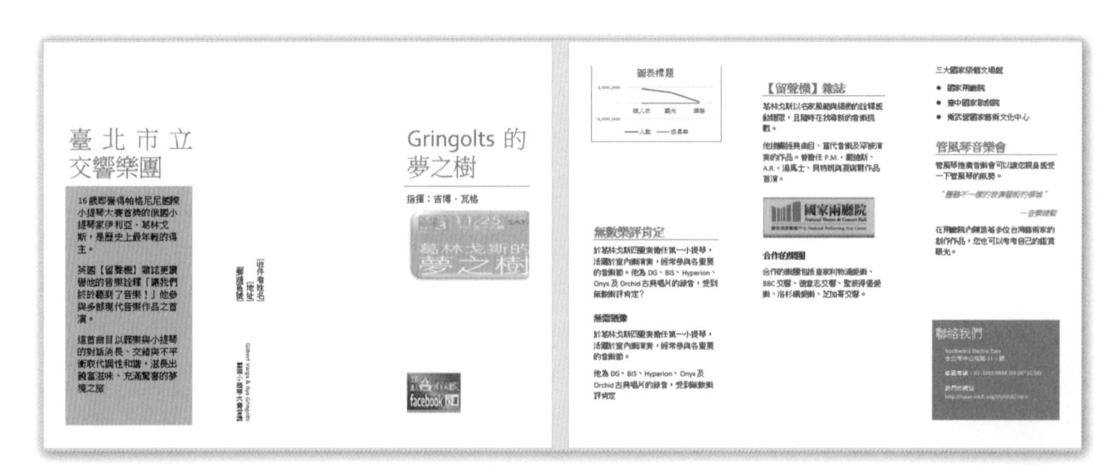

工作 1

修改「標題 2」樣式，設定字型大小為 20 點、字型顏色為「藍綠色 , 輔色 5, 較深 50%」。

解題步驟：

Step.1 在**常用**索引標籤 \ **樣式**群組中的「標題 2」樣式名稱上，按下滑鼠右鍵，點選「修改」。

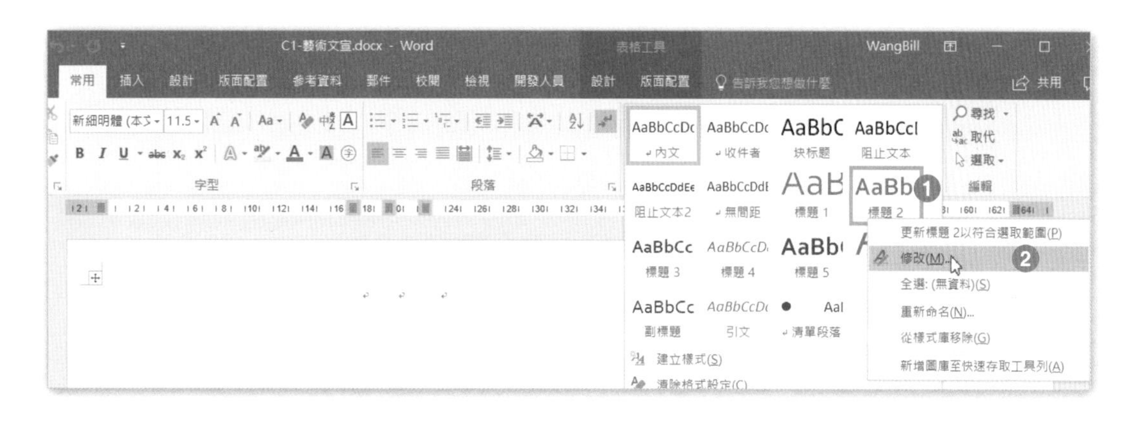

Step.2 在**修改樣式**對話方塊的**字型色彩**清單中點選「藍綠色 , 輔色 5, 較深 50%」的顏色，設定字型大小為 20 點，再按下**確定**即可。

工作 2

複製「Normal.dotm」裡的「內文」樣式至「藝術文宣.docx」文件裡，並覆蓋其原本的「內文」樣式。

解題步驟：

Step.1 點按**常用**索引標籤**樣式**群組**樣式**按鈕，點按**樣式**工作窗格下方的「管理樣式」按鈕。

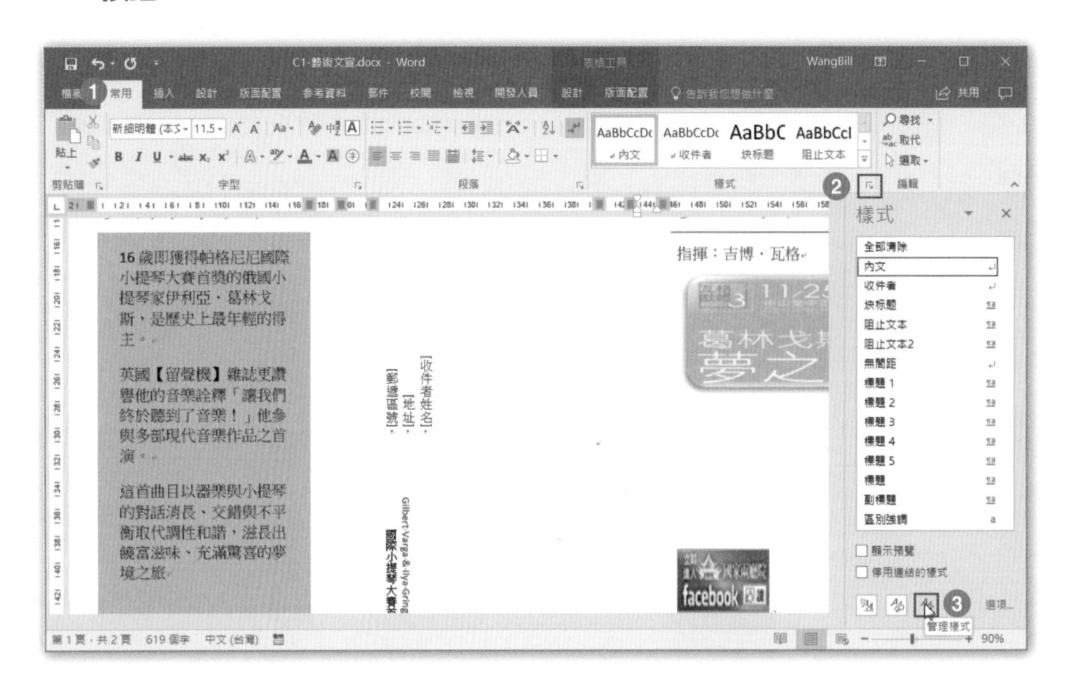

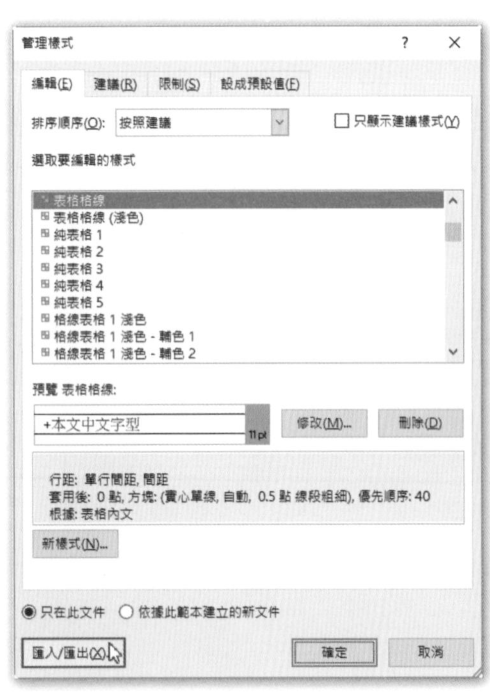

Step.2 在**管理樣式**對話方塊中，點按**匯入/匯出**按鈕。

Step.3 點選**組合管理**對話方塊右方「Normal.dotm」裡的「內文」樣式，按下中央的**複製**按鈕。

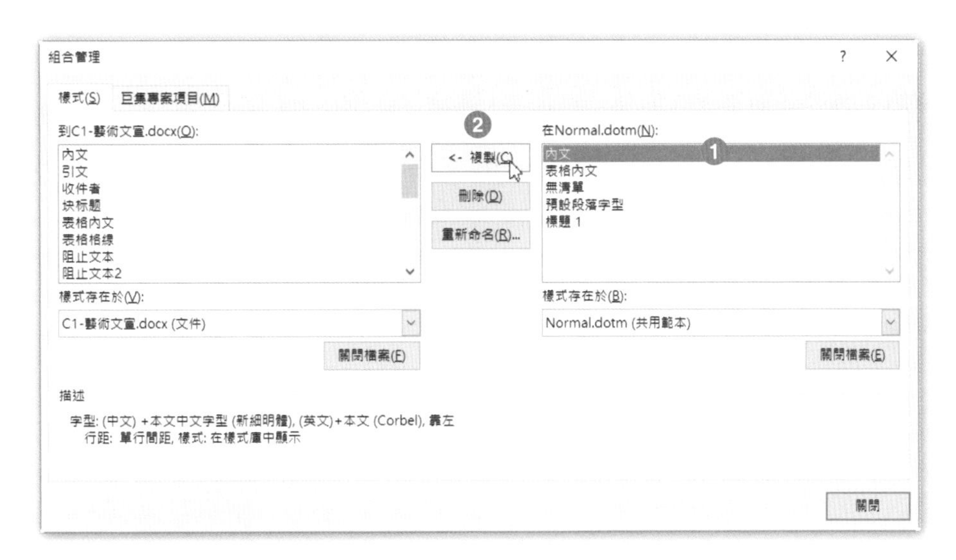

Step.4 在詢問的對話方塊中，按下**是**。

Microsoft Word

您希望覆寫既有的 樣式 項目 內文 嗎?

是(Y) | 全部皆是(A) | 否(N) | 取消

Step.5 在**組合管理**對話方塊中，按下**關閉**即可。

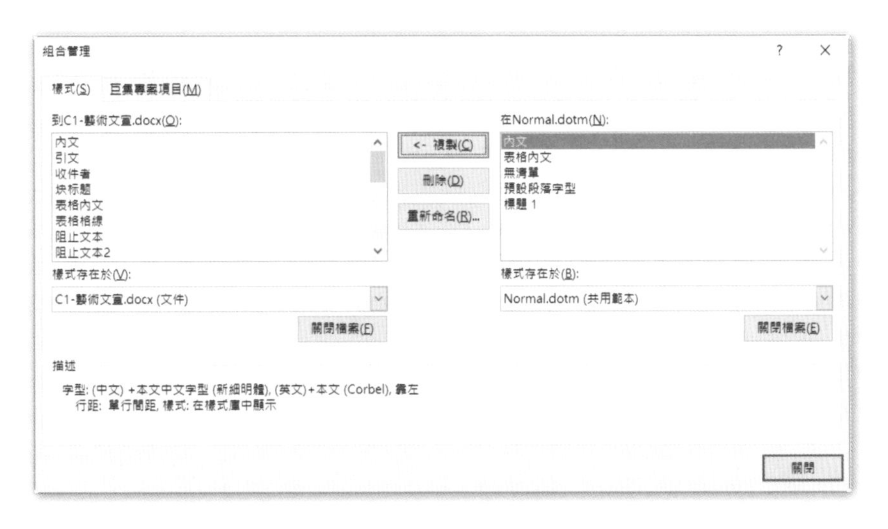

工作 3

在第 1 頁內有文字「夢之樹」的照片下方新增圖表標號，顯示為「圖表 1 – 新節目」，其中，「圖表 1」必須是自動產生的，不得自行輸入。

解題步驟：

Step.1 選取第 1 頁內有文字「夢之樹」的圖片，點按**參考資料**索引標籤 \ **標號**群組 \ **插入標號**。

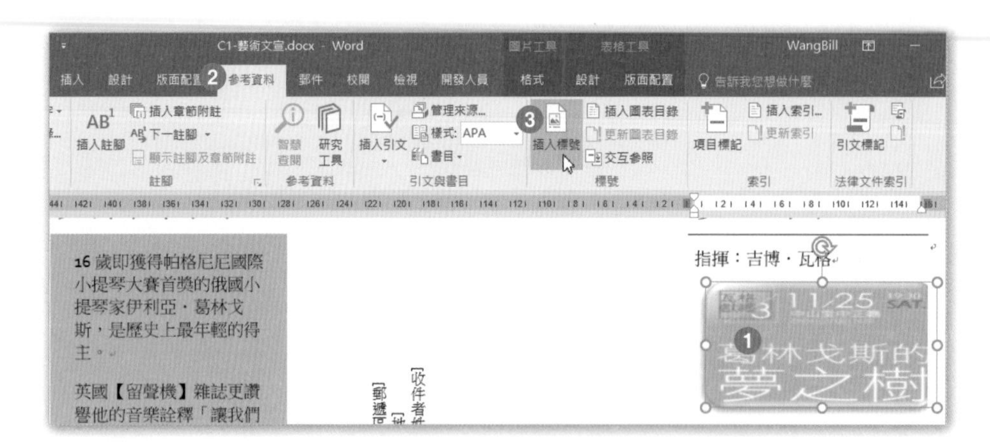

Step.2 在**標籤**對話方塊中點選「圖表」，在**位置**方塊中，選擇「選取項目之下」；在**標號**方塊中輸入「- 新節目」，按下**確定**即可。

工作 4

修改文件以確認接受所有變更。

解題步驟：

Step.1 點按**校閱**索引標籤 \ **變更**群組 \ **接受** \ **接受所有變更**即可。

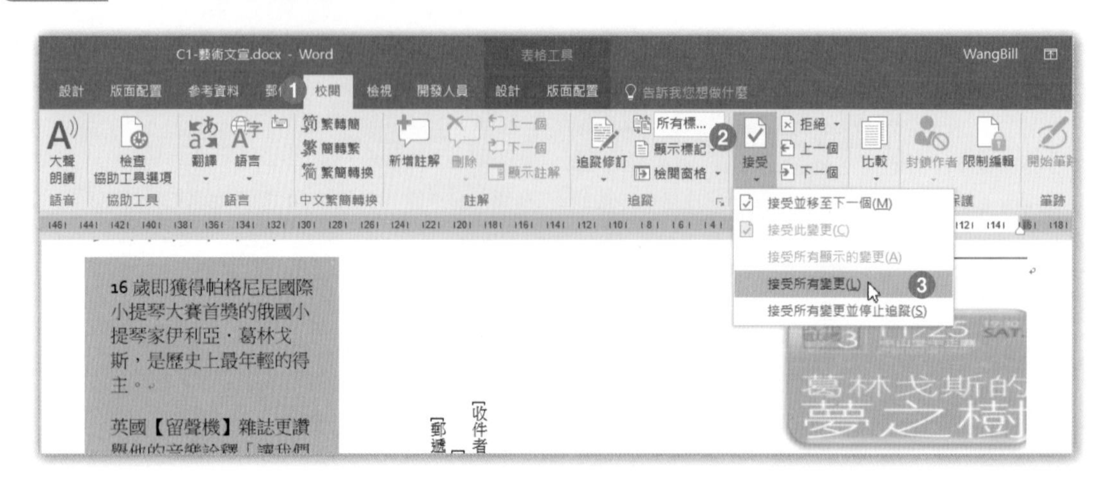

工作 5

建立一組名為「輕風」的佈景主題字型，設定其「標題字型」為 Cambria。

解題步驟：

Step.1 點按**設計**索引標籤 \ **文件格式設定**群組 \ **字型** \ **自訂字型**。

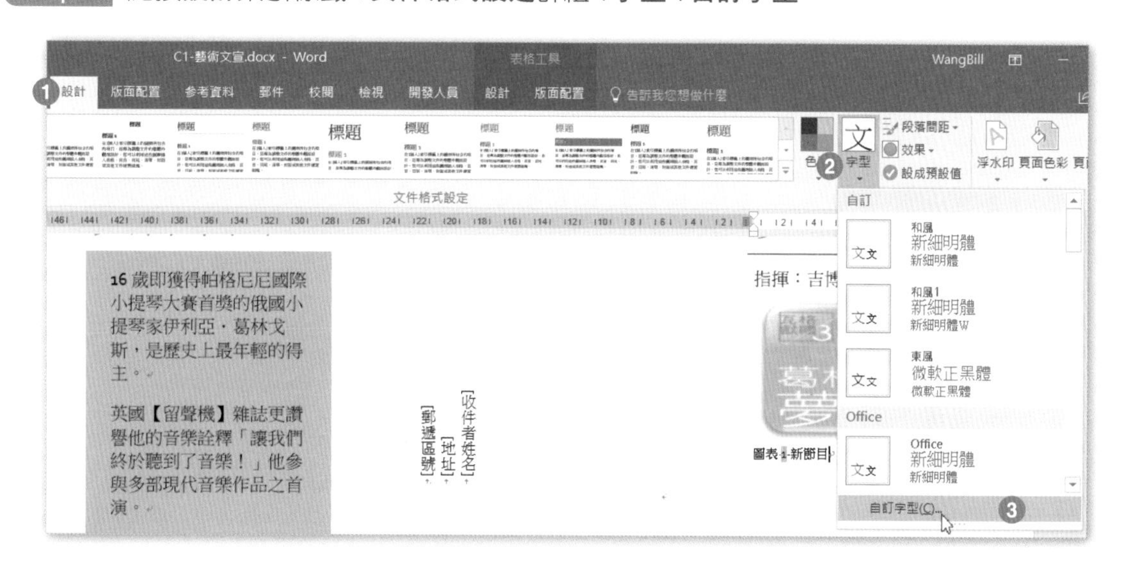

Step.2 在**建立新的佈景主題字型**對話方塊中，將**標題字型 (英文)** 設定成「Cambria」；並輸入**名稱**為「輕風」，按下**儲存**。

工作 6

設定 Word 可以每隔 15 分鐘便儲存自動回復資訊。

解題步驟：

Step.1 點按**檔案**索引標籤 \ **選項**。

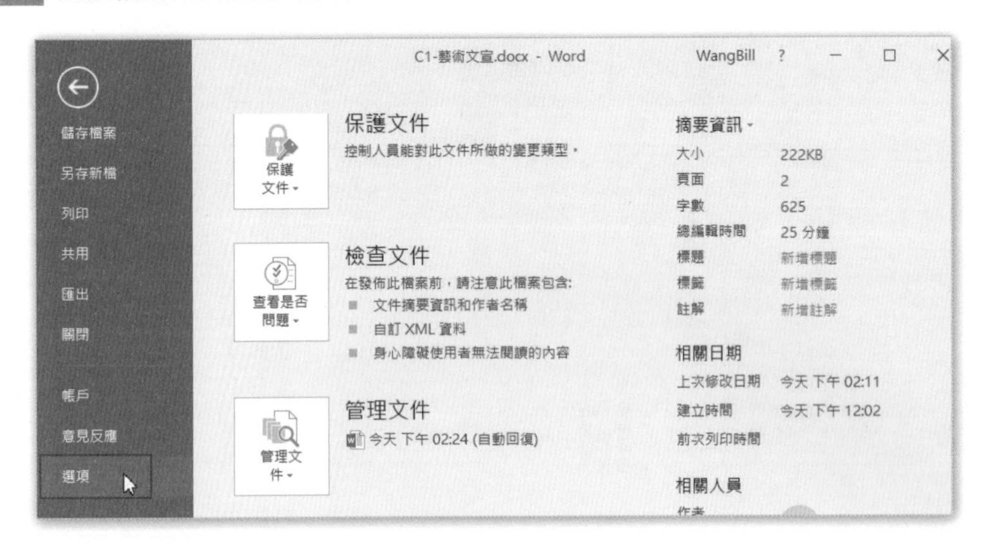

Step.2 在 Word 選項對話方塊中，點選「儲存」，再勾選「儲存自動回復資訊時間間隔」，並將右邊的分鐘數調成「15」，再按下**確定**即可。

專案 2：菁英學院

專案說明：

您是菁英學院的教務助理。您正在建立一份下年度整個學院都可以使用的課綱範本。

開啟**文件**資料夾 \ 第 5 章練習檔 \C2- 課程大綱 .docx，文件內容如右圖所示：

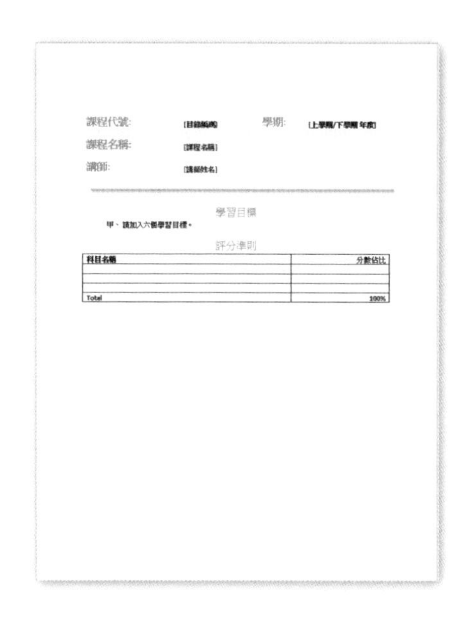

工作 1

僅設定這份文件的預設字型大小為 10 點，並套用 Bookman Old Style 字型。

解題步驟：

Step.1 點按**常用**索引標籤 \ **字型**群組 \ **字型**按鈕。

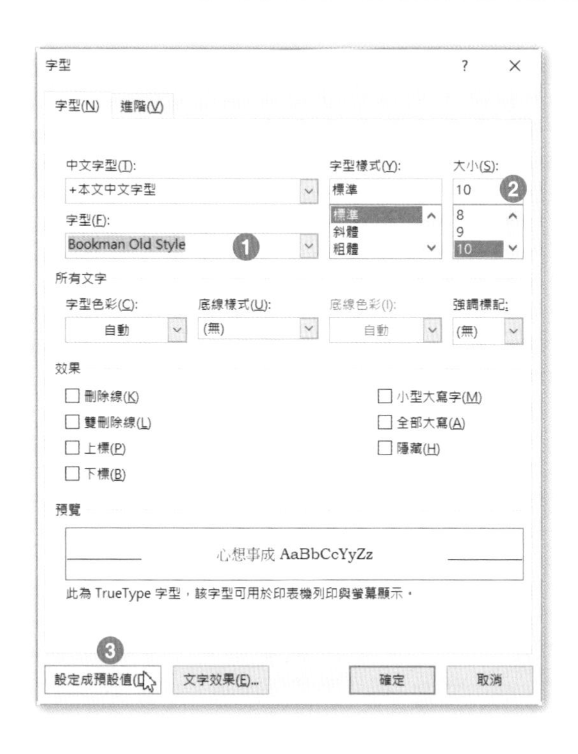

Step.2
將**字型**設定成為「Bookman Old Style」，在**大小**選單中點選「10」，按下「設定成預設值」按鈕。

Step.3 在對話方塊中點選「只有這份文件嗎？」按下**確定**即可。

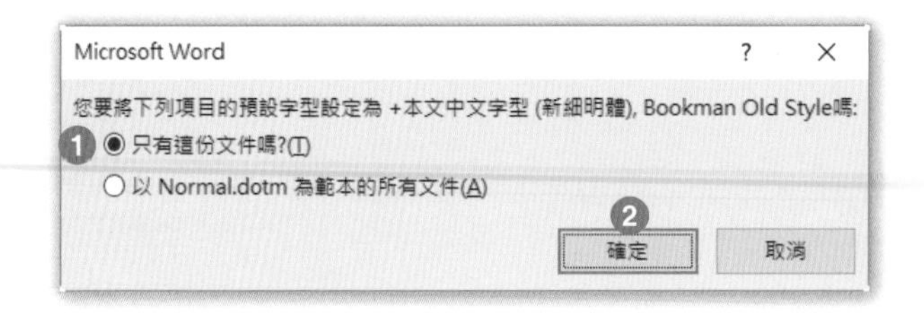

工作 2

根據「清單段落」樣式建立一個段落類型的新樣式，並命名為「目標」，再套用至文字「甲 加入六個學習目標。」。

解題步驟：

Step.1 插入點置於文字「甲 加入六個學習目標。」之中。

Step.2 點按**常用**索引標籤 \ **樣式**群組 \ **樣式**按鈕，在**樣式**窗格中，點按**新增樣式**按鈕。

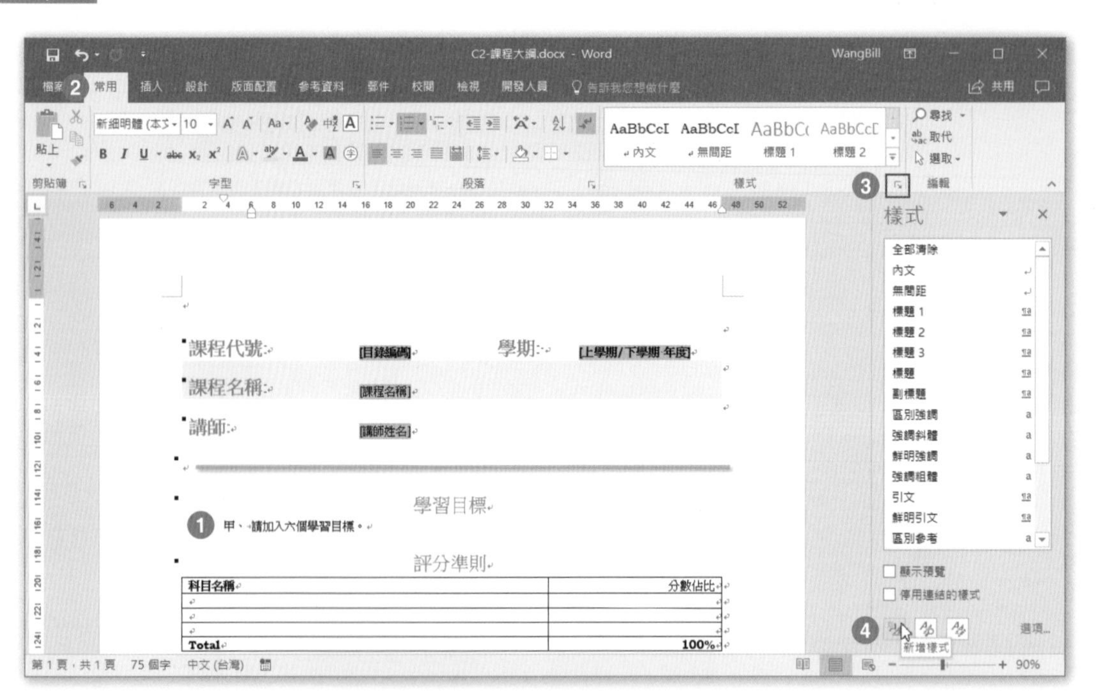

Step.3 在**名稱**方塊中輸入「目標」；在**樣式根據**方塊中選取「清單段落」，按下**確定**即可。

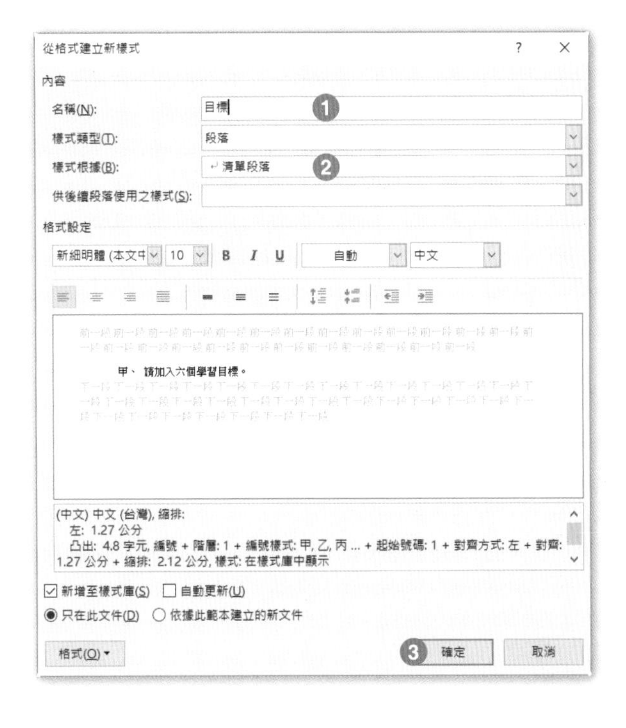

工作 3

建立一組名為「菁英學院」的佈景主題色彩，設定其「輔色 1」的顏色為「深藍」。

解題步驟：

Step.1 點按**設計**索引標籤 \ **文件格式設定**群組 \ **色彩** \ **自訂色彩**。

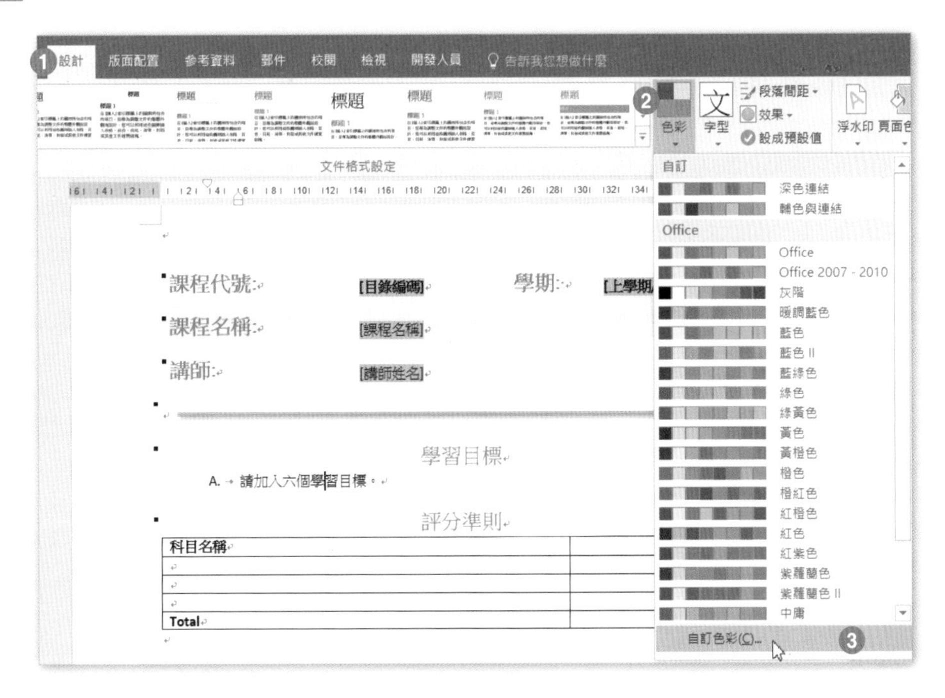

Step.2 在**建立新的佈景主題色彩**對話方塊中，點按「輔色 1」顏色清單的按鈕，點選「深藍」的自訂佈景主題色彩；並輸入**名稱**為「菁英學院」，按下**儲存**。

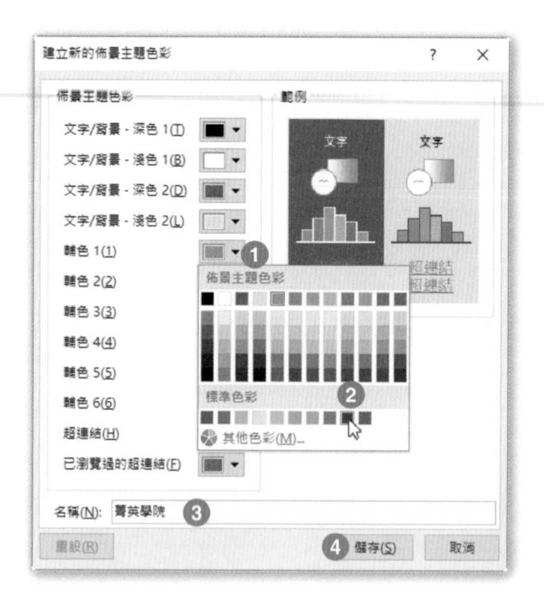

工作 4

設定文件限制編輯，只能透過套用樣式進行格式變更，但不要進行強制保護。

解題步驟：

Step.1 點按**校閱**索引標籤 \ **保護**群組 \ **限制編輯**。

Step.2 在**限制編輯**工作窗格中勾選「格式設定限制為選取的樣式」即可。

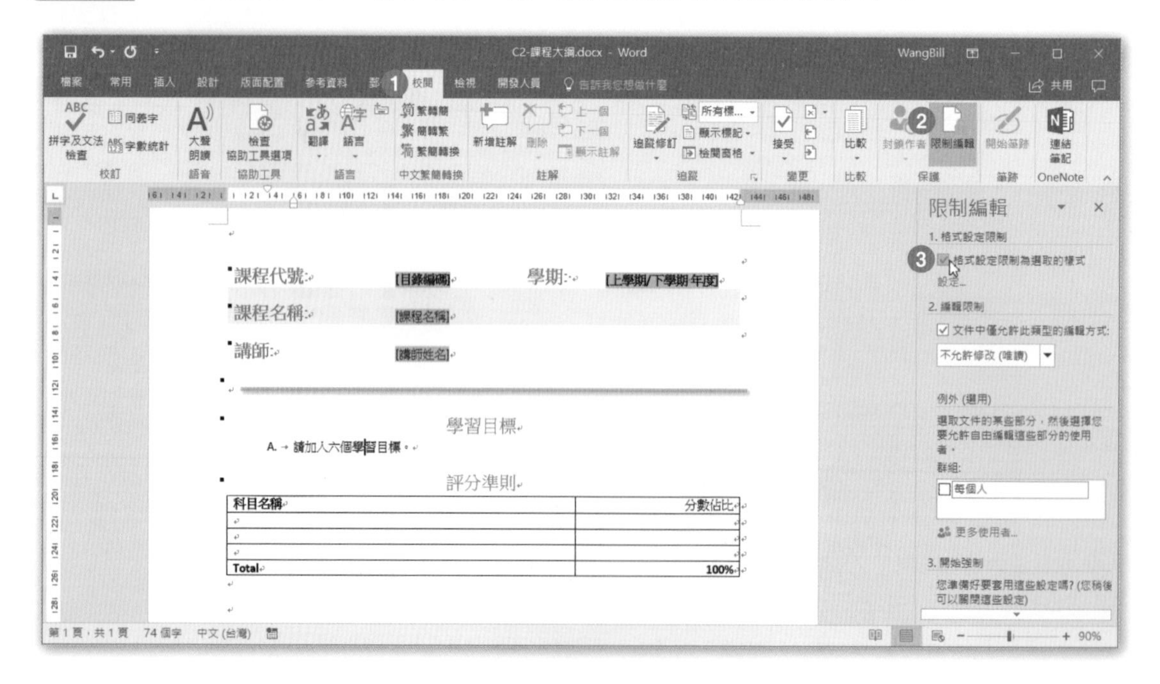

工作 5

在文件頂端新增一個 SaveDate 欄位，並設定日期格式為 MMMM d, yyyy。

解題步驟：

Step.1 插入點置於文件第一頁頂端的段落標記處，點按**插入**索引標籤 \ **文字**群組 \ **快速組件** \ **功能變數**。

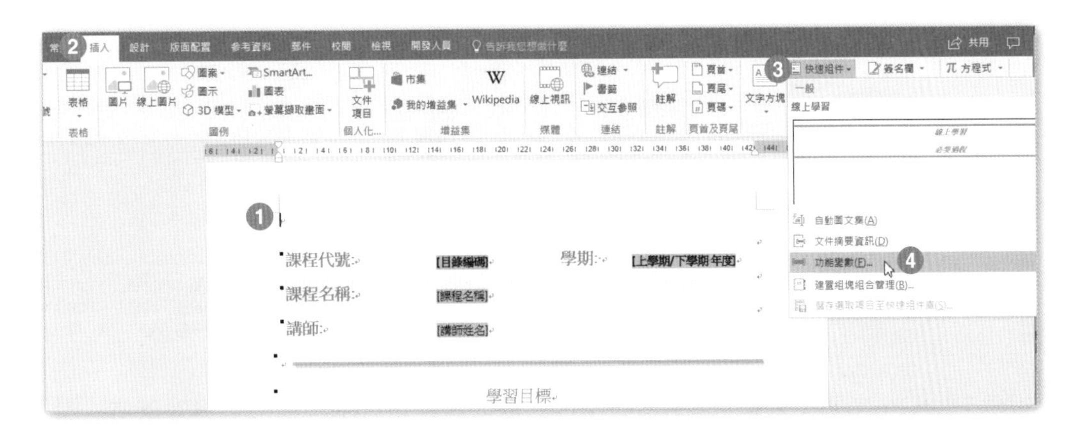

Step.2 在**功能變數名稱**清單中，點選「SaveDate」功能變數，在**日期格式**清單中點選「2017/11/10」的格式，按下**確定**。

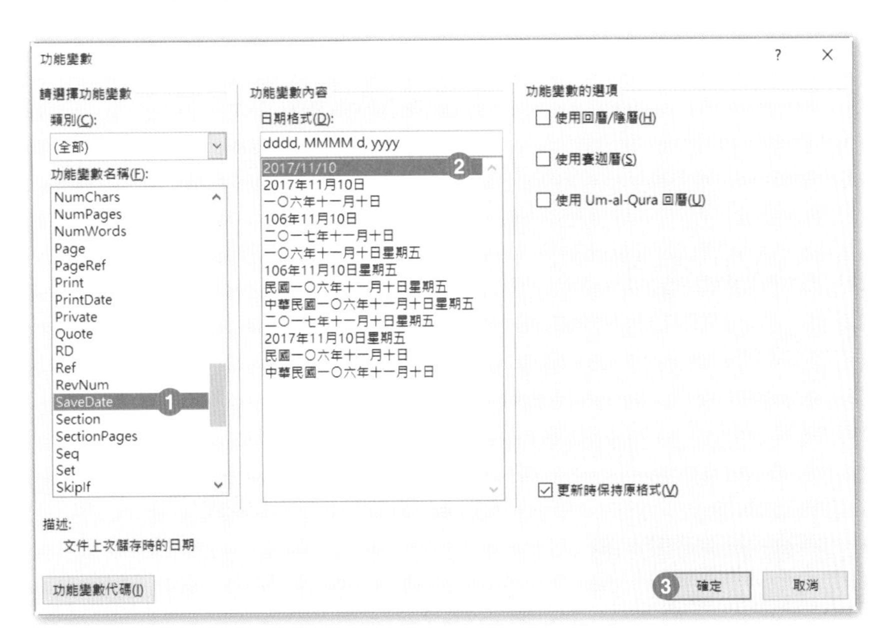

Friday, November 10, 2017

課程代號:

Step.3

完成之後的功能變數如左圖所示。

專案 3：台灣精品

專案說明：

您正在撰寫一份工具機的得獎產品分析報告。

開啟**文件**資料夾 \ 第 5 章練習檔 \C3- 台灣精品 .docx，五頁文件內容如下圖所示：

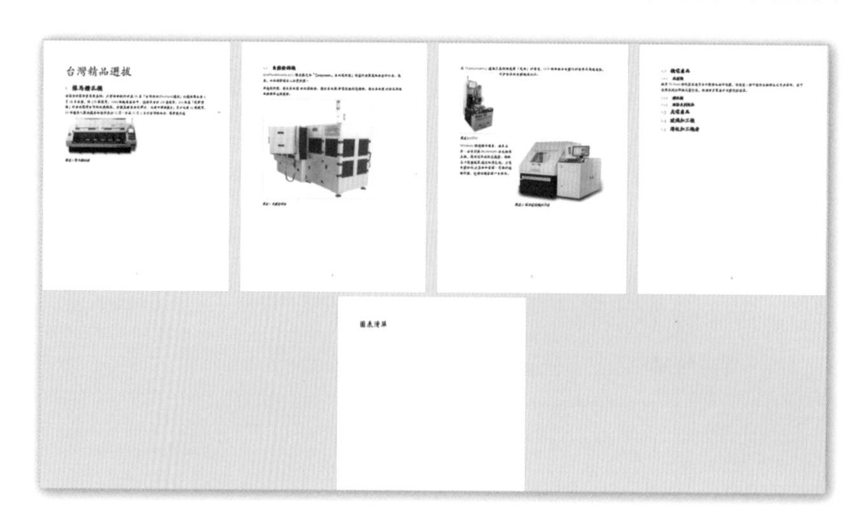

工作 1

將第 1 頁上的註解標記為完成。

解題步驟：

Step.1 在內容為「日期已確定」註解方塊中，點按「**解決**」標籤。

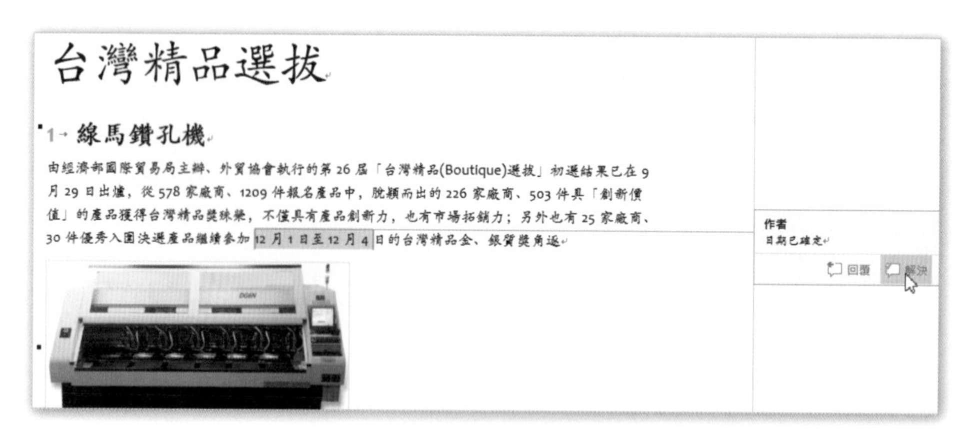

Step.2 註解方塊中的使用者名稱和註解文字，淡化成灰色。

工作 2

將目前所有套用 Term 樣式的文字，改為套用 TermB 樣式。

解題步驟：

Step.1 點按**常用**索引標籤 \ **編輯**群組 \ **取代**。

Step.2 在**尋找及取代**對話方塊中，按下**更多**按鈕。

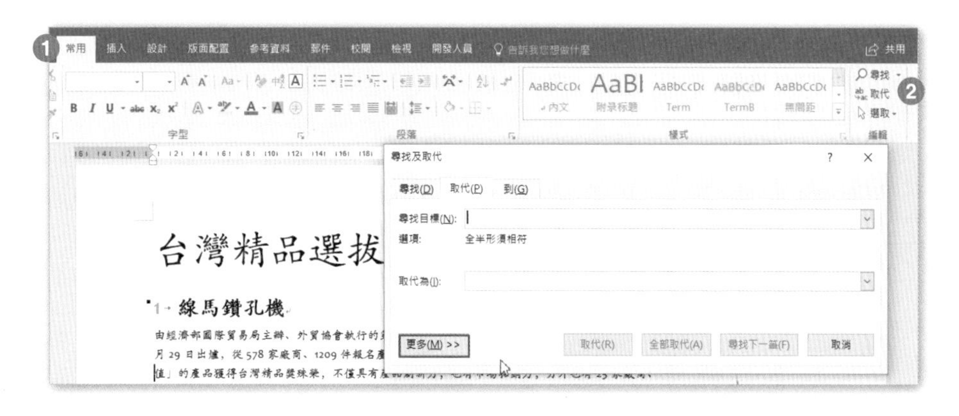

Step.3 點按**格式 \ 樣式**。

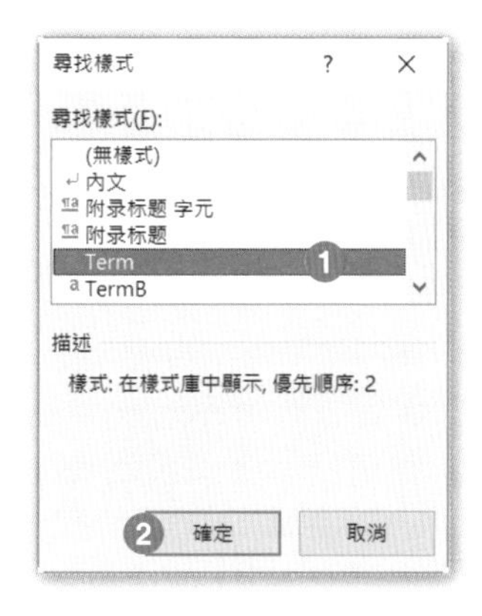

Step.4 點選**尋找樣式**清單中的「Term」，按下**確定**。

Step.5

插入點置於**取代為**方塊中，點按**格式**樣式。

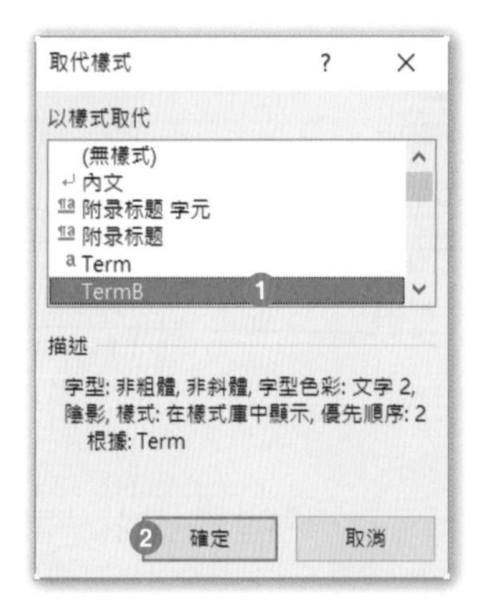

Step.6

點選**以樣式取代**清單中的「TermB」，按下**確定**。

Step.7

在**尋找及取代**對話方塊中按下**全部取代**。

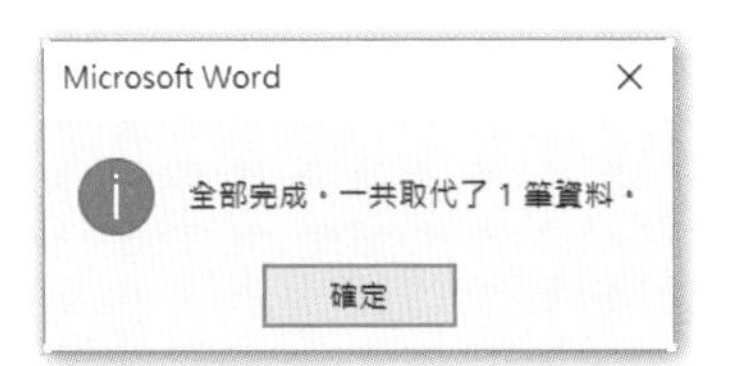

Step.8 在左圖**全部完成**的訊息中，按下**確定**。

Step.9 回到**尋找及取代**對話方塊，按下**關閉**即可。

工作 3

將所有的「台灣精品」標記為索引項目。

解題步驟：

Step.1 選取任何一個「台灣精品」，點按**參考資料**索引標籤 \ **索引**群組 \ **項目標記**。

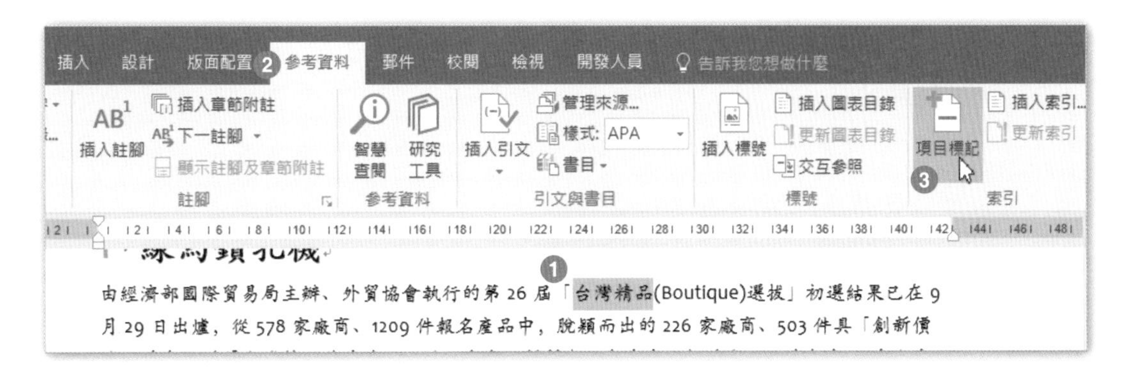

Step.2 在下左圖的**標記索引項目**對話方塊中，「台灣精品」被置於**主要項目**的文字方塊中，按下**全部標記**。

Step.3 在下右圖的**標記索引項目**對話方塊中，按下**關閉**即可。

工作 4

在第 5 頁標題文字「圖表清單」的下方，新增圖表目錄並套用「特別的」格式。

解題步驟：

Step.1 插入點置於第 5 頁標題文字「圖表清單」的下方，點按**參考資料**索引標籤 \ **標號**群組 \ **插入圖表目錄**。

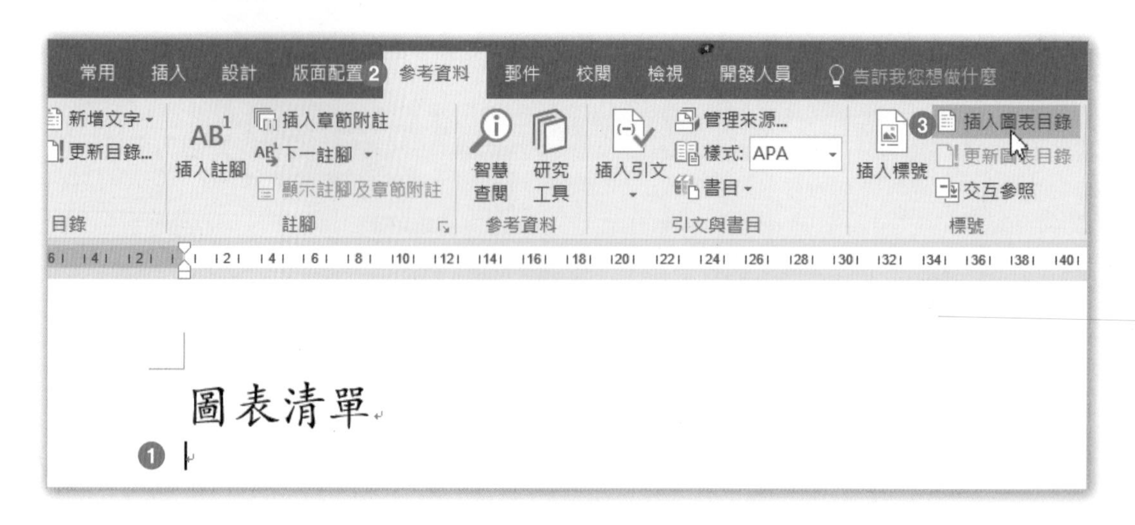

Step.2 在**圖表目錄**對話方塊中，全部採用預設值，點選**格式**方塊中的「特別的」，再按下**確定**即可。

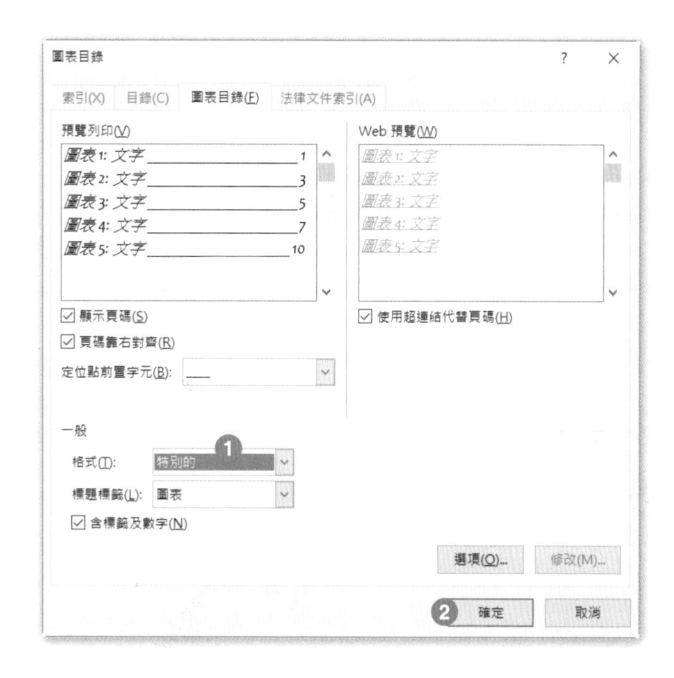

完成的圖表目錄如下圖所示。

工作 5

針對 1.1 節第 2 段裡的文字「Composants」設定校對語言為「法文 (法國)]。

解題步驟：

Step.1 點按**檔案**索引標籤 \ **選項**，在 Word **選項**對話方塊中，點按「語言」；在「新增其他編輯語言」清單中，點選「法文 (法國)」，按下**確定**。

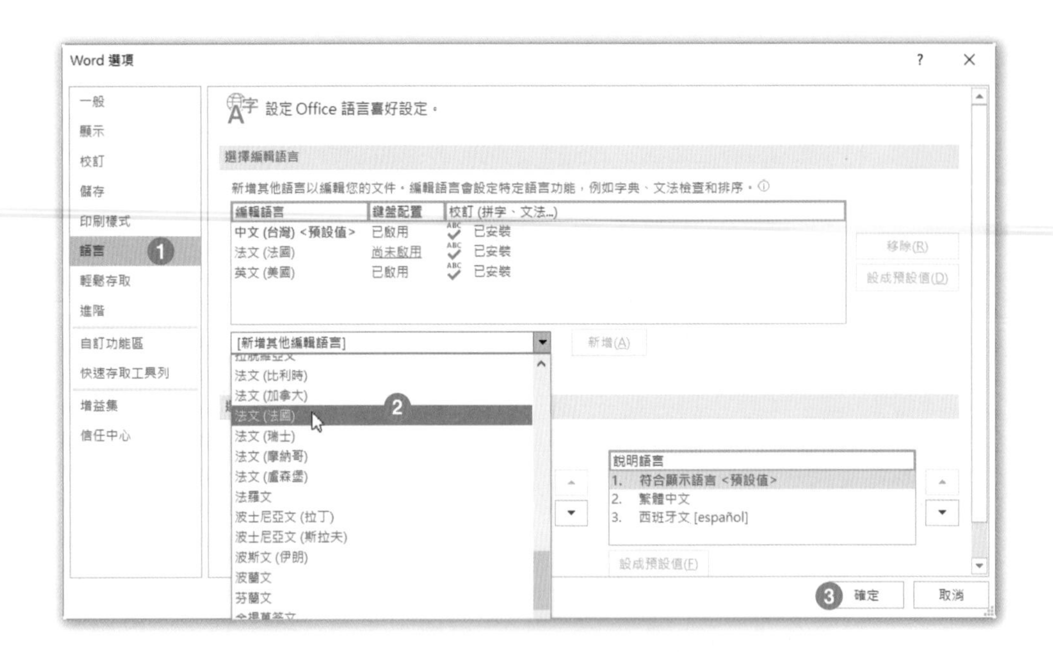

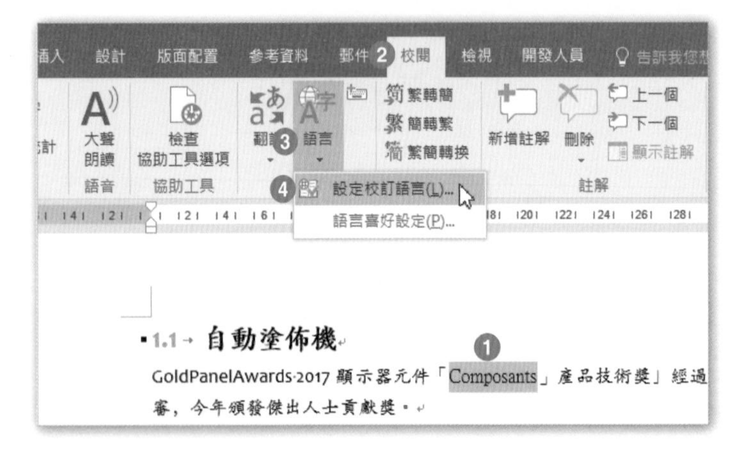

Step.2

選取文件中的「Composants」點按**校閱**索引標籤 \ **語言**群組 \ **語言** \ **設定校對語言**。

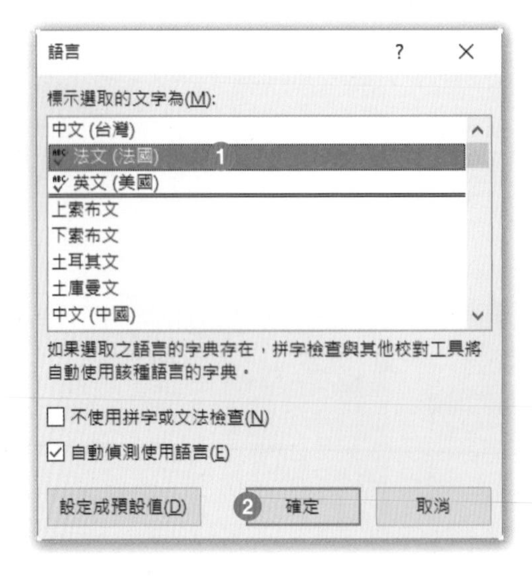

Step.3

在**語言**對話方塊中，點選「法文 (法國)」，按下**確定**即可。

專案說明：

你任職於平價屋的市場行銷部門。您正在準備一個可以用於建立大量郵件的範本檔案。

開啟**文件**資料夾 \ 第 5 章練習檔 \C4- 平價屋 .dotm，兩頁文件內容如下圖所示：

Eric Wang

台北市南港區忠孝東路九段 1028 號

[日期]

«收件者»
«街道地址»
«郵遞區號»

敬啟者：

家庭套房體貼的兒童遊戲設備，讓家長們感到安心，不必時時擔心孩子的安全，全家都能放鬆心情，享受難得的假期。

平價屋提供

- 家庭屋上限 10 人
- 卡拉 OK 上限 20 人
- 自釀啤酒
- 雞尾酒
- 小點心
- 咖啡果汁
- 精緻餐點
- 各式運動用品店
- 滑水及滑水課訓練

對任何想要體驗獨特風景的家庭來說，這裡的家庭套房絕對是您的首選。您還能免費使用我們的游泳池、私人網球場，並享受天然水療。

我們的住房提供以下舒適設施：

- 室內游泳池
- 按摩浴缸
- 洗衣及熨燙服務
- 天然水療
- 標準健身房
- 送餐服務

- 24 小時營業的酒吧
- 假日 live 演唱

祝您平安健康，

Eric Wang

工作 1

在文字「祝您平安健康」這一行之前，插入「文件」資料夾裡「折扣券 .docx」檔案的內容，對於「折扣券 .docx」檔案內容的變更應該也要自動反映在「平價屋 .dotm」裡。

解題步驟：

Step.1 插入點置於文件最後一頁標題文字「祝您平安健康」上方的段落標記上，點按**插入**索引標籤 \ **文字**群組 \ **物件** \ **文字檔**。

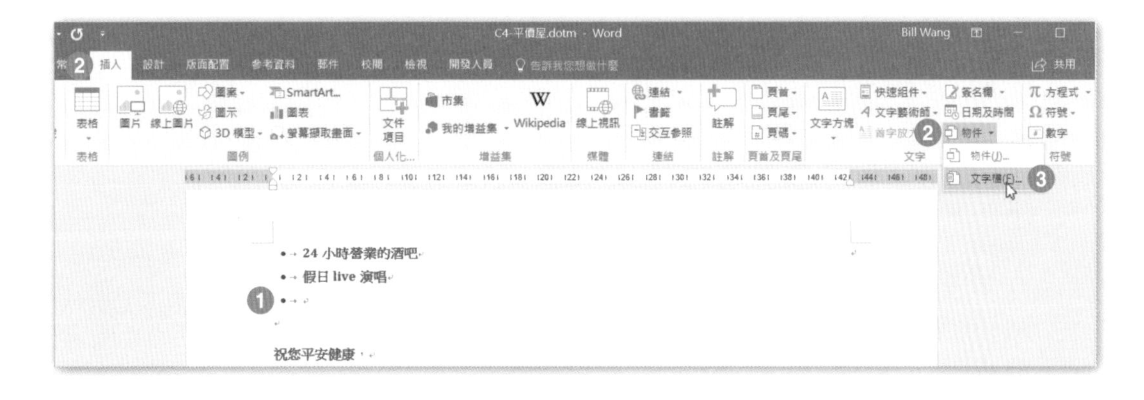

Step.2 在**插入檔案**對話方塊中，點選**文件**資料夾 \ 折扣券 .docx，按下**插入 \ 插入成連結**即可。

Step.3
插入之後的結果，如左圖所示。

工作 2

將文件頂端項目符號清單裡的最後兩項，搬移到文件底部的項目符號清單最後面。搬移的項目格式應與貼上後所在位置的項目符號清單格式相同。請移除多餘空白段落的項目符號。

解題步驟：

Step.1 選取第一頁最上面兩行項目符號文字，在其上按下滑鼠右鍵，點選「剪下」。

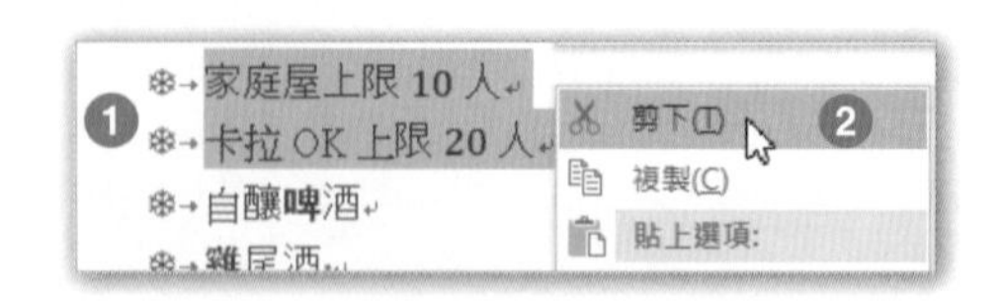

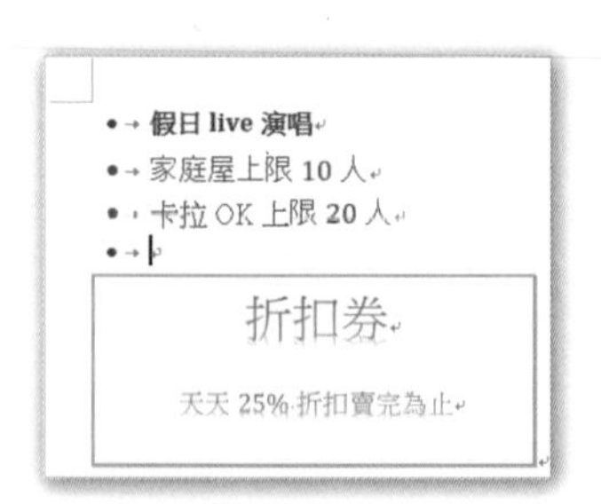

Step.2
插入點置於第二頁最後一個空白項目符號之後，按下 Ctrl+V 貼上被剪下的那兩行段落清單文字。

Step.3 再將多餘的空白項目符號刪除掉，成為如下圖的結果。

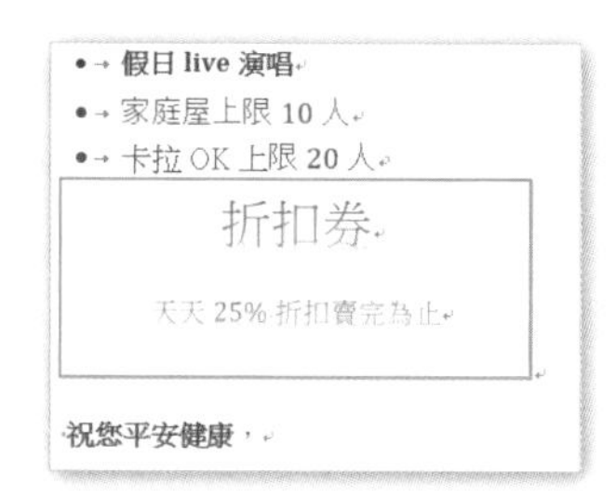

工作 3

錄製一個名為「強調」的巨集，當使用者按下「Alt+Ctrl+9」按鍵時，可以將選取的文字放大字型一級，並格式化字型樣式為「粗體」與「斜體」。此巨集應儲存在以「C4- 平價屋 .dotm」範本為基礎的所有文件裡。

解題步驟：

Step.1 插入點置於文件第一頁「敬啟者：」右邊的段落標記上，點按**開發人員**索引標籤\ **錄製巨集**。

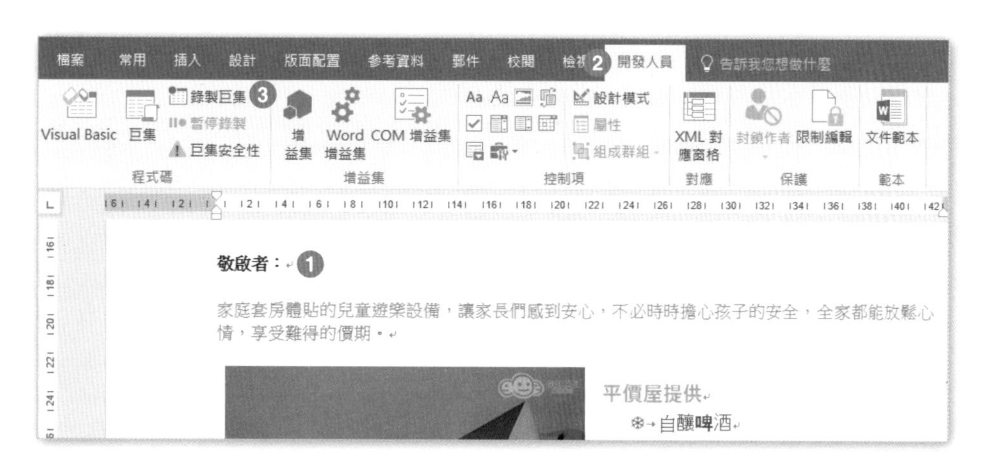

Step.2 在**錄製巨集**對話方塊中，輸入**巨集名稱**「強調」，並在**將巨集儲存在**方塊中選擇文件依據「C4- 平價屋 .dotm」，再按下**鍵盤**按鈕。

Step.3 在下左圖**自訂鍵盤**對話方塊中，按下「Alt+Ctrl+9」三個鍵，並在**將自訂儲存於**方塊中選取「C4- 平價屋 .dotm」，按下**指定**按鈕。

Step.4 在下右圖**現用代表鍵**文字方塊中，可以看到「Alt+Ctrl+9」的字樣，按下**關閉**。

Step.5 點按**常用**索引標籤 \ **字型**群組，點按「放大字型」按鈕，再點選「粗體」和「斜體」的格式。

Step.6 點按**開發人員**索引標籤 \ **程式碼**群組 \ **停止錄製**即可。

工作 4

建立一位新收件者清單，並輸入名字為「Peter」、姓氏為「Lin」。儲存至「我的資料來源」資料夾內，檔案名稱設定為「VIP 客戶」。

解題步驟：

Step.1 點按**郵件**索引標籤 \ **啟動合併列印**群組 \ **選取收件者** \ **鍵入新清單**。

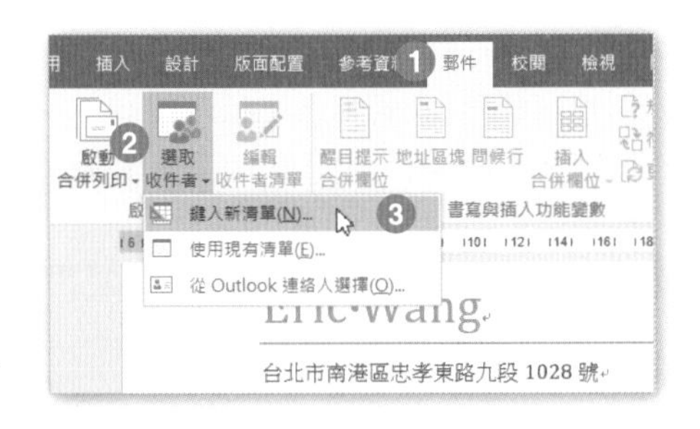

Step.2 在**新增通訊清單**對話方塊的**名字**欄中輸入「Peter」，在**姓氏**欄中輸入「Lin」，按下**確定**。

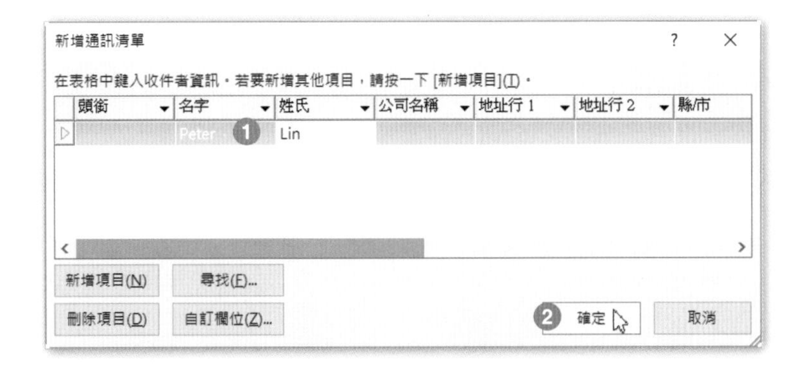

Step.3 在**儲存通訊清單**對話方塊中，輸入**檔案名稱**「VIP 客戶」，Word 會存成 Access 資料庫檔案 (*.mdb)，置於**文件**資料夾 \ **我的資料來源**之下，按下**儲存**即可。

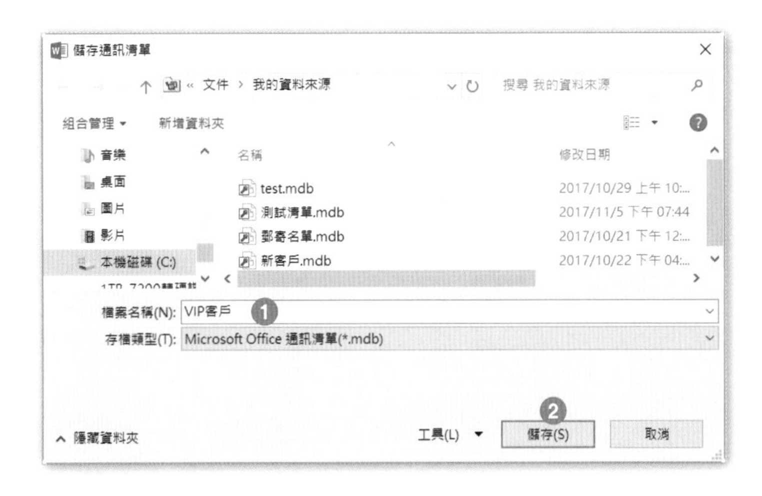

工作 5

格式化以文字「我們的住房提供以下舒適設施：」開頭的段落，使得緊隨其後的項目符號清單都可以跟此段落位於同一頁面。

解題步驟：

Step.1 插入點置於文字「我們的住房提供以下舒適設施：」之中，點按**常用**索引標籤**段落**群組**段落設定**按鈕。

Step.2 在段落對話方塊中，勾選「分行與分頁設定」標籤之下的「與下段同頁」，再按下**確定**即可。

隨即可以看到如下圖結果。

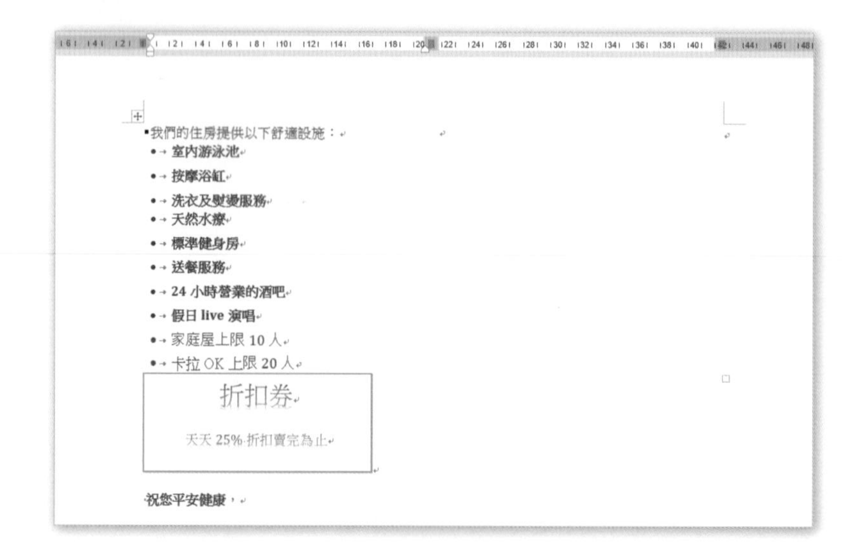

專案 5：醫學新知

專案說明：

您任職於健康出版社。您正在建立一個關於醫學新知的指南。

開啟**文件**資料夾 \ 第 5 章練習檔 \C5- 醫學新知 .docx，文件內容如下圖所示：

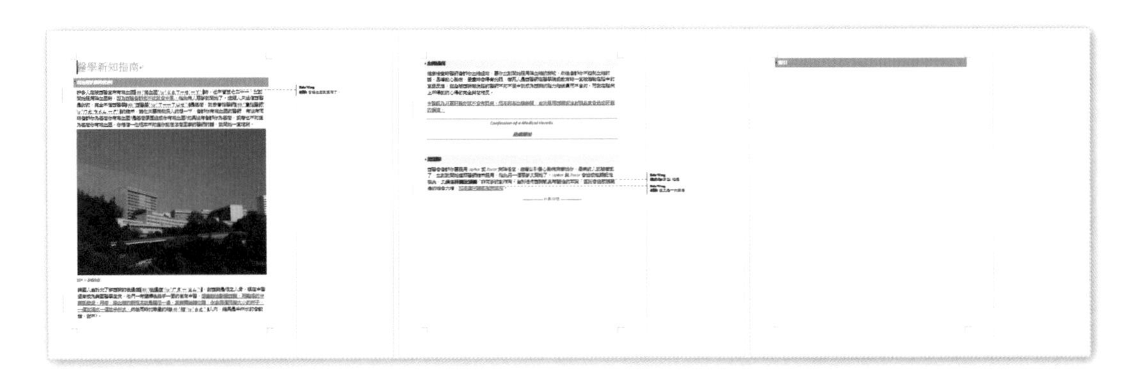

工作 1

接受所有的插入與刪除變更，不接受所有的格式的變更。

解題步驟：

Step.1 點按**校閱**索引標籤 \ **追蹤**群組 \ **顯示標記**，取消勾選「設定格式」。

Step.2 點按**校閱**索引標籤 \ **變更**群組 \ **接受** \ **接受所有顯示的變更**。

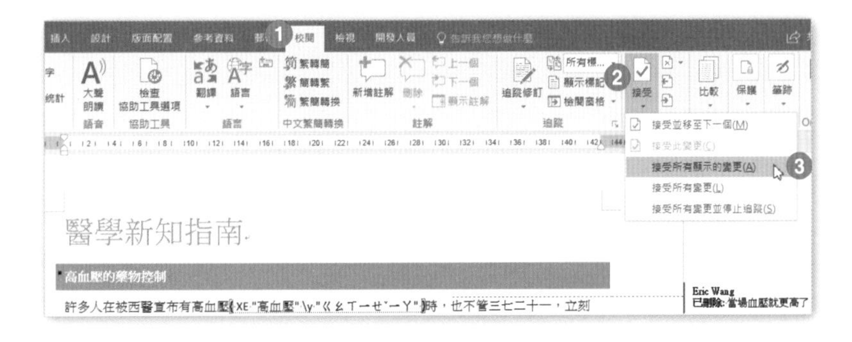

工作 2

建立一個「字元」類型的樣式，名為「員工姓名」。此樣式依據為預設段落字型，但須套用粗體與斜體字型樣式。

解題步驟：

Step.1 插入點置於標題文字「醫學新知指南」尾端的段落標記處。

Step.2 點按**常用**索引標籤 \ **樣式**群組 \ **樣式**按鈕，在**樣式**窗格中，點按**新增樣式**。

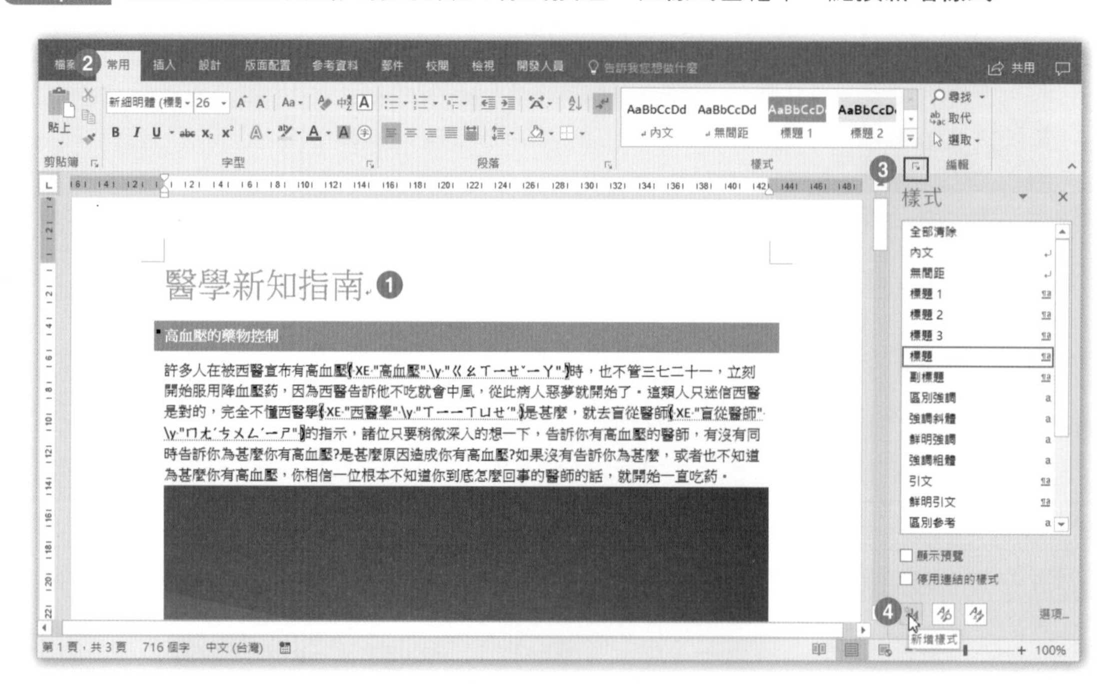

Step.3 在**名稱**方塊中輸入「員工姓名」；在**樣式類型**方塊中選取「字元」；分別再點按「粗體」、「斜體」，按下**確定**即可。

工作 3

封鎖使用者對佈景主題與快速樣式集切換，但不要進行強制保護。

解題步驟：

Step.1 點按**校閱**索引標籤 \ **保護**群組 \ **限制編輯**，再點按**限制編輯**窗格中的「設定」。

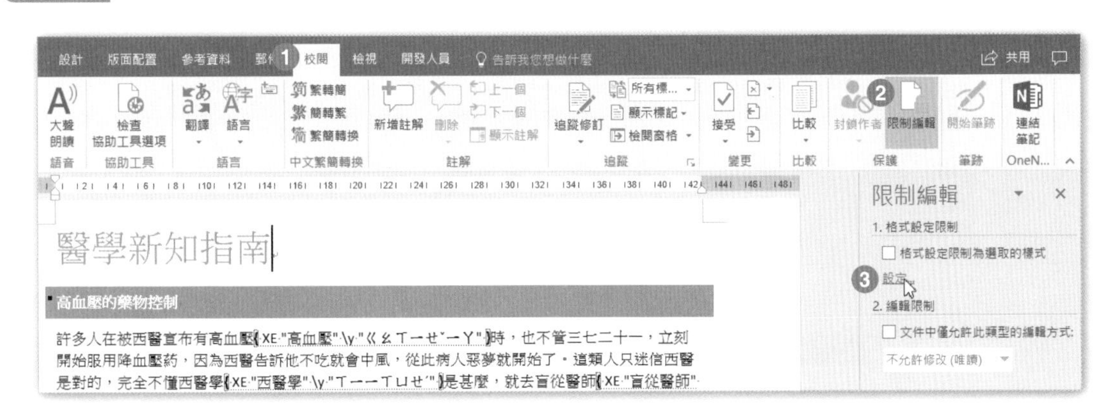

Step.2 在**格式設定限制**對話方塊中，勾選「封鎖佈景主題或配置切換」以及「封鎖快速樣式集切換」兩項設定，按下**確定**即可。

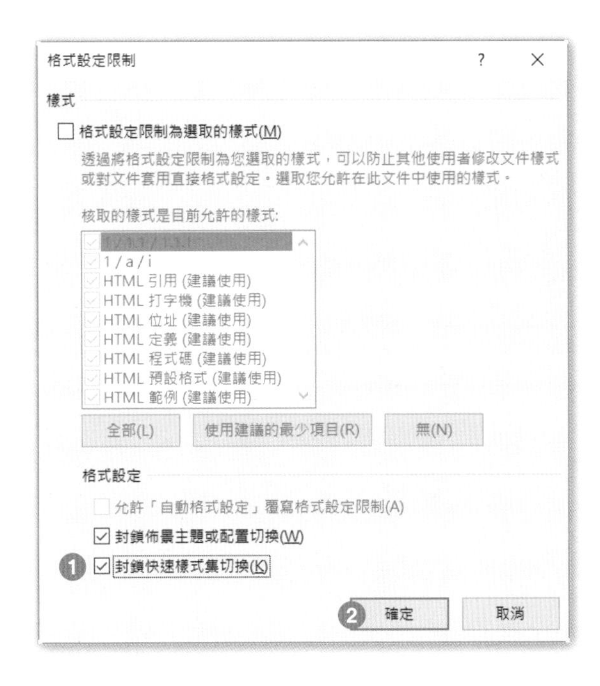

工作 4

在「索引」標題文字下方，插入格式為「古典的」，並且頁碼「靠右對齊」的索引。

解題步驟：

Step.1 插入點置於文件尾端標題文字「索引」下方的段落標記的位置，點按**參考資料**索引標籤 \ **索引**群組 \ **插入索引**。

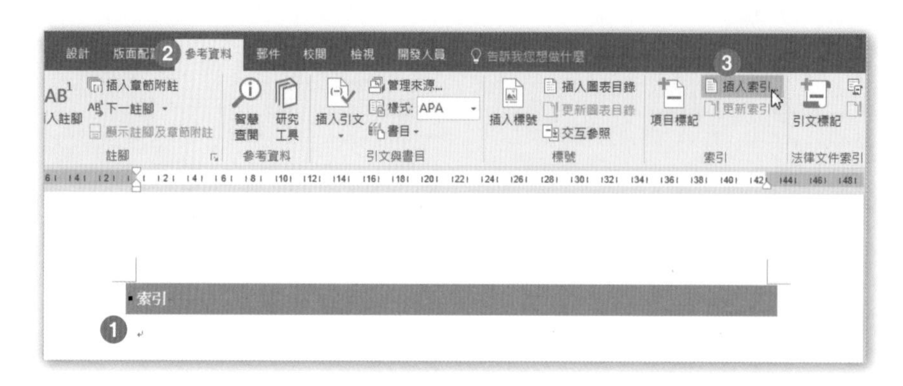

Step.2 在**索引**對話方塊中，勾選「頁碼向右對齊，**格式**點選「古典的」，按下**確定**即可。

Step.3 完成的索引，內容如下圖所示。

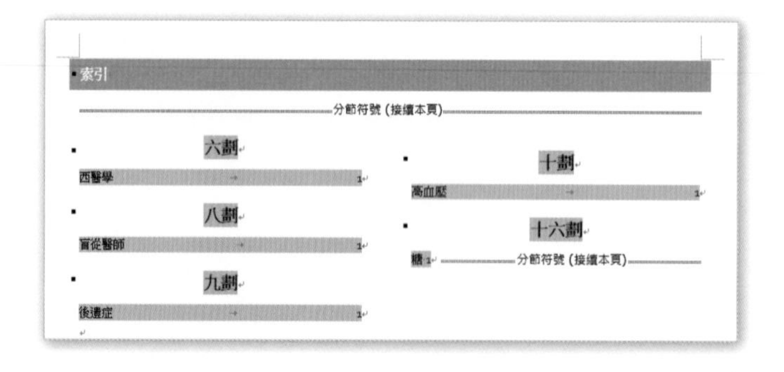

工作 5

將包含文字「Confession of a Medical Heretic 曼戴爾松」的段落文字新增至「快速組件」庫，並儲存至 Building Blocks，請接受所有的預設設定。

解題步驟：

Step.1 選取文件第二頁中的段落文字「Confession of a Medical Heretic 曼戴爾松」，點按**插入**索引標籤 \ **文字**群組 \ **快速組件** \ **儲存選取項目至快速組件庫**。

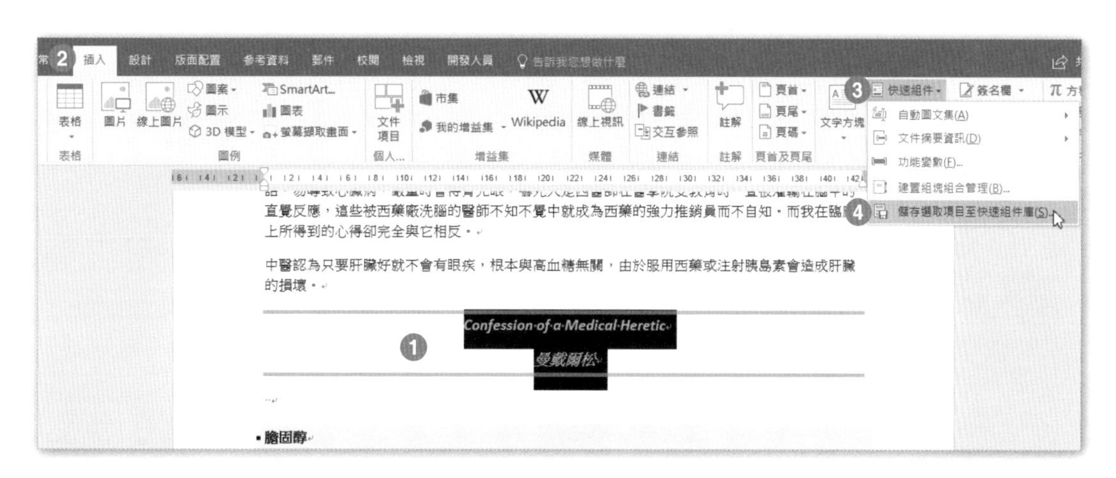

Step.2 在**建立新建置組塊**對話方塊中，接受所有的預設設定，按下**確定**即可。

5-4 第四組

專案 1：藝術文宣

專案說明：

您正在建立一份藝術文宣的市場行銷手冊。您準備要將宣傳手冊交付印製。

開啟**文件**資料夾 \ 第 5 章練習檔 \D1- 藝術文宣 .docx，兩頁文件內容如下圖所示：

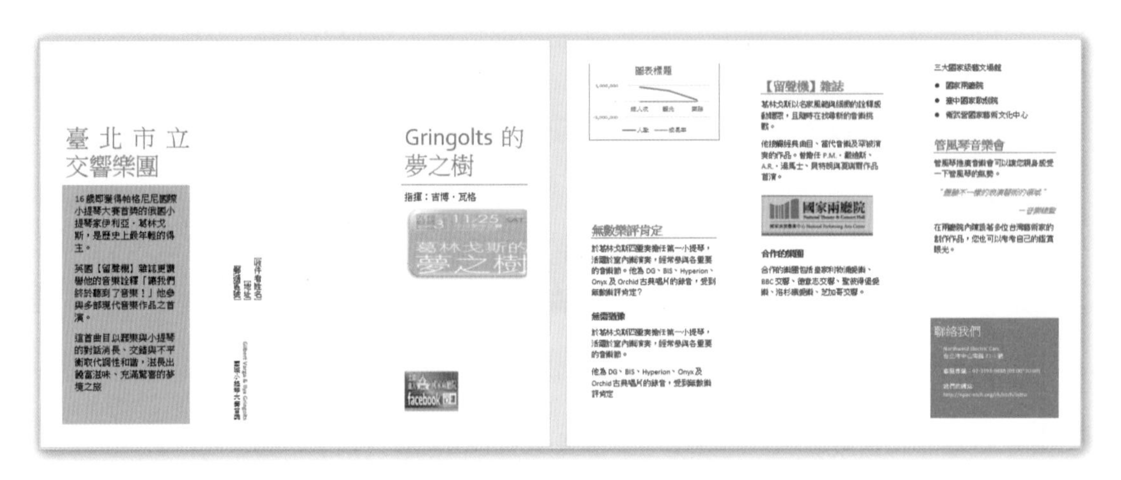

工作 1

修改「標題 2」樣式，設定字型大小為 20 點、字型顏色為「藍綠色 , 輔色 5, 較深 50%」。

解題步驟：

Step.1 在**常用**索引標籤 \ **樣式**群組中的「標題 2」樣式名稱上，按下滑鼠右鍵，點選「修改」。

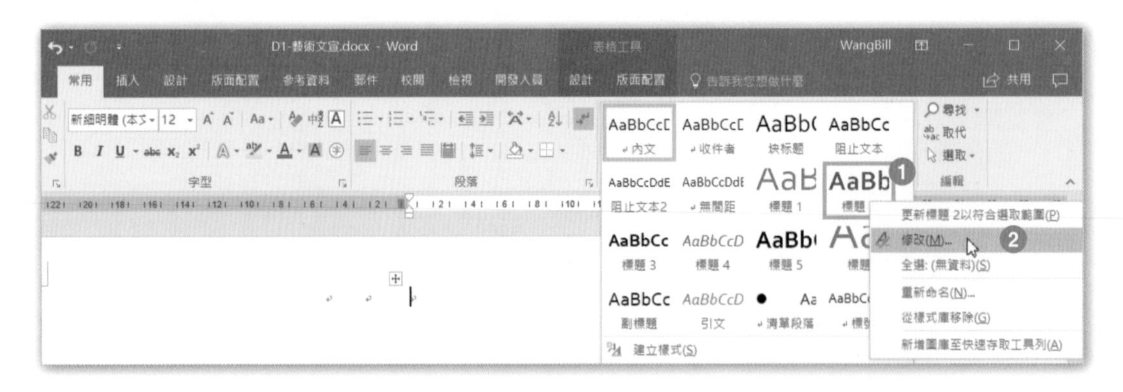

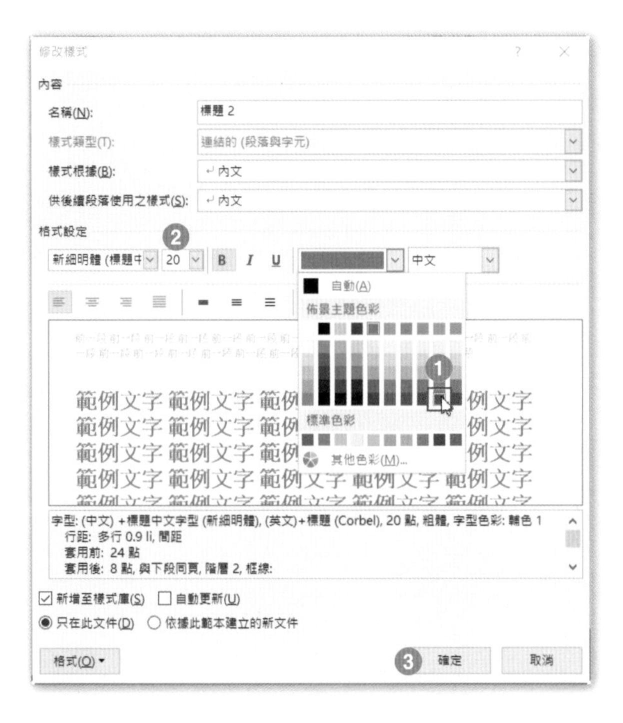

Step.2 在**修改樣式**對話方塊的**字型色彩**清單中點選「藍綠色 , 輔色 5, 較深 50%」的顏色，設定字型大小為 20 點，再按下**確定**即可。

工作 2

複製「Normal.dotm」裡的「內文」樣式至「藝術文宣 .docx」文件裡，並覆蓋其原本的「內文」樣式。

解題步驟：

Step.1 點按**常用**索引標籤 \ **樣式**群組 \ **樣式**按鈕，點按**樣式**工作窗格下方的「管理樣式」按鈕。

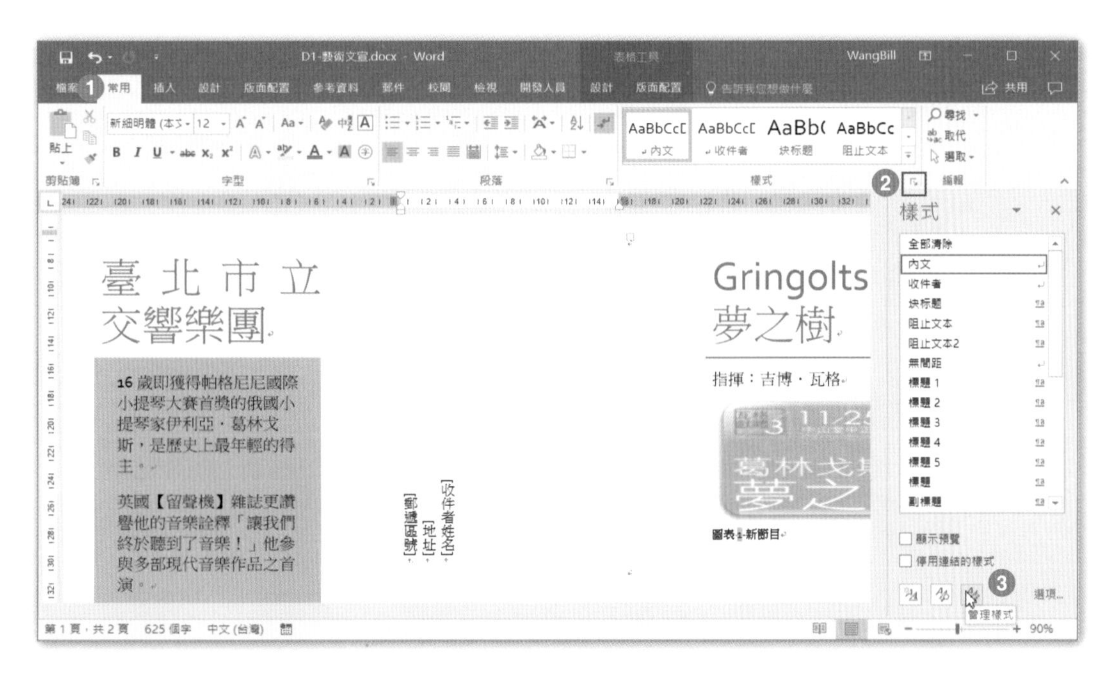

Step.2 在**管理樣式**對話方塊中，點按**匯入 / 匯出**按鈕。

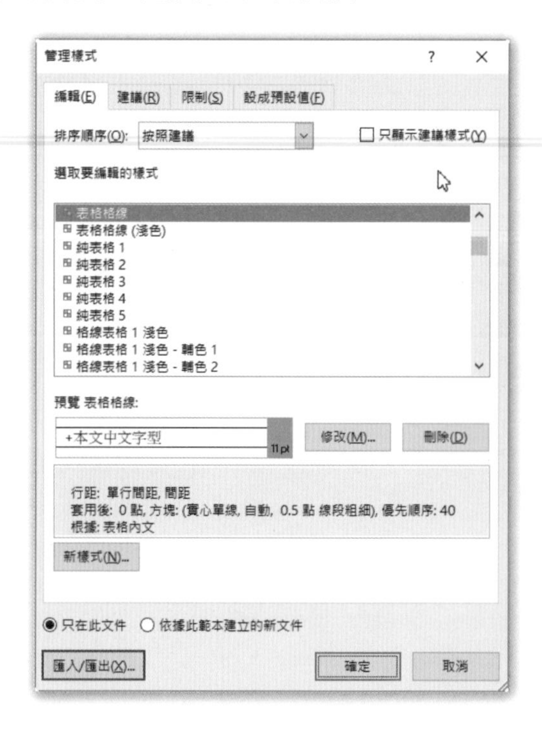

Step.3 點選**組合管理**對話方塊右方「Normal.dotm」裡的「內文」樣式，按下中央的**複製**按鈕。

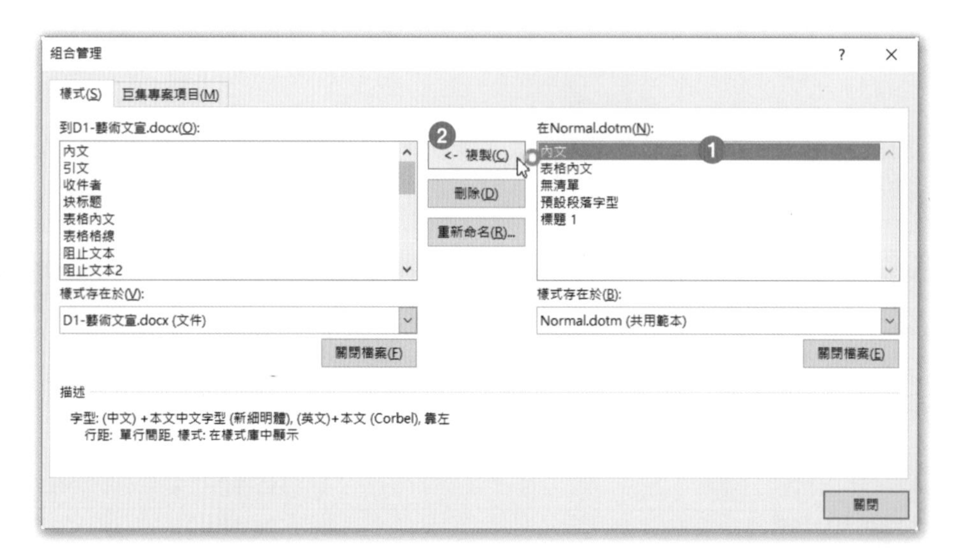

Step.4 在詢問的對話方塊中，按下**是**。

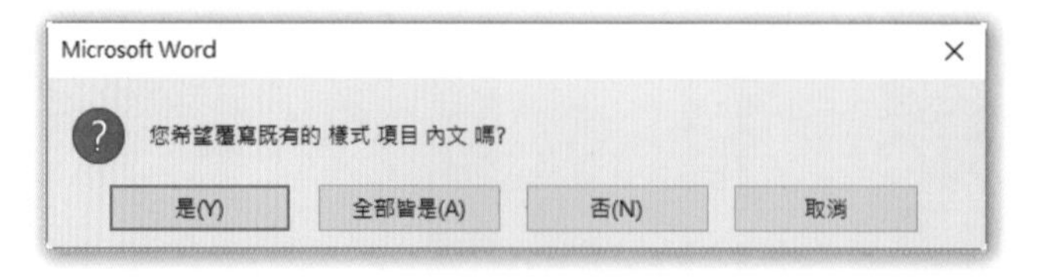

Step.5 在**組合管理**對話方塊中，按下**關閉**即可。

工作 3

在第 1 頁內有文字「夢之樹」的照片上方新增圖表標號，顯示為「圖表 1 – 新節目」，其中，「圖表 1」必須是自動產生的，不得自行輸入。

解題步驟：

Step.1 選取第 1 頁內有文字「夢之樹」的圖片，點按**參考資料**索引標籤 \ **標號**群組 \ **插入標號**。

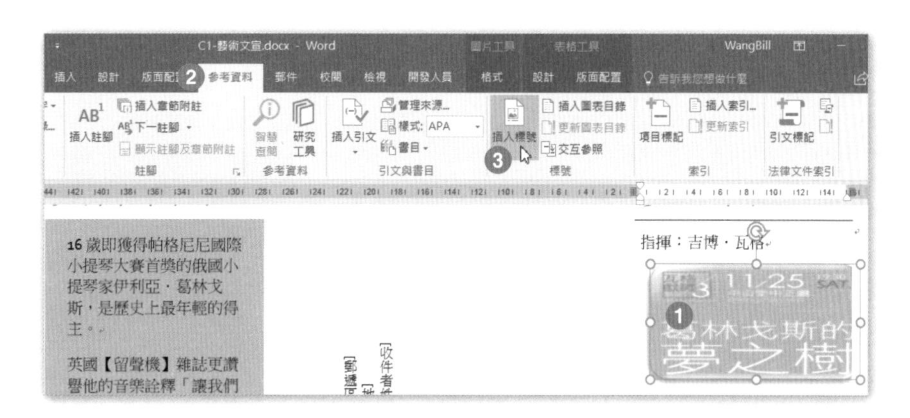

Step.2 在**標籤**對話方塊中點選「圖表」，在**標號**方塊中輸入「- 新節目」，**位置**選擇「選取項目之下」，按下**確定**即可。

工作 4

修改文件以確認接受所有變更。

解題步驟：

點按**校閱**索引標籤 \ **變更**群組 \ **接受** \ **接受所有變更**即可。

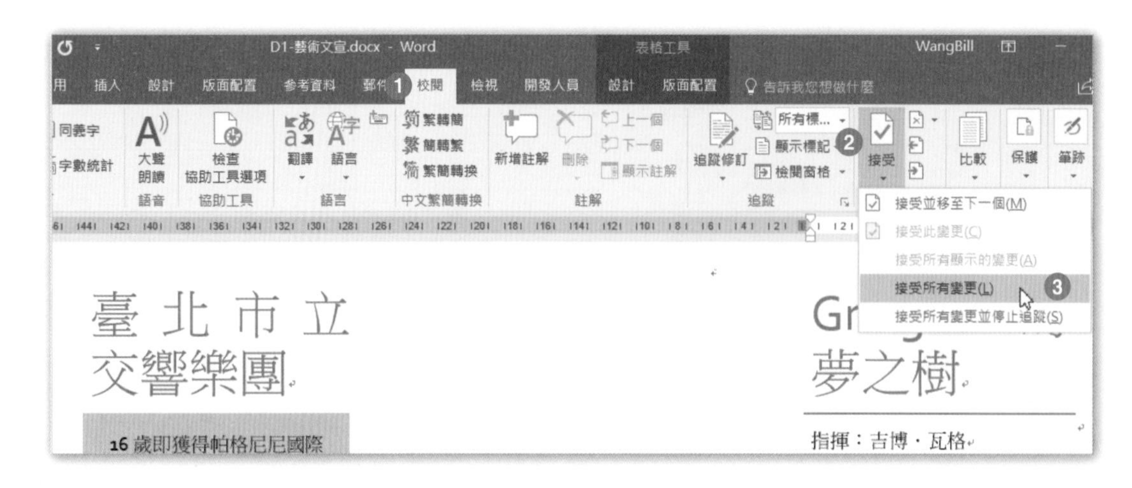

工作 5

建立一組名為「輕風」的佈景主題字型，設定其「標題字型」為 Cambria。

解題步驟：

Step.1 點按**設計**索引標籤 \ **文件格式設定**群組 \ **字型** \ **自訂字型**。

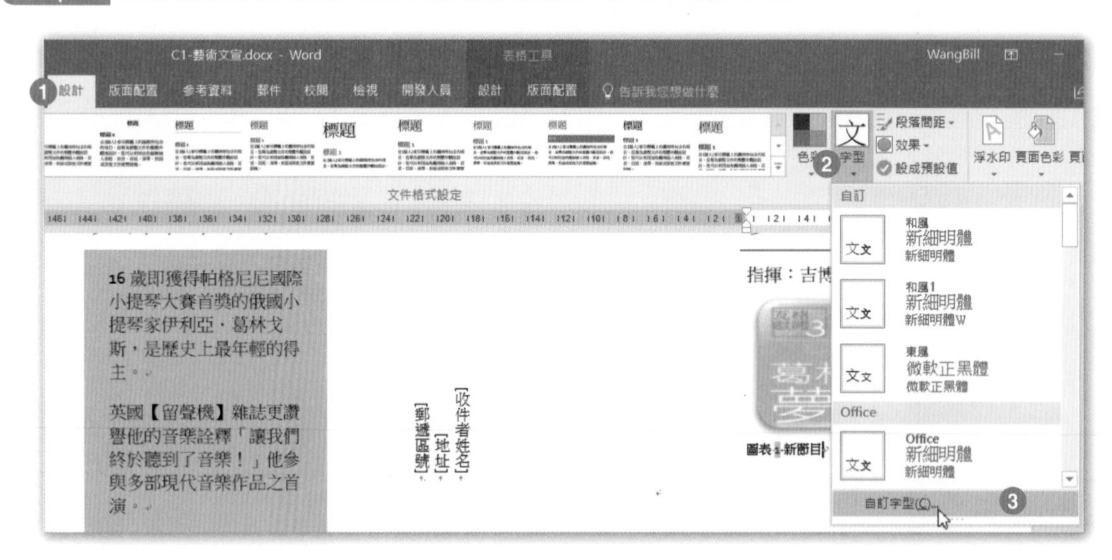

Step.2 在**建立新的佈景主題字型**對話方塊中，將**標題字型(英文)**設定成「Cambria」；並輸入**名稱**為「輕風」，按下**儲存**即可。

工作 6

設定 Word 可以每隔 15 分鐘便儲存自動回復資訊。

解題步驟：

Step.1 點按**檔案**索引標籤 \ **選項**。

Step.2 在 Word 選項對話方塊中，點選**儲存**，再勾選「儲存自動回復資訊時間間隔」，並將右邊的分鐘數調成「15」，再按下**確定**即可

專案 2：居家照護

專案說明：

您在新象公司的居家照護部門工作，您正在準備一份新進員工訓練簡介。

開啟**文件**資料夾 \ 第 5 章練習檔 \D2- 居家照護 .docx，文件內容如下圖所示：

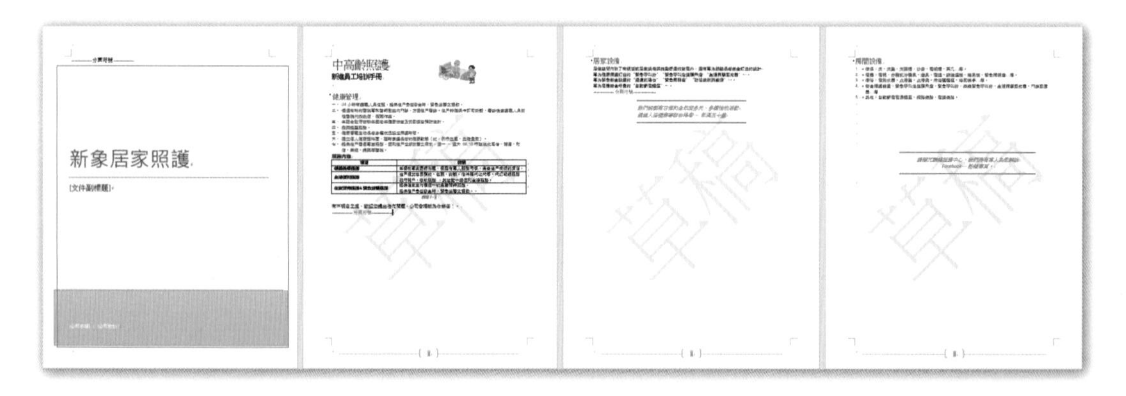

工作 1

對於出現在「中高齡照護」右側的圖片，請添增替代文字標題為「居家照護」。

解題步驟：

Step.1 點選文件第二頁標題文字「中高齡照護」右側的圖片，點按**格式 \ 圖片樣式**群組右下角的「設定圖形格式」按鈕。

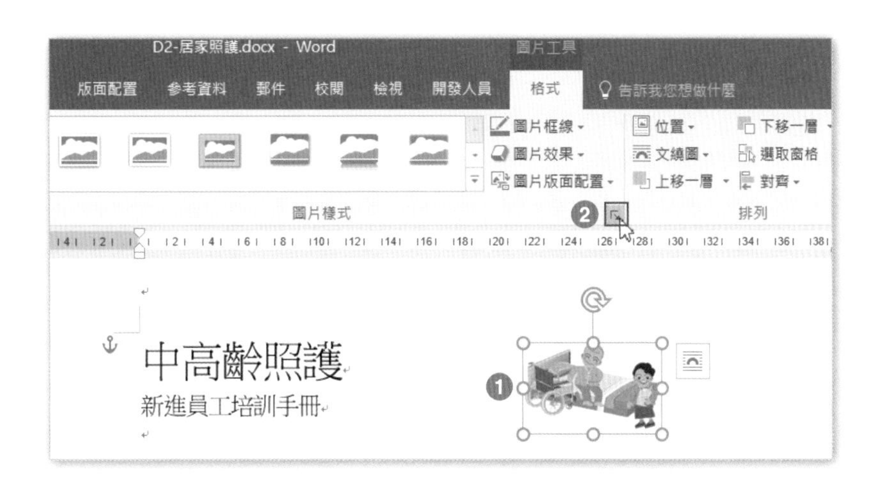

Step.2 點按**設定圖片格式**工作窗格中的「版面配置與內容」圖示，按下「替代文字」。

Step.3 在**標題**文字方塊中輸入「居家照護」即可。

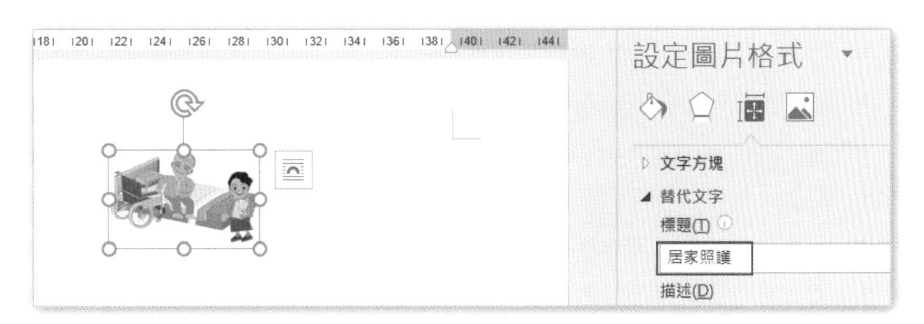

工作 2

修改文件封面中「文件副標題」內容控制項的屬性，使其編輯多行文字時可以換行。

解題步驟：

Step.1 點按一下文件封面的「文件副標題」內容控制項，點按**開發人員**索引標籤 \ **控制項**群組 \ 屬性。

Step.2 在下圖中勾選「允許換行字元 (多個段落)」，按下**確定**即可。

工作 3

將文件裡的每一個「短破折號」都替換為「長破折號」。

解題步驟：

Step.1 在文件第二頁任何段落中點按一下，再點按**常用**索引標籤 \ **編輯**群組 \ **取代**。

Step.2 在**尋找及取代**對話方塊中，按下**更多**按鈕。

尋找及取代
尋找(D) 取代(P) 到(G)
尋找目標(N):
選項: 全半形須相符
取代為(I):
更多(M) >>
取代(R) 全部取代(A) 尋找下一筆(F) 取消

Step.3 插入點置於**尋找目標**方塊中，點按**指定方式**，再點選清單中的「短破折號」，Word 會在**尋找目標**方塊中顯示「^=」。

Step.4 插入點置於**取代為**方塊中，點按**指定方式**，再點選清單中的「長破折號」，Word 會在取代為方塊中顯示「**^+**」。

Step.5 在**尋找及取代**對話方塊中，按下**全部取代**按鈕。

Step.6 在下圖之訊息中，按下**確定**。

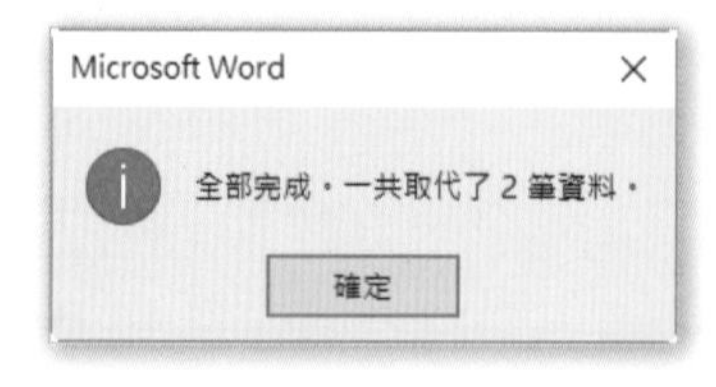

Step.7 回到**尋找及取代**對話方塊，按下**關閉**。

工作 4

在標題文字「房間設備」下方，對第 5 個項目新增註解，註解內容為「這是必須具備的通訊設備嗎？」。

解題步驟：

Step.1 選取標題文字「房間設備」下方第 5 個項目，在**校閱**索引標籤 \ **註解**群組中，點按**新增註解**按鈕

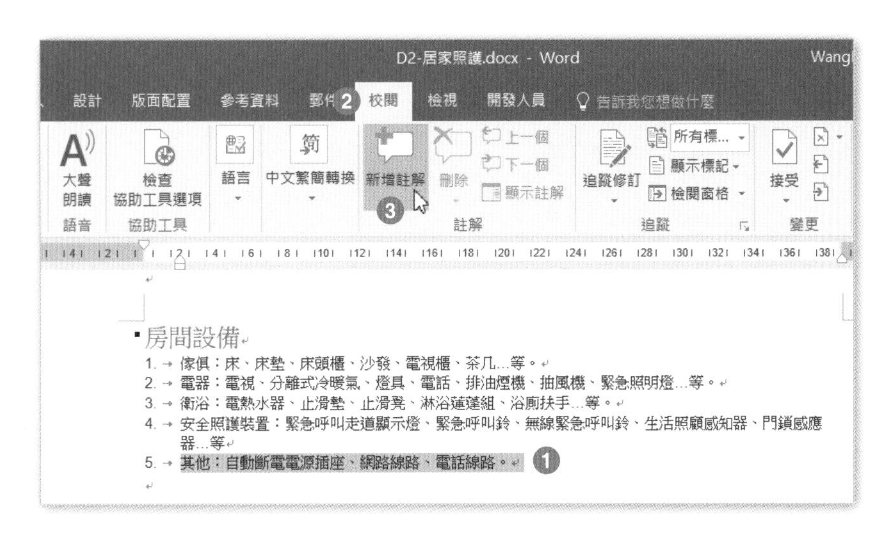

Step.2 在註解方塊中，輸入文字「這是必須具備的通訊設備嗎？」即可。

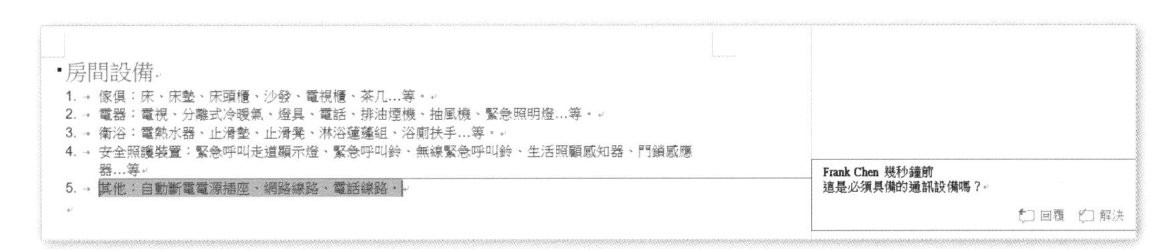

工作 5

將文件裡出現的第一個「健康管理」，新增為索引項目標記。

解題步驟：

Step.1 點按**常用**索引標籤 \ **編輯**群組 \ **尋找**，在左邊**導覽窗格**的方塊中輸入「健康管理」，Word 隨即會以黃色醒目提示來標示出文件中所有的「健康管理」，同時會自動選取第一個「健康管理」字串。

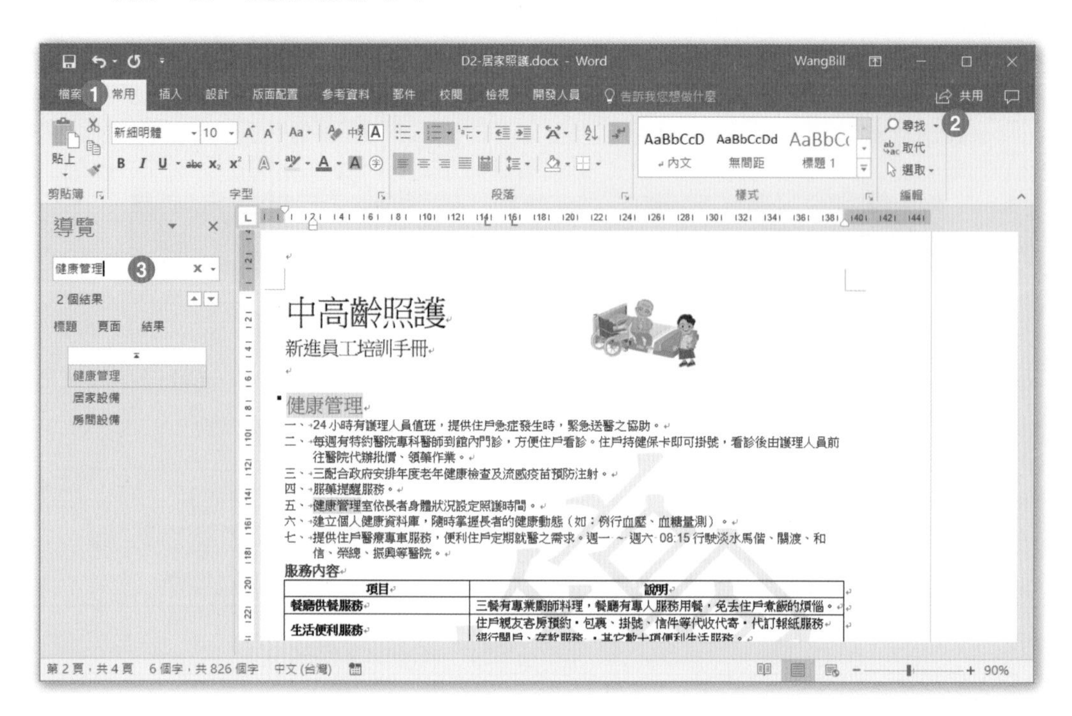

Step.2 點按**參考資料**索引標籤 \ **索引**群組 \ **項目標記**。

Step.3 在**標記索引項目**對話方塊中，「健康管理」四個字被置於**主要項目**的文字方塊中，按下**標記**。

Step.4 在**標記索引項目**對話方塊中，按下**關閉**。

健康管理{·XE·"健康管理"·\y·"ㄐㄧㄢˋㄎㄤ《ㄨㄢˇㄌㄧˇ"

一、24 小時有護理人員值班，提供住戶急症發生時，緊急送醫之協助。

二、每週有特約醫院專科醫師到館內門診，方便住戶看診。住戶持健保卡

往醫院代辦批價、領藥作業。

三、三配合政府安排年度老年健康檢查及流感疫苗預防注射。

四、服藥提醒服務。

五、健康管理室依長者身體狀況設定照護時間。

六、建立個人健康資料庫，隨時掌握長者的健康動態（如：例行血壓、血

七、提供住戶醫療專車服務，便利住戶定期就醫之需求。週一 ~ 週六 08

信、榮總、振興等醫院。

服務內容

項目	說明
餐廳供餐服務	三餐有專業廚師料理，餐廳有專人服
生活便利服務	住戶親友客房預約・包裹、掛號、信 銀行開戶、存款服務・其它數十項便
住家清掃服務&緊急送醫服務	提供住家室內每週一次免費清掃服務 提供住戶急症發生時，緊急送醫之協

表格 3 - 1

有不明白之處，歡迎您提出任何問題，公司會竭誠為你解答！。

分頁符號

標記索引項目

索引

主要項目(E): 健康管理　標題(H): ㄐㄧㄢˋㄎㄤ《ㄨ

次要項目(S):　標題(G):

選項

○ 交互參照(C): *參閱*

◉ 本頁(P)

○ 指定範圍(N)

書籤:

頁碼格式

☐ 粗體(B)

☐ 斜體(I)

此對話方塊維持開啟狀態，因此您可以標記多個索引項目。

標記(M)　全部標記(A)　關閉

專案 3：費用申請

專案說明：

您服務於 NEXTSERVICE COUSULTANT 的會計部門。您正在建立一份可運用巨集與增益集來實現商務規則的費用報銷表單。

開啟**文件**資料夾 \ 第 5 章練習檔 \D3- 費用申請 .docx，文件內容如下圖所示：

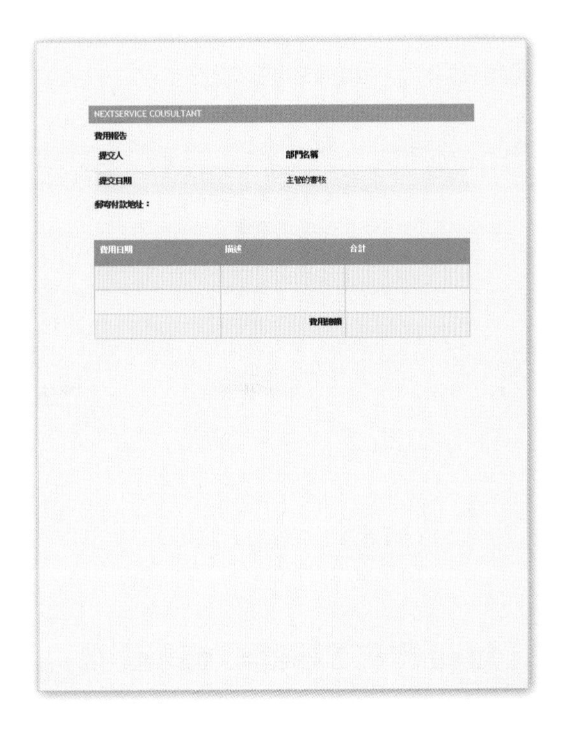

工作 1

僅啟用經過數位簽章的巨集。

解題步驟：

Step.1 點按**檔案**索引標籤 \ **選項** \ **信任中心**，在 Word **選項**對話方塊中，點按**信任中心設定**按鈕。

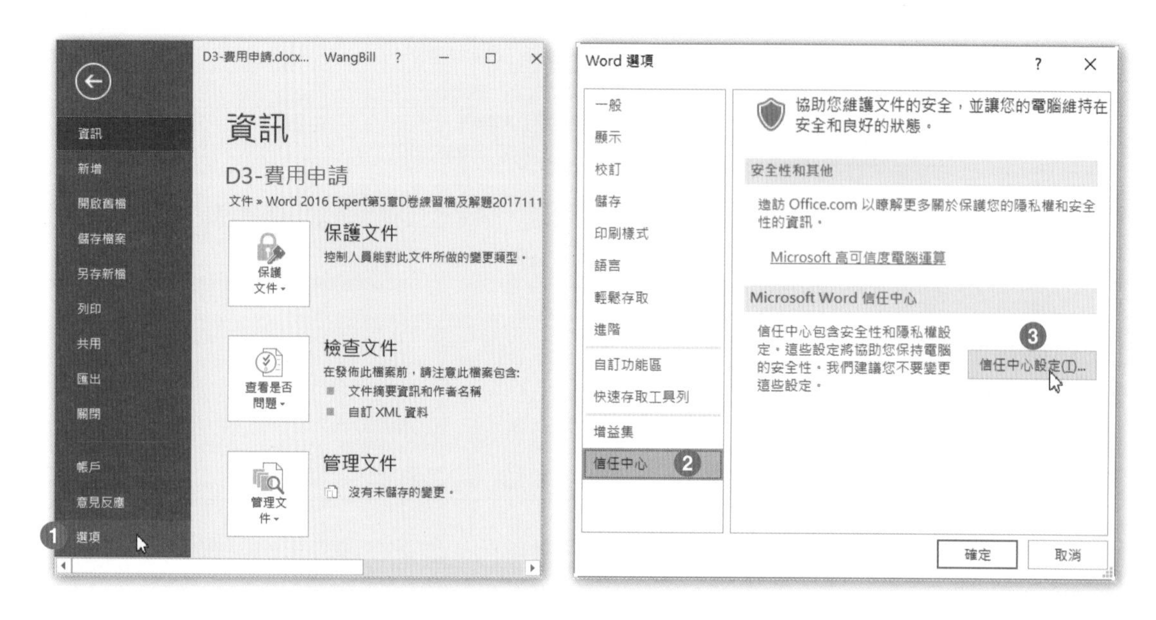

Step.2 在**巨集設定**項目之下，點選「除了經數位簽章的巨集外，停用所有巨集」，再按下**確定**。

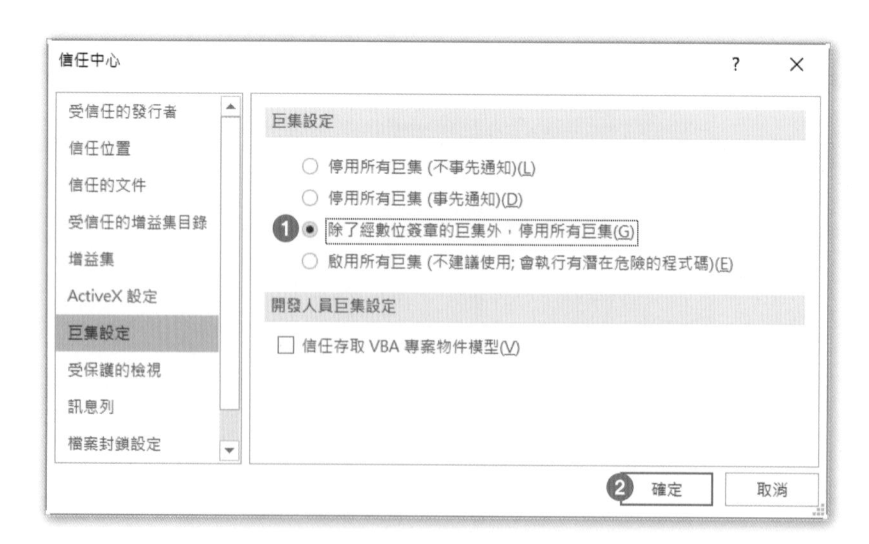

Step.3 回到 Word **選項**對話方塊中，再按下**確定**即可。

工作 2

根據「內文」樣式建立一個名為「錢幣格式」的新樣式，並設定此新樣式的段落格式為左右對齊，且具有「褐色，輔色 6, 較淺 80%」的背景。

解題步驟：

Step.1 插入點置於表格標題文字「費用日期」下方的空白儲存格中。

Step.2 點按**常用**索引標籤 \ **樣式**群組 \ **樣式**按鈕，在**樣式**窗格中，點按**新增樣式**按鈕。

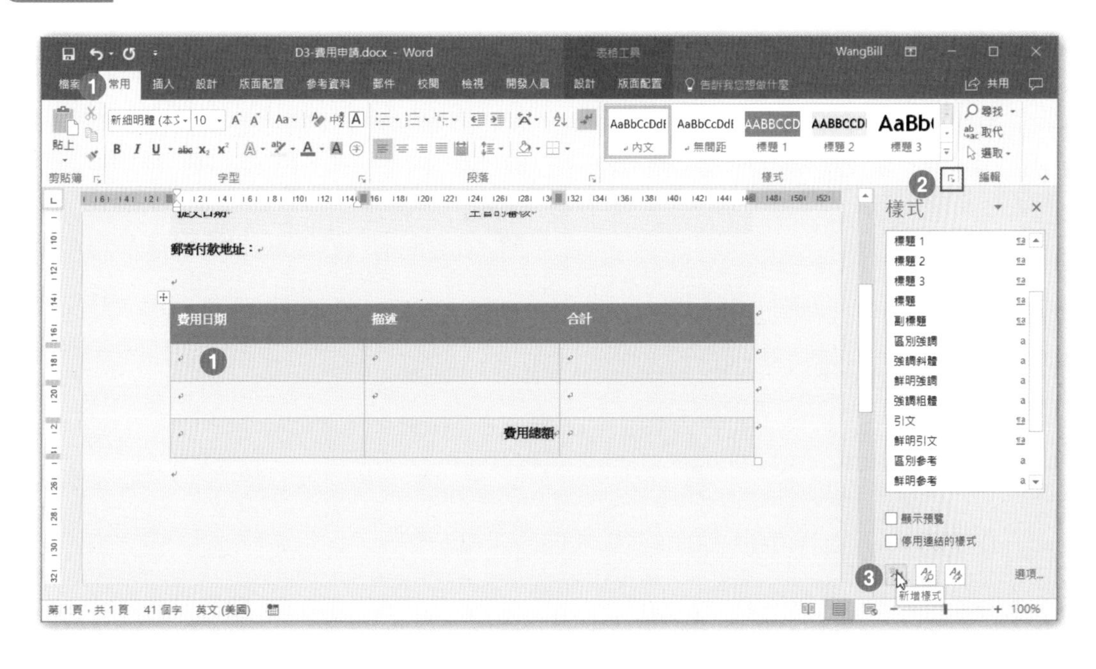

Step.3

在**從格式建立新樣式**對話方塊的**名稱**方塊中輸入「錢幣格式」；點按「左右對齊」按鈕，再按下**格式 \ 框線**。

Step.4 在**框線及網底**對話方塊中，按下**網底**標籤，在**填滿**清單中點選「褐色，輔色 6, 較淺 80%」的色彩，按下**確定**。

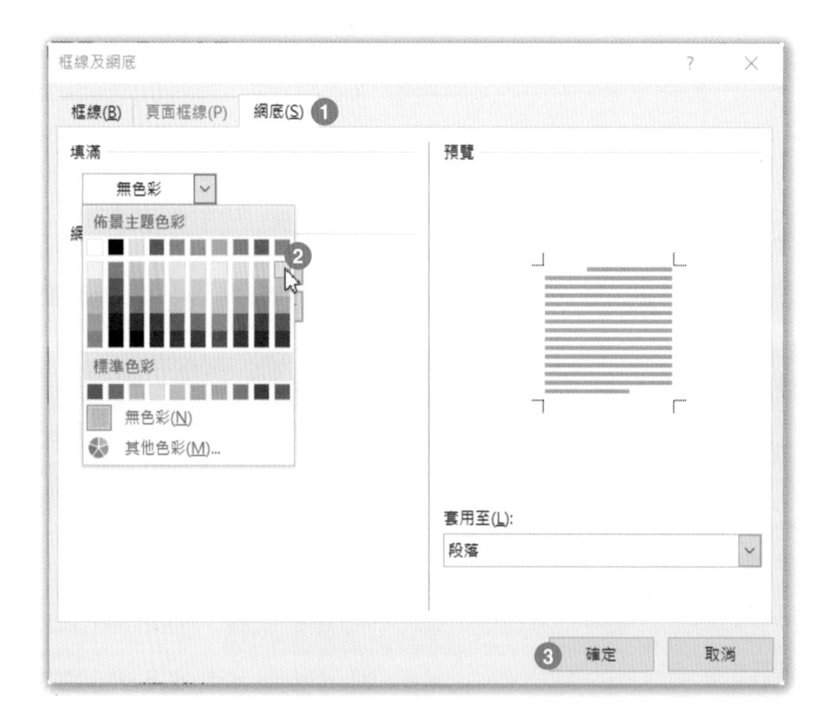

Step.5 回到**從格式建立新樣式**對話方塊，按下**確定**即可。

工作 3

在「費用日期」標題文字下方表格的頂端儲存格內，插入一個「日期選擇器」內容控制項。

解題步驟：

Step.1 插入點置於表格「費用日期」標題文字下方的儲存格內，點按**開發人員**索引標籤 \ **控制項**群組 \ **日期選擇器內容控制項**。

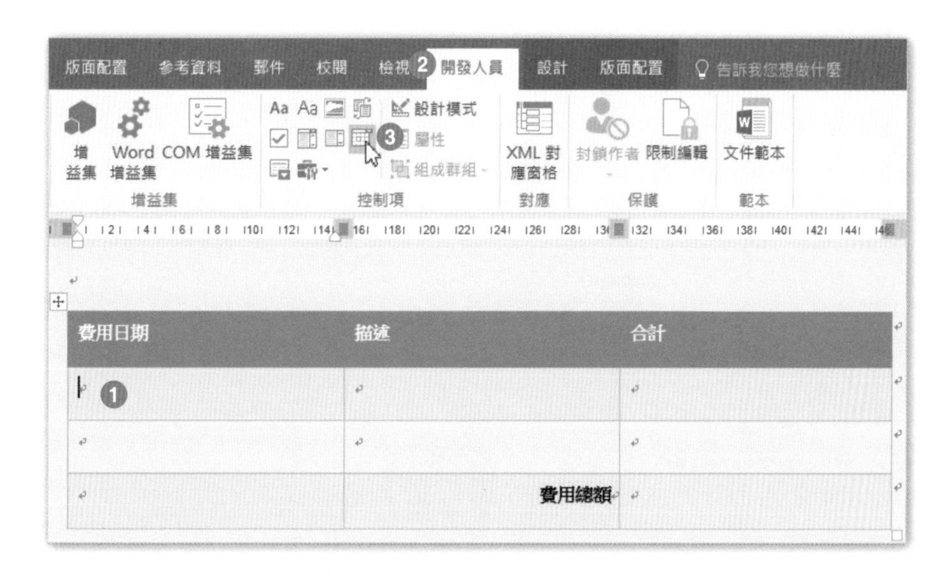

Step.2 隨即可以在儲存格中看到「日期選擇器」內容控制項。

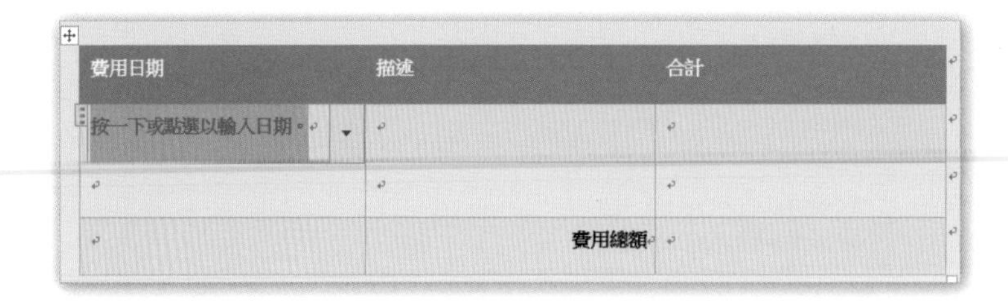

工作 4

僅設定這份文件的預設字型為 10 點大小、粗體、Arial 字型。

解題步驟：

Step.1 點按**常用**索引標籤 \ **字型**群組 \ **字型**按鈕。

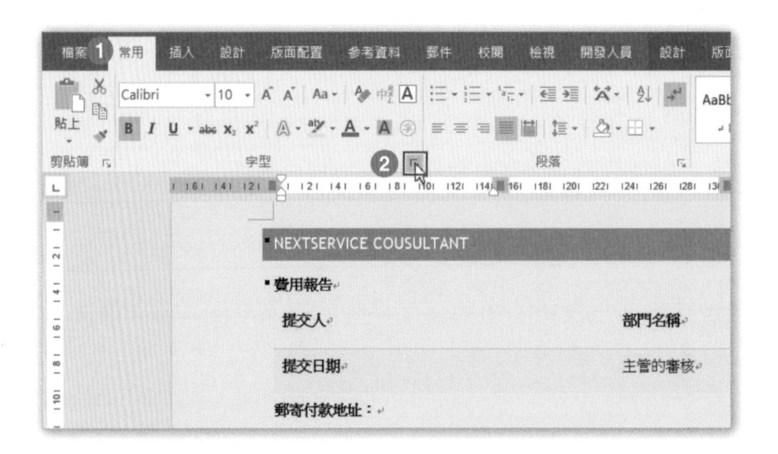

Step.2 將**字型**設定成為「10 點」大小、「粗體」、「Arial」，按下「設定成預設值」按鈕。

Step.3 在對話方塊中點選「只有這份文件嗎？」按下**確定**即可。

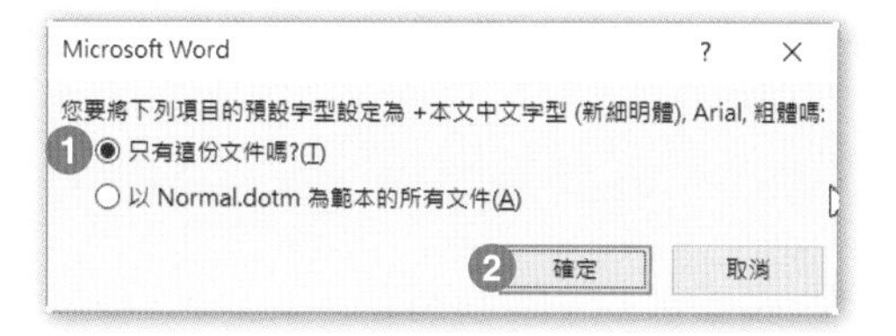

工作 5

將佈景主題儲存於「文件」資料夾內，並命名為「會計部」。

解題步驟：

Step.1 點按**設計**索引標籤 \ **文件格式設定**群組 \ **佈景主題** \ **儲存目前的佈景主題**。

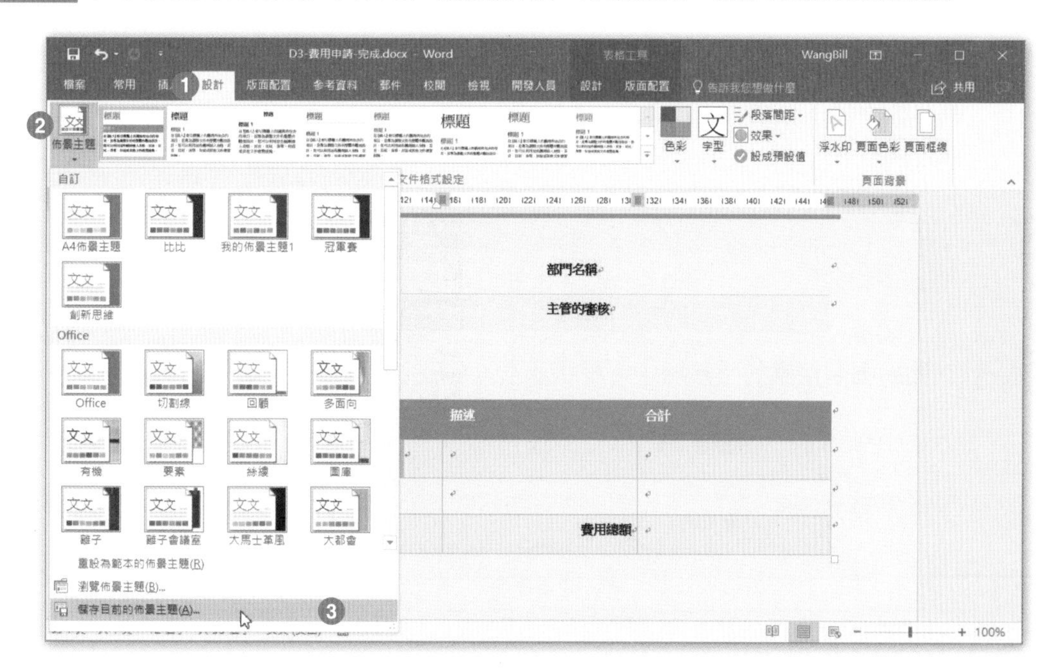

Step.2 在**儲存目前的佈景主題**對話方塊中，輸入檔案名稱「會計部」，按下**儲存**即可。

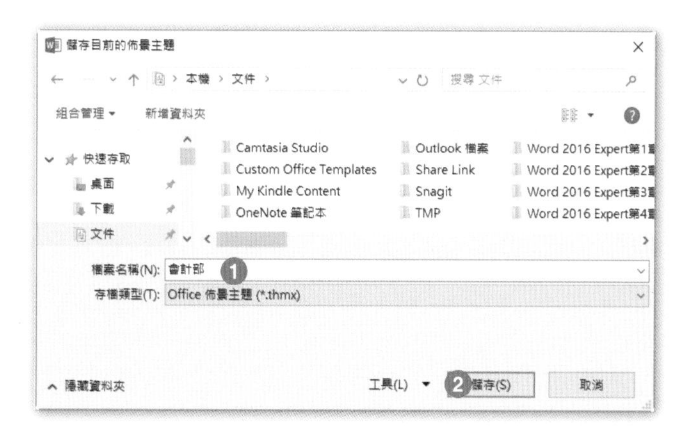

工作 6

對文件進行強制保護，僅允許編輯所有的追蹤修訂，但不須設定密碼。

解題步驟：

Step.1 點按**校閱**索引標籤 \ **保護**群組 \ **限制編輯**。

Step.2 在「限制編輯」工作窗格中的**編輯限制**項目之下，勾選「文件中僅允許此類型的編輯方式」核取方塊，再點其下的「追蹤修訂」，再按下「是，開始強制保護」。

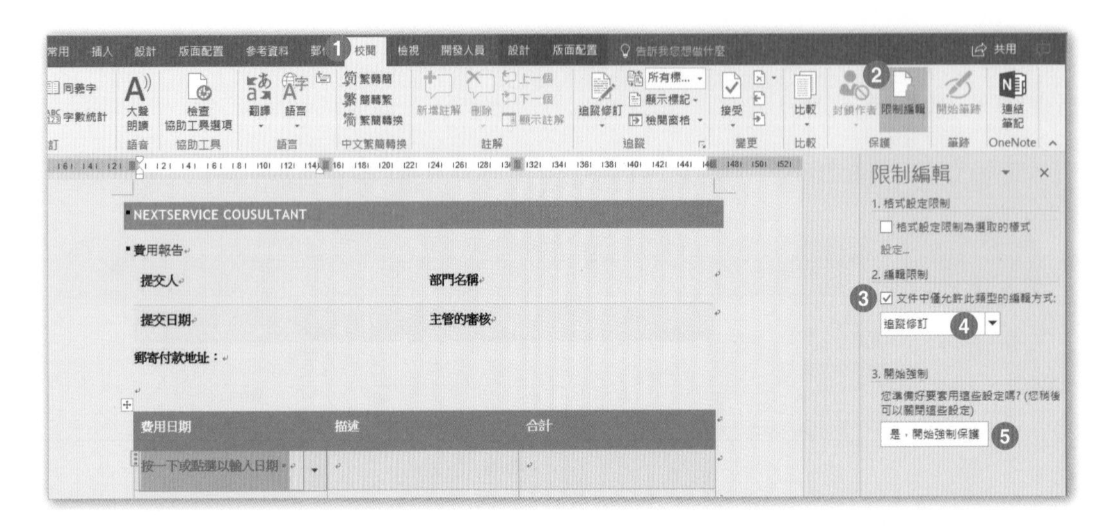

Step.3 在**開始強制保護**對話方塊中，採取不設定密碼的保護方式，按下**確定**即可。

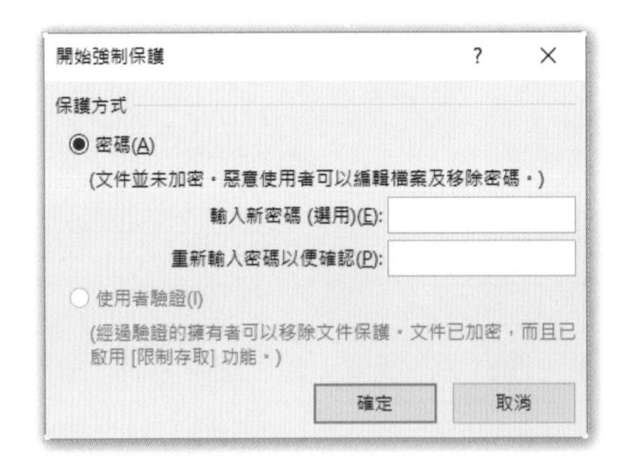

最後，可以看到處於保護狀態之下的文件。

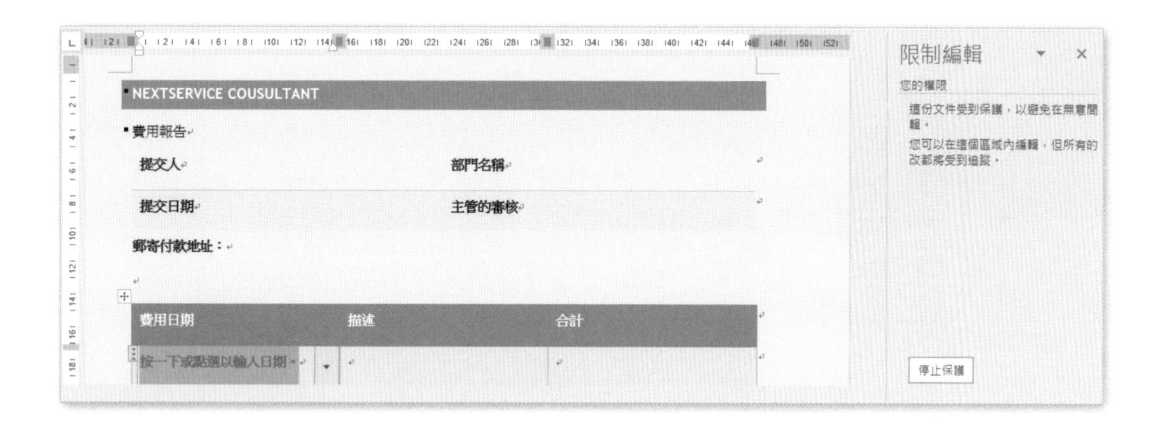

專案 4：課程資料

專案說明：

您在康健顧問公司擔任行政助理的工作，您正在協助同仁蒐集課程資料。

開啟**文件**資料夾 \ 第 5 章練習檔 \D4- 課程資料 .docx，文件內容如下圖所示：

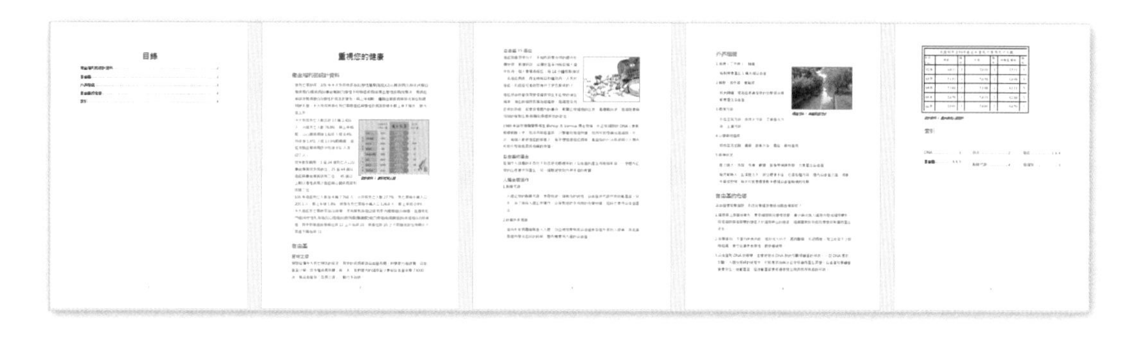

工作 1

修改目錄，使其可以包含套用「標題 2」樣式的內容。並維持原本的格式設定。

解題步驟：

Step.1 在第 1 頁目錄上，按下滑鼠右鍵，點選「編輯功能變數」。

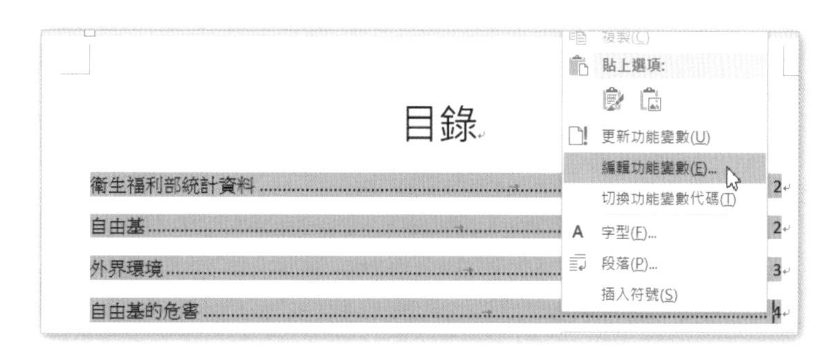

Step.2 在**功能變數**對話方塊中，點按**目錄**按鈕。

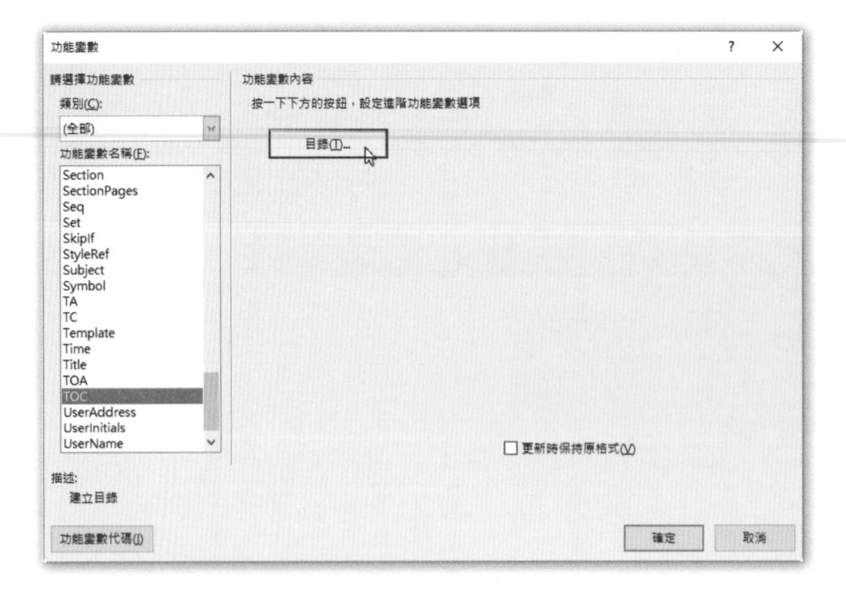

Step.3

在**目錄**對話方塊中，將**顯示階層**變更為「2」，按下**確定**。

Step.4 在**詢問**對話方塊中，按下**確定**。

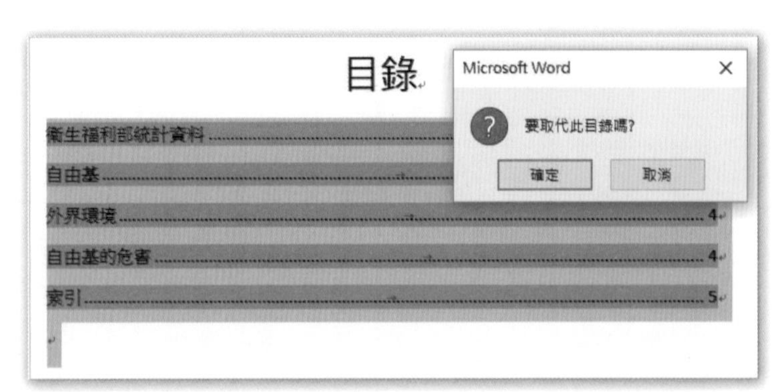

Step.5 更新之後的目錄，如下圖所示。

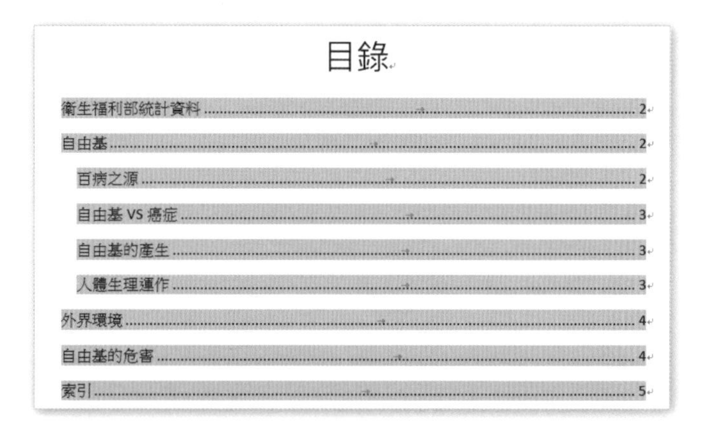
目錄

工作 2

更新索引，使索引能夠納入所有的索引項目標記。

解題步驟：

Step.1 點按一下文件結尾的索引，點按**參考資料**索引標籤 \ **索引**群組 \ **更新索引**。

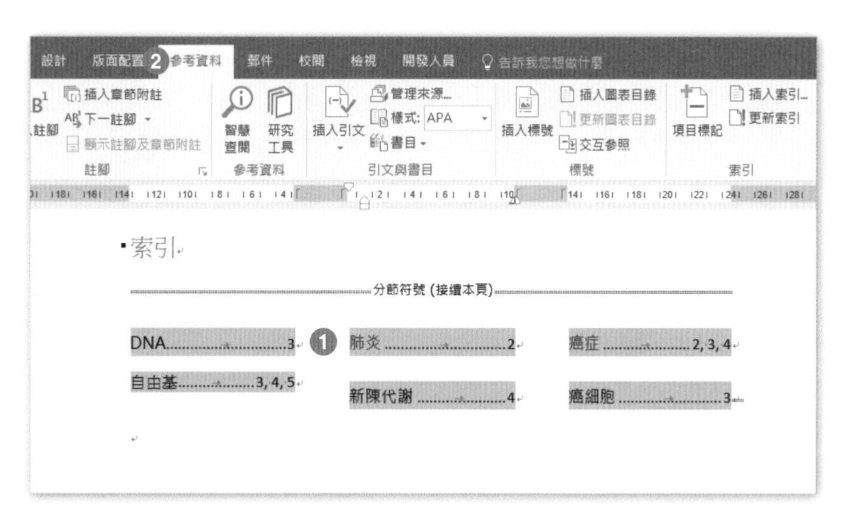

Step.2 隨即看到更新之後的索引內容。

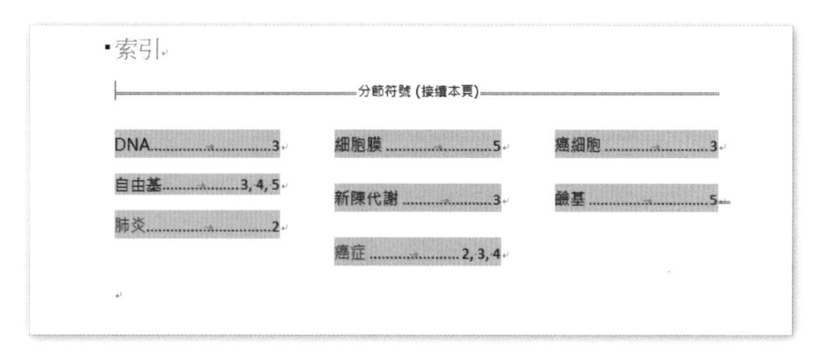

工作 3

建立名為「編碼」的「字元」樣式，此樣式依據為預設段落字型，但須套用 Courier New 字型。

解題步驟：

Step.1 插入點置於第 1 頁目錄下方的空白段落標記處。

Step.2 點按**常用**索引標籤 \ **樣式**群組 \ **樣式**按鈕，在**樣式**窗格中，點按**新增樣式**。

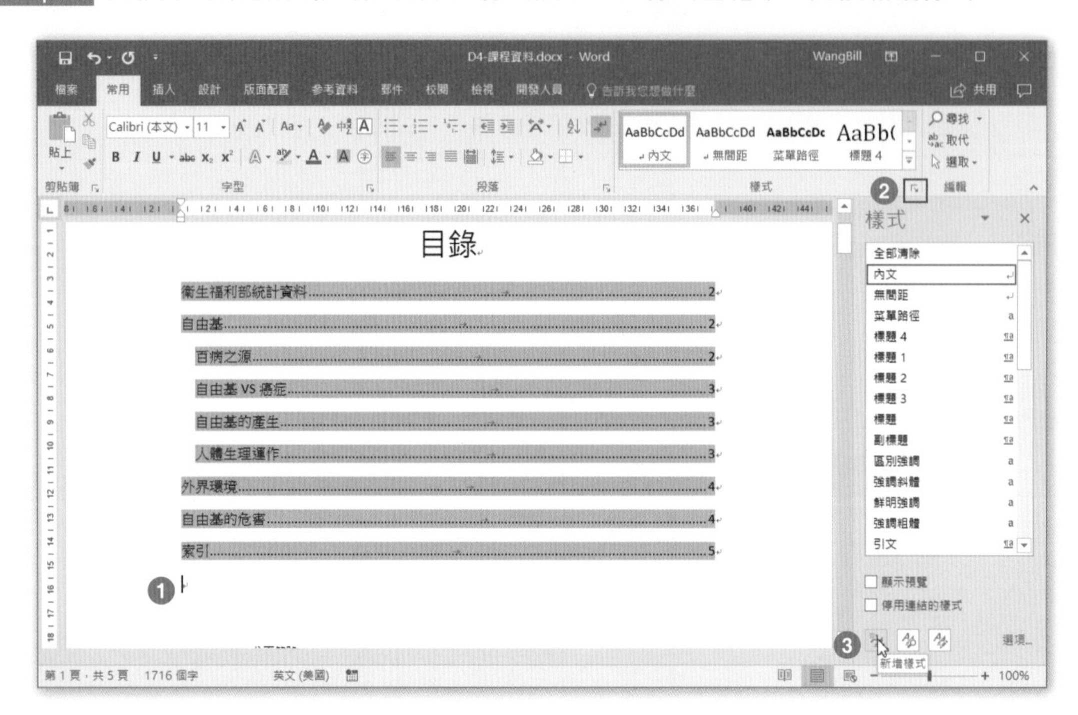

Step.3 在**名稱**方塊中輸入「編碼」；在**樣式類型**方塊中選取「字元」，**樣式依據**為「預設段落字型」，並選取「Courier New」字型，按下**確定**即可。

工作 4

設定文件不要自動斷字。

解題步驟：

點選**版面配置**索引標籤 \ **版面設定**群組 \ **斷字** \ **無**即可。

工作 5

除了應用程式裡的樣式外，禁止使用者套用其他格式，並封鎖使用者對佈景主題的切換，但不要進行強制保護。

解題步驟：

Step.1 點按**校閱**索引標籤 \ **保護**群組 \ **限制編輯**，再點按**限制編輯**窗格中的「設定」。

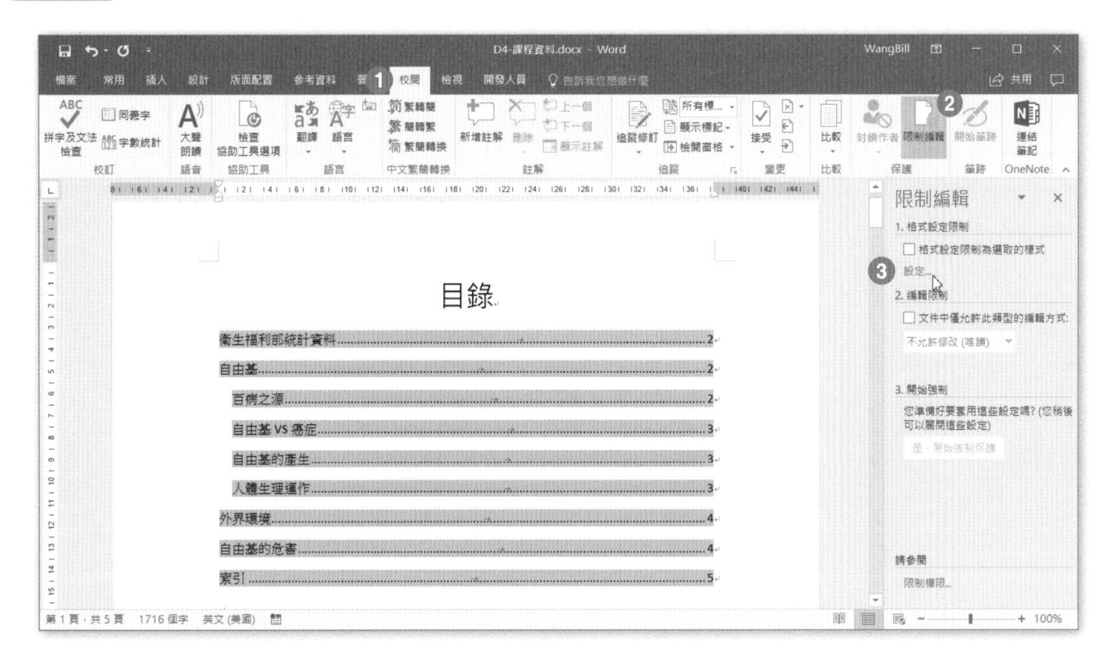

Step.2

在**格式設定限制**對話方塊中，勾選「格式設定限制為選取的樣式」以及「封鎖佈景主題或配置切換」兩項設定，按下**確定**。

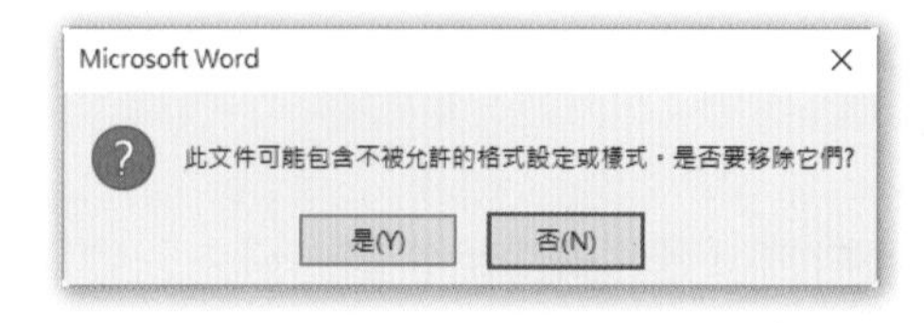

Step.3

在詢問對話方塊中，按下**否**即可。

專案 5：VIP 電子報

專案說明：

您服務於普盛國際集團的公關部門，您正在建立一份 VIP 電子報。

開啟**文件**資料夾 \ 第 5 章練習檔 \D5- VIP 電子報 .docx，文件內容如下圖所示：

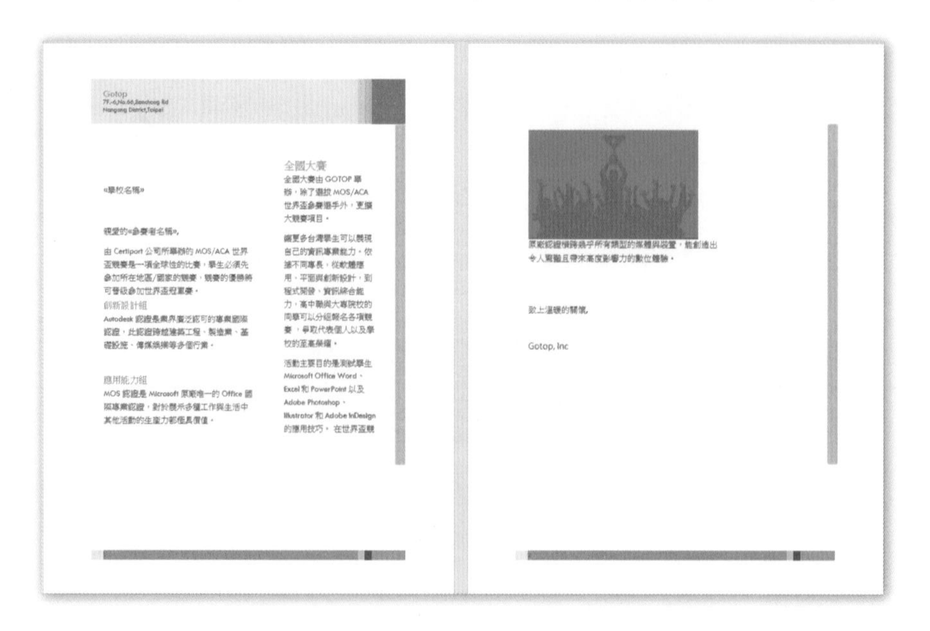

工作 1

用「已強調」回覆註解。

解題步驟：

Step.1 點按註解方塊中的**回覆**按鈕。

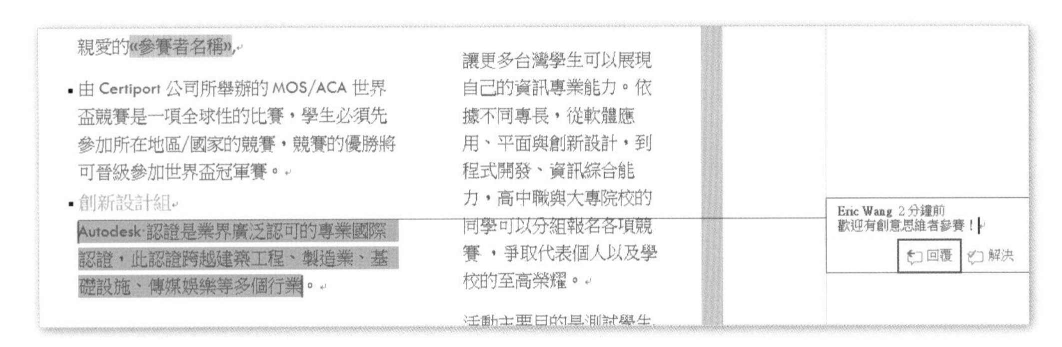

Step.2 輸入「已強調」即可。

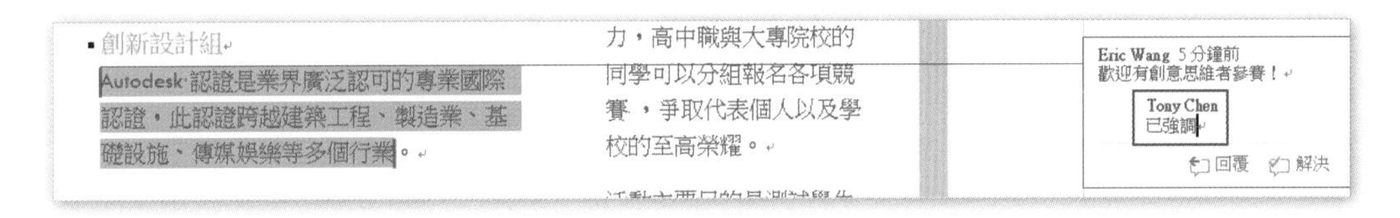

工作 2

連結第 1 頁裡的文字方塊至第 2 頁裡的文字方塊。

解題步驟：

Step.1 點按第 1 頁的文字方塊，再點按**繪圖工具 \ 格式 \ 文字**群組 **\ 建立連結**。

Step.2 將杯子形狀的指標移至第 2 頁的文字方塊中，點按一下滑鼠左鍵。

Step.3 部份第 1 頁中的文字，被移到了第 2 頁的文字方塊中。

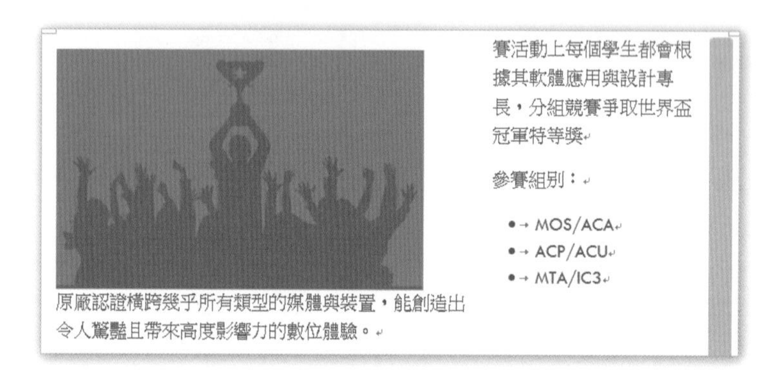

工作 3

在合併列印欄位「學校名稱」的上方新增 PrintDate 欄位，並使用 dddd, MMMM d, yyyy 為日期格式。

解題步驟：

Step.1 在文件第 1 頁，合併列印欄位「學校名稱」的下方點按一下，點按**插入**索引標籤 \ **文字**群組 \ **快速組件** \ **功能變數**。

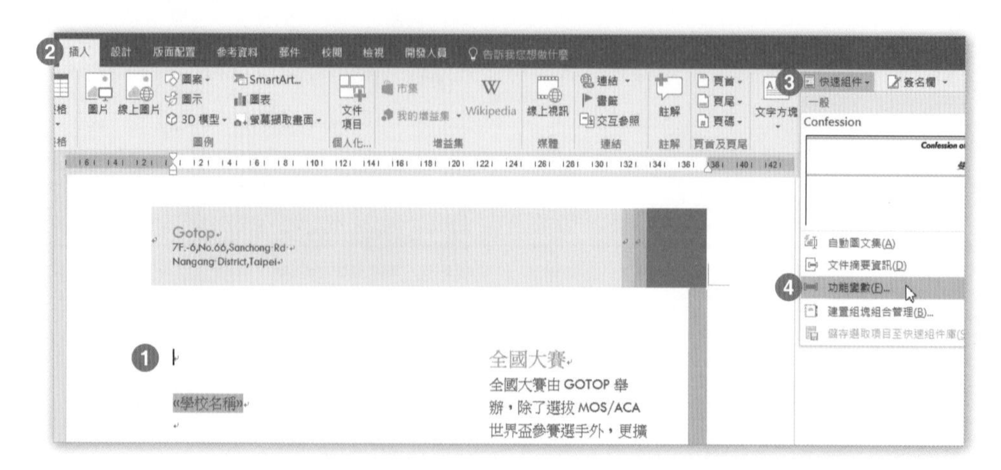

Step.2 在**功能變數名稱**清單中，點選「PrintDate」功能變數，在**日期格式**清單中點選「2017/11/12」的格式，按下**確定**即可。

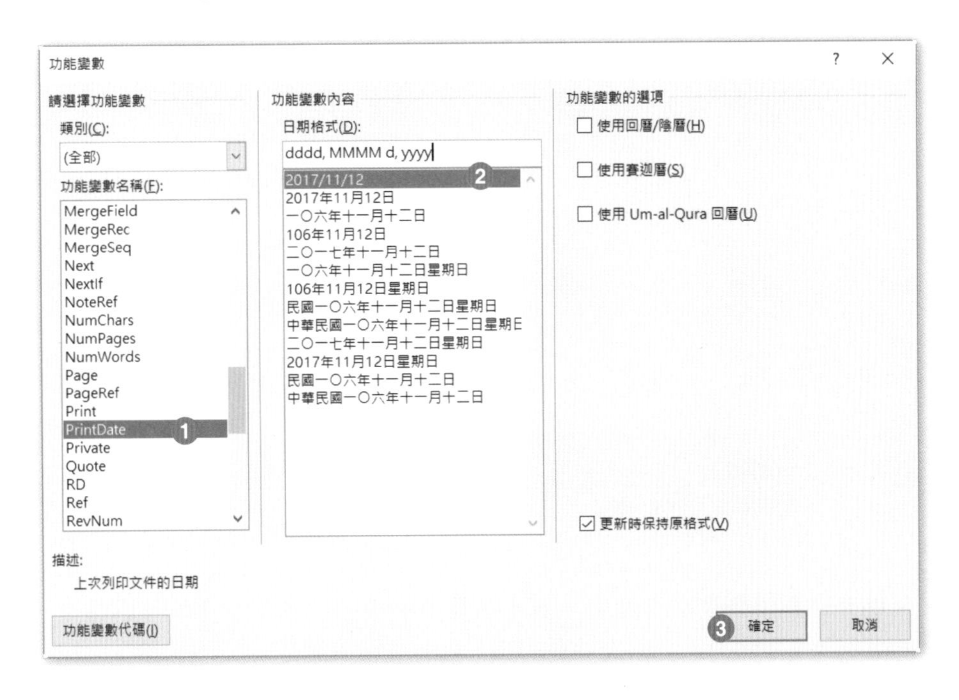

工作 4

建立一位新收件者清單，並輸入名字為「Vicky」、姓氏為「Ku」。儲存至「我的資料來源」資料夾內，檔案名稱設定為「客戶名單」。

解題步驟：

Step.1 點按**郵件**索引標籤 \ **啟動合併列印**群組 \ **選取收件者** \ **鍵入新清單**。

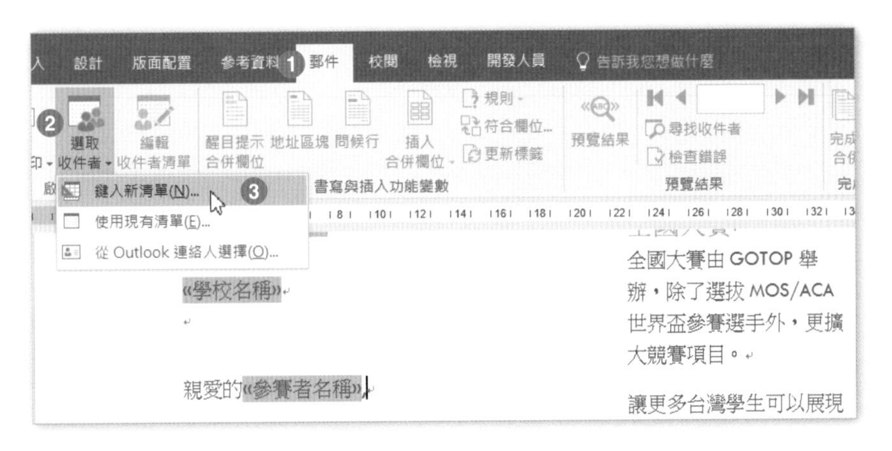

Step.2 在**新增通訊清單**對話方塊的**名字**欄中輸入「Vicky」，在**姓氏**欄中輸入「Ku」，再按下**確定**。

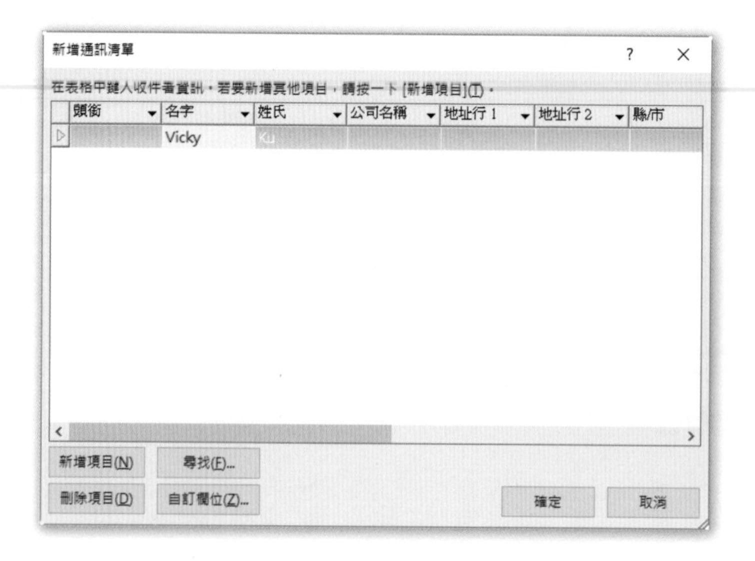

Step.3 在**儲存通訊清單**對話方塊中，輸入**檔案名稱**「客戶名單」，Word 會存成 Access 資料庫檔案 (*.mdb)，置於**文件**資料夾 \ **我的資料來源**之下，按下**儲存**即可。

NOTE

NOTE

Microsoft MOS Word 2016 Expert 原廠國際認證應考指南(Exam 77-726)

作　　者：王作桓
企劃編輯：郭季柔
文字編輯：王雅雯
設計裝幀：張寶莉
發 行 人：廖文良

發 行 所：碁峰資訊股份有限公司
地　　址：台北市南港區三重路 66 號 7 樓之 6
電　　話：(02)2788-2408
傳　　真：(02)8192-4433
網　　站：www.gotop.com.tw
書　　號：AER048800
版　　次：2018 年 01 月初版
　　　　　2021 年 12 月初版六刷
建議售價：NT$450

國家圖書館出版品預行編目資料

Microsoft MOS Word 2016 Expert 原廠國際認證應考指南(Exam 77-726) / 王作桓著. -- 初版. -- 臺北市：碁峰資訊, 2018.01
面；　公分
ISBN 978-986-476-697-0(平裝)
1.WORD 2016(電腦程式)　2.考試指南
312.49W53　　106025247

讀者服務

- 感謝您購買碁峰圖書，如果您對本書的內容或表達上有不清楚的地方或其他建議，請至碁峰網站：「聯絡我們」\「圖書問題」留下您所購買之書籍及問題。（請註明購買書籍之書號及書名，以及問題頁數，以便能儘快為您處理）
http://www.gotop.com.tw

- 售後服務僅限書籍本身內容，若是軟、硬體問題，請您直接與軟、硬體廠商聯絡。

- 若於購買書籍後發現有破損、缺頁、裝訂錯誤之問題，請直接將書寄回更換，並註明您的姓名、連絡電話及地址，將有專人與您連絡補寄商品。